国家林业和草原局普通高等教育“十三五”规划教材

大学生生态文明实践教程

刘经伟　刘伟杰　主　编

中国林业出版社

图书在版编目(CIP)数据

大学生生态文明实践教程 / 刘经伟等主编. —北京：中国林业出版社，2019.6
ISBN 978-7-5219-0148-1

Ⅰ. ①大… Ⅱ. ①刘… Ⅲ. ①生态文明-高等学校-教材 Ⅳ. ①B824.5

中国版本图书馆 CIP 数据核字(2019)第 137970 号

国家林业和草原局生态文明教材及林业高校教材建设项目

中国林业出版社·教育分社

策划、责任编辑：许 玮

电 话：(010)83143576

出版发行 中国林业出版社(100009 北京市西城区德内大街刘海胡同 7 号)
http://www.forestry.gov.cn/lycb.html. 电话：(010)83143576

经 销 新华书店

印 刷 固安县京平诚乾印刷有限公司

版 次 2019 年 7 月第 1 版

印 次 2019 年 7 月第 1 次印刷

开 本 787mm×1092mm 1/16

印 张 20

字 数 437 千字

定 价 40.00 元

编写人员名单

主　编： 刘经伟　刘伟杰

副主编： 林美群　董丽娇

参　编： 张　博　张　舒

前 言

生态文明教育在国外一般称为环境教育。1972 年瑞典斯德哥尔摩人类环境大会通过《人类环境宣言》，标志着环境保护宣传教育历程的开始。1975 年 10 月，联合国教科文组织和联合国环境规划署在贝尔格莱德召开了国际环境教育研讨会。这是有史以来级别最高的一次以环境教育为专题的国际研讨会。1977 年，在苏联第比利斯召开的政府间环境教育会议上，大会通过的《第比利斯宣言》为各国中小学环境教育的发展奠定了基础、制定了原则。1987 年，联合国教科文组织和环境规划署在莫斯科召开了国际环境教育和培训会议。时任挪威首相的布伦特莱夫人受联合国的委托，起草了《我们共同的未来》报告。会议制订了 20 世纪 90 年代国际环境教育和培训计划，倡议将 20 世纪 90 年代确定为“国际环境教育 10 年”。

从 20 世纪末开始，我国学者就已经提出了生态文明教育的问题。王良平在 1998 年提出了“加强生态文明教育，把环境教育引向深入”的呼吁，首次正式讨论了生态文明教育的问题。1999 年，刘湘溶在《生态文明论》中以广阔的视野推动了生态文明理论研究的深入，并以简短的篇幅介绍了生态文明中的教育功能。2002 年，廖福霖在其主编的《生态文明观与全面发展教育》中系统地论述了生态文明观指引下的教育，广泛涵盖了生态文明观教育的内容、形式及方法，但没有确切给出生态文明教育的概念。2006 年，刘经伟在《中国高教研究》上发表了“论高校生态文明教育”一文，明确了生态文明教育的概念及内涵，为高校生态文明教育向规范化、系统化的方向发展，提供了有益的理论支撑。

2007 年 10 月 15 日，在党的十七大报告中，明确了“建设生态文明”的历史任务。这是我们党首次把“生态文明”这一理念写进党的行动纲领，在建设中国特色社会主义过程中产生了重大影响。党的十八大不仅做出“大力推进生态文明建设”战略决策，而且在十八大报告中用整整一个部分全面阐述了生态文明建设各方面的内容，并将生态文明置于“五位一体”的总体布局战略地位，生态文明在国家建设和发展中的重要作用不断凸显。在党的十九大报告中，习近平总书记对生态文明进行了更加深刻的科学阐释。他强调，中国特色社会主义进入新时代，我国社会主要矛盾已经转化为人民日益增长的美好生活需要和不平衡不充分发展之间的矛盾。人民对美好生活的需要，全面包含了人民的物质文化生活需要和生态环境需要，发展的不平衡与不充分也体现出生态文明建设亟待解决的问题和努力方向，前瞻性地提出了“推进绿色发展”“着力解决突出环境问题”“加大生态系统保护力度”“改革生态环境监管体制”等论述，站在人类遵循自然规律谋求发展、面对中国社会主要矛盾转变的新高度，描绘了生态文明建设的伟大蓝图。

当前在大学生中大力开展生态文明教育具有重要意义：第一，教育引导青年学生树立生态文明观念，培养适应我国生态文明建设历史任务的世界观、人生观、价值观；第二，教育引导青年学生养成资源节约和环境友好的绿色生产、生活方式；第三，通过高校校园文化影响社会文化，逐步使生态文明理念成为全社会的共识；第四，教育引导青年学生积极投入到中国特色社会主义建设伟大实践中去，为在21世纪中叶实现建成富强、民主、文明、和谐、美丽的社会主义现代化强国而努力奋斗。为此，我们编写了本书，以便为高校开展大学生生态文明实践教育提供指导，也可为从事生态文明教育理论研究的学界同仁提供参考。

全书由刘经伟教授设定编写框架并统稿，刘伟杰协助统稿。由刘经伟(第一章)、刘伟杰(第二章)、董丽娇(第三章)、林美群(第四章)、张博(第五章)、张舒(第六章)共同编写完成。本书在编写中借鉴采用了国内外同仁关于生态文明领域研究的一些最新成果，一并致以衷心的谢意。由于编者水平所限，书中难免有疏漏之处，恳请读者批评指正。

编 者

2018年9月

目　录

第一章

生态文明基本理论

生态文明思想的提出和完善是中国共产党人对人类社会发展的创造性贡献。在党的十七大报告中，提出了实现全面建设小康社会奋斗目标的新要求，明确了“建设生态文明”的历史任务。这是我们党首次把“生态文明”这一理念写进党的行动纲领，在建设中国特色社会主义过程中产生了重大影响。党的十八大不仅做出“大力推进生态文明建设”战略决策，而且在十八大报告中用整整一个部分全面阐述了生态文明建设各方面的内容，并将生态文明置于“五位一体”的总体布局中，生态文明在国家建设和发展中的重要作用不断凸显。

2013 年 4 月 25 日，习近平总书记在中央政治局常委会会议上指出，“经济上去了，但环境污染了，老百姓的幸福感大打折扣，甚至强烈的不满情绪上来了，那是什么形势？所以，我们不能把加强生态文明建设、加强生态环境保护、提倡绿色低碳生活方式等仅仅作为经济问题。这里面有很大的政治问题。”

2013 年 5 月，习近平总书记在十八届中央政治局第六次集体学习时指出，“要正确处理好经济发展同生态环境保护的关系，牢固树立保护生态环境就是保护生产力、改善生态环境就是发展生产力的理念”。这一重要论述是对生产力理论的重大发展，饱含尊重自然、谋求人与自然和谐发展的价值理念和发展理念。2013 年 9 月 7 日，习近平总书记在哈萨克斯坦纳扎尔巴耶夫大学发表演讲，在谈到环境保护问题时他指出：“中国明确把生态环境保护摆在更加突出的位置。我们既要绿水青山，也要金山银山。宁要绿水青山，不要金山银山，而且绿水青山就是金山银山。我们绝不能以牺牲生态环境为代价换取经济的一时发展。”

2014 年 3 月 14 日中央财经领导小组第五次会议上，习近平总书记指出，“治水的问题，过去我们系统研究不够，今天就是专门研究从全局角度寻求新的治理之道，不是头疼医头、脚疼医脚。”2014 年 4 月 4 日，习近平总书记在北京团城湖植树时指出，“林业就是要保护好生态，谁破坏了生态，就要拿谁是问。”

2015 年 1 月，习近平总书记在云南考察调研时，专程来到大理市湾桥镇古生村，考察洱海湿地生态保护情况。他和当地干部合影后说：“立此存照，过几年再来，希望水更干净清澈。”叮嘱一定要把洱海保护好，让“苍山不墨千秋画，洱海无弦万古琴”的自然美景永驻人间。2016 年 12 月 2 日，习近平总书记对生态文明建设作出重要指示，强调“生态文明建设是‘五位一体’总体布局和‘四个全面’战略布局的重要内容。各地区各部门要切实贯彻新发展理念，树立‘绿水青山就是金山银山’的强烈意识，努力走向社会主义生态文明新时代。”

2017 年 5 月 26 日下午，中共中央政治局就推动形成绿色发展方式和生活方式进行第四十一次集体学习。中共中央总书记习近平在主持学习时强调，“推动形成绿色发展方式和生活方式是贯彻新发展理念的必然要求，必须把生态文明建设摆在全局工作的突出地位，坚持节约资源和保护环境的基本国策，坚持节约优先、保护优先、自然恢复为主的方针，形成节约资源和保护环境的空间格局、产业结构、生产方式、生活方式，努力实现经济社会发展和生态环境保护协同共进，为人民群众创造良好生产生活环境。”

2017 年 8 月，习近平总书记对河北塞罕坝林场建设者感人事迹作出重要指示，“55 年来，河北塞罕坝林场的建设者们听从党的召唤，在‘黄沙遮天日，飞鸟无栖树’的荒漠沙地上艰苦奋斗、甘于奉献，创造了荒原变林海的人间奇迹，用实际行动诠释了‘绿水青山就是金山银山’的理念，铸就了牢记使命、艰苦创业、绿色发展的塞罕坝精神。他们的事迹感人至深，是推进生态文明建设的一个生动范例。全党全社会要坚持绿色发展理念，弘扬塞罕坝精神，持之以恒推进生态文明建设，一代接着一代干，驰而不息，久久为功，努力形成人与自然和谐发展新格局，把我们伟大的祖国建设得更加美丽，为子孙后代留下天更蓝、山更绿、水更清的优美环境。”

2017 年 10 月，习近平总书记在党的十九大报告中，提出了“加快生态文明体制改革，建设美丽中国”的重要目标。提出了推进绿色发展、着力解决突出的环境问题、加大生态系统保护力度、改革生态环境监管体制的重要部署。由此可见，生态文明在我国的建设和社会发展中处于重要地位。生态文明的崛起是一场涉及生产方式、生活方式和价值观念的世界性革命，是不可逆转的世界潮流，是人类社会继农业文明、工业文明后进行的一次新选择。

一、生态文明的内涵

（一）文明

在现代，文明已经被诠释为一种社会发展的进步状态，是与“野蛮”相对而言的。文明是使人类脱离野蛮状态的所有社会行为和自然行为构成的集合，是物质文明和精神文明的统一体。这些集合至少包括了以下要素：家族观念、工具、语言、文字、信仰、宗教观念、法律、城邦和国家等。在世界各国出版的辞书中，对“文明”一词含义的解释不尽相同。

1961 年，法国出版的《法国大拉罗斯百科全书》解释“文明”一词为：一指教化；二指一个地区或一个社会所具有的精神、艺术、道德和物质生活的总称。

1973—1974 年，英国出版的《大英百科全书》解释“文明”一词为：一种先进民族在生活或某一历史阶段中显示出来的特征之总和。

1978 年，苏联出版的《苏联大百科全书》认为“文明”一词的含义指：社会发展、物质文明和精神文明的水平程度；继野蛮时代之后社会发展的程度。

1979年，联邦德国出版的《大百科词典》认为“文明”一词从广义来说，指良好的生活方式和风尚；从狭义来说，指社会脱离了人类群居的原始生活之后，通过知识和技术形成起来的物质和社会状态。

在中国古代文化中，文明的概念出现较早，内涵也十分丰富。一般包括以下几种含义：

第一，文采光明。古代文献中这个含义的文明使用十分广泛。《易·乾》：“见龙在田，天下文明。”孔颖达疏：“天下文明者，阳气在田，始生万物，故天下有文章而光明也。”南朝宋鲍照《河清颂》：“泰阶既平，洪水既清，大人在上，区宇文明。”唐李白《天长节使鄂州刺史韦公德政碑》：“以文明鸿业，授之元良。”明宋应星《天工开物·陶埏》：“陶成雅器，有素肌玉骨之象焉。掩映几筵，文明可掬。”清钮琇《觚賸·石言》：“予既喜身亲古人未言之见闻，复重慨夫文明之璞一旦割裂而出，天地真蕴，山川元气，渐至竭耗。”

第二，文采。与“质朴”相对。唐苏鹗《苏氏演义》卷下：“青囊，所以盛印也。奏劾者，则以青布囊盛印於前，示奉王法而行也。非奏劾日，则以青缯为囊，盛印於后也。谓奏劾尚质直，故用布，非奏劾日尚文明，故用缯。”

第三，文德辉耀。《书·舜典》：“濬哲文明，温恭允塞。”孔颖达疏：“经天纬地曰文，照临四方曰明。”《宋书·律历志上》：“是以君子反情以和志，广乐以成教，故能情深而文明，气盛而化神。”宋文莹《玉壶清话》卷一：“主上文明，吾辈苟以观书得罪，不犹愈他咎乎？”元耶律楚材《继宋德懋韵》之一：“圣人开运亿斯年，睿智文明禀自天。”

第四，文治教化。前蜀杜光庭《贺黄云表》：“柔远俗以文明，慑凶奴以武略。”宋司马光《呈范景仁》诗：“朝家文明所及远，於今台阁尤蝉联。”元刘壎《隐居通议·诗歌二》：“想见先朝文明之盛，为之慨然。”

第五，文教昌明。汉焦赣《易林·节之颐》：“文明之世，销锋铸镝。”前蜀贯休《寄怀楚和尚》诗：“何得文明代，不为王者师。”明高明《琵琶记·高堂称寿》：“抱经济之奇才，当文明之盛世。”鲁迅《准风月谈·抄靶子》：“中国究竟是文明最古的地方，也是素重人道的国度。”

第六，明察。《易·明夷》：“内文明而外柔顺，以蒙大难，文王以之。”《后汉书·邓禹传》：“禹内文明，笃行淳备，事母至孝。”《新唐书·陆亘传》：“亘文明严重，所到以善政称。”

第七，社会发展水平较高、有文化的状态。清李渔《闲情偶寄·词曲下·格局》：“若因好句不来，遂以俚词塞责，则走入荒芜一路，求辟草昧而致文明，不可得矣。”清秋瑾《愤时叠前韵》：“文明种子已萌芽，好振精神爱岁华。”老舍《茶馆》第二幕：“这儿现在改了良，文明啦！”

第八，新的，现代的。《老残游记》第一回：“这等人……只是用几句文明的辞头骗几个钱用用罢了。”

第九，人道，道德。郭孝威《福建光复记》：“所有俘虏，我军仍以文明对待，拘留数时，即遣归家。”

当前在我国对文明的理解，从广义上来说是指人类所创造的财富的总和；从狭义上来说特指精神财富，如文学、艺术、教育、科学等。还可以理解为指社会发展到较高阶段表现出来的状态。

（二）生态文明

“生态”一词，现在通常是指生物的生活状态。指生物在一定的自然环境下生存和发展的状态，也指生物的生理特性和生活习性。生态(eco-)一词源于古希腊字，意思是指家(house)或者我们的环境。简单地说，生态就是指一切生物的生存状态，它们之间以及与环境之间环环相扣的关系。生态的产生最早也是从研究生物个体而开始的，“生态”一词涉及的范畴也越来越广，人们常常用“生态”来定义许多美好的事物，如健康的、美的、和谐的等事物均可冠以“生态”修饰。

生态文明是生态与文明词义融合形成的新的词汇，又可称为环境文明或绿色文明。在我国，有关生态文明的概念很多，其中较有代表性的有以下两种：第一，生态文明是指人类遵循人、自然、社会和谐发展这一客观规律而取得的物质与精神成果的总和；是指以人与自然、人与人、人与社会和谐共生，良性循环，全面发展，持续繁荣为基本宗旨的文化伦理形态。第二，生态文明是人类在改造自然以造福自身的过程中为实现人与自然之间的和谐所作的全部努力和所取得的全部成果，它表征着人与自然相互关系的进步状态；是人类文明发展史上继原始文明、农业文明、工业文明之后出现的一种崭新的文明形态。生态文明以人与自然、人与人、人与社会和谐共生、良性循环、全面发展、持续繁荣为宗旨，以建立可持续的经济发展模式、健康合理的消费模式以及和睦和谐的人际关系为主要内涵，倡导人类在遵循人、自然、社会和谐发展的基础上，追求物质财富和精神财富的创造和积累，是人类迄今最高的文明形态。

从一定角度上看，文明是反映人类社会发展程度的概念，它表征着一个国家或民族的经济、社会和文化的发展水平与整体面貌。文明作为人类的发展方式和生活样式，往往因其核心产业的不同而区分为不同的类型或阶段。从历史上看，人类文明的发展大致经历了原始文明、农业文明和工业文明三个阶段。

生态文明的含义可以从广义和狭义两个角度来理解。从广义角度来看，生态文明是人类社会继原始文明、农业文明、工业文明后的新型文明形态。它以人与自然协调发展作为行为准则，建立健康有序的生态机制，实现经济、社会、自然环境的可持续发展。这种文明形态表现在物质、精神、政治等各个领域，体现人类取得的物质、精神、制度成果的总和。从狭义角度来看，生态文明是与物质文明、政治文明和精神文明相并列的现实文明形式之一，着重强调人类在处理与自然关系时所达到的文明程度。

生态文明是在人类历史发展过程中形成的人与人、人与社会、人与自然、人与其他生命和谐统一、可持续发展的文化成果的总和，是人与自然交流融通的状态。它不仅说明人类应该用更为文明而非野蛮的方式来对待大自然，而且在文化价值观、生产方式、生活方式、社会结构上都体现出一种人与自然关系的崭新视角。

生态文明理念的核心是从“人统治自然”过渡到“人与自然协调发展”。在政治制度方面，环境问题进入政治结构、法律体系，成为社会的中心议题之一；在物质形态方面，创造了新的物质形式，改造传统的物质生产领域，形成新的产业体系，如循环经济、绿色产业；在精神领域，创造生态文化形式，包括环境教育、环境科技、环境伦理，提高环保意识。

生态文明与其他文明形态关系十分密切。一方面，社会主义的物质文明、政治文明和精神文明离不开社会主义的生态文明。没有良好的生态条件，人类既不可能有高度的物质享受，也不可能有高度的政治享受和精神享受。没有生态安全，人类自身就会陷入最深刻的生存危机。从这个意义上说，生态文明是物质文明、政治文明和精神文明的基础和前提，没有生态文明，就不可能有高度发达的物质文明、政治文明和精神文明。另一方面，人类自身作为建设生态文明的主体，必须将生态文明的内容和要求内在地体现在人类的法律制度、思想意识、生活方式和行为方式中，并以此作为衡量人类文明程度的一个基本标尺。也就是说，建设社会主义的物质文明，内在地要求社会经济与自然生态的平衡发展和可持续发展；建设社会主义的政治文明，内在地包含着保护生态、实现人与自然和谐相处的制度安排和政策法规；建设社会主义的精神文明，内在地包含着环境保护和生态平衡的思想观念和精神追求。

生态文明是以尊重自然规律，保护生态环境为出发点，强调人与自然、人与人以及经济与社会的协调发展；以可持续发展为依托；以生产发展、生活富裕、生态良好为基本原则；以人的全面发展为最终目标。

生态文明是人类在处理与自然关系时所达到的更高文明程度，是其他各项文明建设的支撑点。我国社会主义生态文明建设应当强化生态文明的制度维度，把建立协调人们在分配和使用生态资源中的物质利益关系的合理机制作为生态文明建设的重中之重。处理好人和人、人和社会、人和自然之间的关系以及社会经济发展与人的发展之间的关系。马克思主义认为，变革资本主义制度的必然结果就是建立共产主义社会。共产主义社会是实现了人与自然之间、人与人之间“和解”的生态文明社会。在党的十七大报告中，胡锦涛首次明确提出建设社会主义生态文明的历史任务：“建设生态文明，基本形成节约能源资源和保护生态环境的产业结构、增长方式、消费模式。循环经济形成较大规模，可再生能源比重显著上升。主要污染物排放得到有效控制，生态环境质量明显改善。生态文明观念在全社会牢固树立。”这表明我们党和国家顺应历史发展潮流，建设中国特色生态文明的信心和决心。

建设生态文明必须从思想意识上实现三大转变：必须从传统的“向自然宣战”“征服自然”等理念，向树立“人与自然和谐相处”的理念转变；必须从粗放型的以过度消耗资源破坏环境为代价的增长模式，向增强可持续发展能力、实现经济社会又好又快发展的模式转变；必须从把增长简单地等同于发展的观念、重物轻人的发展观念，向以人的全面发展为核心的发展理念转变。

二、生态文明的特征

（一）自然性与自律性的统一

生态文明具有自然性。与以往的农业文明、工业文明一样，生态文明也主张在改造自然的过程中发展物质生产力，不断提高人们的物质生活水平。区别在于，生态文明突出自然生态的重要，强调尊重和保护自然环境，强调人类在改造自然的同时必须尊重和爱护自然，而不能随心所欲，盲目蛮干，为所欲为。生态文明又强调人的自律性。在人与自然的关系中，具有主观能动性的人是矛盾的主要方面，建设生态文明的关键在于人类真正做到用文明的方式对待生态。追求生态文明的过程是人类不断认识自然、适应自然的过程，也是人类不断修正自己的错误、改善与自然的关系和完善自然的过程。人类应该认真定位自己在自然界中的位置，强调人与自然环境的相互依存、相互促进、共处共融。生态问题的根源在于人类自身，在于人类的活动与发展。解决生态安全问题归根到底须检讨人类自身的行为方式、节制人类自身的欲望。要认识到，人类既不是自然界的主宰，也不是自然界的奴隶，而是不能脱离自然界而独立存在的自然界的一部分，只有尊重自然、爱护生态环境、遵循自然发展规律才能实现人与自然界的协调发展。生态文明符合生态规律，生态规律是自然规律中的一条重要规律，它是指生态运动过程所内含的必然性或本质联系。人类社会发展史也是人与自然从原始和谐到分离、对立、对抗、再到和谐协调发展的历史。人类社会的发展实践证明，正确处理人与自然的关系，必须正确运用而不可违背生态规律，否则就会造成超过自然生态的承受阈限，引起自然生态系统各种功能的失调和紊乱。生态平衡是动态的平衡，是整个生物圈保持正常的生命维持系统的重要条件，一旦人类对自然的征服和索取超出自然生态系统的“供给容量”和“承载阀限”，导致自然系统的自我调节和再生能力遭到破坏，必将会不可避免地引起以人与自然关系紧张为特征的生态危机和生存危机。必须明确的是：人类可以改变生态规律的作用条件，但不可改变生态规律。生态危机就是工业文明时代人类无视生态规律而一味向大自然索取所导致的恶果。因此，有别于传统工业文明的单向度发展，生态文明是以尊重自然规律和生态规律为前提的文明形态，它体现了人类尊重自然、善待自然以及人与自然共生、共存、共融的伦理取向，体现了生态文明自律性与他律性的重要特征。

（二）和谐性与公平性的统一

生态文明是社会和谐、自然和谐相统一的文明，是人与自然、人与人、人与社会和谐共生的文化伦理形态，是人类遵循人、自然、社会和谐发展这一客观规律而取得的物质与精神成果。生态的稳定与和谐是自然环境的福祉，更是人类自己的福祉。和谐，既包括人与人之间的和谐，又包括人与自然的和谐。

人与自然的关系问题，是生态社会主义生态价值观的核心内容。关于人与自然的和谐关系，是一个非常重要的问题。生态文明是充分体现公平与效率统一、代内公平与代际公平统一、社会公平与生态公平统一的文明。与工业文明相比，生态文明所体现的是一种更广泛、更具有深远意义的公平，它包括人与自然之间的公平、当代人之间的公平、当代人与后代人之间的公平。当代人不能肆意挥霍资源、践踏环境，必须留给子孙后代一个生态良好、可持续发展的环境与地球。把生态文明纳入到全面建设小康社会的总体目标之中，中国共产党人对历史负责的态度，为中华民族子孙后代着想的意愿。

作为对传统文明特别是工业文明的反思与超越，生态文明与工业文明的分野首先在于人与自然关系的不同。生态文明所提供的基本理念是人与自然环境的协同进化与共同发展。所谓种际的共存与共生，是指人与“大千世界”有灵众生之间和谐相处、共存共荣与协同进化的应然性状态。种际公正的意蕴在于人类要以人道主义的精神善待整个自然界和自然界中的其他物种，尊重一切生命的生存权和发展权，建立人与自然相和谐的关系，但并非神化自然而否定人。生态系统是多元统一的，人类只有在平等的基础上，把生态关系具体化为物种关怀，让不同物种的福祉问题都进入人类道德关怀的视域，建立起人类和各物种之间的全面种际伦理关系和行为规范，才能保证生命的多样性和整个生命世界的多姿多彩、生动活泼，才能保证包括人类在内的整个地球生态系统得以稳定平衡、共同生息与整体发展。

代内之间的和谐与公平。代内公正是指同一时代的人在环境资源的开发、利用和保护上享有同等的权利、履行同等的义务、承担同等的责任。代内公正既包括国家之间在自然资源利益分配上的公正，也包括一国内部人与人之间在自然资源利益上的公正。生态文明建设首先关系到代内公正，这是因为生态环境是不可分割的有机整体和自足系统。如果某个地区的生态环境遭到了破坏，这种负外部性必将转移到所有人或其他人身上，进而侵犯他者的生态权益。生态系统所具有的这种整体性、公共性和结构性特征，决定了生态文明建设必须突破个人、区域视野的局限而放大到对同时代整个地球生态系统的人文关怀上。主权有国界，但是一体化的环境与资源并没有界线，国家甚至有时可以通过自己的主权达到对环境资源的利用和控制，却无法单独依靠自己的力量来解决诸多的环境问题。因此，在全球性环境与资源共同体的利害关系问题上，任何国家之间都是“一荣俱荣，一损俱损”的关系。所以，同时代的所有国家、地区和群体都应公平地分配自然资源和分摊环境责任，共度生态危机、共创生态财富、共享生态成果。

(三)基础性与可持续性的统一

生态文明关系到人类的繁衍生息，是人类赖以生存发展的基础。它同社会主义物质文明、政治文明、精神文明一起，关系到人民的根本利益，关系到巩固党执政的社会基础和实现党执政的历史任务，关系到全面建设小康社会的全局，关系到事业的兴旺发达和国家的长治久安。作为对工业文明的超越，生态文明代表了一种更为高级的人类文明形态，代表了一种更为美好的社会和谐理想。生态文明应该成为社会主义文明体系的基础，人民享受幸福的基本条件。作为人类社会进步的必然要求，建设生态文明功在当代、利在千秋。只有追求生态文明，才能使人口环境与社会生产力发展相适应，使经济建设与资源、环境相协调，实现良性循环，保证一代一代永续发展。生态文明是保障发展可持续性的关键，没有可持续的生态环境就没有可持续发展，保护生态就是保护可持续发展能力，改善生态就是提高可持续发展能力。只有坚持搞好生态文明建设，才能有效应对全球化带来的新挑战，实现经济社会的可持续发展。可持续发展，即不能威胁到后代人的发展。资源与环境是人类生存的基础，是社会发展的宝贵财富。本代人有权使用并受益于地球资源，但也有义务为未来世代管理好自然资源和环境。可持续发展作为生态文明建设的基础性课题，它集中体现的是当代人与后代人同属一个共同体，共同拥有地球的自然资源与生存空间，并共同享有适宜的生存环境与发展条件。其具体指向包括两个方面：指向“未来的”，在于当代人必须充分考虑和尊重后代的权利，自觉地构建良好的生存环境，保持自然与自然资源的丰富与多样，为后代人创设一个美好、宽松和宜居的家园，为“共有”“共享”打下坚实的基础；指向“过去的”，在于当代人必须清偿前代人留下的“自然债”，共担责任，为“共有”和“共享”创造条件。

(四)整体性与多样性的统一

生态文明具有系统性、整体性，要从整体上去把握生态文明，把自然界看成是一个有机联系的整体，把人类看作是自然界的有机组成部分。自然界蕴有万物，万物各有自己的运演规律，万物之间相互影响、相互作用。地球生态是一个有机系统，其中的有机物、无机物、气候、生产者、消费者之间时时刻刻都存在着物质、能量、信息的交换。每种成分、过程的变化都会影响到其他成分和过程的变化。一般说来，生态问题是全球性的，生态文明要求我们具有全球眼光，从整体的角度来考虑问题。例如，保护大气层、保护海洋、保护生物多样性、稳定气候、防止毁灭性战争和环境污染等，必须依靠全球协作。另外，生态文明对现有其他文明具有整合与重塑作用，社会的物质文明、政治文明和精神文明等都与生态文明密不可分，是一个统一的整体。生态文明的价值观强调尊重和保护地球上的生物多样性，强调人、自然、社会的多样性存在，强调人与自然公平，物种间的公平，承认地球上每个物种都有其存在的价值。多样性是自然生态系统内在丰富性的外在表现，在人与自然的关系中，一定要承认并尊重、保护生态的多样性。建设生态文明，要始终以一种宽阔的胸怀和眼光关怀自然界中的万事万物，切忌为了眼前的、局部的利益而牺牲自然界本身的丰富性和多样性。生态文明具有整体性。在整个地球生物圈共同体内部是相互联系的，具有主体性的物种绝非只是人类，非人类存在物与人类一样，它们拥有自己的目的和目标，因而也具有不同程度的主体性。相对个体来说，地球生物圈是更为重要的统一整体。它作为具有内在价值的生命主体以及人类和生命物种组成一个相互依存、利益攸关的生命共同体，不仅具有满足自身独立生存和繁衍所需要的天赋权利和内在价值，而且对于包括人类物种在内的所有生命物种的可持续生存与发展也具有且应该具有相应的价值，自然的存在是自为的存在而不是因人的存在而存在的，是具有独立于社会的利益、权力及运行目的和保存自身物种生存为“道德己任”的实体。任何生态系统都是价值和权利存在的统一体，是一个富有生命力的不可分割的有机整体，缺少它地球生物圈共同体的协同进化便不复存在。无疑，生态本位理论正确地揭示了“生态-经济-社会”复合系统的整体优化与协调发展规律，所以，它必将引导人们在关注自然的价值和开展生态建设的实践中发挥重要作用。

（五）开放性与循环性的统一

良好的生态环境是人类赖以生存和发展的基础。在整个生态系统中，人虽贵为地球的万物之灵，但人始终是自然环境的产物。诚如恩格斯所说：“我们连同我们的肉、血和头脑都是属于自然界，存在于自然界的”人与自然之间这种在本体理论上所具有的同根同源整体共生性，决定了人类与自然应始终保持共存共荣关系，如果人类肆意摧毁自然界，必将导致美国环境伦理学家卡路林·麦茜特所警示的“自然之死”和“人类之死”。当今世界所呈现出来的气候变暖、土地荒漠、环境恶化、生物锐减等全球性生态问题，从表面上看，其诱发机制起因于自然系统内平衡关系的严重破缺，但实际上则是由于人的实践活动干扰自然系统而导致人与自然关系的恶化而引发的。在著名生态哲学家余谋昌看来，生态危机是以“天灾形式”表现出来的“人祸”。关于人与自然的关系，马克思早有过精辟的阐释，即人类应当尊重自然、善待自然，自觉维护人与自然的和谐关系，“靠消耗最小的力量在最无愧于和最适合人类本性的条件下进行这种物质变换”，否则人类就可能会遭到自然界的“报复”。自然界既是一个开放的系统，又是一个充满活力的循环系统。开放性意味着此事物与众多彼事物的联系性，具有一损俱损、一荣俱荣的关系。开放性、循环性是自然生态系统客观的存在方式，这就要求人们在思考人与自然的关系时，把自然界作为一个开放的生态系统，努力认识和把握能量的进出、交换和循环规律。人在从自然界中摄取能量时，一定要考虑其承受力，保证自然生态循环系统的顺利进行。建设生态文明，需要大规模开发和使用清洁的可再生能源，实现对自然资源的高效、循环利用；需要逐步形成以自然资源的合理利用和再利用为特点的循环经济发展模式。要按照自然生态系统物质循环和能量流动规律重构经济系统，使经济系统和谐地纳入到自然生态系统的物质循环过程中，建立起一种符合生态文明要求的经济发展方式，使所有的物质和能源能够在一个不断进行的经济循环中得到合理和持久的利用，把经济活动对自然环境的影响降低到尽可能小的程度。

（六）伦理性与文化性的统一

生态文明是生态危机催生的人类文明发展史上更进步、更高级的文化伦理形态。化解人与自然关系的危机，协调人与自然的关系，首先应该实现伦理价值观的转变，以生态文明的伦理观代替工业文明的伦理观。传统哲学认为，只有人是主体，自然界是人的对象，因而只有人有价值，其他生命和自然界没有价值；因此只能对人讲道德，无需对其他生命和自然界讲道德。这是工业文明人统治自然的基础。生态文明认为，人不是万物的尺度，人类和地球上的其他生物种类一样，都是组成自然生态系统的一个要素。不仅人是主体，自然也是主体；不仅人有价值，自然也有价值；不仅人有主动性，自然也有主动性；不仅人依靠自然，所有生命都依靠自然。因而人类要尊重生命和自然界，承认自然界的权利，对生命和自然界给予道德关注，承认对自然负有道德义务。只有当人类把道德义务扩展到整个自然共同体之中的时候，人类的道德才是完整的。生态文明的文化性，是指一切文化活动包括指导我们进行生态环境创造的一切思想、方法、组织、规划等意识和行为都必须符合生态文明建设的要求。培育和发展生态文化是生态文明建设的重要内容。应该围绕发展先进文化，加强生态文化理论研究，大力推进生态文化建设，大力弘扬人与自然和谐相处的价值观，形成尊重自然、热爱自然、善待自然的良好文化氛围，建立有利于环境保护、生态发展的文化体系，充分发挥文化对人们潜移默化的影响作用。人是关系性的存在。马克思、恩格斯以历史科学为逻辑起点，把人与世界的各种复杂关系划分为两大类：即人类最根本的生存性关系，人与人的关系和人与自然的关系。其中人与自然的关系是人类赖以生存和发展的基础。恩格斯提出了要在实践基础上实现，即“人类同自然和解”的思想。马克思也曾经高屋建瓴地指出：“人同自然界完成了本质的统一，是自然界的真正复活，是人实现了自然主义和自然界实现了人道主义。”人类社会是在不断解决人与自然关系的过程中发展的，一部分人类的发展史，就是人与自然的关系史。站在历史的角度审视，人与自然的关系先后呈现了由和谐到失衡，再由失衡到新的和谐的演变。这从哲学意义上来讲是一个否定之否定、螺旋式上升的过程，相应地，人类文明的发展也经历了狩猎文明—农业文明—工业文明等几个发展阶段，目前人类正处于由工业文明向生态文明的转型和过渡阶段。

三、生态文明的主要内容

(一)生态精神文明

生态文明建设中一项很重要的内容，就是在全社会牢固树立生态文明的精神。生态精神，是人们正确对待生态问题的一种进步的观念形态，包括进步的生态意识、进步的生态心理、进步的生态道德以及体现人与自然平等、和谐的价值取向、环境保护和生态平衡的思想观念和精神追求等。讲究生态文明，意味着确立一个新的价值尺度或价值核心。建设生态文明，在全社会树立生态文明理念是首要工作。要逐步形成尊重自然、认知自然价值，建立人自身全面发展的文化与氛围，从而转移人们对物欲的过分强调与关注。

建设生态文明必须以习近平生态文明思想为指导，从思想意识上实现从传统的“向自然宣战”“征服自然”等理念，向树立“人与自然和谐相处”的理念转变；

从把增长简单地等同于发展、重物轻人的发展理念，向以人的全面发展为核心的发展理念转变。建设生态文明，就要人人树立资源有限、环境有限的理念，树立人与天地一体的理念，像爱惜保护自己的身体那样去爱惜保护自然。

应大力弘扬人与自然和谐相处的核心价值观，在全社会牢固树立生态文明的价值观，使生态文明理念深入人心，生态保护成为公众的价值取向，生态建设成为公众的自觉行动。建设生态文明，需要将生态文明精神扩展到社会管理的各个方面，渗透到社会生活的各个领域、各个环节，成为广泛的社会共识。

(二)生态经济文明

建设生态文明，要求社会经济与自然生态的平衡发展与可持续发展。在生态文明理念的指导下，经济发展将致力于消除经济活动对大自然自身稳定与和谐构成的威胁，逐步形成与生态相协调的生产生活与消费方式。目前，我国已经把保护自然环境、维护生态安全、实现可持续发展这些要求视为发展的基本要素，提出了通过发展去实现人与自然的和谐以及社会环境与生态环境平衡的目标。

建设生态文明，前提是发展。只有发展，才能不断满足人民群众日益增长的物质文化生活需要。传统的工业文明固然使一些地方因经济的快速增长而带来了物质上的富裕，但毫无节制地消耗自然资源的生产方式，已经使经济社会的发展受到了极大制约。如果不能以生态文明及时予以矫正，经济社会发展就不能持久。这就需要在发展的同时，保护好人类赖以生存的环境；需要转变经济发展方式，走生态文明的现代化道路；需要把经济发展的动力真正转变到主要依靠科技进步、提高劳动者素质、提高自主创新能力上来。

要防止重经济发展、轻生态保护的现象。必须彻底摒弃靠牺牲生态环境来实现发展，先发展后治理等传统的发展观念和发展模式。我们也不能从一个极端走向另外一个极端，以停滞经济发展来实现生态环境保护。从根本上说，生态环境保护是为了促进经济社会又好又快发展。我们强调保护生态环境，是要求经济社会发展必须充分考虑到环境承载力，充分考虑到给后人发展留有一定的余地，充分考虑到老百姓接受的程度。我们的目标是把经济发展和生态保护统一在可持续发展上，实现经济发展和生态环境保护的双赢。

(三)生态政治文明

政治文明的功能是通过制度的安排和国家公共权力的运用来维系社会秩序，通过公平分配社会资源来保障个人的权益，保障生态文明建设。生态政治文明，要求尊重利益和需求的多元化，注重平衡各种关系，避免由于资源分配不公、人或人群的斗争以及权力的滥用而造成对生态的破坏，由公共权力限制损害生态环境行为的发生，维护人的生命健康安全。

党和政府要重视生态问题，把解决生态问题、建设生态文明作为中国特色社会主义建设的重要内容。把生态文明建设作为实现好、维护好、发展好人民群众根本利益的一项重要任务，把维护人民群众的生态环境权益作为工作价值判断的重要标准，为推进生态文明建设提供制度基础、社会基础以及相应的设施和政治保障。

建设生态文明，必然会对国家的民主和人权、社会经济制度等方面产生影响。环境保护的实质是维护人的环境权益。就民主建设而言，必须切实维护好人民群众参与生态环境保护的权利。政府要进一步公开各类信息，畅通人民群众监督、投诉、管理生态事务的渠道，保证人民群众生态文明建设的知情权、参与权和监督权，让人民群众从生态文明建设中深切体会和明确认识自己的利益所在，从而激发其参与生态文明建设的热情。

（四）生态科技文明

生态科技文明是对近现代科学技术反思之后的科技生态化转向。它以协调人与自然之间的关系为最高准则，以不断解决人类发展与自然界和谐演化之间的矛盾为宗旨，以生态保护和生态建设为目标。应该认识到，科技是协调人与自然和谐发展的直接手段和重要工具。科学研究和技术应用要能够促使整个生态系统保持良性循环，能为优化生态系统提供智力支撑。科学技术活动，最基本的要求就是要服从自然本身的属性，接受自然科学所认识规律的限制。

对于生态文明来说，科学技术是一柄“双刃剑”。一方面，20 世纪以来传统工业化对自然资源高强度、掠夺性的开发使用，所造成的生态破坏和环境污染与现代科学技术的推动有关；另一方面，科学技术在节约资源、保护生态、改善环境等方面，也不断发挥着越来越显著的作用。我们应该积极预防科技应用可能引发的负面效应，着力突破制约生态文明建设和可持续发展的重大科学问题和关键技术，大力开发和推广节约、替代、循环利用资源和治理污染的先进适用技术，不断为生态文明建设提供科学依据和技术支撑。

要系统深刻地认识自然规律，认识人与自然相互作用的规律，认识我国自然资源与生态环境的现状及其变化的趋势，认识社会复杂系统的演化和调控规律，以便及时自觉地调整人与自然的关系，积极推动向资源节约型、环境友好型社会转变。要树立综合的科技评价体系，避免用单一的经济指标来评价科技的优劣，应该从生态、人文、美学等各方面建立起合理的科技价值体系，引导科学技术健康、持续发展。

（五）生态制度文明

人类自身作为建设生态文明的主体，必须将生态文明的内容和要求内在地体现在人类的法律制度中，并以此作为衡量人类文明程度的标尺。建设生态文明，内在地包含着保护生态、实现人与自然和谐相处的制度安排和政策法规。正确对待生态问题的制度形态，包括生态制度、法律和规范，强调健全和完善与生态文明建设标准相关的法制体系。为了积极推进生态文明建设，必须加强生态法制建设，通过国家立法的方式，提高人们对环境所承担的责任。

随着我国社会主义市场经济的发展和建设社会主义法治国家进程的加快，生态保护的法律法规在生态文明建设中发挥着越来越重要的作用。系统的法律和制度体系，是落实生态文明建设的有效保障。当务之急是强化政策导向，形成激励和约束机制，改革绩效考评体系。根据不同地区经济发展的实际水平和人口、资源、生态环境的总容量，确定不同的发展目标，制定相应的考核评价体系，赋予不同的经济政策，明确生态环境保护的职责、权利和义务。调动人民群众保护生态环境的积极性，使公众学会运用生态环境保护法律法规来维护自身的生态环境权益，并敢于对污染和破坏生态环境的行为进行检举和控告。

(六)生态实践文明

建设生态文明，人们应该将生态文明的内容和要求由内而外地体现在自己的生产、生活和行为方式中，体现在各种活动实践中。生态文明建设是一项系统、深刻的社会变革工程，既需要自上而下的发动与贯彻，也需要自下而上的参与和推动。就当前我国生态文明建设的实践而言，在自下而上的公众参与方面稍显滞后和不足，往往导致一些法律难以有效执行，制度难以有效贯彻，政策难以有效落实。在人民群众日常生活的许多方面，也由于生态意识淡薄，广泛存在与生态文明不相适应的不良行为习惯。

目前，生态文明的观念和机制正在形成，并日益深刻地影响到所有社会组织和个人的行为方式。建设生态文明，关键在于人的行动，在于形成符合生态文明要求的生活方式和行为习惯。人的生活方式应自觉以实用节俭为原则，以适度消费为特征，应该追求基本生活需要的满足，崇尚精神和文化的享受。作为物质产品的生产者和消费者，人们应该在生产和生活中养成节约资源、善待环境、循环利用、物尽其用、降耗减排的良好习惯，主动抑制直至消除浮华铺张、奢侈浪费等不良习惯。

四、建设生态文明的重要意义

在我国，提出建设生态文明，也是基于生态环境问题日益突出、资源环境保护压力不断加大的新形势。改革开放以来，我国经济社会发展成就巨大，也积累了不少矛盾和问题。突出表现为我国经济发展在很大程度上是靠物质资源投入实现的，主要依赖投资和增加物质投入的粗放型增长方式，能源和其他资源的消耗增长过快，生态环境恶化问题日益突出，资源环境代价过大。这种以牺牲环境来换取经济增长的发展模式已经难以为继了。提出建设生态文明，不论对于实现以人为本、全面协调的可持续发展，还是对于改善生态环境、提高生活质量、全面建设小康社会，都是至关重要的。建设生态文明，既继承了中华民族的优良传统，又反映了人类文明的发展方向，具有极其重要和深远的意义。

(一)建设生态文明是发展中国特色社会主义的必然选择

我国人口众多，资源相对不足，生态环境承载能力脆弱。特别是随着经济快速增长和人口不断增加，能源、水、土地、矿产等资源不足的矛盾越来越尖锐，生态环境形势十分严峻。高度重视资源和生态环境问题，增强可持续发展能力，是建设中国特色社会主义社会的重要目标，也是关系中华民族生存与发展的根本大计。近年来，我国生态环境保护工作取得了积极进展，但是，长期积累的生态问题尚未得到解决，新的生态问题又不断产生，一些地区的环境污染和生态破坏已经到了相当严重的程度。发达国家上百年工业化过程中阶段性出现的生态环境问题，在我国已经集中出现，不仅造成了巨大的经济损失，还给人民生活和健康带来严重威胁，直接危及中国特色社会主义建设的进程。我们必须通过发展方式、消费方式的根本性调整，大力提高资源利用效率，大幅度降低污染排放强度，力争以最小的资源和生态代价，支撑和促进中国特色社会主义的又好又快发展。要建设中国特色社会主义，必然离不开马克思恩格斯的生态文明思想、习近平生态文明思想。在马克思、恩格斯的观点中都包含了关于生态文明的思想，他们致力于研究人、自然和社会发展三者之间的辩证关系，对我们现在研究生态文明建设具有启示作用。习近平总书记的生态文明建设思想无疑是对马克思恩格斯生态文明思想更加深入、更加具体的解析和发展。习近平总书记运用马克思主义哲学的世界观和方法论，特别是唯物论、辩证法、唯物史观，升华了生态文明建设理论，其建设生态文明的思想，具有鲜明的辩证思维特征，为生态文明建设提供了思想引领和根本遵循，是对马克思主义生态文明思想的继承和发展，是马克思主义中国化的最新理论成果。生态文明建设具有造福当代和后代的重要深远意义，建设生态文明有利于人类在对马克思主义思想的把握上更为全面，也更有利于丰富、完善和深化马克思、恩格斯的生态文明思想研究。站在人类文明发展的角度，生态文明是人类社会发展的必然趋势，它以人与自然和谐相处为前提，并被越来越多的人认识和接受。

（二）建设生态文明是全面建成小康社会的客观要求

在我国这样的人口大国，建设惠及十几亿人口的更高水平的小康社会，最紧迫的任务就是要改变传统发展思维和模式。倘若继续沿袭高投入、高能耗、高排放、低效率的粗放型增长方式，走先污染后治理、边污染边治理的发展道路，全面建设小康社会的奋斗目标就难以实现。当前，我国正处于工业化、城镇化加速发展时期，资源供应不足、能源严重紧缺、环境压力加大已经成为全面建设小康社会的关键性制约因素，建设生态文明已经成为全面建设小康社会，实现经济社会可持续发展的根本要求。首先，转变对发展本质的理解，从单纯强调经济发展转变为注重经济与自然的协调发展。必须纠正“顶着发展名义的畸形发展”，建立以绿色 GDP 为核心的国民经济核算体系。绿色 GDP 是指用以衡量扣除自然资源损失后新创造的国民财富的总量的核算指标。实施绿色 GDP 的关键是通过市场竞争促使企业增强环保意识，规范环保行为。我们反对西方生态主义者只要生态环境而不要经济增长的主张，同时，也反对资本主义制度只要经济增长不要生态环境的经济发展模式。其次，树立生态经济观。21 世纪是生态文明的世纪，站在人类文明的关键点上，反思既往的发展模式，确立经济与生态协调发展的生态经济观，已成为时代的必然。改革开放以来，虽然我们取得举世瞩目的成就，但也日益面临着生态危机的严峻挑战，一些地方政府一味地强调经济增长，把不顾环境恶化的经济增长也看成是政绩，很多人的环境意识仍很淡薄。这样做的最后结果是生存环境一天天的恶化，经济最终停滞发展。在社会主义和谐经济建设中绝不能再走先发展、后治理的西方国家老路；绝不能再走传统的依靠高投入、高消耗、低产出、低效益的粗放型经济增长道路；绝不能再以浪费资源、牺牲生态环境为代价来换取经济的高速增长。必须转变发展观念，树立生态经济观，必须兼顾经济与环境的协调发展。最后，发展循环经济，建设节约型社会。“循环经济是指在人、自然资源和科学技术的大系统内，在资源投入、企业生产、产品消费及其废弃的全过程中，把传统的依赖资源消耗的线形增长经济，转变为依靠生态型资源循环来发展的经济。循环经济的系统，是由人、自然资源和科学技术等要素构成的大系统。”传统经济是由“资源—产品—污染”构成的物质单向流动的线性经济，其特征是高消耗、低效益、高污染，对资源的利用常常是粗放的、一次性的；而循环经济倡导的是一种建立在物质不断循环利用基础上的经济发展模式，形成一个“资源—产品—再生”的双向反馈式流程，其特征是低消耗、高效益、低污染，所有的物质和能源都能在这个不断进行的经济循环中得到合理和持久的利用。循环经济充分考虑自然生态系统的承载能力，尽可能节约资源并循环使用，不断提高资源利用率，以良性循环来创造社会财富。发展循环经济能够减少经济增长对资源和环境的压力，实现经济发展方式的根本转变。循环经济是解决经济发展和环境问题冲突的最佳发展模式；循环经济是环境与经济良性发展的实现途经，是建设资源节约型社会的重要途径。中国发展循环经济应立足本国国情，建立推进循环经济的产业技术标准、市场准入标准和科技创新体制以及技术创新体系。必须提高产业技术标准，提高生产率，降低和减少资源、能量的消耗，杜绝高耗能产业上马。

（三）建设生态文明是促进社会和谐的基础和保障

生态文明关乎民生问题，要尽力地满足人民群众关于生态的诉求。推动经济发展和社会生产的生态文明建设，其实就是为人民群众创造良好的生态环境和满足人民群众的需求，促进人与自然和谐相处。有关人民生计的生态关怀是马克思历来关心和重视的问题，同时，也是中国共产党十分关心和关注的问题。如今的社会，人民群众从重生存已经转变到了重生态，人民的环境保护意识也在不断地提高，生态环境的问题，已经成为民生中的重要问题。良好的生态环境，不仅影响着经济的发展，还关乎着社会的问题，它是经济问题，同时也是政治问题。生态文明的核心是人与自然、人与社会和谐相处。良好的生态环境本身就是构建社会主义和谐社会的基本要素。大力提倡绿色消费、文明消费，弘扬人与自然和谐相处的核心价值观，在全社会牢固树立与保护生态相适应的政绩观、消费观，形成尊重自然、热爱自然、善待自然的和谐氛围是生态文明建设的基本内容。大家知道，如果人与自然的关系不和谐，就会影响人与人的关系、人与社会的关系；

生态危机和环境恶化会直接威胁到人们的生存环境和身心健康，极易引发环境纠纷和群体性事件，激化公民和政府的对立与冲突，影响社会的和谐。人类发展至今，已经深深意识到没有生态安全，人类自身就会陷入严重的生存危机，和谐社会的构建就无从谈起。

倡导可持续发展的生活方式。余谋昌先生认为，可持续发展的生活方式是一种更高级的生活结构，是一种新的消费文化。它的主要特征包括：以知识和智慧价值代替物质主义价值；以适度消费代替过度消费；以简朴生活代替奢侈和浪费；消费生活从崇尚物质转向崇尚精神；绿色消费是俭朴生活的新表现。可持续发展的生活方式的特征表明，它是一种比传统的高消费生活更丰富和更高级的生活结构，是一种更符合人的本性从而更适合人的需要的生活，也是一种更符合自然本性从而更适应人类未来可持续发展的生活，因此，是一种有更高生活质量的新的生活。可持续发展思想应是绿色、和谐的消费文化的内核，绿色、和谐的消费文化一定是可持续发展的。可持续发展的生活方式要求我们必须批判传统的“发展=经济增长”的片面发展观，批判传统的挥霍资源式的消费，继承和发扬传统的节俭美德，树立绿色文化。

倡导适度消费。如果说，可持续发展的生活方式是绿色、和谐的消费文化的内核，那么，适度消费就是践行绿色、和谐的消费文化的方式。“适度消费以节俭为特征，它不反对随着经济发展不断提高消费水平，只是反对‘为地位而消费’的过量消费中的挥霍和浪费。”真正合理的消费应该是一种综合考虑经济、生态、社会、文化诸方面利害关系的适度性消费；是一种理性、文明、健康而有节制的消费；也是一种既满足人类合理的不断提高的物质享受，又做到物尽其用，提高人类消费的效率和生活质量的消费。

自然生态环境是人类和人类社会存在发展的基础，一切人类文明都是建立在对自然生态环境改造基础之上的。构建社会主义和谐社会离不开社会主义和谐生态，社会主义和谐生态既是社会主义和谐社会的应有之义，也是构建社会主义和谐社会的基石和保障。良好的生态环境能为构建社会主义和谐社会提供资源保障，如果生态失去平衡，社会发展和资源供应矛盾突出，社会主义和谐社会的建设就会因为缺乏资源支持而成为无米之炊。只有兼顾经济与环境的协调发展，才能把我国建设成一个经济繁荣、资源殷实、生态良好的社会主义和谐社会。否则，构建社会主义和谐社会就会成为一句空话。生态和谐是推动社会建设与经济建设、政治建设、文化建设协调发展的基础，是建设中国特色社会主义的有力保障。同马克思主义一样，生态社会主义认为自然环境先于人类社会而存在，人类只是自然界的一部分，自然环境是独立于人和人类社会的。同时又强调，自然离开了人没有独立存在的价值，自然是人类社会的一个组成部分，自然界和人类相互作用才构成了人类社会的历史。这种思想和理论观点对我们现今尊重保护生态环境、正确认识人与自然的关系、建设社会主义生态文明，实现社会主义和谐生态，为构建社会主义和谐社会打下坚实的生态环境基础，提供了重大的启示。环境是人们生活的综合空间，尊重保护生态环境，维护生态平衡十分重要。从 20

世纪60年代《寂静的春天》的出版到“罗马俱乐部”的成立，到1992年全球环境峰会——里约联合国环境与发展大会的召开，人们逐渐认识到：人类必须摒弃对待自然的功利主义观念，全面认识并尊重自然的价值，保护自然。环境与发展问题是国际经济政治新秩序建设的一个重要方面。自然界不是一个任人摆布、没有反抗能力的客体，它并不以人的主观意志为转移，当人类的行为超过自然本身的承受力，自然界就要进行报复。人类要生存和发展就要学会尊重自然规律。

要正确认识人与自然的关系，统筹人、社会与自然的和谐发展。人类社会的一切制度和行为方式都应遵循生态性、系统性原则，要与自然保持一种平等协调、和谐共处的关系，只有这样，才能保证社会经济与生态环境的协调发展。在我国现代社会中，长期居主导地位的传统价值观认为：自然财富是无限的，人的物质需求也是无止境的，人类只有不断地征服自然、扩大消费，才能促进经济发展，满足人们不断增长的物质需要。在这种旧价值观的支配下形成了人类中心主义，倡导一切以人为中心，一切以人为尺度，一切从人的利益出发，一切以经济建设为中心，结果导致了生态环境恶化，人们的生产、生活受到严重影响。《寂静的春天》促使人类开始关注生态伦理，将人类正当行为的概念扩大到包括对自然界的关心、尊重所有生命和自然界。现代环境哲学把人、社会与自然界作为一个统一的整体来看待，把世界看作是“自然-经济-社会”的复合生态系统，是人、社会和自然相互作用的有机整体。

（四）建设生态文明是提高我国国际竞争力的重大举措

改革开放40年来，我国在经济建设方面取得多项第一，获得了举世瞩目的成绩。但在这成绩的背后，生态环境受到无法弥补的破坏，能源消耗、空气污染、水污染、耕地减少、土质退化、生态失调、环境恶变等环境问题，已经严重影响到中国可持续发展的生态保护问题。这不仅需要我们从理论上、政治上找到改变现状的依据，更需要在实践中找到有效的措施来达到理论的高度，完善中国特色社会主义生态文明建设理论。中华人民共和国成立之初，为了巩固革命胜利成果和人民民主专政，在外交政策上，我国奉行“一边倒”的外交政策，并与社会主义的苏联等国家结成社会主义同盟。20世纪60年代，国际环境发生了重大的变化，同时，我国人民民主专政国家政权最终巩固，对外政策也随即进行了调整。周总理在会见印度总理尼赫鲁时，提出了著名的和平共处五项原则。在随后召开的万隆会议上，周总理进一步阐述了中国政府的和平共处五项原则，并得到了与会国家的广泛支持。随后，和平共处五项原则作为解决国与国争端的基本原则被普遍接受。20世纪80年代末，随着苏联的解体和东欧剧变，建立在雅尔塔体系之上的两极格局被打破，国内改革开放的格局也已初步形成。面对着国际国内形势的变化，邓小平同志不失时机地提出了和平与发展是当今世界两大主题的科学论断。党的十七大在阐释我国外交政策时提出：中国将始终不渝走和平发展道路，推动建设持久和平、共同繁荣的和谐世界。将外交理念与国家总体战略发展更加紧密地结合起来，把推动建设“和谐世界”的宏伟目标，与中国自身实现

“和平发展”的长远战略结合起来。走和平发展、独立自主的道路始终是我国外交奉行的准则，而推动构建和谐世界，与世界各国实现合作共赢则是我国外交致力于发展的目标。从“一边倒”到和平共处五项原则，从和平与发展到“和谐世界”，我国的外交政策作出了巨大的调整，但始终坚持和平的对外政策，努力倡导新的合理的国际关系。我国作为第三世界的一个社会主义大国，从全世界共同利益出发，主张建立一种和平、稳定、公正、合理的国际政治经济新秩序，赢得了世界上许多国家特别是第三世界国家的赞赏和支持。随着全球环境问题的日益突出，自然资源和生态环境的稀缺成为人类社会面临的共同问题。出于全球环境保护的需要，生态化设计、循环利用资源、保护环境等已成为国家产品竞争力的重要标志。可以预见，谁在有利于环境保护的产品设计、技术创新方面占据优势，谁就会在新的国际竞争中占据制高点。在工业化的进程中，我国明确提出建设生态文明，把建设资源节约型、环境友好型社会放在现代化发展战略的突出位置，必将从根本上摒弃发达国家大量消费、大量废弃的传统模式，为全球环境保护做出积极贡献。

五、建设生态文明社会必须坚持的原则

人与自然的关系是文明的基础，文明的转型首先是人对自然的认识、理解和态度发生重要变革的结果。从工业文明向生态文明的转变，正是基于自然观的转变而发生的。要自觉地推动生态文明社会的建设，就必须扬弃工业文明的自然观。

工业文明的自然观是机械论的，它把自然理解为一部钟表似的机器，认为这部机器的各组成部分之间的联系是机械的；而对这部机器的总体认识是可以通过对它的各个部分的认识来实现的。关于自然的这样一种机械模型，为人们认识和控制自然提供了一个世界观基础，但这种以机械力学为基础的自然观的缺陷是非常明显的。对自然的内在复杂性的低估和对人类认识和控制能力的高估，使得工业文明对自然的控制和征服过程，变成了对文明的根基——自然的破坏和掠夺过程，变成了对人类的生存环境和家园的毁灭过程。在机械论的自然观看来，自然不是人类的家园，它与人类没有任何精神意义上的联系；人也不是自然的一部分，它只有通过征服和控制自然才能确认自己的存在。这种二元论割裂了人与自然之间的价值联系，导致了人文科学与自然科学之间的隔离。机械论的自然观和价值论为工业文明时代广为流行的狭隘的人类中心主义奠定了哲学基础。人类中心主义虽然看到了人与自然之间的区别，高扬了人类的主体地位，却忽视了作为自然界一部分的人与自然之间的内在联系，否认自然的内在价值，并错误地认为人的主体性的表现方式就是征服和控制自然。与工业文明的自然观不同，生态文明的自然观是有机论的。它把包括人类在内的整个自然界理解为一个整体，认为自然各部分之间的联系是有机的、内在的、动态发展的，人对自然的认识过程只能是一个逐步接近真理的过程。所以，在生态文明时代，人类在自然面前将保持一种理智的谦卑态度。人们不再寻求对自然的控制，而是力图与自然和谐相处。

科学技术不再是征服自然的工具，而是维护人与自然和谐的助手。人与自然界的其他存在物都是同一个巨大的存在链上的环节。因此，人类应珍惜并努力维护生物的多样性和价值的多样性。在生态文明时代，人们将超越工业文明时代那种认为保护环境只是权宜之计的肤浅观点，自觉地从“民胞物予”的理念出发，把维护地球的生态平衡视为实现人的价值和主体性的重要方式。生态文明将从文明重建的高度，重新确立人在大自然中的地位，重新树立人的“物种”形象，把关心其他物种的命运视为人的一项道德使命，把人与自然的协调发展视为人的一种内在的精神需要和文明的一种新的存在方式。如果说“人与人、人与自然之间的协调发展”是生态文明的基本理念，那么，持续发展原则、公平原则和整体原则就是这一理念的具体体现。

（一）持续发展原则

强调发展的可持续性是生态文明的一个突出特征。可持续发展离不开可持续的生态环境和可持续的社会环境。为了能够将一个可持续的生态环境留给子孙后代，我们应把经济系统的运行控制在生态系统的承载范围之内，实现经济系统与生态系统的良性互动与协调发展。我们还应选择一条可持续的资源发展战略，通过技术创新提高资源的使用效率，保护生物的多样性，增加自然资本的储备及其在国民财富中的构成比例。为了能够将一个可持续的社会环境留给子孙后代，我们应营造一个更加公正而平等的社会环境，包括建设一个能够使人们的基本权利在更大的范围内得到实现的制度文明；应适度控制人口规模，提高人口质量和人们受教育的水平；应倡导绿色生活方式和绿色消费。可持续发展作为人类社会的发展理念，尽管在其发展的范畴上大大超出了纯经济的范围。但是，经济发展无论是在时间上还是在空间上，始终是可持续发展的基本内核。如何在可持续发展原则指导下进行经济立法，建立科学而行之有效的经济法律法规体系，有赖于对在可持续发展原则指导下制定经济法律法规的基础——可持续发展的基本理论进行必要的研究。可持续发展的核心，在于正确规范两大基本关系：一是“人与自然”的关系，二是“人与人”之间的关系，实现人类文明的永恒延续。它的理论认同在于能深刻揭示“自然-社会-经济”复杂系统的运行机制。在这个空前复杂的领域中，自然规律应当被充分地揭示，人文规律也应当被充分地揭示，自然与人文相互交织并在更高层次上所演绎的规律更应当被充分地揭示。可持续发展的概念，可以通过它的目标函数，作如下集合式的表述：①不断满足当代人和后代人的生产和生活对于物质、能量和信息的需求，即既从物质或能量等硬件的角度予以不断地提供，也从信息、文化等软件的角度予以不断地满足。这里强调的是“发展”。②代际之间应体现公正的原则，去使用和管理属于全人类的自然和环境，同时每一代人也要以公正的原则担负起各自的责任，当代人的发展不能以牺牲后代人的发展为代价。这里强调的是“公正”。③区际之间应当体现均富、合作、互补、平等的原则，缩短空间范围内的代人之间差距，共同实现“自然-生产-市场”之间的内部协调，不应造成物质上、能量上、信息上甚至心理上的鸿沟。这里强调的是“合理”。④创造“自然-社会-经济”支持系统的外部适宜条件，人类生活在一种更严格、更有序、更健康、更愉悦的内外环境之中，为此应当将系统的组织结构和运行机制，予以不断地优化。这里强调的是“协调”。

基于可持续发展的基本概念，从其理论架构和表达方式上解析，可持续发展具有三大本质特征：①发展度。表达并衡量一个国家或区域的发展状况，即能够判别一个国家或区域是否得到了真正的发展，是否在健康地发展，以及是否在保证生活质量和生存空间的前提下不断地发展。对此，必须澄清一个容易混淆的观念，即认为可持续发展似乎不强调经济增长的财富积累，有时甚至把可持续发展视同停止向自然取得资源，以维持生态环境的质量，这显然是与可持续发展理论的本质背道而驰的。②协调度。衡量一个国家或区域经济与社会发展中的矛盾性，即要求定量地诊断或在同一尺度下比较经济与社会发展之间的平衡，效率与公正之间的平衡，市场发育与政府宏观调控之间的平衡，当代与后代之间在利益分配之间的平衡。如果说发展度主要强调量的概念，即经济财富的扩大，那么协调度则更加强调经济内在的效率和质量的概念，即合理地优化经济结构、调控财富的来源与积累、分配以及自然在满足全人类需求中的行为规范。③持续度。衡量一个国家或区域在发展上的长期合理性，注重从时间的尺度上去把握发展度和协调度。这里所指的“长期”，近者可以是五代或十代人的时间，远者直至整个人类的未来，不应是在短时段内的发展速度和质量。

（二）公平原则

生态文明所理解的公平是一种广义的公平，包括人与自然之间的公平、当代人之间的公平、当代人与后代人之间的公平。人与自然的公平主要表现为依据人与自然协调发展的原则考量生态系统和社会系统的需要，既维护生态系统的平衡和稳定，又使人类的生存和发展需要得到满足。代际公平是生态文明关注的一个焦点。在制订当代人的发展计划时，应依据代际公平的原则，综合考虑当代人的需要和后代人的需要，将一个可持续的生态环境和社会环境留给子孙后代。从总体上看，当代人之间的公平处于公平问题的核心。当代人之间的不公平既阻碍人与自然之间的公平的实现，使当代人之间难以就全球环保合作达成共识，也是影响代际公平的因素。我们留给后人的不公平的社会环境，将增加他们实现彼此间的公平以及与自然的公平的难度。因此，实现当代人之间的公平是确保公平原则得以实现的关键。此外，公平的实现也离不开和平的社会环境。进入21世纪之后，整个国际社会在全球化的推动下，已经日益形成一个整体。因此，生态危机也早已经超越了国界，成为整个国际社会需要共同面对的问题。习近平生态文明建设思想不局限于国内生态文明建设，更外延到全球生态文明建设。习近平总书记强调，整个国际社会是一脉相连的，同呼吸，共命运，是一个不可分割的“命运共同体”。“保护生态环境，应对气候变化，维护能源资源安全，是全球面临的共同挑战。”生态问题已经是全球都需要面对的一个巨大挑战。“呵护人类赖以生存的地球家园，建设生态文明……应对全球气候变化关乎各国共同利益，地球安危各国有责”“保护生态环境，应对气候变化，维护能源资源安全，是全球面临的共同挑战。中国将继续承担应尽的国际义务，同世界各国深入开展生态文明领域的交流合作，推动成果共享，携手共建生态良好的地球美好家园。”2016 年 9 月，在二十国集团(G20)领导人杭州峰会开幕式上，习近平同志提出倡议：“共同构建绿色低碳的全球能源治理格局，推动全球绿色发展合作。”全球生态治理，中国因素不可或缺。习近平同志在生态文明建设过程中，将其纳入国家经济社会发展的中长期计划，积极承担与我国国情和实际能力相符合的国际义务，在全球生态治理上展现了一个负责任、有担当的大国形象。

(三)整体原则

随着经济的不断发展、科技的不断进步，世界各国间的联系日益紧密，往来愈加频繁，合作更加便利。伴随国家改革开放程度的不断加深，我国经济发展取得了巨大成就，2010 年就已经超越日本成为全球第二大经济体，越来越多的国家表现出强烈的合作意向，想与中国一道携手并进、共创辉煌。中国的发展离不开世界，世界的发展也需要中国，世界各国间的联系愈加多彩，相互之间不可分离。在拥有发展机遇的同时，与之相对应存在诸多问题和挑战，生态环境日益成为焦点。臭氧层的空洞、海上原油泄漏、大面积的土地荒漠化、雾霾的加重等太多全球性的生态环境破坏事件层出不穷，这些问题的影响范围已经远远超越了本国，延伸至世界。习近平同志带领中国人民以广博的胸襟，积极履行大国职责并投入到全球生态环境保护事业中去。习近平同志多次在国际会议上强调生态环境是人类赖以生存的基础，各国应加强生态环境保护力度，加强国际间合作，共同努力解决已存在的生态问题，做好统筹规划，协调发展、科学发展。习近平生态文明建设思想综合考虑国内、国际发展现实，在努力建设国内生态文明的同时，实时关注全球生态环境状况，主动承担起保护地球的责任。环保基金的成立、环保志愿者组织的建立等实际行动表明中国愿意和世界一道共同创造“绿色地球”。地球上的所有生命都是自然大家庭的成员。各种生命之间不仅相互影响，而且还与地球构成了一个密不可分的有机整体。作为这个大家庭中一个晚到的成员，人类虽然依据自己的聪明才智获得了巨大的生存空间，但我们的生存仍然离不开生态系统和其他生命的支撑。今天，随着人类活动越来越深地渗透到地球家园的每一个角落，人类的命运与这个大家庭中其他成员的命运紧密地联系在一起。为其他物种敲响的警钟，也越来越成为为人类敲响的警钟。整体原则不仅强调人类与自然的有机联系，还展示了人类作为一个整体共同面对环境危机的必要性和可能性。随着经济全球化进程的加速，全人类的命运越来越紧密地联系在一起。环境污染没有国界。任何一个国家都不可能单独解决人类所面临的环境问题。如果其他国家不同时采取相应的行动，任何一个或几个国家的环保努力都将劳而无功。因此，在建设生态文明时，我们应在更深的层次和更广的范围内采取协调行动，共同应对全球环境问题的挑战。

(四)和谐原则

马克思和恩格斯认为，自然界发展到一定历史阶段的产物是人，自然界又为人类提供了生存和发展的环境及条件，人作为“受制约的、受限制的、受动的存在物”是第二性的。正如恩格斯在《反杜林论》中提出的：“而人本身是自然界的产物，是在自己所处的环境中并且和这个环境一起发展起来的。”人具有自然属性，人与自然不可分离，因此，人与自然的关系也是相辅相成，相互依存的。此外，人类生存和发展以自然为基础，人类实践活动的对象也是自然。人类的生存需要依赖自然加以维持，人与自然之间通过物质、能量和信息变换获取物质资料，获得精神满足。马克思将自然界称为人的“无机身体”，也就是说，人类离不开自然界，人的情感、意志、智慧和灵气都是大自然赋予的财富，人类的发展在物质和精神层面上都依赖于自然。马克思在《1844 年经济学哲学手稿》中指出：“人直接地是自然存在物。人作为自然存在物，而且作为有生命的自然存在物，一方面具有自然力、生命力，是能动的自然存在物，这些力量作为天赋和才能、作为欲望存在于人身上；另一方面，人作为自然的、肉体的、感性的、对象性的存在物，和动植物一样，是受动的、受制约的和受限制的存在物，也就是说，他的欲望的对象是作为不依赖于他的对象而存在于他之外的，但这些对象是他的需要的对象，是表现和确证他的本质力量所不可缺少的、重要的对象。”因此，人与自然的关系是受动性和能动性的统一。人作为自然的存在物，受到自然的限制和制约，而人也能够通过劳动实践对自然加以干涉、进行改造。人类必须服从自然界的发展规律，才能与自然界共同进化、协调发展。马克思主义“人化自然”思想的核心是人与自然在实践基础上的统一，人类要在尊重自然、保护自然和敬畏自然的基础上实现价值，同时也要维护生态系统的稳定性和完整性。自然、社会与人的相互关系是马克思自然观的哲学基础，实践的辩证观是从人的实际活动出发，建立在自然、社会与人的相互作用基础上，既注重人的社会关系本质，又注重人与自然相互作用原理，充分尊重自然规律。人类对客观自然规律的认识随着人类社会生产力发展水平不断提高而不断深化。人类社会在不同发展阶段，对自然界的影响和作用显著不同。从原始社会人与自然的原始和谐关系，到农业社会人类与自然的融合非对立关系，再到工业社会人与自然的对立局面，人与自然之间的生态矛盾随着社会的发展进步呈现尖锐化的趋势。马克思主义生态文明思想认为，人类应该在尊重自然界客观规律的基础上通过实践活动改造自然，否则不仅不能达到预期的目标，反而会遭到自然的报复。正如恩格斯在《自然辩证法》中所说：“因此我们每走一步都要记住：我们决不像征服者统治异族人那样支配自然界，决不像站在自然界之外的人似的去支配自然界——相反，我们连同我们的肉、血和头脑都是属于自然界和存在于自然界之中的。”因此，人与自然和谐发展的必要条件是尊重自然规律。针对如何解决资本主义工业文明时期的环境恶化难题，马克思、恩格斯从科学技术的角度进行了充分阐释，主张依靠科学技术改进生产方式，有效地减少废弃物的产生，减轻对环境的压力，发展科学技术是实现人与自然和谐发展的重要途径。马克思认为，物质资料再生产是人口再生产的基础，物质资料不断满足人们所需，才能有人类的存在和延续。而人口是全部社会生产行为的基础和主体，人口再生产又是物质资料再生产得以不断进行的条件。只有人口再生产和物质资料再生产协调发展，才能保证社会再生产的顺利进行。此外，人是在自然的基础上进行创造性劳动的，自然界为人类创造经济价值提供产品材料，也为劳动者提供生活资料，人们在自然物质生产的基础上进行社会物质生产，在社会物质生产过程中又创造了一个人化自然的世界，二者相互作用、相互转化。因此，人类要实现可持续发展，就必须正确认识自然再生产与物质再生产的统一关系，推动人口、资源与经济的协调发展，按照自然生态系统运行的规律要求开展自身的生产生活等实践活动。

（五）以人为本原则

生态文明建设的最终目标是要为人民服务。生态环境的保护是要为少数人谋利还是为大多数人服务，这是生态史观首要回答的问题。马克思曾鲜明指出："科学绝不是一种自私自利的享乐。有幸能够致力于科学研究的人，首先应该拿自己的学识为人类服务。"马克思生态史观的最终追求一直是为人类本身服务，像保护人类自身一样去保护生态环境。习近平生态文明建设思想处处透露着以民为本的情怀，"以对人民群众、对子孙后代高度负责的态度和责任，真正下决心把环境污染治理好、把生态环境建设好，努力走向社会主义生态文明新时代，为人民创造良好生产生活环境""良好的生态环境是最公平的公共产品，是最普惠的民生福祉"。保护生态环境，关系最广大人民的利益，关系中华民族的长远利益，是功在当代、利在千秋的事业，在这个问题上，我们没有别的选择。当前，生态污染问题突出，严重影响到了人民群众的切身利益，习近平同志多次强调要为民谋福祉，满足人民群众对蓝天、青山、绿水的要求，将"群众满不满意、高不高兴、答不答应"作为衡量工作成绩的重要标准，体现着习近平同志作为一个共产党员的责任担当和饱满的为民情怀。习近平生态文明建设思想不仅仅在生态环境保护方面做出了严格要求和合理布局，更以环保为基础，大力推进经济发展方式的转变，进一步完善生态法治建设，将绿色发展观念落实到社会发展过程之中，以此来保护人民的生存环境。国家的发展离不开人民群众，人民群众的利益也正是国家发展所追求的目的，而生态环境的优劣与人民利益休戚相关。最直接的影响就是人民群众的生活环境，良好生态环境是健康生活的基础。习近平生态文明建设思想强调对人民群众生活环境的改善，不仅要让人民群众喝上干净的水、呼吸到清洁的空气、吃上绿色的粮食和蔬菜，而且要让人民群众拥有干净整洁、规范有序的生活环境，让绿色公园融入进人们的日常生活，改善人们的居住环境，从而提高健康水平和幸福感。习近平生态文明建设思想立足保护和改善人民群众的切身利益，表现出强烈的民本色彩。另一方面，习近平生态文明建设思想为经济的绿色持续发展保驾护航。国家发展是人民群众物质生活和精神生活改善的基础，推动国家持续健康发展不能停止，特别是经济发展要在国家各个阶段区别对待，现阶段，国家经济仍需持续、稳定的增长。习近平生态文明建设思想要求国家发展和生态环境之间要和谐共融，相互促进。因此，转变经济发展方式，调整国家产业结构势在必行，充分发挥市场的作用，将滞后国家发展和生态环境保护的老旧企业进行改造升级或淘汰，让国家经济朝着绿色、环保、健康的方向持续发展，进而为人民群众提供工作机会，改善工作环境，从而创造和实现自己的人生价值。除此之外，习近平生态文明建设思想为后代子孙的发展做好了奠基，坚定不移地走可持续发展道路，让天更蓝、水更绿、山更青、社会更和谐。习近平生态文明建设思想把民生福祉作为动力和目标，大力改善人民生活环境和居住环境，积极倡导卫生城区和文明城区的创建，不断引领健康、环保生活新风尚。

六、生态文明的理论渊源

生态文明思想的形成是一个漫长的过程，既有着深刻的现实基础，也有深厚的理论渊源。

(一)西方生态社会主义思潮

西方生态社会主义思潮是20世纪60、70年代以来在西方兴起的一股左翼社会思潮，是当代西方生态运动与社会主义理论相结合的产物，是西方新社会运动中一种重要的指导思想。面对日益严重的生态危机，生态社会主义提出要建立一个以维护生态平衡为基础，以可持续的经济发展模式、健康合理的消费模式以及和睦和谐的人际关系为主要内涵，人与自然、人与人、人与社会和谐发展的社会主义社会。作为一种社会思潮和流派，美国纽约大学政治学教授R·奥尔曼把它列为当今世界十大马克思主义流派之一。生态社会主义作为影响绿色政治的两大主要理论之一(另一理论是生态自治主义)，在不断地发展中表现出越来越明显的“红色”特征。生态社会主义从当今人类面临的严重的生态问题出发，以马克思主义为理论基础，分析了当前资本主义制度的弊端及其与生态危机之间的必然联系，重新探讨了人与自然的关系，提出了未来社会主义应该而且必然是绿色社会的论断，提出了一系列关于未来社会的基本主张，描述了一个新型的人与自然和谐相处的社会主义模式。由于其成员的经历、认识不同，在一些具体问题上又有许多不同的观点和主张，他们的观点各具特色，各有重点。但在生态危机的成因、人与自然的关系、以及未来绿色社会的模式等根本问题上，生态社会主义理论家们的意见大体上是一致的。他们从生态问题与资本主义的关系入手，探索了生态危机的成因和人与自然的关系，描绘了未来的生态社会主义社会，探索了实现这个理想社会的动力、主体和道路等，形成了一套比较完整的理论体系。

1. 生态危机的成因理论

生态社会主义经过“由红到绿”“红绿交融”和“绿色红化”三个阶段的发展，实现了“社会主义”和生态运动的融合。特别是20世纪90年代以后，马克思主义和科学社会主义对生态社会主义的影响日益增大。生态社会主义者以马克思主义的观点和方法分析日益严重的生态危机，最终对生态危机的成因这一生态社会主义的核心问题形成统一的认识，即资本主义制度本身是生态危机产生的根源。“生态危机归根结底不是由工业化而是由资本主义制度造成的，激烈的竞争制度和充满活力的市场机制使他们(资本家)不得不利用高新科学技术和强权经济秩序来获取高额垄断利润，而生态灾难正是由这一切引起的。”

2. 异化消费理论

所谓“异化消费”，是指在资本主义社会中，“人们为了补偿自己那种单调乏味的、非创造性的且常常是报酬不足的劳动而致力于获得商品的一种现象。”当代资本主义生态危机是“异化消费”的产物。提出这个观点的是加拿大生态马克思主义者阿格尔。“之所以叫异化消费，一是因为在发达资本主义社会，高度协调和集中化的生产过程使人感到缺乏自我表现和自由劳动的意义，于是就逃避到以广告为中心的商品消费中去寻找人生意义，到消费中去实现创造性，人为闲暇而活着；二是因为它使人把满足、快乐同消费等同起来，这是对异化劳动的一种不恰当的补偿；三是因为它把异化劳动当作物质丰饶的必不可少的条件，从而又支撑起了异化劳动。”美国学者维克托·沃尔斯认为“当前全球严重的生态问题完全是资本主义国家，特别是西方发达资本主义国家无节制的生产和无节制的消费造成的。”德国学者雅各布·莫内塔强调“为了超额利润而生产、为过度消费而生产是资本主义生产方式的两根支柱”“解决全球生态问题的根本途径是节制资本主义国家的生产和节制资本主义国家的消费，而这是资本主义做不到也不愿意去做的。”同时，“异化消费”也破坏了人的内在自然属性。人们在广告的全面操纵下疯狂地追逐高消费，以补偿和抚慰其依附于强大的经济制度的单调乏味而又非创造性的劳动所带来的痛苦。消费为了消费，而不是为了满足真正的需要。所以，异化消费加剧了人的异化。在“异化消费”理论的基础上，阿格尔又提出了“破碎了的期望的辩证法”理论，并把它看成是消除“异化消费”的手段。所谓“破碎了的期望的辩证法”，是指随着生产的无限制扩大，生态系统无力支撑生产无限的增长，要求缩减工业生产，因此发生了供应危机。这使人们对资本主义的期望破碎了，继而对整个资本主义制度产生了怀疑，于是人们开始重新考虑人究竟需要什么。阿格尔认为“破碎了的期望的辩证法”是革命的根本动力。

3. 生态殖民主义和生态帝国主义理论

生态危机是资本主义生产方式全球化扩张的必然结果。资本主义是“以无限价值扩张为目的的，它丝毫不考虑这种扩张所带来的政治的、经济的、地理的或生态的后果”。资本主义的本性决定了资本主义国家必然通过“结构性暴力”方式对发展中国家进行“生态殖民”，这就是“生态殖民主义”。就像19世纪末20世纪初主要资本主义国家由自由资本主义阶段进入帝国主义阶段一样，20世纪90年代以后，“生态殖民主义”发展到“生态帝国主义”。“生态帝国主义”是“生态殖民主义”的升级版本。“生态帝国主义”最早是由约翰斯顿提出的，美国生态社会主义者福斯特发展了这一理论，主要指当代资本主义国家对发展中国家的“生态掠夺”，以及向发展中国家转嫁生态危机的行为。生态帝国主义包括三个方面内容：资源掠夺、污染输出和生态战争。和早期的生态殖民主义相比，生态帝国主义的掠夺更加“合法化”“制度化”，掠夺方式更加多样，手段更加残忍。大卫·佩珀谴责这种行为是生态犯罪。他指出：“既然环境质量与物质贫困或富裕相关，西方资本主义就逐渐地通过掠夺第三世界的财富而维持和‘改善了’它自身并成为世界的羡慕目标。”而这一切都是由资本主义的本性所决定的。

4. 人与自然的关系理论

资本主义社会人与自然的关系处于“异化状态”。生态社会主义者认为，资本主义的固有逻辑造成了人与自然关系的异化。现代工业社会畸形的价值观以及资本主义制度导致人与自然关系的异化，人与自然的关系的“异化”是资本主义社会一个显著特征。自然不是被当作人与之亲和、协调和共生的对象，而是被当作征服、统治的对象。直接造成人与自然关系异化的原因有两点：其一是科学技术的蜕变；其二是异化消费。异化消费虽然延缓了经济危机，但是却使得整个社会的消费越来越膨胀，渐趋超过自然界所能承受的限度，“是世界文明难以持续下去的标志，也是人类不能沿着现有道路继续走下去的明证。”更为严重的是，人与自然的关系异化直接导致了人本身的异化。“它使人不可能在自然中重新发现自己”“也使人不可能承认自然是自主的主体。在现存社会中，越来越有效地控制自然已经成了扩大对人控制的一个因素：成了社会及其政权的一个伸长的手臂”。人与自然是辩证统一的历史过程。生态社会主义用“人类尺度”考察人与自然的关系，认为人与自然之间的关系应当是一种和谐统一的关系。“生态社会主义是一种人类中心论的(尽管不是资本主义技术中心论意义上的)和人本主义的。它拒绝生物道德和自然神秘化以及这些可能产生的任何反人本主义，尽管它重视人类精神及其部分地由与自然其他方面的非物质相互作用满足的需要”。主张形成一种全新的人与自然的关系，即人是地球的灵魂，人“支配”自然(这里的“支配”是指人类按照理性的方式合理地、有计划地利用自然资源来发展生产，并不意味着征服与破坏，更不是统治)。在这种全新的关系中，人是中心，大自然是人的可爱的家园，人与大自然和谐共生。不难看出，在人与自然的关系问题上，生态社会主义是一种坚持二者和谐、统一的一元论哲学。

5. 对未来绿色社会模式的设想

生态社会主义的目的就是要建立人与自然、人与人、人与社会和谐发展的绿色社会主义。在这个社会中，将形成一种全新的生态与经济、生态与政治、生态与社会和生态与文化的关系：人不是以统治者、掠夺者的角色对待自然，而是站在“人类中心主义”(不是资本主义技术中心主义意义上的人类中心主义)的立场上按照理性的方式合理地、有计划地利用自然资源，经济—技术—生态三者之间形成一种“和谐”的关系。生态社会主义认为资本主义的本性是不断追求最大限度的生产和消费，不会去考虑对自然资源的开发利用是否合理，这种“经济理性”必然导致生态环境的破坏。而社会主义的生产是为了满足人们的生活需要，并不是追求利润最大化。因此，只有废除资本主义制度，建立新型的社会主义制度，才能从根本上解决生态危机。生态社会主义理论家们在对资本主义的批判中，逐渐形成了一套关于未来社会主义社会的比较完整的理论。

6. 变革资本主义的主体力量

既然资本主义是造成生态环境恶化的总根源，所以就必须把维护生态平衡同推翻资本主义制度结合起来，把生态运动与革命联系起来，动员各种社会力量最终消除生态危机的社会根源，从根本上改变人类的生存环境。那么依靠谁来进行革命推翻资本主义社会呢？在实现社会变革的依靠力量上，生态社会主义者的认识经历一个不断深化的过程。20 世纪 70、80 年代，生态社会主义者由于受早期生态主义者以及一些西方马克思主义者的影响，他们认为在当代资本主义国家中，工人阶级被资本主义的消费社会“一体化”了，已丧失了自身的革命性、批判性、否定性，马克思关于无产阶级是资产阶级掘墓人的论断已由于当代资本主义的新变化及其意识形态控制的加强而一体化于资本主义的社会政治经济结构，从而消解了作为一个整体阶级的主体意识和阶级意识。意大利学者卡斯特林那认为“无产阶级在经济上和政治上所获得的利益使它把那些从它专注于资本主义劳动而衍生出来的价值原则看作是积极的东西——对生产力发展的绝对信仰”。所以，只有那些具有强烈的“生态意识”既热衷于生态运动又关心社会前途的以小资产阶级、知识分子和青年学生为主体的“中产阶级”，才能充当未来社会变革的主体力量。工人阶级的作用将由非阶级、后工业新无产阶级(一个包括从体力、智力工作中排挤出的和被部分雇佣或没有工作保证的跨范围的阶级)所替代。20 世纪 80 年代末 90 年代初，生态社会主义者开始逐步认识到工人运动和工会的重要作用，肯定了工人阶级的革命性抛弃了将小资产阶级、知识分子和青年学生作为社会变革主体力量的念头。他们虽然承认很多工人缺乏生态意识，但他们不占有生产资料及其在社会经济结构中所处的被剥削地位没有发生任何变化，工人阶级在从事生产劳动中直接受到环境污染的危害，因而具有革命的潜力，是未来社会变革的主要力量。90 年代生态社会主义的代表人物安德列·高兹认为，“新社会运动”不自觉地和具体地攻击了资本主义的经济合理性的统治，当它与无政治权利的，受压迫的，处境悲惨的无产阶级包括后工业社会的失业的无产阶级，偶尔被雇佣的，短期的和半天制的工人结盟时，“新社会运动”将成为变革社会的承担者。这样的“红绿”联盟最终将成为一支世界性的反资本主义主体力量。

7. 变革资本主义的途径

20 世纪 70、80 年代的生态社会主义者基本上认为“非暴力是生态运动的一个基本组成部分”，有些生态社会主义者甚至认为“敌人像我们一样是有缺点和错误，有友谊和力量的人民；他们是父亲和母亲、女儿和儿子，是俱乐部成员，是学生，是工人；他们有欢乐和苦恼，他们会争吵和和解；他们可能受煽动，他们可能进行抵抗，他们服从和怀疑；他们像我们一样希望过和平生活。”

20 世纪 90 年代以后，生态社会主义者一致认为“非暴力”只能是一种策略，不能作为斗争的原则。他们开始接受马克思主义的阶级斗争理论，认为只有坚持以马克思主义作为指导思想，才能消灭资本主义并建立生态社会主义。佩珀说：“我认为，正如我曾指出和强调过的，在揭示生态危机根源时，相对正统的马克思主义仍然是非常重要的，马克思主义对生态社会主义来说是至关重要的，它不应该在总体上被抛弃。”未来的社会变革来自于工人运动和新社会运动的结合，应把生态运动、反核运动、女权运动等新社会运动同工人运动联合起来，进而把发达国家的反资本主义运动与发展中国家的反生态帝国主义运动联合起来，形成一支世界性的反资本主义的力量，才能够解决生态危机并最终建立生态社会主义社会。如果把“非暴力”当成一种神圣不可侵犯的意识形态，那只能使人们在反对资本主义的斗争中遭受大量的不必要的牺牲。

(二)中国传统生态伦理思想

中国悠久灿烂的传统文化包含着深邃的智慧，其中的传统生态伦理思想为生态文明理论奠定了坚实的基础。

1. 天人合一思想

“天”与“人”的关系问题是中国古代哲学的主要命题，也是中国传统文化的重要内容。“天”与“人”的含义是什么？学界大致有两种看法：一种看法认为，“天”就是指大自然，而“人”即指人类。“天人合一”就是人与大自然的合一。“天人合一”不否认人与自然的区别，但强调人与自然的统一，以及两者相互依存的关系。另一种看法则认为“天”指封建伦理道德，“人”是指“宗法关系的个体承载者和能动的维系者”。“天”被神秘化、伦理化了，“人”也往往被剥夺了主体性，或被唯心地注解了。认为“天人合一”是封建人伦的放大，即将封建人伦放大到天命的高度。尽管人们对“天人合一”的内涵有不同的理解，但在儒家、道家的“天人合一”观中，含有人与宇宙或自然应和谐一体的层面，则是确定无疑的。“天人合一”观在生态学意义上，实际包含了三个层面的意思：其一，在天与人的关系定位层面上，天人一体，构成完整的系统。趋向在合，不在分。其二，在生态道德目标层面上，天人共生共荣，自然生态和谐，人类才和谐。其三，在生态道德准则层面上，人应遵循自然规律，法则自然，不违背客观规律。

尊重生命的生态认知观。我国传统生态伦理思想主张尊重自然、尊重生命、尊重一切生命的价值。例如《禹禁》记载：“春三月，山林不登斧，以成万物；夏三月，川泽不入网罟，以成鱼鳖之长”，实行定期封山和有节制的捕捞，“春夏之所生，不伤不害”，这对于保护生态和维持人类的生存有着积极的意义。儒家认为，“仁者以天地万物为一体”，荣损与共、同生共荣。因此，尊重生命，尤其是尊重自然界的一切生命，就是尊重人自己，也是尊重人自身的生命。《周易》有云："天地之大德曰生。"从尊重生命的角度出发，佛家提出了一系列戒律，其中有"八戒""十戒"之说，要求佛教徒"不杀生""惜生""贵生""放生"和"吃素"，反对任意伤害生命。

2. 仁爱万物的生态价值观

中国传统生态伦理思想对仁爱万物的观点具有普遍的认同。儒、道、佛各学派思想中都有爱物、惜生的慈善情怀。不仅提倡"仁者爱人"，而且认为对待天地万物也应采取爱护的态度。儒家提倡仁爱万物，由《周易》发轫，经孔子最早阐发成形。孟子对仁爱思想做了进一步发挥，将仁爱的道德范围从"亲"推广到"民"，又延伸到"物"的领域，提出"仁民而爱物"。主张把原本用于人类社会的人际道德原则和道德情感原则扩大到天地万物之中，把"爱物"纳入到完善"仁"的内在逻辑结构里，"仁民"与"爱物"是不可分割的"仁"的两方面，缺一不可，从而把珍惜爱护自然万物提高到君子的道德职责的高度。"君子之于禽兽也，见其生，不忍见其死；闻其声，不忍食其肉，是以君子远庖厨也。""君子之于物也，爱之而弗仁；于民也，仁之而弗亲。亲亲而仁民，仁民而爱物。"在孟子的伦理观念中，君子之爱是有层次的。从对亲人的疼爱，到对百姓的仁爱，再到对自然界万物的关爱，各有不同的含义，表现为由近及远的扩展。而这几种爱之间又有着内在的必然联系：亲亲必须仁民，因为只有人们安居乐业了，才能使挚爱的亲人的幸福得到保障和实现；仁民又必须爱物，因为只有珍惜爱护作为生存资料的自然物，才能使人民的生活得到延续和安康。

荀子则在继承孟子思想的基础上，把道德看作人际道德和生态道德的统一。荀子认为，"万物各得其和而生，各得其养而成"，主张对自然万物施以"仁"。把"不夭其生，不绝其长"的对待万物的态度看作是成为"圣人"（仁人）的必备条件。荀子还强调要坚定不移地按照自然规律办事，他认为节俭、顺应天地的自然规律可以抵制自然所带来的灾害。

汉代的董仲舒更是把道德关怀从人的领域扩展到自然界。他说："质于爱民，以下至于鸟兽昆虫莫不爱。不爱，奚足谓仁?"意思是真挚地爱护人民，以致对于鸟兽昆虫没有不去爱护的。不爱护，怎么能说是仁呢？宋明理学将这种仁爱思想与"万物一体"相连，他们对于自然界的万物都充满了爱，因为万物与自己的生命是息息相关的，提出了"仁者以天地万物为一体"。认为人与天地万物本来就是有生命的整体，血脉相连，休戚相关，爱自然万物归根到底就是在爱护人类自身。从爱人到爱物，天不违人，人不违天，人与自然和谐发展。仁人对于自然界受到了损伤，就如同自己的身体受到了损伤一样，应有切肤之痛、伤心之感。将人们对生态环境的珍惜爱护，上升到人们道德要求的最高层次。对万物施仁爱，成为中国传统生态伦理思想中最重要的生态思想之一。

3. 民胞物与的生态和谐观

儒家思想的基本精神就是"天人合一"学说，而正式提出"天人合一"这一命题的是宋代的张载。他在《正蒙·乾称》中明确说道："儒者则因明致诚，因明致诚，故天人合一。"这个论述体现的是儒家哲学新的发展，具有重要的理论指导意义。"仁者万物之一源，非我有之得私也，为大人能进其道，是故立必俱立，知必周知，爱必兼爱，成不独成。"就是说，天地万物具有统一的本性，这个本性并不是我一个人独有的，而是相互联系在一起的。只有道德高尚的人才能顺应天地万物的本性，以尽到自己的责任和义务。人若要自己生存下去，就必须同时让万物都生存下去；人若要认识自己，必须要普遍认识周围的事物；人若要爱自己，必须也要兼爱他人和万物；人若要长久发展，必须让万物都得以成长和长久发展。在这种思想的影响下，古人逐渐形成了一种生态伦理观念，以友善爱惜的态度对待自然万物，反对向大自然过分索取，注重对自然环境的保护和维持生态平衡。张载不仅在中国哲学史上首次提出了"天人合一"的命题，更提出"民胞物与"这一重要思想。《西铭》说："乾称父，坤称母。予兹藐焉，乃混然中处。故天地之塞，吾其体；天地之帅，吾其性。民吾同胞，物吾与也。大君者，吾父母宗子；其大臣，宗子之家相也。尊高年，所以长其长；慈孤弱，所以幼其幼。圣其合德，贤其秀也。凡天下疲癃残疾，茕独鳏寡，皆吾兄弟之颠连而无告者也。"张载明示了人对宇宙及其间万物的态度，用类比的方法来说明天地人之间的关系，将之比喻作一个亲切、和谐的大家庭。以天地为父母，视天地间万物都与自己同为一体，不仅所有人都是自己的同胞，所有万物也都是自己的朋友。人的生命活动不仅调整人与人之间的关系，而且还用以调整人与自然之间的关系。在此，张载为其生态伦理思想提出了理想的原则与措施：视天地为万物之父母，只有将天地视为万物之父母，人类才能够表现出对自然的某种爱之情、敬之感。一方面，天地为人之父母，对人具有养育之恩，人就应对天地怀有"孝敬"之感，不应以任何目的和借口来肆意破坏自然环境。另一方面，视人与自然万物为兄弟、朋友，应当相互友爱，担负起对自然的义务和责任。既然人与万物都是天地自然界所生，都是天地自然界的儿女，具有同源性，虽然有人与物之分，但就其同为天地自然的儿女而言，则又都是平等的，所以人与万物之间就并无高下之分，由此便构成了兄弟、朋友的平等关系。人并不是凌驾于万物之上的主宰者，他只是宇宙中的一员。因此，人应当"平物我，合内外"，热爱一切生命，平等地看待万物，这才是人的德性体现。张载的"民胞物与"的思想被宋以来的理学家给予很高的评价和推崇。二程认为："孟子以后，未有人及此。"

张载在《正蒙》中的《大心篇》开篇说道："大其心能体天下物，物有未体则心为有外。世人之心，止于闻见之狭。圣人尽性，不易见闻梏其心，其视天下无一物非我，孟子谓尽心则知性知天以此。天大无外，故有外之心不足以合天心。见闻之知，乃物交而知，非德性所知；德性所知，不萌于见闻。""大心说"是张载哲学中有特殊意义的理论问题之一，从中可以发掘到有关生态伦理的丰富内容。"大心说"的核心是"体天下物"，"体物"之说表现了张载的强烈的生态意识。"体物"之"体"字，有两重意思。一是体验之义，二是体恤之义，二者实际上是统一而不可分开的。体验是一种情感活动，即所谓情感体验，是生命活动的重要方式，它与一般的情感情绪反应并不相同。体验也是一种认识活动，是情与知的统一，亦可称之为体知。体验离不开"感"即感应。在儒家哲学中，人与万物的关系是感应关系，人的生命与万物是息息相关的，体验活动之所以表示了这种息息相关性。感应与张载所说的"体物"，就是这样一种体验，即将自己的生命完全地融入到万物之中，从而体会到万物与我的生命不可分离，就是我的生命的一部分。这无疑是有机整体论的学说，但这里突出了心的作用，也突显了人的责任感与义务感。只有人才能"大其心"，才能体验到万物的生命价值，这正是人的使命所在。

4. 知足知止的生态平衡观

古代人民已意识到自然界中各种资源之间的互相联系和制约，互相融合而共同发展。而且自然资源的再生能力也是有限的，对自然资源的索取速度不能超过自然界的再生速度，应保持对自然资源的适度利用，以维持自然界的再生产平衡。要使人们的行为不违反自然规律，老子主张知足知止的对待事物和爱护资源，确保事情顺应自然规律发展、使自然资源用之不竭。"知足"，是要讲限度、重规律、懂满足、不能随心所欲、为所欲为、贪得无厌。"咎莫大于欲得，祸莫大于不知足。故知足之足，常足矣。"不知满足，定招灾祸，最大的过失莫过于贪得的欲望，安于所得，知足才能避免灾祸。"知止"，即认识和把握事物的限度，知道何时该停止做某事。人只有"知足"，才能"知止"。凡事应顺应自然无为之道，尽心力去作为，不要妄为，知足常乐。老子说："名与身孰亲？身与货孰多？得与亡孰病？甚爱必大费，多藏必厚亡。"名誉与生命相比，哪一个更亲近？生命与财产相比，哪一个更重要？获得与丧失相比，哪一个更有害？强调过分的追求，过多的爱好必定会造成重大的消耗，过多的收藏必定会酿成严重的损失而失去更多。所以人要看淡成败、远离名利、安于淡泊、从容看待人生的进退取舍、起起落落，使每个人的心态更平和，人生更健康。"知足不辱，知止不殆，可以长久。"只有知道满足才不会受到屈辱，知道适可而止就不会有危险，这样才可以保持长久。要维护生态平衡，实现长久的发展，就应该在发展过程中知道满足、知道知足、适可而止，这样才能实现人类的可持续发展。如果无节制地满足人类的一切欲望，那是会酿制巨大的恶果，将会招来灾祸，所以老子主张过俭啬的生活，知足知止。《道德经》第六十七章老子有这样一段阐述："我有三宝，持而保之。一曰慈，二曰俭，三曰不敢为天下先。"这个"三宝"，前二宝都与生态伦理有关。"慈"即慈爱之心。有慈爱之心，才不会随意损害生命、破坏生态环境；有节俭之举，才有绿色消费理念，知道知足知止的对待大自然，使之走平衡发展、可持续发展之路。老子所谓的"知止知足"，并非不求发展、脱离实际，而是要让人类认清事物的限度、尊重事物的自身规律，不追求极端、奢侈、为所欲为、贪得无厌等过分行为。过度的贪欲观念行为正是导致生态环境恶化的一个重要的思想动因，这种态度必然导致对自然系统及其资源的滥用和浪费。老子的"知止"和"知足"思想作为一种道德要求，对于当代生态道德准则的建立，无疑具有重要借鉴意义，这些道德要求中也包含着对可持续发展的社会至关重要的价值观念。

5. 物无贵贱的生态平等观

道家从道的先在性论证了万物的平等性：万事万物都是由道所创生，万物产生之后虽各具形态，但都具备由道决定的共同本质和遵循的共同法则，因而都具有独立、特殊而不可代替的价值。庄子认为："以道观之，物无贵贱"。以道的角度来看待万事万物，则万事万物没有贵贱之分，都是平等的。万物从本质上就与人类具有同样的价值和尊严，所以万物应得到同等的尊重和对待，物无贵贱，物我同一。人类不应以自我为中心妄自尊大、恃强凌弱、贵己贱物，不应把自然看作是可被统治、控制和征服的对象；更不应为了自己的需要而掠夺自然、违反自然规律，破坏自然。"鱼处水而生，人处水而死。彼必相与异，其好恶故异也。"不同生命主体的特性不同，其好恶必定存在差异。用今天生态伦理学的语言来说，就是同一环境，对于不同的生命主体而言，具有不同的正负面的工具价值效应。这种工具价值效应的差异正好显示了人与动物的生存价值的平等地位。佛家也强调众生平等，宇宙间的一切众生都是平等的。佛家认为万物都有佛性，因此把珍爱自然、爱惜万物看作是与生俱来的责任和使命。佛教强调素食、惜生、爱生，不杀生和众生平等，这样的慈悲情怀是把生态伦理观念外化为生态实践的重要基础。中国佛教中的天台宗、华严宗和禅宗等佛教宗派都承认一切众生都具有佛性，禅宗不仅肯定有情的众生具有佛性，还承认无情的花草树木等低级生命也具有佛性："青青翠竹尽是法身；郁郁黄花无非般若"。大自然的一切皆有佛性，都具有自己的独特价值，人们应该平等地看待和珍爱一切。佛家众生平等的价值观，是从万物都能成佛的内在性的角度承认众生的平等，认为万物都有佛性，所以，自然界一切生命都是平等的。

6. 知常曰明的生态实践观

大自然和万事万物都有其运行规律，人类处世举措要顺应这些规律，不能恣意妄为。《道德经》第五十九章说："治人事天，莫若啬。"意思是说人处世举措要像种庄稼一样，自然成长，自然收获，应时而动。顺应自然、并节俭处世、留有余地，是为了更好地有所发挥。《道德经》第六十四章提出："是以圣人无为故无败"，"以辅万物之自然而不敢为"。由于圣人不违反自然，不强加妄为，只是辅助万物使其自然生长和发展，而不敢随意妄为，因而圣人不会失败。《道德经》第十六章提出："致虚极，守静笃。万物并作，吾以观复。夫物芸芸，各复归其根。归根曰静，静曰复命。复命曰常，知常曰明。不知常，妄作凶。""常"即自然规律，"知常曰明"即认识掌握自然规律才不会乱来；"不知常"即不懂得自然规律，胡作妄为，就会导致"凶"的恶果。能够认识到万事万物的不变规律就是聪明，认识不到而违背规律行事就会遭受祸害。要保持大自然的良好和谐的局面，使天地万物能够良性循环且生生不息，不使之受到破坏，必须从维护"万物并作"的立场出发，讲究“知常”的辩证法，不肆意妄为，这样人类就不会有毁灭自身的危险(这里已经包含有保持生物物种多样性的思想)。人类今后的发展道路能否顺畅，能否持续永续发展下去，很大程度上取决于是否能放弃对自然的损害行为，顺应自然规律而行事。“无为之益，天下希及之”，顺应自然规律行事所带来的好处，那是世界上任何事情都比不上的。老子在《道德经》中描绘过一幅“甘其食，美其服，安其居”，人与自然和谐相处，老百姓生活幸福健康、安居乐业的田园风光。和谐健康的生活，是人们几千年来一直以来孜孜不倦的追求。

7. 以时禁发的生态节用准则

依照时节利用自然、节约生态资源的思想在我国有着悠久的历史，如古代对于狩猎活动有诸多限制，人们都是依照时节而进行捕鱼狩猎等活动。《论语·述而》中说到孔子“钓而不网，弋不射宿”，不用粗绳结成大网，一网打尽；不用灭绝动物物种的工具，也不射回巢的鸟，毁其家庭。这是为了让小鱼和小鸟得到生长。不能采用灭绝物种的捕获行为，不能斩尽杀绝。在《大戴礼记·曾子事父母》中，孔子说：“伐一木，杀一兽，不以其时，非孝也。”把保护自然提升到“孝”的道德的层面，把不合时宜地滥伐幼树、捕杀未成年的禽兽斥为“不孝”。管子从人类对自然资源的永续利用出发，提出“山不童而用赡，泽不弊而养足”，因而要“敬山泽林薮积草”“以时禁发”“使民足于宫室之用，薪蒸之所积”的理论。他说：“山林虽近，草木虽美，宫室必有度，禁发必有时……江海虽广，池泽虽博，鱼鳖虽多，罔罟必有正，船网不可一财而成也。”“春政不禁，则百长不生，夏政不禁，则五谷不成。”“山林梁泽，以时禁发而不正也。”《礼记·王制》所载：“田不以礼，曰暴天物”。“暴殄天物”，肆意损耗自然资源，其结果必然导致“山林薮泽之匮”，使得“万物不繁兆，萌芽、卵、胎而不成”。要求人们在开发利用自然资源时，要有适宜的时限，要按照规定的时节进行。管仲还以经济手段来保障他的“以时禁发”的规律，制定了“毋征薮泽以时禁发”和“山林泽梁以时禁发而不征”的政策，规定山林与水泽要按时封禁与开放，老百姓在开放时间内去采集捕猎都免征税赋。

孟子主张对自然资源的索取要取之有时，取之有度，用之有节：“不违农时，谷不可胜食也；数罟不入洿池，鱼鳖不可胜食也，斧斤以时入山林，林木不可胜用也。”劝告人们不要用细密的网打鱼，以留下幼鱼能够继续生长繁殖，砍伐树木要依照时节，以满足永续利用的需要。不猎宿鸟、不覆鸟巢、不取鸟卵、不抓黄口、不杀雌性动物尤其不杀怀孕的动物、不猎幼兽、不把一群动物一网打尽。孟子认为：“故苟得其养，无物不长；苟失其养，无物不消。”如果能保护资源，生物就会丰富起来；如果不加以保护，生物物种会日益消亡。“故明主必谨养其和，节其流，开其源，而时斟酌焉。潢然使天下必有余，而上不忧不足。如是，则上下俱富，交无所藏之，是知国计之极也。”

荀子指出：“草木荣华滋硕之时，则斧斤不入山林，不夭其生，不绝其长也；春耕、夏耘、秋收、冬藏，四者不失时，故五谷不绝，而百姓有余食也；污池渊沼川泽，谨其时禁，故鱼鳖优多，而百姓有余用也，斩伐养长不失其时，故山林不童，而百姓有余材也。”君主应善于协调生物群落的关系，使各种生物和谐发展，动物得以兴旺繁衍，其他生物得以生存。

墨家认为即使合理的利用自然资源，也应谨慎节用，更不能过分地剥夺有限的自然资源。墨子说：“使各从事其所能，凡足以奉给民用则止。诸加费不加于民利者，圣王弗为。”即在生产和消费上要各尽所能，以维持基本生活为限，超过这个限制条件的一切消费是都是浪费。墨子身体力行提倡节俭，他自称“量腹而食，度身而衣”。弟子自述在墨子门下穿的是“短褐之衣”，吃的是“藜藿之羹”。

《资治通鉴》内记载中国唐代名相陆蛰曾说过：“地力三生物有大数，人力之成物有大限。取之有度，用之有节，则常足；取之无度，用之无节，则常不足。”这就是说，自然界所创造的资源是有限的，依靠人的力量而创造的物质是有限度的。如果取的时候有节制，用的时候节约，则常常能满足人类所需。如果相反，取的时候没有节制，用的时候浪费，那么这些资源就会经常不能满足人们的需要。总之，无论人力还是物力都要合理使用，不要涸泽而渔，不管自然固有的还是通过人们劳动生产出来的物质和资源，都不是取之不禁，用之不竭的。凡事都有其自身的限度存在。我们要重视对资源的保护，一方面要“取之有度”，有限度地利用自然资源。另一方面要“用之有节”，有节制地开发利用自然资源，不浪费，才能“天地节而四时成。节以制度，不伤财，不害民”。

七、实践过程

（一）观：视频《难以忽视的真相》

《难以忽视的真相》（英文：An Inconvenient Truth）是哥伦比亚广播公司、派拉蒙家庭视频公司等 7 家公司于 2006 年联合发行的一部环保纪录片。由戴维斯 · 古根海姆根据同名图书编导，美国前副总统阿尔 · 戈尔进行讲解。该片获得 2007 年第 79 届奥斯卡金像奖。

1. 视频简介

《难以忽视的真相》讲述了全球气候变暖及环境恶化所带来的明显的灾难性的片段，并在最后呼吁保护环境、减缓暖化。其中揭露了气候变迁的资料并对此作出预测，同时也在电影中穿插了戈尔的个人活动。透过巡回全球的简报发表，戈尔指出全球变暖的科学证据，讨论全球变暖经济和政治的层面，并阐述他相信人类制造的温室气体若没有减少，在不久后全球气候将发生重大变化。视频中包含许多段落是为了反驳认为全球变暖不明显或尚未被证实的人。例如，戈尔探讨了格陵兰或南极洲冰床溶解的风险，可能使全球海平面升高近 6 米，沿海地区将会被淹没，也会让约一亿人因此成为难民。格陵兰冰雪融化后的水盐分含量较低，可能会中断湾流而造成北欧地区气温骤降。为了解释全球变暖现象，视频中引用了对南极洲冰层中心样本(ice core samples)在过去65万年间的温度和二氧化碳含量数值的检测。飓风卡特里娜也被用来推论9~14米高的海浪对沿岸地区造成的破坏。戈尔在纪录片的最后说到，若是尽快采取适当的行动，如减少二氧化碳的排放量并种植更多植物，将能阻止全球变暖带来的影响。戈尔也告诉观众如何能帮助减缓暖化现象。

2. 视频链接

http：//vip. iqiyi. com/20110728/4c1aa21cd61479e3. html？ vfm = 2008 _aldbd&fc=828fb30b722f3164&fv=p_ 02_ 01

(二)听：讲座《空气污染的报告》

1. 讲座简介

空气污染是由于人类活动或自然过程引起某些物质进入大气中，呈现出足够的浓度，达到足够的时间，并因此危害了人体的舒适、健康和福利或环境的现象。即空气中含有一种或多种污染物，其存在的量、性质及时间会伤害到人类、植物及动物的生命，损害财物或干扰舒适的生活环境，如臭味的存在。简而言之，只要是某一种物质其存在的量、性质及时间足够对人类或其他生物、财物产生影响者，我们就可以称其为空气污染物。换言之，某些物质在空气中不正常的增量就产生空气污染的情形。例如城市的空气污染造成空气污浊，人们的发病率上升等；水污染使水环境质量恶化，饮用水源的质量普遍下降，威胁人的身体健康，引起胎儿早产或畸形等。严重的污染事件不仅带来健康问题，也造成社会问题。随着污染的加剧和人们环境意识的提高，由于污染引起的人群纠纷和冲突逐年增加，本讲座主要围绕空气污染的社会问题开展，呼吁人们对空气污染加强重视。

2. 讲座链接

https：//v. qq. com/x/page/n0386kh7b99. html？ fromvsogou=1

(三)读：《寂静的春天》

1. 作品简介

在这儿，大自然仅仅是人们征服与控制的对象，而非保护并与之和谐相处的对象。人类的这种意识大概起源于洪荒的原始年月，一直持续到20世纪。没有人怀疑它的正确性，因为人类文明的许多进展是基于此意识而获得的，人类当前的许多经济与社会发展计划也是基于此意识而制订的。繁体中文版的书籍封面寂静的春天是一本引发了全世界环境保护事业的书，作者是美国海洋生物学家蕾切尔·卡逊，于1962年出版。蕾切尔·卡逊(Rachel Carson)第一次对这一人类意识的绝对正确性提出了质疑。这位瘦弱、身患癌症的女学者，她是否知道她是在向人类的基本意识和几千年的社会传统挑战？《寂静的春天》出版两年之后，她心力交瘁，与世长辞。作为一个学者与作家，卡逊所遭受的诋毁和攻击是空前的，但她所坚持的思想终于为人类环境意识的启蒙点燃了一盏明亮的灯。这本书同时引发了公众对环境问题的注意，促使环境保护问题提到了各国政府面前，各种环境保护组织纷纷成立，从而促使联合国于 1972 年 6 月 12 日在斯德哥尔摩召开了“人类环境大会”，并由各国签署了“人类环境宣言”，开始了环境保护事业。中国的环境保护事业也是从停止沙城农药厂的 DDT 生产开始的，而后全面禁止了 DDT 的生产和使用。1992 年，一个“杰出美国人”的组织推选《寂静的春天》为 50 年来最具有影响的书。这些年来，贯穿着所有政治争论，这本书一直是对自我满足情绪的理性批评。它告诫我们，关注环境不仅是工业界和政府的事情，也是民众的分内之事。渐渐地，甚至当政府不管的时候，消费者也会反对环境污染。降低食品中的农药量正成为一种销售方式，正像它成为一种道德上的命令一样。政府必须行动起来，人民也要当机立断。在《寂静的春天》的最后几页，卡逊用罗伯特·福罗斯特的著名诗句为我们描述了“很少有人走过的道路”。一些人已经上路，但很少人像卡逊那样将世界领上这条路。她的作为、她揭示的真理、她唤醒的科学和研究，不仅是对限制使用杀虫剂的有力论证，也是对个体所能作出不凡之举的有力证明。

2. 作者简介

蕾切尔·卡逊 1907 年 5 月 27 日生于宾夕法尼亚州泉溪镇，并在那里度过了童年。她 1935 年至 1952 年间供职于美国联邦政府所属的鱼类及野生生物调查所，这使她有机会接触到许多环境问题。在此期间，她曾写过一些有关海洋生态的著作，如《在海风下》《海的边缘》和《环绕着我们的海洋》。这些著作使她获得了第一流作家的声誉。卡逊 1952 年离开美国鱼类和野生生物署是为了能够集中精力、把时间全都用到她所喜爱的写作上去。当然她获得的回报也是十分优厚的，她不仅写出了《海角》和她去世之后于 1965 年出版的《奇妙的感觉》，更主要的是她那在后来被称为“生态运动”发出起跑信号的《寂静的春天》。

3. 作品评论

描绘和表现大自然的强度、活力和能动性、适应性是卡逊的最大乐趣。20 世纪 40 年代开始，她根据自己对当时还不为多数人所了解的海底生活的观察开始写作，并取得相当的成绩。以她 1937 年发表在《大西洋月刊》上的一篇随笔为基础而写的《在海风的吹拂下》，于 1941 年出版后，因其一贯的科学准确性和深刻性与优美的抒情散文风格的奇妙结合而颇获好评，登上《纽约时报》的畅销书排行榜。1943、1944 年又出版了《来自海里的食物：新英格兰的鱼类和水生有壳动物》和《来自海里的食物：南大西洋的鱼类和水生有壳动物》。1951 年的《围绕我们的海洋》为她带来了很大的荣誉：不但连续数十周登《纽约时报》畅销书排行榜，还获得了“国家图书奖”，被翻译成 30 种文字。

(四)做：拍摄《我们身边的环境污染现象》

1. 活动目的

让学生亲身体验、亲眼见证我们身边的环境污染现象，增强学生的环保意识，加强对生态文明理论内涵的理解，培养学生与自然和社会接触的能力，从而帮助学生认识到环境保护的必要性和紧迫性。

2. 设计理念

(1)突出学生主体地位，引导学生主动发现与发展

以学生的直接经验或体验为基础，将学生的需要、动机和兴趣置于核心地位，拍摄场景的设计充分发挥学生的主动性和积极性，鼓励学生自主选择活动主题，积极开展活动，引导学生主动发展。

(2)面向学生完整的生活世界，为学生提供开放的个性发展空间

克服生态文明教育课程脱离学生自身生活和社会生活的倾向，面向学生完整的生活世界，引领学生走向现实的社会生活，促进学生与生活的联系，为学生的个性发展提供开放的空间。

(3)注重学生的亲身体验和积极实践，发展创新精神和实践能力

注重实践，强调学生乐于探究、勤于动手和勇于实践，注重学生在实践性学习活动过程中的感受和体验，要求学生超越单一的接受学习，亲身经历实践过程，体验实践活动，实现学习方式的多元化，发展学生的创新精神和实践能力。

3. 过程与方法

(1)引领学生走进环保世界，体验现实世界生活

提高学生对自然、社会和自我之间的联系的整体认识，初步形成自觉保护周围自然环境、节约资源的意识和能力，并身体力行。

(2)鼓励学生从社会、自然和科学等不同角度考察并理解环境问题

激发学生对环境问题的关注及好奇心，鼓励他们积极参与解决环境问题的活动。

(3)通过学生的亲身参与，获得丰富多彩的学习体验和个性化的创造表现

发挥学生的自主性，培养学生乐于探究、勤于动手，敢于实践的精神。

(4)培养收集、处理信息的能力

引导学生能将自己的研究成果通过不同的形式展示，具有创新能力。

4. 情感态度培养

通过合作小组的集体研究，对自己的成果有喜悦感、成就感，感受与他人协作交流的乐趣。通过撰写处理垃圾等环保建议的方案，培养学生的创新能力和想象能力。通过拍摄活动，培养学生的动手实践能力和参与社会生活的意识，培养

学生正确的价值观，培养资源意识。

5. 知识与技能

(1)认识垃圾的种类，了解一些常见的可回收材料的回收方法及其好处。

(2)通过活动，使学生了解垃圾的危害，绿化的途径，增强环保意识。

(3)培养学生在生活中发现问题、处理问题的能力，促进学生综合实践能力的发展。

6. 活动形式

以小组为单位进行调查研究和拍摄活动。

7. 活动准备

教师：收集一些有关环境污染和环境保护的资料或图片。

学生：查阅资料数据及有关垃圾处理的科学方法。

8. 活动步骤

(1)准备阶段

①设计拍摄场景　创设拍摄情境和互动情景。旨在使学生初步了解环境污染给人们带来的危害，懂得保护环境人人有责，增强学生的环保意识。同时，创设互动交流的平台，在口语交际中培养倾听、表达、应对的能力。鼓励学生积极参与评价，注意养成良好的听说态度和语言习惯。

②拍摄情景模拟　垃圾箱是否标明垃圾可回收和不可回收的标志，路人在扔垃圾时是否有意识地进行垃圾分类。在草地上某些空旷的地方是否种上绿草，或是进行其他用途。行人是否有践踏草坪的现象。在校园里的某些植物早已枯萎，是否有种植人员重新补种上。湖面或江面上是否漂浮着一些残留物未及时清理，如汽水罐、塑料袋、零食包装袋等。道路上某些垃圾箱已被人破坏，是否有相应的工作人员进行修理或重新安装。在校园里，人们是否随意地将衣服、裤子、被子等晾在栏杆上、树枝上。在路边，是否有人们随手乱丢的烟头、纸屑等。

(2)实施阶段

将学生分组，分别安排到校园或社区的各个地点进行数据采集和拍摄。各小组做好分工(摄影、记录、联络等)，对学生进行安全教育，并做适当的指导。按组设计调查表格，分发到每位学生手中。提示学生思考加强环境保护的建议和措施。

(3)总结阶段

各小组对调查资料和拍摄视频进行整理、分析、研究。撰写调查报告，剪辑拍摄视频。讨论课题展示内容及形式，鼓励学生采用多种形式展示，如微视频、动漫、慕课等。

(4)展示阶段

请各组成员把自己调查、研究、拍摄的资料用自己喜欢的形式展示出来，让同学们更清楚目前的环境污染现状，了解垃圾对环境的危害性，做一个环保卫士。

在各组展示拍摄成果之后，其他学生做适当评价。评出优秀小组、优秀参与个人。

进行活动小结，进一步明确环境保护的重要性。为了我们的生活更加美好，为了我们的校园环境更加美丽，倡导学生保护我们赖以生存的环境。

(五)游：游览祖国大好河山

中华人民共和国环境保护部2016年2月发布《2015年全国城市空气质量状况》，通报2015年全国城市空气质量总体呈转好趋势，全国338个地级及以上城市平均达标天数比例为76.7%，73个城市空气质量达标，占21.6%，达标城市主要分布在福建、广东、云南、贵州、西藏等省、自治区。按照环境空气质量综合指数评价，2015年74个城市中空气质量相对较好的前10个城市(从第1名到第10名)依次是海口、厦门、惠州、舟山、拉萨、福州、深圳、昆明、珠海和丽水。以下以海口为例介绍。

海南省位于中国最南端。北以琼州海峡与广东省划界，西隔北部湾与越南相对，东面和南面在南海中与菲律宾、文莱、印度尼西亚和马来西亚为邻。海南省的行政区域包括海南岛、西沙群岛、中沙群岛、南沙群岛的岛礁及其海域，是全国面积最大的省。全省陆地(主要包括海南岛和西沙、中沙、南沙群岛)总面积3.54万平方千米，海域面积约200万平方千米。海南岛地处北纬18°10′~20°10′，东经108°37′~111°03′，岛屿轮廓形似一个椭圆形大雪梨，长轴呈东北至西南向，长约290千米，西北至东南宽约180千米，面积3.39万平方千米，是国内仅次于台湾岛的第二大岛。海岸线总长1823千米，有大小港湾68个，周围-10~-5米的等深地区达2330.55平方千米，相当于陆地面积的6.8%。海南岛北与广东雷州半岛相隔的琼州海峡宽约18海里，是海南岛与大陆之间的“海上走廊”，也是北部湾与南海之间的海运通道。从岛北的海口市至越南的海防市约220海里，从岛南的三亚港至菲律宾的马尼拉港航程约650海里。西沙群岛和中沙群岛在海南岛东南面约300海里的南海海面上。中沙群岛大部分淹没于水下，仅黄岩岛露出水面。西沙群岛有岛屿22座，陆地面积8平方千米，其中永兴岛最大(2.13平方千米)。南沙群岛位于南海的南部，是分布最广和暗礁、暗沙、暗滩最多的一组群岛，陆地面积仅2平方千米，其中曾母暗沙是中国最南端的领土。

1. 名称

中文名称：海口市；英文名称：Haikou；别名：椰城。

2. 历史沿革

海口起源于汉代，开埠于宋末元初。“海口”一名最早出现于宋代，已有900多年的历史。历史上隶属琼山县，名称沿革有宋代的海口浦，元代的海口港，明代的海口都、海口所、海口所城，清代的琼州口等。

秦末属南越国，公元前111年(汉武帝元鼎六年)，海口地属珠崖郡，属交州刺史管辖，三国时期属广州，西晋时属交州，隋属扬州，唐属岭南道，后属南汉，宋属广南西路，元时先后属隶属湖广行中书省、海北海南道、广西行中书省，公元1369年(明太祖洪武二年)以后隶属广东省。

1858年6月27日，正式签订中法《天津条约》，另有《和约章程补遗》，增开琼州、潮州等六口。

1926年12月9日，海口从琼山县划出，独立建市，称海口市政厅。

1929年8月23日，海口市政厅改称海口市政局。

1931年2月13日，撤销海口市政局，地域划归琼山县管辖。

1950年4月23日，海口市人民政府成立。

1956年，国务院将海口市划为广东省的地级直辖市。

1988年4月13日，第七届全国人民代表大会通过关于设立海南省、建立海南经济特区的决议，海南建省，海口市成为海南省省会。

2002年10月16日，国务院批复海口、琼山两市合并，成立新海口市。

2007年3月，国务院批复同意将海口市列为国家历史文化名城。

3. 行政区划

截至2015年3月，海口市辖秀英、龙华、琼山、美兰4个区(县级)；下设21个街道、22个镇，共43个乡级政区；下设176个居民委员会、248个村民委员会；下设2643个村民小组。

4. 地理环境

(1)地理位置

海口市位于北纬19°32′~20°05′，东经110°10′~110°41′。

地处海南岛北部，北濒琼州海峡，隔18海里与广东省海安镇相望，东面与文昌市相邻，南面与文昌市、定安县接壤，西面邻接澄迈县。海口市东起大致坡镇老村，西至西秀镇拨南村，两端相距60.6千米；南起大坡镇五车上村，北至大海，两端相距62.5千米。

(2)地形地貌

海口市地形略呈长心形，地势平缓。海南岛最长的河流——南渡江从海口市中部穿过。南渡江东部自南向北略有倾斜，南渡江西部自北向南倾斜，西北部和东南部较高，中部南渡江沿岸低平，北部多为沿海小平原。全市除石山镇境内的马鞍岭、旧州镇境内的旧州岭、甲子镇境内的日晒岭、永兴镇境内的雷虎岭等38个山丘较高外，绝大部分为海拔100米以下的台地和平原。马鞍岭为全市最高点。地表主要为第四纪基性火山岩和第四系松散沉积物，呈较大面积分布，滨海以滨海台阶式地貌为主，西部以典型的火山地貌为主。全市地貌基本分为北部滨海平原区，中部沿江阶地区，东部、南部台地区，西部熔岩台地区。

(3)气候

海口市地处低纬度热带北缘，属于热带海洋性季风气候。这里春季温暖少雨多旱，夏季高温多雨，秋季多台风暴雨，冬季不冷但寒气流侵袭时有阵寒。全年日照时间长，辐射能量大，年平均日照时数 2000 小时以上，太阳辐射量可达 11~12 万卡。年平均气温 24.2℃，最高平均气温 28℃左右，最低平均气温 18℃左右。极端气温为最高 39.6℃，最低 2.8℃。年平均降水量 1664 毫米，平均日降雨量在 0.1 毫米以上的雨日有 150 天以上。年平均蒸发量 1834 毫米，平均相对湿度在 85%。常年风向以东南风和东北风为主，年平均风速 3.4 米/秒。

5. 自然资源

(1)土壤

主要土壤类型有玄武岩砖红壤、火山灰幼龄砖红壤、沙页岩砖红壤、带状潮沙泥、滨海沙土。土壤土种共 8 个土类，12 个亚类，43 个土属，110 个土种。

(2)水文

海口自产水资源总量为 19.07 亿立方米，水资源总量折合地表径流深为 830 毫米。海南岛最长的河流南渡江穿过海口市中部而入海。南渡江主流在市区长 75 千米，流域面积 1300 平方千米，年径流量 60.99 亿立方米。海口市主要河流有 17 条，其中南渡江水系 7 条，南渡江干流从海口市西南部东山镇流入境内，穿过中部，于北部入海，入海口段从西向东主要分流有海甸溪、横沟河、潭览河、迈雅河和道孟溪。支流有铁炉溪、三十六曲溪、鸭尾溪、昌旺溪(南面溪)、美舍河和响水河；独流入海的有 9 条，分别为演洲河、五源河、荣山河、演丰东河、演丰西河、罗雅河、芙蓉河、龙昆沟和秀英沟，另外有白石溪流从文昌市境内出海。境内还有凤谭、铁炉、东湖、凤圮、云龙、丁荣、岭北、玉凤、沙坡等水库，总库容量 15 000 多万立方米。

(3)海域

海口市北面临海，海域面积 830 平方千米，海岸线长 131 公里。海水平均水温 25℃，最高 34℃，最低 17.2℃。透明度 1 米，最大达 2 米。浅海盐度 29.6%~31.8%。大部分海底平缓，以软泥为主，泥沙次之；靠近沙滩海岸一带海底以细沙为主。近海水质富含有机物质和无机盐。60~100 米等深线以内的海域面积约 200 平方千米，10 米等深线以内的浅海、滩涂面积上百平方千米。海口市大部分海岸坡度平缓，岸线开阔连绵，沙岸带沙细洁白，有热带海洋世界、假日海滩、白沙门海滩、西秀海滩、粤海铁路通道南站码头海滩、东寨港海滨海滩、桂林洋海滩等海滨风景区和游乐区。港湾与近海还有少许岛礁和潮滩。近海海水清澈，常年风轻浪平，有多处较为适宜的傍岸泳区。

(4)矿产

境内已探明矿产资源 20 种，其中能源矿产有石油、天然气、褐煤、低热值油页岩(油炭质页岩)、泥炭 5 种；金属矿产有铝土矿、钴土矿、褐铁矿 3 种；非金属矿产有高岭土、耐火黏土、砖瓦黏土、硅藻土、膨润土、沸石、浮石、建筑用玄武岩、建筑用砂 9 种；水气矿产有饮用天然矿泉水、热矿水、地下水 3 种。

(5) 动植物

境内有野生陆栖脊椎动物 199 种，其中红胸角雉、山鹧鸪、海南虎鳽等 5 种为海南特有种；列入国家一、二类重点保护名录的有蟒蛇、唐鱼、海南山鹧鸪等 13 种。海洋渔业资源主要有鱼类、虾类、蟹类、贝类等。其中鱼类有 100 多种，常见且质优的鱼类有马鲛鱼、黄花鱼、西刀鱼、石斑鱼、海鲤鱼等；虾类有斑节对虾、沙虾、青虾等；蟹类有锯缘青蟹、小蟹、花蟹、膏蟹、梭子蟹等；贝类有泥蚶、毛蚶、牡蛎、鲍鱼等。此外还有海蜇、沙虫、海马等海洋生物。

海口市处在全国橡胶、胡椒等热带经济作物产区，拥有林地 9.58 万公顷，约占土地面积的 42%。地上有野生植物 1980 种，其中海南特有的有 40 多种；被列为国家一级保护的有苏铁、坡垒、海南黄花梨等 3 种；国家二级保护的有黄檀、粗榧、土沉香、见血封喉等 10 多种。乔木、灌木 180 多种，其中 80 多种属经济价值较高的树种，诸如橡胶、椰子、棕榈、龙眼、荔枝、菠萝密、咖啡、黄皮、莲雾、胡椒、槟榔等。药用植物 1200 多种，其中较著名的有巴戟、益智、砂仁等。海洋植物资源主要有海藻类、江篱和红树林等。

6. 面积、人口、方言

截至 2015 年，海口市土地面积 2304.84 平方千米，人口 222.3 万人，方言有闽南语、琼文片、海南话和琼山土语。

7. 经济

海口历史上是个港口小镇，商贸活动形成较早，但规模小。中华人民共和国成立前，商业、手工业在全岛有一定的地位，但近代工业无几，商品生产落后，经济基础薄弱。郊区农村基本上是一种自给半自给的单一农业经济，人民处于温饱无着的状态。

中华人民共和国成立后，逐步走上了计划经济的轨道，市内经济迅速恢复和发展。1996 年，市区居民的人均年工资 8162 元，年末户均存款 4912 元，人均居住面积 13 平方米；郊区农民人均年收入 3482 元，人均居住面积 17.2 平方米，基本解决市民、农民的温饱问题。但仍有极少数的下岗职工、失业人员、困难户靠政府救济过日子。

从中华人民共和国成立初期至 1978 年，海口市国内生产总值有所增长，但十分缓慢。

从 1979 年开始，海口市经济发展进入了一个新的历史时期。市政府实行“特殊政策，灵活措施”及“以开放促开发”的方针，以经济建设为中心，招商引资，对国有企业进行改革，发展民营企业。

至 1987 年，全市实现国内生产总值 8.89 亿元，比 1978 年增长 2 倍，年均递增 13.1%。第一产业增加值 0.39 亿元，增长 2.4 倍，年均递增 14.6%。其中农业(种植业)增加值 1864 万元，占第一产业增加值的 47.71%；林业增加值 69 万元，占 1.77%；畜牧业增加值 772 万元，占 19.76%；渔业增加值 905 万元，占 23.16%；副业增加值 297 万元，占 7.6%。第二产业增加值 2.28 亿元，增长 2.1 倍，年均递增 13.3%。第三产业增加值 6.22 亿元，增长 2 倍，年均递增 13.1%。人均国内生产总值由 1978 年的 789 元增加到 2906 元，年均递增 9.4%。

1996 年，全市国内生产总值 98.87 亿元，通过结构调整，一、二、三产业较为全面发展。农业增加值 2.5 亿元。工业增加值 12.62 亿元，剔除价格因素，比 1987 年增长 2.6 倍，平均每年增长 15.3%。第三产业增加值 70.68 亿元，全年商品销售总额 55 亿元，旅游收入 11.33 亿元，邮电交通增加值 16.39 亿元。

2014 年，全市经济总量突破千亿。据海南省统计局最终核算，全市实现地区生产总值(GDP)1091.70 亿元，人均地区生产总值 49 607.04 元。

据海南省统计局初步核算，2015 年，全市实现地区生产总值 1161.28 亿元，按可比价格计算，比上年增长 7.5%。其中，第一产业增加值 58.12 亿元，增长 1.2%；第二产业增加值 223.67 亿元，增长 5.8%；第三产业增加值 879.49 亿元，增长 8.3%。人均地区生产总值 52 501 元，比上年增长 6.4%。产业结构继续调整。第一产业和第二产业比重下降，第三产业比重继续提高。“十二五”期间，全市地区生产总值年均增长 9.6%，基本完成“十二五”规划目标，其中三次产业年均分别增长 3.4%、8.6%和 10.4%。三次产业结构由 2010 年的 7.5∶23.8∶68.7 调整为 2015 年的 5.0∶19.3∶75.7。

8. 社会

城市的发展目标：建成经济实力最强、服务设施最优的海南省经济中心城市；拥有一流生态环境的热带滨海旅游度假胜地和理想居住地；国际知名的绿色生态城市。

布局结构：海口主城区空间布局结构为带状组团式。在总体空间发展策略上，遵循“中强、西拓、东优、南控”发展原则。

建立并完善中心放射式的城镇空间布局结构，强化“一心四轴”的空间结构特色。“一心”指主城区，“四轴”指由主城区为中心放射出的四条城镇发展轴，9 个建制镇镇区构成四条城镇发展轴上的重要节点。

海口市将以社会主义核心价值观为根本，以创建为民靠民的执政理念，激发全社会创建热情，拓展创建覆盖领域，不断提升城市功能和精细化水平，提升社会文明程度和市民的幸福指数，三年实现城市风貌、城市管理两个“大变样”，力争 2017 年获得全国文明城市和国家卫生城市。

9. 交通

海口历来是南海海上交通的咽喉，海上交通较发达。而陆路交通至中华人民共和国成立前一直较落后。从 1950 年至 1978 年改革开放之前，尽管海口的交通运输业有了很大的发展，但计划经济的束缚又使它的发展受到限制。

1988 年，海口市成为省会、大特区首府后，交通运输业获得迅猛发展。海榆东线(国道 223 线)、中线(国道 224 线)、西线(国道 225 线)，均以海口为起点，向南沿全岛东、中、西三个方向辐射，联结全省各市、县。北面以海上轮渡与广东、广西两省区陆上道路接连，通往全国各地。辖区的公路干线有 11 条：东线高速公路、海口—洋浦高速公路、国道 223 线、国道 224 线、国道 225 线、滨海大道、工业大道、疏港大道、龙昆路、和平路和庆龄大道。还拥有公路支线 31 条，沟通 3 区、2 镇、6 乡、140 多个自然村。随着道路建设和客、货流量的增加，公路运输能力的大量投入，使运输市场形成多种经济成分并存、竞争有序的活跃局面。1996 年，公路客运量 3725 万人次，货运量 624 万吨，比 1987 年分别增长 2. 9 倍和 48. 4%。全市拥有公共汽车、客车和旅游营运车 4102 辆。其中，公共汽车运营车辆由 1987 年的 89 辆增加到 1412 辆，全年客运总量 5226 万人次；出租汽车由 1987 年的 133 辆增加到 3097 辆，人均拥有率高于全国省会城市的平均水平，成为海口市客运市场的主力军。

海南岛四周环海，海运是交通的重点。进出岛内外物资和旅客的运输主要依靠海运，而海口则是海南省海运的集散中心。海上运输货运航线直通全国各沿海港口及新加坡等地，客运航线与广州、汕头、北海、湛江、香港等地连成一线。海口新港开往海安的客轮每天有 13 个航班，汽车过海轮渡昼夜通航，大大方便了进出岛的物资流通和岛内外人员的流动。1996 年，水路旅客周转量 1. 6 亿人次公里，货物周转量 225. 9 亿吨公里，比 1987 年分别增长 2. 3 倍和 173. 8 倍。

海口航空运输事业发生了惊人的变化。至 1996 年，海口市已发展为拥有 2 家航空公司(南方航空海南公司、海南省航空公司)，1 个民用机场，开通直达航线 57 条，其中国际及地区航线 6 条。全年航空客运量达 217 万人次，货运量 3 万吨，比 1987 年分别增长 13. 6 倍和 30 倍，吞吐量进入全国前 8 名。

10. 旅游

(1)风景名胜

①东寨港国家级自然保护区　1980 年 1 月经广东省人民政府批准建立，1986 年 7 月经国务院批准晋升为国家级，是中国建立的第一个红树林类型的湿地自然保护区，1992 年被列入国际重要湿地名录，2006 年被国家林业局评定为示范保护区。东寨港国家级自然保护区地处海南省东北部，周边与文昌市的罗豆农场和海口市的三江农场、三江镇、演丰镇交界，是以保护红树林生态系统和鸟类为主的自然保护区。保护区总面积 3337. 6 公顷，其中红树林面积 1578. 2 公顷，滩涂面积 1759. 4 公顷。

②假日海滩　国家 AAAA 级旅游景区，于 1995 年 7 月开业，地处海口市西海岸滨海大道一侧，是一个集阳光、海浪、沙滩等元素为一体的滨海旅游休闲胜地。景区跨度绵延长达 6 千米，左侧是葱翠的林麻黄林带，其间错落着度假村、宾馆、游乐场等；右侧是碧波万顷的琼州海峡，海面船只穿梭，犁银溅玉。这里阳光、海水、沙滩、椰树相映成趣，构成一幅美丽动人的自然画面。整个景区由海滩日浴区、海上运动区、海洋餐饮文化区和休闲度假区四个部分组成。

③海口石山火山群国家地质公园　国家 AAAA 级旅游景区，位于海口市秀英区石山镇，离海口市区约 20 千米，园内有距今 2.7 万年至 100 万年间火山爆发所形成的休眠火山口群，周围还有几十个小的死火山口或死火山眼。如今的火山口已建造成一座具有火山文化、生态园林、特色建筑的主题公园。这里的火山生态广场、气势恢宏的登山道、千姿百态的古树长廊、万年前的火山喷发口遗迹，还有那纯朴的乡土风情、特色的手工艺品、山乡美食等，已成为省城近郊的旅游热点，是海南省优秀旅游景点之一。

(2)海口旅游小贴士

背囊尽量选取透气性好的。衣服要带吸汗、透气、易干的，且不要带太多，晚上可以洗衣服，第二天一定干。如果是冬天，尽管天气暖和，最好也带件外套。

海南岛紫外线辐射很强烈，要带好墨镜、高指数的防晒霜和遮阳伞，最好准备些预防中暑、肠胃疾病的药品和防蚊虫叮咬的药水等。

游泳用具泳衣、泳帽、游泳镜一定别忘了带。

(3)特产

①珍珠　是一种古老的有机宝石。主要产在珍珠贝类和珠母贝类软体动物体内；而由于内分泌作用而生成的含碳酸钙的矿物(文石)珠粒，是由大量微小的文石晶体集合而成的。海南有许多珍珠养殖海水珠。

②黎锦　古称“吉贝”布，是黎族人采用木棉花蒴果内的棉手织出的一种特色花布，远在春秋时期久负盛名，也是中国最早的棉纺织品。黎锦包括筒裙、头巾、花带、包带、床单、被子(古称“崖州被”)等，有纺、织、染、绣四大工艺，色彩一般是红、黄、黑、白几种，构成奇花异草、飞禽走兽和人物等图案。黎锦精细、轻软、洁白、耐用，“黎锦光辉艳若云”就是古人对黎族织锦工艺发出的由衷赞美。筒裙的式样类似短裙。

③椰雕　用椰子壳雕刻而成，有可爱的椰雕娃娃、精致的钥匙扣、装茶叶用的，憨憨的椰雕猪，还有挂在墙上的椰雕画、其他形态的椰雕工艺品等。

(4)美食小吃

①清补凉　海南清补凉是风靡热带海南岛的特色冰爽甜品。海南清补凉主要是以绿豆、薏米、花生、空心粉、椰肉、红枣、西瓜粒、菠萝粒、鹌鹑蛋、凉粉、椰奶等多种配料炮制而成的冰爽解渴饮品。

②抱罗粉　是一种米粉，其粉身比“海南粉”略粗，琼北各地称之为“粗粉汤”。但因为文昌市抱罗镇所产的最出名，抱罗粉的名字就叫开了。

③海南粉　是海南米粉大家族中的鼻祖，米粉与十几种色味独特的佐料腌制而成的。海南粉源始于福建闽南。相传明末有一位陈姓的住户迁居澄迈老城，以加工米粉为业。由于生意好，拜师学艺者众多，海南粉便遍布全岛。《正德琼台志》记载，当时全岛共有 121 个较大的墟市，都设有海南粉加工作坊和小摊。人们俗称的海南粉也叫海口腌粉。

(六)唱:《好空气》

如今，空气质量的好坏越来越受到人们的关注。今年春节后，一首音乐作品《好空气》在网络与微信上传唱。“看不见你也抓不住你，可我知道你和我在一起，舍不得你也离不开你，是你给我活力让我呼吸……”这是由惠州本土词曲作家创作的一首歌，其以轻松的口吻、活泼的节奏，通过流行音乐的元素、拟人化的手法，把岭南第一山——罗浮山的好空气介绍给大家。

《好空气》的词作者是市流行音乐协会副主席陈林良。罗浮山云雾缭绕宛如仙境激发灵感创作出《好空气》。一场雨后，当看到罗浮山云雾缭绕，宛如仙境的景象时，陈林良想为罗浮山写一首歌。“罗浮山的空气太好了，值得一写。”

《好空气》的曲作者郭成东是一所学校的德育主任，喜欢作曲。跟一些歌颂罗浮山的歌曲不同，《好空气》带有很强的节奏感。郭成东表示，写空气的歌曲，可以空灵一些，也可以唯美一些，但这首歌一开头就很动感。

《好空气》
作词：陈林良
作曲：郭成东
演唱：梁博　肖红　刘呈楠
看不见你也抓不住你
可我知道你和我在一起
舍不得你也离不开你
是你给我活力让我呼吸
春天连四季
美在山水里
岭南第一山
中国好空气
这里的花草有你的传奇
姑娘也有你自然的美丽
呼吸呼吸好空气
罗浮山的好空气
你追着我我恋着你
这个世界多亏有了你
呼吸呼吸好空气
罗浮山的好空气
是你给我爱的动力
每时每刻我都呼唤你

参考文献

1. 中共中央宣传部．习近平总书记系列重要讲话读本(2016 年版)[M]．北京：学习出版社；人民出版社，2016.

2. 中共中央文献研究室．习近平关于全面深化改革论述摘编[M]．北京：中央文献出版社，2009.

3. 王祥荣．生态建设论[M]．南京：东南大学出版社，2009.

4. 蔡其勇．综合实践活动理论与实践[M]．成都：电子科技大学出版社，2009.

5. 周祖光．海南生态文明示范省建设理论与实践[M]．北京：中国商业出版社，2009.

6. 高立洪，张灯林．让伦理之光照耀河流[N]．中国水利报，2009-10-29(02).

7. 陈寿朋．略论生态文明建设[N]．人民日报，2008-01-08(07).

8. 王祖强．改善生态环境就是发展生产力[N]．浙江日报，2015-04-03(014).

9. 范颖．中国特色生态文明建设研究[D]．武汉：武汉大学，2011.

10. 马娜．马克思恩格斯生态文明思想及其当代发展[D]．沈阳：东北大学，2012.

11. 郭美荐．生态城市产业布局优化研究[D]．北京：中国地质大学，2015.

12. 王帆宇．新时期中国社会转型进程中的生态文明建设研究[D]．苏州：苏州大学，2016.

13. 张毓，严洪，张桔，等．贵阳精神与生态文化——关于贵阳市建设生态文明城市精神生态圈建设的思考[C]．贵阳市经济社会文化大发展与生态文明建设理论研讨会暨贵州省科学社会主义暨政治学学会2010年年会，2010.

14. 刘炼良．论马克思主义生态文明视域下的“两型社会”建设[D]．长沙：湖南科技大学，2011.

15. 王薪宇．中国传统生态伦理思想对构建社会主义和谐社会的启示[D]．哈尔滨：东北林业大学，2011.

16. 张子玉．中国特色生态文明建设实践研究[D]．长春：吉林大学，2016.

17. 陈志立．习近平生态文明建设思想探析[D]．重庆：重庆师范大学，2016.

18. 余谋昌．马克思和恩格斯的环境哲学思想[J]．山东大学学报(哲学社会科学版)，2005(06)：83-91.

19. 徐斯雄．论张载的生态伦理思想[J]．唐山师范学院学报，2007，29(01)：90-92.

20. 王红梅．浅析科学发展观之可持续发展的哲学意蕴[J]．传承，2008(22)：26-27.

21. 肖建平．怎样认识和理解“建设生态文明”[J]．新闻天地(论文版)，2008(06)：88.

22. 兰育莺．建设中国特色生态文明的若干思考[J]．福州党校学报，2008

(03)：76-79.

23. 王在娟．论生态文明[J]．山东省农业管理干部学院学报，2008，23(03)：97-99.

24. 苗泽华，孙增辉．我国古代生态伦理思想及其启示[J]．商业时代，2009(12)：123-124.

25. 朱焕芝，刘凤英．生态文明建设——一个全新的发展理念[J]．现代经济信息，2009(23)：264-265.

26. 杨宏，周雪．我国建设农村生态文明的必要性[J]．内蒙古民族大学学报，2009，15(01)：63-64.

27. 孟来军，陆锦．努力促进生态文明建设[J]．江苏省社会主义学院学报，2009(04)：73-74.

28. 余精华．生态文明导向的社会主义政治文明建设[J]．安庆师范学院学报(社会科学版)，2009，28(05)：99-103.

29. 王馨，马国超．生态社会主义的基本主张及对当代的启示[J]．山东工商学院学报，2017，21(02)：106-109.

30. 程国斌，张延红，李松田．大学生生态价值观现状分析及对策[J]．环境科学与管理，2011，36(06)：187-189.

31. 党敏．生态文明在中国的发展和实践[J]．西安邮电学院学报，2011，16(01)：127-130.

32. 刘妙桃，苏小明．低碳消费：构建生态文明的必然选择[J]．消费经济，2011，27(01)：76-79.

33. 胡长生，王雄青．论我国生态文明建设的政治制度优势[J]．中国井冈山干部学院学报，2012，5(06)：122-127.

34. 田文富．论生态文化建设的社会主义核心价值维度[J]．信阳师范学院学报(哲学社会科学版)，2012，32(02)：38-42，85.

35. 陈羽．从“建设美丽中国”看生态文明建设[J]．重庆科技学院学报(社会科学版)，2013(06)：12-14.

36. 陈士勇．生态文明：中国发展的必由之路[J]．中国青年政治学院学报．2013，32(06)：93-97.

37. 程潮．民生与文明何以并进——孙中山对民生与文明关系的探索及其当代启示[J]．广州大学学报(社会科学版)，2014，13(07)：39-44.

38. 王帆宇．关于生态文明的哲学思考[J]．生态经济，2014，30(07)：127-132.

39. 吐尔逊·托乎提．浅谈生态文明建设的内涵和意义[J]．新疆林业，2015(05)：30-31.

40. 习近平．决胜全面建成小康社会 夺取新时代中国特色社会主义伟大胜利[M]．北京：人民出版社，2017.

41. 刘文化．辩护“难”与辩护“蓝”：“司法文明指数”考——以全国9个省份的数据样本为依据[J]. 广州大学学报(社会科学版)，2016，15(11)：30-35.

42. 田学斌 . 实现人与自然和谐发展新境界——认真学习领会习近平总书记生态文明建设理念[J]. 社会科学战线，2016(08)：1-14.

43. 周晓敏，杨先农 . 绿色发展理念：习近平对马克思生态思想的丰富与发展[J]. 理论与改革，2016(05)：50-54.

44. 冷中笑，曹李海 . 国家公园视域下新疆自然保护区治理的思考[J]. 中共伊犁州委党校学报，2017(01)：47-50.

45. 张才琴，邱本 . "主客体理论"与环保法治建设[J]. 学术月刊，2017，49(04)：83-92.

46. 李治 . 浅谈基层如何做好新一轮退耕还林项目建设工作[J]. 农技服务，2017，34(10)：181.

47. 李林 . 十八大以来习近平反复强调"绿水青山"[J]. 理论导报，2017(06)：36-37，40.

48. 陈美灵 . 像保护眼睛一样保护生态环境[J]. 新湘评论，2017(15)：61-62.

第二章
我国生态文明理论与实践发展

生态文明的理论与实践来自于人们对全球性生态危机的反思和行动，是一个关乎人类生存与可持续发展的重大问题。生态环境问题早已有之，西方发达国家对生态环境保护问题关注较早，我国从20世纪70年代开始关注环保问题，并在21世纪形成了系统的中国特色生态文明理论。

一、我国生态文明理论的提出和发展

我国环境保护事业和生态文明建设虽然起步较晚，但在党和国家的高度重视下，发展非常迅速。从其发展脉络来看，大致可分为四个阶段。

(一)萌芽阶段(1949—1978年)

自中华人民共和国成立以来，由于旧中国遗留下来的“一穷二白”的落后局面，使得我们把主要的精力都放在了发展经济、解决广大人民群众的温饱问题上。但由于缺少经验，加上政策的失误，使人们对于环境问题，以及由此引起的生态问题、生态经济效益问题，没有给予足够的重视。这一时期，由于忽视环境保护，缺少污染治理措施，加之工业布局不合理，有些城镇的生活居住区、水源保护区、风景游览区被污染，不少名胜古迹及其自然保护区受到破坏。虽然对生态环境造成了严重的破坏，但是在实际工作中也采取了一些保护环境的措施，如修建许多农田基本设施、疏浚京杭大运河、兴建大中型水库、新建和改造市政公用设施等。在大规模的发展中，问题仍然是主要的，生态环境建设成效甚微。特别是“文化大革命”期间，我国很多方面工作处于停顿甚至是破坏的境地，生态环境也不例外。

20世纪70年代，世界范围内的生态危机不仅没有消除，反而越来越严重，并呈现出全球性的特征。生态环境问题已经成为人们日益关注的重大问题，成为影响人们生存质量的一个重要因素，它直接威胁着社会的可持续发展，其影响已经渗透到社会生活的各个领域。1972年，罗马俱乐部出版了影响深远的研究报告《增长的极限》，为人类描绘出一幅无限制消耗资源所导致的可怕景象，使西方长期以来流行着的科学技术进步没有止境、物质财富增长没有限度的盲目乐观主义思潮受到极大震撼，在世界范围内敲响了人与自然关系危机的警钟，唤起了人类对环境问题的极大关注，引起了国际社会的广泛讨论，也引起了国内有识之士的关注和研究。

1973 年，我国第一个环保期刊——《环境保护》杂志创刊。该刊由郭沫若同志题写刊名，是我国环境保护领域最具权威性和影响力的综合性期刊。

（二）形成阶段（1978—1992 年）

1978 年改革开放之后，随着国门的打开，我们逐渐探索出了一条有中国特色的社会主义建设道路，经济也一直保持着快速的增长，但与此同时，也对环境和生态造成了极大的破坏。西方生态文明思想的涌入和中国经济社会的不断发展，致使生态环境问题在中国的社会生活和发展中也日益凸现，引起了一些敏锐学者的关注。一些学者开始翻译和介绍有影响的生态环境问题方面的著作，如 B·沃德和 L·杜博斯的《只有一个地球》，雷切尔·卡逊的《寂静的春天》，D·米都斯的《增长的极限》等。随着这些颇具影响力的译著的出版，我国学者也开始了批判性的反思。这一时期研究的成果主要围绕生态伦理和可持续发展理念而展开，来自不同学科的学者从各自的视角，对生态文明的含义、价值观、地位、作用、独立性，生态文明与科学技术和可持续发展的关系以及生态文明的建设等内容都有所涉猎。但整体来看，研究比较粗浅和宽泛，还没有形成理论体系。与此同时，出现了一批新兴的交叉学科，如生态伦理学、生态哲学、生态经济学、环境伦理学、生态文学、生态美学、可持续发展经济学等，这些学科的产生和发展为生态文明理论和实践的研究打下重要的基础。

1978 年 5 月，中国环境科学学会成立，这是最早的政府部门成立的环保民间组织，随后中国各省市自治区相继成立中国水土保持学会、中国环境保护工业协会、中国环境新闻工作者协会等，环境保护工作队伍迅速发展。1979 年，我国成立了生态学会，并参加了联合国的“人和生物圈”研究协作。

1981 年，余谋昌发表《生态方法是环境科学的重要方法》，提出“生态工业”概念；1982 年，发表《仿圈学的意义和任务》，提出“仿圈学”概念；1982 年发表《生态观与生态方法》，提出“生态工艺”概念；1987 年发表《生态学中的价值概念》，提出自然资源有经济价值的“生态价值”概念；1989 年发表《生态文化问题》，提出“生态文化”概念；1989 年发表《建筑的生态设计》，提出“生态建筑”概念；1990 年发表《应重视灾害生态学研究》，提出“灾害生态学”概念。主要著作包括《当代社会与环境科学》（1986 年）、《惩罚中的醒悟：走向生态伦理学》（1995 年）、《生态哲学》（2000 年）和《生态文化论》（2001 年）。余谋昌教授在总结西方环境哲学、生态哲学和生态伦理学知识的基础之上，成功地将生态学基本原理从自然科学引向社会科学，开创了我国社会科学的生态化，他提出的许多生态概念或者生态观点成为我国生态文明建设的有机组成部分。

（三）发展阶段（1992—2006 年）

20 世纪 90 年代以来，随着人们对农业文明、工业文明的不断反思，对中国古代和西方传统生态智慧的不断提炼，以及对生态文明实践经验的不断总结，进一步发展了生态文明的理论体系，生态文明研究进入迅速发展时期。与 20 世纪 80 年代的关注和翻译引进，90 年代的分散研究不同，90 年代末，生态文明的研究逐渐形成规模，各地成立了一些生态文明研究中心，研究的形式和方法也日益多样。随着研究的不断深入和发展，一些学者开始将研究的内容系统化，出版了一系列研究专著。如廖福霖的《生态文明观与全面发展教育》（2002 年）、《生态文明建设理论与实践》（2003 年），沈国明的《21 世纪生态文明——环境保护》。

20 世纪 80 年代末到 90 年代初，随着经济和社会发展中生态环境问题的凸现，生态环境问题日益引起学术界的关注。国内学者除了大量翻译国外有代表性的关于生态环境与社会发展方面的著作外，还结合中国的实际情况，提出了生态文明的范畴，并对这一范畴的思想内容展开了讨论。1990 年，李绍东撰文《论生态意识和生态文明》，较早地提出了“生态文明”这一概念，他认为，“生态文明就是把对生态环境的理性认识及其积极的实践成果引入精神文明建设，并成为一个重要的组成部分”。虽然他仅把生态文明当作精神文明的一个部分，其认识具有一定的局限性，但他所阐述的生态文明的内容和建构的途径为后来的研究者提供了借鉴。

1994—1995 年，石中元发表了 10 篇介绍生态文明知识的文章：《人类的觉醒：生态意识与重建生态文明——生态十记》，以大视野的画面，向人们揭示出生态文明与人类命运的息息相关，并且告诉人们重建生态文明的模式、方法和前景。文中谈到的生态意识、生态建筑、生态农场、生态村等，对人们开展生态文明理论和实践的研究都很有启发意义。1994 年，牛文元教授出版了中国第一本可持续发展理论专著《持续发展导论》；同年受李政道、周光召二位教授委托，组织了“21 世纪中国环境与发展高级研讨会”，并作为执行主编出版专著《绿色战略》。

我国学者在学习借鉴西方生态伦理学成果的基础上，不断对其进行反思和批判，提出了自己的生态伦理观，如佘正荣提出了“生态人文主义”。他认为：生态人文主义是自觉地用生态规律来指导人类发展和个人发展的人文主义，是按照生态世界观及其科学方法论来积极发挥人类维护和促进自然进化的人文主义。但它不是人类中心主义的。”

1999 年，刘湘溶出版了国内第一部以“生态文明”命名的著作《生态文明论》，将生态概念从一般的科学与环保概念提升到人类文明的高度，将人类文明长期追求的“真”“善”“美”，从全新的角度进行了审视与建构，注入了前所未有的广阔内涵。提出人类的思维方式、发展方式、消费方式都应该生态化。

关于生态文明的理论渊源研究，目前有几种主要的观点。廖福霖认为生态文明思想的理论渊源有三方面：一是来自传统的和谐思想，如中国的天人合一，和为贵以及西方的浅生态学、深生态学等；二是对于生态与环境危机的反思；三是建设生态文明实践的总结。进入新世纪，有学者认为，生态文明是指人类在物质生产和精神生产中充分发挥人的主观能动性，按照自然生态系统和社会生态系统运转的客观规律建立起来的人与自然、人与社会的良性运行机制，和谐协调发展的社会文明形式。它是人类物质、精神和制度成果的总和，是一种新的文明形式。它至少包括三个层面：物质生产层面、机制和制度层面、思想观念层面。

叶平提出了"人与自然协同进化论"。他认为"人与自然协同进化是人类仿效生物与自然协同进化的规律概括出来的伟大的生存智慧。它指导我们正确地定位'一个地球，两个世界的'内在价值。对于人类世界的生存与发展而言，非人类世界的可持续是根基。没有非人类世界稳态的生态关系就不可能有人类世界的可持续价值。"

(四)成熟阶段(2007年以来)

一些高校和科研机构与地方政府合作开展研究，有的科研机构组织了专题研讨会，有的还走出国门，与国外同行切磋。例如，2007年10月，中央编译局和中美后现代发展研究院在美国克莱蒙大学城联合主办了"马克思主义与生态文明"国际学术研讨会，来自中国、美国、日本和韩国的近60位学者，就生态文明建设这一主题开展了严肃认真的讨论。与会者认为：生态文明是可能的。

更多的专著如雨后春笋般呈现出来，如姬振海的《生态文明论》(2007年)，刘经伟的《马克思主义生态文明观》(2007年)，陈学明的《生态文明论》(2008年)等。这些著作虽然研究侧重点不同，角度各异，但它们集中了生态文明研究某一方面的主要成果，在宣传生态文明思想观念，探讨生态文明实现道路，提高人们生态文明意识，促进科学发展、可持续发展方面起到积极的作用。习近平总书记高度重视生态文明建设，他基于对人类文明发展规律的准确把握，基于对中国传统生态文化以及马克思主义生态观的深刻理解，基于对中国特色社会主义事业发展实际的清醒认识，提出了一系列内涵深刻、蕴意深远的生态文明理论。

总的来看，目前国内生态文明理论研究取得了以下成果。

1. 关于生态文明理论渊源的研究

学者们普遍认为，中国古代生态智慧和马克思、恩格斯生态文明思想是我国生态文明思想产生的理论根源，中国社会发展实际是其产生的现实基础。如孙成武认为，中国共产党提出的生态文明思想是对马克思主义文化思想中关于生态理念的继承和发展，是对中国传统文化关于天人和谐思想的传承和弘扬，是当代中国先进文化发展的内在表现和必然要求。黄承梁则探讨了习近平生态文明思想的理论渊源，他认为马克思主义哲学是习近平生态文明思想的理论基石，中华传统生态智慧是习近平生态文明思想的民族土壤和文化基因，当今中国生态环境及其治理的历史经验和教训是习近平生态文明思想的实践来源，人类社会整体追求可持续发展的愿景是习近平生态文明思想的国际环境，习近平新时代中国特色社会主义思想是习近平生态文明思想的新时代标志性特征。

2. 关于生态文明内涵的研究

范斌认为，生态文明的内涵应包括生态意识文明、生态法治文明和生态行为文明。姬振海认为，生态文明是指人类遵循人、自然、社会和谐发展这一客观规律而取得的物质与精神成果的总和；是指以人与自然、人与人、人与社会和谐共生、良性循环、全面发展、持续繁荣为基本宗旨的文化伦理形态。生态文明应包括生态意识文明、生态行为文明、生态制度文明和生态产业文明。李欣广总结了以上观点，从文明形态上对生态文明进行了重新界定，认为生态文明应包含两重含义，“第一重含义，是在中国共产党第十七次代表大会政治报告中提出的，与社会主义的物质文明、精神文明、政治文明相并列的生态文明。”“第二重含义，是继农业文明、工业文明之后的文明形态，预示着人类社会进入一个新的文明形态的前景。社会主义生态文明就是要将人类社会向这个新的文明形态推进”。他认为，“第一重含义，揭示了生态文明建设本身就是社会主义事业的一部分，而第二重含义，将生态文明与社会主义事业相结合，则有深远的历史意义。”

3. 关于生态文明教育的研究

学者们普遍认为应把马克思主义生态文明观作为生态文明教育的指导思想。多数学者从生态文明建设的视角谈思想政治教育的价值和思想政治教育创新，以及在思想政治教育过程中加强生态文明教育的措施，把生态文明教育纳入思想政治教育范畴。目前学界对大学生生态文明教育的探讨比较多。彭秀兰认为，高校生态文明教育是指在提高大学生生态意识和文明素质的基础上，使之自觉遵循生态系统原理，积极改善人与自然、人与社会(人)、人与自我的关系而进行的有目的、有计划的系统性的培养活动。她认为，高校可通过开发课程资源、创新课外活动和社会实践活动、加强师资队伍建设、营造校园生态环境氛围、构建生态文明教育评价体系等途径，确保生态文明教育目标的实现。黄娟等认为，通过思想政治教育课程开展生态文明教育，是现阶段我国高校进行生态文明教育的重要途径之一。岳云强等认为理论熏陶、历史教育、横向比较教育和实地教育四个方面是树立生态意识最重要的思想教化路径。张红霞等认为，当代大学生是我国生态文明建设的生力军，将生态文明教育融入大学生思想政治教育对促进大学生全面发展以及推动我国生态文明建设具有重要意义。因此，应整合各种课程资源，充分发挥课堂教学在大学生生态文明教育中的重要作用；打造生态文明实践典型，提高大学生群体的朋辈教育效应；加强校园生态文化建设，创建良好的大学生生态文明教育环境；推动生态文明教育生活化，培养大学生健康的生活习惯。

与此同时，生态文明相关学术会议陆续召开，国际影响日益显现，如首次以“生态文明教育”为主题的国际会议在 2014 年美国著名生态城克莱蒙召开，会议的主题为“为了生态文明的教育”。会议从一个侧面反映了中国和美国生态文明教育理论和实践方面的最新动态。与会者普遍认为，生态文明建设需要与之匹配的生态文明教育范式，强调教育应升华各种另类教育模式，服务于整个生态系统的共同福祉，而不只是个人的经济利益；从现代教育范式向生态文明教育范式转换是当下教育发展的基本趋向；中西优秀传统文化、建设性后现代主义和马克思主义可以为教育范式转换提供足够的文化资源；目前中国和美国的生态文明教育虽然处境不同，但毕竟已经在路上。

4. 关于生态文明建设的研究

黄顺基提出建设生态文明应大力推进生态产业建设，把建设生态县、生态市、生态省规划放在环境保护与经济发展的“重中之重”的地位，并全面、深入地开展生态文明理念的宣传、普及与教育。姜春云从理论和实践的结合上阐述了建设生态文明应注意的问题，他指出，建设生态文明需要注重解决好思想观念问题、经济发展方式问题、偿还生态欠债问题，并需要改革、完善政绩考核标准，加强领导。胡帆认为，建设生态文明要注重四个维度的人文关怀，即在发展观视野中，生态文明追求的是可持续发展观；在价值观视野中，生态文明追求人与自然的和谐共存；在权利观视野中，生态文明追求的是平等的权利观；在道德观视野中，生态文明追求的是人对自然的关怀。赵增彦认为，生态文明建设是破解我国经济社会发展中日趋强化的资源环境约束突出问题的有效途径。他认为，社会主义生态文明建设主要涵盖先进的生态伦理、发达的生态经济、完善的生态制度、基本的生态安全和良好的生态环境等。推进社会主义生态文明建设，必须加快推进节能减排，着力发展循环经济；积极应对气候变化，切实加大生态保护力度；积极提升科技创新能力，加快建立完善相关法律制度；大力弘扬生态文化，积极培育绿色文化。蒲文彬探讨了在生态文明创建过程中政府的生态责任，他认为，在生态文明建设中，“市场的作用是有限的，政府承担着重要的生态责任”“政府必须发挥‘看得见的手’的作用，切实落实生态责任目标，积极贯彻构建生态文明的工作原则和保障机制”。杨晶等探讨了生态文明建设的中国方案及其世界意义，他们认为中国特色社会主义制度为生态文明建设提供了可靠的制度保障，先行的生态文明理论为生态文明建设提供了思想指导，政府的主导作用为生态文明建设提供了强大推动力。生态文明建设的顶层设计、统筹兼顾经济社会发展与生态文明建设、不断创立和完善的体制机制以及扶贫与生态环境治理的深度结合，为世界解决生态环境问题提供了中国智慧和中国方案。

5. 关于生态文明建设评价的研究

康蕊认为，我国生态文明建设评价指标体系主要分为城市、省域以及中国生态文明建设评价指标体系三大类。我国生态文明建设评价指标体系还存在着一些不足，如“进步率”分析不够客观，“转移贡献”的内容亟须完善。王文清认为，生态文明建设评价指标体系设计的理论依据主要有可持续发展理论、生态资源理论、生态承载能力理论、生态经济学理论。生态文明建设评价指标体系初步可以分为总体层次、系统层次、目标层次和指标层次。杜宇等从自然、经济、社会、政治、文化五个角度设计出生态文明建设评价指标框架来衡量人与自然、人与人、经济与社会之间的互动关系。通过对不同指标进展情况进行检测，可以找出生态文明建设进程中的薄弱环节及存在的问题和不足，从而为制定有关决策措施提供科学依据。目前学界对生态文明建设评价指标体系的研究较少，在评价指标的选取，评价方法的选择等方面尚处于探讨阶段，有待于进一步深入研究。贵阳市出台了国内首个生态文明城市评价指标体系，从生态经济、生态环境、民生改善、基础设施、生态文化、廉洁高效六个方面，将 33 个二级指标进行了无量纲化，具有实际可操作性，但仍需实践检验。关琰珠等确立了以资源节约系统、环境友好系统、生态安全系统、社会保障系统为着眼点的生态文明指标体系。杜宇等认为生态文明建设应包括五个基本构成要素：生态文化、绿色政治制度、又好又快的经济发展模式、社会和谐有序以及资源节约、环境友好的生态环境，但没有对各项指标无量纲化。张静等确立了包括人口发展支持系统、资源节约系统、环境保护系统、经济社会支持系统四个子体系的生态文明指标体系，并对昆山、大连、东莞三个城市进行了横向比较。张撬华等以广西崇左市为例，设计了包括经济发展、生态环境保护、社会进步三个方面，共 24 项评价指标的生态文明评价指标体系，并应用指标体系对崇左市生态文明建设水平进行了分析，提出了崇左市生态文明示范市建设的途径。李建中从系统科学的角度对建设生态文明城市指标体系设计、具体量化指标以及量化指标的监测方法和建立长效机制进行了研究。提出了包括经济发展、生态环境、民生改善、社会发展、基础设施、生态文化、制度保障七项分系统，共 40 余项指标的评价体系。向婧怡等针对水生态文明这一近年来国内水资源管理研究热点，运用内容分析法对其概念和评价指标体系进行了探讨。从国内文献中筛选出有影响力的 20 个水生态文明定义进行分析，筛选出有代表性的 20 个水生态文明评价指标体系，识别出使用频次最高的 11 个指标，尝试提出了水生态文明指标的选择路径。

6. 关于生态文明建设与社会经济的研究

孙辉等认为，生态文明建设是一种新的发展思想及发展模式，它是在反省工业文明发展过程中的严重错误的基础上，研究和发现的一种可持续发展理论。同时提出建立可以促进生态文明建设、推动社会经济可持续发展的科技创新评价体系模型。林爱广认为，生态文明是人类进步的新标志，生态文明建设对于环节和改善我国资源约束趋紧、环境污染严重、生态系统退化的严峻趋势，走向社会主义生态文明新时代有重要意义。谷树忠等认为，生态文明建设是我国今后发展的重要方向、重大领域和重大任务；资源保护与节约是生态文明建设的重中之重，环境保护与治理是生态文明建设的关键，生态保护与修复为生态文明建设提供重要载体，国土开发与保护是生态文明建设的空间规制。欧燕燕等认为，转变经济发展方式彰显了我国政府在社会治理模式上的倾向于变革的理论，带来了一种全新的生态型科学发展观。认为转变经济发展方式，加快生态文明建设应该选择可持续发展的生态文明发展道路、提高社会民众的生态意识。陈剑锋认为，生态文明是指科学向上的生态发展意识，健康有序的生态运行机制，和谐的生态发展环境，全面、协调、可持续发展的态势，经济、社会、生态的良性循环与发展，以及由此保障的人和社会的全面发展。还认为培育和建设生态文明，发展生态经济，实施生态工程，积极创新生态文明建设制度，促进社会经济的可持续发展。焦金雷认为，生态文明建设的目的就是要使人口环境与社会生产力发展相适应，使经济建设与资源、环境相协调，实现良性循环，走生产发展、生活富裕、生态良好的文明发展道路。同时认为，生态文明建设是社会主义市场经济体制发展和经济全球化的必然需求。综合来看，国内关于以“生态文明建设”和“社会经济”为主题词的研究成果颇丰，但依然存在一些不足之处。例如在大多数文章当中，“生态文明建设”和“社会经济”的关系展现得不多，且不够深刻，没有明确的实施方案和方法。

7. 关于生态文明建设支撑体系的研究

关于生态文明建设支撑体系的研究，已经引起了我国学术界的广泛关注和深入研究，并已经取得一定的学术成果。刘鹤挺认为，法治保障是新时代开展农村生态文明建设工作的基础。当下要完善农村环境保护法律体系，提高农村居民的生态环保意识，加大对农村环保工作的资金与技术支持，改善落后的生产方式，确保农村生态文明建设工作的正常开展。刘晓星认为，破解经济发展和环境保护的矛盾，必须进行制度创新，而制度创新是生态文明建设的支撑和保障。郝颖钰认为，根据我国的国情、社会发展需求与公民的实际，根据法治的需求，善用法治方法，通过一系列法制路径、行政路径、社会路径来培育公民树立生态人权意识、生态公平意识、生态责任意识等公民生态意识。因为公民生态意识是生态文明建设的精神支撑。陈月平认为，生态文化决定着生态文明的价值取向、生态文化是生态文明的核心、生态文化是生态文明建设的文化基础，也就是说生态文明建设需要以生态文化来支撑。李鸣认为，科学技术是第一生产力，是推动人类社会发展的强劲动力。因此，生态文明建设要以科学发展观为指导。他还认为绿色科技是支撑和实现生态文明建设不可缺少的技术路线。刘帅认为，生态文明是新时期我们国家提出的有一个具有历史意义的新的目标，也是构建和谐社会的重要步骤，生态文明建设离不开科学技术的支撑，技术已经成为当今社会发展的重要因素之一。科学技术的应用是以生态价值为指导的，应该在发展生产的过程中应用绿色科学技术，以减少对生态环境所造成的污染和破坏。张瑞等认为，生态文明需要依托制度建设才能够健康发展。我国生态文明的制度建构存在一系列不足，制约了生态文明建设。我国加强生态文明建设，必须强化制度保障，需要在政治、政策和法律三个方面采取相应的措施。国内有关生态文明建设支撑体系的研究，已经取得了一定的理论成果，却还略有不足之处。例如，在为生态文明建设提供支撑的研究上，尽管涉及了法律、经济、文化等方面，但是论述得还不够深入。

8. 关于生态文明建设公众参与的研究

杨嘉莹等认为，公众参与生态文明建设的合法性基础源于“环境公民权”所赋予的普遍权利，环境权与生命权、生存权、发展权紧密相关，因此公众是生态文明建设的重要参与者和利益相关方。通过社区介入来推动公众参与生态文明建设是具有可操作性的一条有效路径。陈润羊等认为，生态文明建设以维护公共的生态利益为基本依归，而公众参与是生态文明建设深入推进的持久动力。我国生态文明建设中公众参与已初具制度框架，公众参与的领域不断拓展，参与方式和途径不断丰富，但仍然面临公众的生态环境质量获得感不高、公众参与领域不平衡、公众参与的层次和水平有待提高等诸多挑战，需要以科学理性、依法有序、积极有效作为中国特色生态文明建设公众参与的基本目标，以利益相关性作为参与公众选择的基本原则，根据公共政策质量要求和公众接受性的需求程度确定公众参与的具体路径，进一步畅通生态治理的公众参与制度渠道，构建协调的公众参与机制。施生旭等在阐述相关概念的基础上，从经济、政治、文化三个层面描述我国公众参与生态文明建设的现状，归纳总结出我国公众参与生态文明建设存在责任意识不够强烈、参与面不广、参与程度不强、参与动力不足、参与方式有限、生态环境信息公开度不高、公众参与的可操作性不强等问题，并提出加强生态文明环境宣传教育、培养生态公民，创新参与方式、拓宽公众参与渠道，健全生态环境信息公开制度、提高信息的透明度，完善公众环境公益诉讼权、提高公众参与的合法性等对策建议。

9. 关于地方生态文明建设的研究

周明星探讨了少数民族地区生态文明建设问题，认为少数民族生态脆弱区域生态文明建设保障机制的构建需注重多维并进、协同发力，全方位、多层次、全过程地不断优化与完善少数民族生态脆弱区域生态文明建设的组织保障、法制保障、资金保障、技术保障、社会保障等多个保障维度，为少数民族生态脆弱区域生态文明建设保障制度注入新的引擎动力，不断开拓马克思主义生态文明建设新境界。徐建中等从煤炭城市发展的现实困境出发，提出了煤炭城市循环经济的5R生态化模式，即以再思考(Rethink)、减量化(Reduce)、再利用(Re-use)、再循环(Recycle)、再修复(Renovate)为基本思路发展城市循环经济。张泱分析了伊春林区的森林结构、森林资源利用现状与存在的问题，提出了伊春林区生态林业建设的对策。邵立民从提高对发展生态休闲观光农业的认识；强化对生态休闲观光农业的宣传；生态休闲观光农业旅游要科学规划，合理布局；加大开发旅游产品，打造黑龙江品牌；做好生态休闲观光农业和乡村旅游市场的社会化服务，充分发挥东北地区旅游资源优势，共同建设“东北大旅游圈”几个方面提出了黑龙江省发展生态休闲观光农业的对策。

虽然生态文明理论的提出仅有短短的几十年时间，真正意义上的生态文明实践在我国起步也较晚，但发展迅速。21世纪以来，生态文明从学术理论被提升到国家意志的高度，引起了学术界的广泛关注和深入探讨。生态文明研究已从理论走向实践，并通过实践不断积累总结经验，使这一理论体系逐渐丰满起来。但与国外相关研究相比，目前来看，这一理论在我国的研究还十分薄弱，存在一些不足之处，主要表现在：

第一，没有形成广泛认可的理论体系。虽然到目前为止已出版了一些生态文明研究的专著，发表了一批相关研究论文，但学者们都是从自己的学科背景出发去勾勒生态文明的理论体系，要么是从哲学的角度，要么是从生态学的角度，要么是从社会学的角度等，没有形成一个统一的为学术界广泛认可的理论体系。也就是说，什么是生态文明，它的评价标准是什么，实现途径是什么，这些基本的问题仍处于广泛的讨论之中，有待于进一步研究和深化。第二，实证研究比较少。虽然目前已开始了总结和介绍经验式的实证研究，已出版了一些基于生态省建设、生态村建设等方面的研究著作，发表了一些研究论文，但这些研究成果无论在数量上、质量上都处于起步阶段，且涵盖面比较窄，介绍工作情况较多，总结提炼具有指导意义的理论较少。生态文明建设既具有普遍适用性，也应具体问题具体分析。我国幅员辽阔，民族众多，生态多样，应针对不同地域，不同具体情况进行分析和研究，找出适当的建设途径。然而，目前学术界仅有少数学者对诸如海南省、厦门市这样生态文明建设比较早的地区的某一方面情况进行了研究和探讨，实证研究比较少，目前学术界对具体问题的研究仍处于起步和摸索阶段。

生态文明建设在内容上具有全面性，时间上具有长期性，过程上具有渐进性和阶段性，成果上具有多样性。我国生态文明建设的研究现状表明，生态文明建设有待于研究和探讨的问题仍很多，研究空间比较大。

二、生态文明理论研究中借鉴的九种西方生态文明理论

中国的生态文明理论是马克思主义指导下的科学理论，但是在丰富我们生态文明理论研究的过程中，我们除了参考借鉴中国传统生态文明理论、西方生态学马克思主义理论以外，还广泛借鉴了西方 20 世纪以来的各种生态哲学思想，主要有以下九个方面。

（一）现代人类中心论

自从有了人类就产生了人类中心论，某些原始部落或种族把自己看成世界的中心。在西方文明中，人类中心主义曾以四种表现形态广为流传。它们分别是自然目的论、神学目的论、灵魂与肉体的二元论及理性优越论。现代人类中心主义主要在价值论的意义上使用人类中心主义概念。美国学者 G · 诺顿 1988 年出版著作《为何要保护自然的多样性》，成为现代人类中心论的代表作。

诺顿认为，人类是价值的源泉、价值的所在，人类的利益是价值的最后基础。人类以自身利益的满足为依据，将内在价值赋予人类自身，而赋予一切非人类事物以工具价值。人类利益的基础是人类的愿望。人类的愿望，存在感性与理

性两类。感性的愿望是能够被个人的感官体验，暂时地明确地满足任何个人的欲望与需求；理性愿望是个人在经过仔细思考、慎重判断后表达出来的个人欲望和需求，包括那些与理性地选择得到了科学理论充分支持和形而上学沉思解释的世界观、由理性推导的美学思想和道德观念一致的思考与判断所产生出来的欲望与需求。因此，可将人类中心主义划分为两类：强人类中心主义与弱人类中心主义。强人类中心主义以人类的感性愿望为所有价值的依据，弱人类中心主义则以部分人类感性愿望和人类的理性愿望为价值的依据。强人类中心主义对人类的感性愿望采取了非批判的态度，因而对人类将自然界仅仅当作仓库的行为丢失了批判的工具。相反，弱人类中心主义将感性愿望分为与理性一致与不一致的立场，为仅仅开发自然界的价值系统提供了一个批判的尺度。将主要受感性支配的强人类中心主义弱化成为一种受人类普遍理性支配的人类中心主义，这便为环境伦理提供一个充分的理论基础。弱人类中心主义坚持强调人类与其他物种之间关系密切的世界观，坚持人与自然相和谐的理想，并以之作为批判仅仅开发自然的愿望的基础。价值的形成以人类的感性愿望和理性愿望为价值的依据，以人类关于自然客体的经验为源泉，在人与自然的反复接触过程中实现。自然所呈现的价值是人类价值之师，自然价值不仅仅是消费价值，同时也是人类价值形成的重要灵感与来源。弱人类中心主义承认价值离不开人类，但关爱他人与自然，主张人类的感性愿望的满足应当受到合理的限制，人类与自然和谐、禁止随意破坏其他物种和生态系统等原则。

(二)动物解放论

动物解放论的代表人物是彼得·辛格(Peter Albert David Singer)，澳大利亚和美国著名伦理学家。他曾任国际伦理学学会主席，是世界动物保护运动的倡导者。其代表作《动物解放：我们对待动物的一种新伦理学》一书从1975年出版以来，被翻译成20多种文字，在几十个国家出版，开创了现代的动物权益保护运动。辛格用了物种歧视这个词，把它与种族歧视和性别歧视联系起来，阐明了他的“人类支配非人类动物”的观点。他将人道地对待动物的运动比作女性和黑人解放运动，他使用哲学观点反驳了圣经中人类支配动物的观念。他的《实用伦理学》一书被广泛用作应用伦理学的教科书。辛格自己著书或与人合著，并编辑了许多文章和超过25本的书籍。辛格把尊重动物的权利、保护动物的利益与当代尊重和捍卫妇女、黑人和同性恋者的权利，以及没有认知能力的婴儿和功能不健全的成人的利益和权利联系起来。他认为，如果以一种导致痛苦和难受的方式对待这些人，在道德上是错误的。他将道德关怀的对象由人转向非人动物，并引发“人类如何对待非人动物”的思考。他认为，大多数人都持有歧视动物的思想，即无视对动物造成的痛苦和伤害，人们对于杀害动物的行为也无动于衷。而如果以上的残酷行为对象是人，无论是什么样的人，人类都绝不会容忍，而这种歧视是没有道理的。他倡导要将平等的基本原则由人类延伸到动物这个群体，而这种平等不是事实上的平等而是给予动物以道德平等的考虑。这种平等的考虑原因在于动物有感受痛苦的能力，凡是具有感受痛苦之能力的生物，我们都应该将其利益列入考虑，因而辛格的平等是对相似利益的平等考虑，他反对物种歧视。他说，“动物不是为我们而存在的，它们拥有属于它们自己的生命和价值”，他还一再谴责人类对动物的态度是世界上“现存的最后一种歧视形式”。然而辛格的观点也存在着不足之处，他认为让动物痛苦是在作恶、是不道德的。可是动物之间弱肉强食是物竞天择的一种自然现象，是自然界维持发展的手段，无所谓道德不道德。

(三)强式动物权利论

代表人物是汤姆·雷根(Tom Regan)。雷根1938年11月28日生于宾夕法尼亚州匹兹堡，为北卡罗莱纳州立大学哲学教授。雷根的主要代表作是《为动物的权利辩护》(1985年)，他提出的动物权利论观点强化了生命主体的概念。雷根认为，动物权利论平等观的核心是一切动物都是平等的。动物和人的相似性在于都是生命主体，所以平等地具有固有价值。但固有价值本身并非道德原则，所以雷根在固有价值基础上推出尊重原则与伤害原则，告诉我们应该以何种方式去正义对待个体，即所有具备固有价值的生命主体都有受到尊重对待的权利和不受伤害的权利。但是，不受伤害的权利在有的情况下可以被压倒，这种压倒必须能诉诸有效的首先原则，即最小压倒原则与恶化原则。

汤姆·雷根对人类权利是十分拥护的，其动物权利的产生是在人权的基础上的创新，他认为动物权利是人权的一种延伸，并认为作为“生活主体”的动物有道德权利，且这种道德权利不仅仅是生命权、自由权和身体完整权。他认为道德权利可以分为两类，一种是消极的道德权利，另一种是积极的道德权利。不受伤害，不受干扰这只是被动的消极的道德权利。动物还有得到帮助的积极道德权利。所以动物权利在内容上应该包括：道德上受保护的权利，道德地位上获得平等的权利，个体道德权利优先获得尊重的权利，道德上要求正义的权利，道德上得到帮助的权利。他认为动物权利的主要目标就是完全废除把动物应用于科学研究的传统习俗、完全禁止商业性的和娱乐性的打猎和捕兽行为、完全取消商业性的动物饲养业。

(四)弱式动物权利论

玛丽·沃伦(Mary Anne Warren)是弱式动物权利论的代言人。弱式动物权利理论主张所有具有感知能力的动物全部拥有权利，这在最大程度上扩充了动物种类的范围，而且这一权利主要是基于利益层面意义上的，同时这一理论主张动物天生所具有的感知能力是促使人类承认其权利的最重要的依据。因此动物的权利永远无法与人类的权利同日而语的。也就是说，动物对权利的需要和受其作用的程度远远低于人类。正因为如此，沃伦认为只需要赋予动物极少的权利便能够让动物生活得很好。从一般意义的层面上来讲，动物自身的生存权的程度要比人类的弱。比如说，相对于人类的死亡而言，动物的死亡显得十分不起眼，更不能将其称为一个悲剧。沃伦的弱式动物权利理论较强式动物权利论而言，具有更高的理论价值和进步意义。

玛丽·沃伦的理论更加温和，也更容易被现在的人们所接受。尤其是她提出保护动物权利的同时，还强调了人权高于动物权利，这是大部分人所公认的。并且，沃伦主张对感知能力不同的动物做出不同的处理。沃伦认为雷根的强式动物权利论，在实践上面临难以实现的问题。例如在关于食素方面，玛丽·沃伦不赞成汤姆·雷根的全面食素要求，因为并不是所有人都适合做素食主义者，健康因素应纳入考虑之中，人的文化习惯也应考虑在其中，要求人类全面素食将会侵犯一部分人的正当权利。因此，在既全面肯定和全面否定之间，玛丽折中提出适当的减少肉类食用的方案，在实践上更易于接受。

(五)敬畏生命伦理

A·施韦兹是德国哲学家，其代表作《文明和伦理》(1923 年)和《敬畏生命》(1948 年)所阐述的伦理思想成为当代环境伦理学的理论基石之一。他提出了敬畏生命伦理，即敬畏每个想生存下去的生命。施韦兹认为生命是自然界神秘的产物，对生命要给予极大的尊重。他在自己的伦理学中提出了"人与自然"的道德准则，并把它作为伦理学的一项基本准则，从而将道德行为的领域从人与人之间扩大到人与自然之间。施韦兹认为，一种伦理理论如果其中不包括人与自然的规范就算不上是完美的理论。他说，哲学家一直就在鼓吹人是自然的主人，笛卡儿就认为，动物是没有灵魂的机器，只有虚假的痛感。笛卡儿的这种思想对近代哲学影响很大。施韦兹认为近代哲学忽视了人对动物的行为问题的研究。施韦兹关于"人与自然"道德准则的主要论点是：将生命分为价值高的和价值低的是主观的划分；我们对各种生物在生命循环中所起的作用所知甚少。因此。要尊重所有的生物。不分高低。更重要的是施韦兹关于"善"的观念。他认为"善"就是维护生命、完善生命和发展生命。

在施韦兹看来，所有的生物都拥有"生存意志"，人应当像敬畏自己的生命那样敬畏所有拥有生存意志的生命。只有当一个人把植物和动物的生命看得与同胞的生命同样重要的时候，才是一个真正有道德的人。"不摘树上的绿叶，不拆园中的花枝，不踏死路上的昆虫"。施韦兹指出，没有任何一个生命是毫无价值的或仅仅是另一个生命的工具，所有的存在物在生态系统中都拥有自己的位置，人类在自然联合体中所享有的举足轻重的特殊地位所赋予的，不是剥削的权利而是保护的责任，应当把对动物的仁慈当作一项伦理要求并发动一场"伟大的伦理革命"。毋庸讳言，施韦兹"敬畏生命的伦理学"具有某些神秘主义的因素，但他对生命群落的强调却与现代生态学不谋而合，他不仅以其思想、而且以其行动深深地打动了现代人的心灵，当代的环境伦理思潮和环境保护运动都是沿着他所指示的航向前进的。

(六)尊重大自然

美国学者 P·泰勒(P. Taylor)撰写的《尊重自然：一种环境伦理学理论》

(1986年)一书出版，提出了尊重大自然的观点。泰勒尊重大自然的基本观点有四个方面：人类是自然界的普通一员，人类与其他物种都遵循着同一进化过程；地球生物圈所有物种都存在着相互依存的复杂的种间关系；生物个体是生命的目的中心，其内部功能和外部行为都有自己的目标指向；一切生命个体都具有独立于人类评价者的内在价值，人的优越性是对其他物种的歧视。除此之外，泰勒还针对人类的行为提出了四点原则：①不作恶原则，即不毁灭其他生命个体和种群；②不干涉原则，即让"自然之手"进行控制和管理；③忠诚原则，即人类须认真履行道德代理人的责任；④补偿原则，即对被伤害的生物种群予以补偿，保持种间的自然资源均衡分享关系。泰勒试图用这些原则来化解人类与其他物种间的伦理冲突，并指出人类只有在生命和健康受到威胁时才可对其他生物进行反击。然而在实践中，生命中心论观点却存在着一些难以解决的问题，尤其是当人类和其他生物发生利益冲突的时候，观点就会陷入一种两难的境地：既然地球上一切生命都有平等的生存权利，那么人类又如何解释自身日常需要食用畜禽产品、海产品以及粮食蔬菜产品的问题呢？人类总不能一边大嚼着这类食品，一边又大谈着"生命间平等"，那不是显得有些虚伪吗？既然每个生命个体都具有平等的伦理价值，那么人类又如何解释大自然食物链中弱肉强食的现象呢？尽管泰勒对此又提出人类的最小错误原则和补偿原则等观点，但无论如何，这些观点都显得苍白无力，陷入了一种难以自圆其说的理论困境。

(七)大地伦理学

奥尔多·利奥波德(Aldo Leopold)，美国享有国际声望的科学家和环境保护主义者，被称作美国新保护活动的"先知""美国新环境理论的创始者"。他同时又是一个观察家，一个敏锐的思想家，一个造诣极深的文学巨匠。一生共出版了3本书和大约500篇文章，大部分是有关科学和技术的题目。《沙乡年鉴》是其自然随笔和哲学论文集，也是土地伦理学的开山之作。利奥波德认为，人的道德观念是按照三个层次来发展的。最早的道德观念是处理人与人，以及人与社会的关系。这两个层次的道德观是为了协调各部落之间的竞争，从而达到共生共存的目的。但随着人类对生存环境的认识，逐渐出现了第三个层次：人和土地的关系。但是，长期以来，人和土地的关系却是以经济为基础的，人们在习惯和传统上都把土地看做人的财产，只需维持一种特权而无需尽任何义务。

利奥波德是热心的观察家、敏锐的思想家与造诣极深的文学巨匠。其土地伦理思想的问世既具有一定的时代背景，又深深根植于理论沃土之中。奥彭斯基的整体主义哲学观、达尔文的进化论、埃尔顿和坦斯利等的生态生物学是其土地伦理学得以创立的主要思想基础。贯穿于利奥波德"土地伦理"中最具特色的生态思想莫过于其首肯、首倡并大力宣传的生态整体主义思想，它的发展与完善逐步使其成为当代生态整体主义环境伦理世界观与方法论的核心理念和价值取向。传统伦理学以人类利益为基点，以功利主义经济价值为评判尺度，而利奥波德却反对对土地采取某种经济的、过于实用的功利态度。认为价值应当是指超越经济层面的某种更高涵义，也就是哲学层面的价值。他说：当一个事物有助于保护生物共同体的和谐、稳定和美丽的时候，它就是正确的；当它走向反面时，就是错误的。土地伦理思想是对传统绝对人类中心主义的反叛与颠覆，是对西方长期以来坚守并顶礼膜拜的“主客二元”思维方式发出的冲击与挑战，《沙乡年鉴》成为人类生态思想界有效推动环境运动深入发展的历史界碑，真正凸显生态整体主义环境哲学理论及其生态伦理思想的时代张力。利奥波德鼓舞了每一个关心环境伦理的人，尽管是在直接的还是在间接的意义上来确定大自然的道德地位的问题上还存在着分歧，但是在利奥波德之后，这些问题再也不会被忽视了。

(八)自然价值论

美国哲学家霍尔姆斯·罗尔斯顿(Holmes Rolston)，1932 年出生于美国弗吉尼亚州，是当代西方环境伦理学领域的重量级人物，他是国际学术期刊《环境伦理学》的创办者，曾担任过国际环境伦理学会会长。自 1986 年以来，他的《哲学走向荒野》《自然界的价值》等一系列环境伦理学学术著作相继问世。罗尔斯顿继承了利奥波德的大地伦理思想，提出了自然价值论。他用现代生态学的方法来解释和描述自然生态系统，并指出人类有责任对自然履行相应的义务。罗尔斯顿从拓展传统价值的概念出发，将自然价值分为三类，分别为工具价值、系统价值和内在价值。他说：工具价值是被某些用来当作实现某一目的的手段的事物。罗尔斯顿认为生态系统具有工具价值的属性，大自然的价值就在于他创造了人的生命，这就是生态系统具有工具价值的重要体现。而内在价值指那些能在自身中发现价值而无需其他参照物的事物。罗尔斯顿从整体主义的视角解释了自然的内在价值，他指出单纯来看，一块泥土、一块岩石，他们因不具有感受性也就没有内在价值，但是如果将这个泥土和岩石看成是有人参与的生态系统的重要组成部分，将整个地球的生态系统看成是具有感受性的主体之后，那么生态系统内部的泥土、岩石也同样具有主体性，也就具有内在价值。这也进一步阐释了工具价值与内在价值的区别，工具价值是生物系统本身所固有的，但是内在价值则是人类参与到生态系统的运转中的。罗尔斯顿关于系统价值的阐述指出，系统价值是超越于工具价值和内在价值的价值统一体，这种价值不仅仅体现在生物个体上，而更多的是存在于整个生态系统中。从三类价值的关系来看，内在价值是自然价值论的核心。此外，罗尔斯顿还对荒野的价值进行了研究，丰富和发展了利奥波德的大地伦理思想。

(九)深层生态学

1973 年，挪威哲学家阿伦·奈斯(Arne Naess)发表《浅层生态运动和深层、长远的生态运动：一个概要》一文，提出“深生态学”概念。它是当代西方环境主义思潮中最具革命性和挑战性的生态哲学。深生态学是要突破浅生态学的认识局限，对所面临的环境事物提出深层的问题并寻求深层的答案。今天，深生态学不仅是西方众多环境伦理学思潮中一种最令人瞩目的新思想，而且已成为当代西方环境运动中起先导作用的环境价值理念。深层生态学的可持续发展观点，所关注的不仅是对人类包括后代的责任，而且包括对自然的责任。

奈斯在分析总结各深生态学者理论的基础上，把深生态学的基本内容整理为具有内在逻辑性的四层次“塔式”理论体系。第一层次是自我实现和生态中心主义平等两条最高准则。“自我实现”的“自我”不是狭隘的单独特质的自我，而是强调宇宙整体关联性的“大”自我。但同时，奈斯并没有否认人类与其他存在物之间会有利益不一致，甚至相互冲突的时候。所以，奈斯提出根本需要优先和亲近性优先两条原则来解决冲突，认为通过遵从这两条原则，人类便可和其他存在物实现共生共荣。第二层次是深生态学的八条基本纲领。为深刻阐述深生态学的价值理念，奈斯和乔治·塞欣斯在“死亡谷”进行野外宿营时对他们的理论进行总结，进一步提出了深生态学的“八条基本纲领”：第一，这个星球上人类与非人类的生命存在和发展都具有内在的价值，这内在价值与人类通常所认为的非人类存在物的用途没有关系；第二，多样丰富的生命形式有助于上诉价值的自我实现，它们本身具有其内在价值；第三，除非人类为了其最低限度的根本需要，否则就没有权利去减少其他生命形式的多样丰富性；第四，人类生命和文化以及非人类存在物的繁荣都要求较小规模的稳定人口；第五，人类目前过分地干预了非人类世界，这种趋势还在加速恶化；第六，所以必须要变革影响经济、技术与思想意识基本架构的政策，这样将会产生与当前状况根本不同的结果；第七，思想意识的变革主要是尊重生命的内在价值，而非抓住生活标准的日益提升，要深刻理解数量的大与质量的优之间的差异；第八，如你赞同、信奉以上观点，就直接或间接地负有责任去践行以上必要的变革。这八条基本纲领以两个最高准则为基础，提出了深生态运动应遵循的原则性纲领，构成了奈斯深生态学的理论内核。第三层次是深生态学的一系列“事实性”假设及规范性结论，它们由上一层次的基本纲领演绎得到。第四层次是基于第三层次的“事实性”假设及规范性结论而推演出的具体的实际行为决定。这样，从第一层次的深生态学的理论基础向第四层次的具体生活中的实际行动层层推导，深生态学理论的四个层次组成了一个较为严密的“塔式”理论逻辑体系。

深层环境伦理不是简单地把人际关系伦理应用到环境保护和资源开发中去，它关于人的环境行为适当与不适当的考虑要从人与自然的整体性出发，不仅关注人类的利益，而且要关注生命和自然界的利益，并从这种考虑实行环境保护道德原则和伦理规范，作为指导人类生活的新模式，一种可持续生活的方式。深层生态学者们在强调生态保护时，对世界贫困化、不公正加剧等问题重视不够，作为一种哲学思想，现在仍然是不完善的。

三、我国生态文明建设的实践发展

我国资源环境方面的基本国情，可以用两句话来概括：一是资源环境瓶颈制约加剧，特别是环境承载能力已达到或接近上限；二是生态文明建设总体滞后于经济社会发展。可以说，资源环境已经成为实现全面建成小康社会目标最紧的约束、最矮的短板。随着资源环境问题的日益严峻，我国制订了许多方针政策，采取了许多有效的办法，加强环境保护和生态文明建设，取得了一定的成效，大致可分为四个阶段。

（一）萌芽阶段（1949—1978 年）

受历史局限性的影响，中华人民共和国成立以后到改革开放前这段时间，党的主要领导者的认识论和自然观带有一定的人类中心主义色彩，“人定胜天”以及“征服自然”成为当时特定历史条件下我国人民认识和处理人与自然之间关系的基本观点和主要方法。这一阶段，在这种指导思想和思维方式的影响及作用下，生态问题以及环境保护没有被纳入党的方针政策和战略部署中。随着我国工业化进程加快，环境污染和生态破坏的问题凸显，生态环境问题逐渐引起党和全国人民的关注。

1. 参加国际会议

1972 年，联合国组织召开了有 114 个国家代表出席的首届人类环境会议，发表了《关于人类环境的斯德哥尔摩宣言》和《人类环境行动计划》，提出了“只有一个地球”的著名口号，要求人们采取大规模的行动保护地球。在周恩来总理的支持下，中国也派出了庞大的代表团出席会议。会议把每年的 6 月 5 日定为“世界环境日”，会后为加强中国环境保护工作，由国家计划委员会牵头成立了国务院环境保护领导小组筹备办公室。1973 年联合国环境规划署（UNEP）成立，中国就成为其理事会成员国，加强与国际环境保护的合作。

2. 召开全国会议

1971 年，北京市重要水源——官厅水库水质明显恶化，引起国务院周恩来总理的高度重视。1972 年，国家计委和建委向国务院提交了《关于官厅水库污染情况和解决意见的报告》，这份报告为中国治理生态环境污染奠定了政治和法律基础。

1973 年，我国召开了第一次全国环境保护会议，通过了第一个环境保护文件《关于保护和改善环境的若干规定》，生态问题和环境保护第一次成为党的执政方针和政策内容之一，这标志着党的生态文明理念开始萌芽。会议审议通过了我国“全面规划、合理布局、综合利用、化害为利、依靠群众、大家动手、保护环境、造福人民”的 32 字环境保护工作方针，还制定了《关于保护和改善环境的若干规定（试行草案）》，这是中国环境保护首个综合性的法规，成为中华人民共和国环境保护立法的起点，全国环境保护工作逐步开展起来。党和政府把环境保护摆上重要议事日程，将环境保护作为基本国策。

1983 年 12 月，第二次全国环境保护会议召开。会议总结了中国环保事业的经验教训，从战略上对环境保护工作在社会主义现代化建设中的重要位置做出了重大决策。时任国务院副总理李鹏在会议上宣布：保护环境是我国必须长期坚持的一项基本国策。环境保护确立为基本国策，极大地增强了全民的环境意识，并把环境意识升华为国策意识。会议制定了中国环境保护的总方针、总政策，即“经济建设、城乡建设、环境建设，同步规划、同步实施、同步发展，实现经济效益、社会效益和环境效益相统一”。这一方针政策的确立，奠定了一条符合中国国情的环境保护道路的基础。会议提出，要把强化环境管理作为环境保护工作的中心环节，长期坚持抓住不放。会议还推出了以合理开发利用自然资源为核心的生态保护策略，防治对土地、森林、草原、水、海洋以及生物资源等自然资源的破坏，保护生态平衡。建立与健全环境保护的法律体系，加强环境保护的科学研究，把环境保护建立在法制轨道和科技进步的基础上。

3. 开始建章立制

1974 年，国务院成立环境保护领导小组，标志着中国环境保护机构建设的起步，从 1974 年至 1976 年该小组连续三年内下发了环境保护规划要点、十年规划意见和长远规划的通知。

1973 年开始至 1977 年，为了研究污染源的基本情况和对策，我国开始对一些影响较大的污染源进行了详细调查。国家在污染调查的基础上，对工业开展“三废”的综合利用和对城市环境消烟除尘的治理，形成了以污染源调查为指导，提出环保工作的宏伟目标。

1973 年 11 月，国务院转批《关于保护和改善环境若干规定(试行草案)》，对引入建设项目建立“三同时”(即环境保护设施必须与主体工程同时设计、同时施工、同时投产使用)的管理概念。1973 年，官厅水库污染饮用水告急，天津蓟运河污染，不久黄海、渤海污染告急，国务院连续召开会议研究治理对策，国家计划委员会在《关于全国环境保护会议情况的报告》中明确提出了限期治理，成为监管点源污染制度的雏形，为“限期治理”制度的建立奠定了基础。1973 年 11 月，国家计划委员会、国家建设委员会、卫生部联合颁布了《工业“三废”排放试行标准》，这是我国历史上第一个环境保护标准。1974 年，国家计划委员会、国家建设委员会、财政部和国务院环境保护小组联合又颁布了《关于治理工业“三废“，开展综合利用的几项规定》，逐步形成了以综合利用为重点，探索“三废”污染防治对策。

1975 年 3 月，国务院第 45 号文件加强对自然保护区的管理与建设，一些省、自治区相继成立新的保护区，到 1978 年我国已经建设了 34 个自然保护区，这些都极大地促进了环境保护运动的开展。我国环境保护理念从无到有，环境保护实践以末端治理为主，即对各种点源污染治理。总体上看，这一阶段我国环境保护工作实现了思想认识的转变，开展了工业污染治理为重点的环境防治工作，开始探索中国特色的环境保护道路。

这一时期从治理传统工业环境污染，整治局部地区生态环境破坏起步，中国政府开始探索避免走西方工业化国家“先污染后治理”的环境保护道路，主导开展了环境保护各方面的工作，为新时期的环境保护工作奠定基础。由于生态环境建设缺乏经验，对生态问题的严重性和长期性认识不足，生态环境实践以末端治理为主，主要针对点源污染进行治理模式，出现“头痛医头、脚痛医脚”的应急式的治理模式，对于环境保护缺乏系统性认识，生态环境形势依然严峻。此阶段环境问题没有得到大众的重视，环境保护还缺乏大众的广泛参与，环境污染的总体治理水平和成效不高。

(二)形成阶段(1978—1992 年)

改革开放以后，我国经济迅速发展，生态问题和环境危机日益严重。我们党领导全国人民积极吸取和借鉴世界各国在生态环保等方面所取得的成绩和经验教训，从我国经济发展的基本国情出发，强调处理好经济、人口、资源环境之间的关系，有利于经济建设与人口、资源、环境相协调。提出了一系列生态建设和环境保护的方针政策，确立了生态环保的基本国策和战略计划，进行了系统的生态环境保护规划和部署，把生态环境保护纳入法制化程序轨道。这一阶段，中国特色社会主义生态文明建设是以改革开放为起点，与中国特色社会主义工业化同步进行，中国特色社会主义生态文明建设思想逐步形成时期，环境保护工作取得重大成就，为环境保护事业奠基了基础。

随着世界经济产业结构的升级调整，西方发达资本主义国家逐渐将工业产业特别是污染严重的工业产业转移到包括中国在内的广大第三世界国家。第三世界国家在为资本主义市场提供廉价的劳动力和自然资源的同时，不得不承受发达资本主义国家曾经遭遇的生态环境灾难。面对严峻的生态环境恶化现实，中国借鉴西方发达国家在环境治理方面的经验和教训，结合中国工业化水平以及生态环境现实，及时制定了一系列法规和标准，涉及海洋环境、水土保持、空气污染、草原和森林保护、动物保护、农药和放射性物质管理、排污管理、清洁生产等专业性法律法规，形成了比较完备的环境治理法律体系。

这一时期，我国对中国特色社会主义发展规律及其关系的科学认识处于探索阶段，党的生态文明理念也还不成熟，保护环境、节约资源与经济发展的关系不容易协调，经济建设与生态环境保护存在矛盾，为了保障经济发展，出现了以资源浪费和污染破坏生态环境为代价的经济建设。因此，在经济快速发展的同时，生态环境和资源问题也日趋严重。

1. 开展宣传教育

在环境保护教育方面，宣传教育活动广泛开展，环境宣传机构和队伍不断壮大。1979 年，在邓小平同志提议下，第五届全国人大常委会第六次会议决定每年 3 月 12 日为我国的植树节。1981 年 12 月 13 日，第五届全国人大四次会议讨论通过了《关于开展全民义务植树运动的决议》。中国政府也把每年 3 月 12 日定为植树节。这是中华人民共和国成立以来国家最高权力机关对绿化祖国做出的第一个重大决议。从此，全民义务植树运动作为一项法律开始在全国实施。此后，亿万民众涌起了“植树造林、绿化祖国”的热潮，这是我国政府应对环境恶化采取的措施。1982年，国务院颁布《国务院关于开展全民义务植树运动的实施办法》，使植树造林、绿化祖国成为公民的法定义务，开展全民植树活动，使中国的国土绿化面积不断提高。与污染治理相比，植树造林是主动对生态的补偿和优化。

改革开放以后，农村改革先于城市，实行联产承包责任制，大力发展乡镇企业。由于布局不合理以及粗放式资源、能源消耗，乡镇工业企业对生态环境造成巨大的破坏。尤其是基层政府和广大人民群众受唯GDP的经济发展思维束缚，缺乏环境保护意识，使各种具体环境保护措施流于形式。20世纪80年代，我国加快中国社会科学院系统、高等院校系统、国务院各部门系统、环境保护管理系统四大环境科学研究体系建设，在全国范围内已形成初具规模、学科配套的环境科研系统。环境科学方面的一些重大课题，被列入国家科技发展的"六五"和"七五"计划中，并取得了重要突破。

1980年我国第一家专门出版环境科学图书的出版社中国环境科学出版社成立。1984年1月《中国环境报》正式创刊，开展全方位环境教育活动。1985年8月，国家和各地政府建立了环境宣传教育中心，形成了高素质的环境保护宣传队伍。环境教育也开始起步，到1990年我国有80多所高等院校设置环境学科和专业，形成了环境专业教育、青少年儿童环境教育、社会普及教育和环保部门在职人员培训的机制。

2. 加强管理

这一时期我国生态环境保护理念从无到有，实现了从"末端治理"到"预防为主、防治结合"的转变，中央政府开始重视生态环境保护和建设工作，进行了不少污染预防的探索，开创了中国特色的环境保护道路。

由于我国西北、华北、东北风沙危害和水土流失严重，1978年，党中央和国务院做出了建设三北防护林体系工程的战略决策，森林覆盖率不断增加，取得了举世瞩目的成就。1981年，我国又成立了农业生态专业委员会。1989年6月，在贵州毕节提出了以"开发扶贫、生态建设、人口控制"为主题的试验区，毕节试验区是我国生态建设的较早探索。

改革开放初期，经济增长以粗放型为主，必然带来环境的破坏。邓小平同志明确提出要高度重视环境保护和治理，多次强调要合理利用资源，保护自然环境。1978年3月5日，第五届人大一次会议通过了《中华人民共和国宪法》，环境保护首次写入宪法。宪法第11条明确规定："国家保护环境和自然资源，防治污染和其他公害。"这为我国环境保护法制建设奠定了基础。1979年9月13日，第五届人大第十一次会议通过了我国第一部环境保护的基本法律《中华人民共和国环境保护法(试行)》，标志着我国环境保护开始走上法制化轨道。1982年2月，国务院据此发布了《征收排污费暂行办法》，同年12月第五届人大第五次会议进一步增加了环境保护内容，有利于环境保护事业的开展。

1982年，国务院把环境保护领导小组改为城乡建设环境保护部环境保护局，

1988 年成立了隶属于国务院的国家环境保护局；各地方政府也进行相应的环境保护机构的调整。

1984 年 11 月 19 日，李鹏同志在国务院环境保护委员会第二次会议上指出，城市污染向农村转移，形势非常严峻，督促政府要引导乡镇企业加强污染防治，切实把农村环境问题管起来。国务院 1984 年 5 月公布了《关于环境保护工作的决定》。为了进一步加强环境保护，1985 年 5 月又发布了《关于加强环境保护工作的决定》，全国环境保护工作越来越受到重视。并且，1990 年 12 月 5 日国务院颁布并实施了《国务院关于进一步加强环境保护工作的决定》，确定了预防为主、"谁污染谁治理"和强化环境管理的三个基本思想政策，这个文件成为加强和发展中国环境保护事业纲领性文件。这一时期，乡镇企业、城市环境整治工作开始起步，环境污染综合治理初显成效，明确提出了结合技术改造防治工业污染和改善城市环境，治理城市污染。

1987 年，党的十三大提出了"一个中心，两个基本点"的社会主义初级阶段基本路线，明确提出"人口控制、环境保护和生态平衡是关系到经济和社会发展全局的重要问题"。这一时期，国务院还多次要求基本建设和环境保护部门，加强建设工程项目的审查，对于生态环境污染严重，资源、能源浪费大，布局不合理，并且没有有效治理措施的项目坚决停止建设。

1989 年 4 月召开的第三次全国环境保护会议，提出我国环境管理坚持预防为主、谁污染谁治理和强化环境管理三项政策，为以后的环境政策制度体系的建立奠定了基础。1982 年 12 月，第五届全国人大第四次会议政府工作报告把防治污染和保护生态平衡作为国民经济发展 10 条方针之一，并在六个五年计划中提出坚决制止环境污染的加剧，使重点地区环境有所改善。从"六五"计划开始，环境保护纳入到国名经济和社会发展规划的主要内容成为惯例。对于科学技术的重要性，邓小平提出科学技术是第一生产力。江泽民同志也非常重视科技进步在环境保护中的作用，1989 年 12 月 19 日在全国科学技术奖励大会上的讲话指出："全球面临的资源、环境、生态、人口等重大问题的解决，都离不开科学技术的进步。"

这一时期，政府部门发起成立的环保民间组织相继成立。1984 年，中国环境保护产业协会成立。目前，协会是中国环境保护行业最具影响力的行业协会，主要从事环境保护产业的科研、设计、生产、流通和服务。协会秉承"3S 服务精神"——为企业服务、为行业服务、为政府服务，致力于促进行业技术进步，推动中国环境保护产业健康发展。

3. 制定一批法律规范

为保护和改善环境，防治大气污染，保障公众健康，推进生态文明建设，促进经济社会可持续发展。20 世纪 80 年代末以前，我国连续出台了一系列关于环境保护和自然资源管理的相关法律法规：1979 年，颁布了《中华人民共和国海洋环境保护法》。1984 年，制定了《中华人民共和国水污染防治法》和《中华人民共和国森林法》。1985 年，制定了《中华人民共和国草原法》。1986 年，制定了《中华人民共和国渔业法》《中华人民共和国土地法》。1987 年，制定了《中华人民共和国大气污染防治法》。1988 年，制定了《中华人民共和国水法》。1989 年，通过了《中华人民共和国水土保持法》。

1989 年 12 月，第七届人大常委会第十一次会议通过了《中华人民共和国环境保护法》。在中共中央重视下，为推进生态环境建设方面的法制化工作，以环境保护法为基础。在这一阶段，我国制定实施了一批保障生态文明建设的法律法规，包括有关防治环境污染的法律、自然资源法律、防治生态破坏和自然灾害的法律。

4. 积极参与国际会议

为促进我国环保事业的积极健康发展，我国积极派代表团参加国际环境保护会议。1984 年，中国参与起草联合国世纪环境与发展委员会《我们共同的未来》研究报告。1987 年，联合国环境与发展委员会通过《我们共同的未来》这一重要报告，并发表了《东京宣言》，提出了可持续发展的概念。1989 年，第十五届联合国环境署理事会提出了可持续发展战略。1992 年，环境与发展大会上通过了被普遍接受的可持续发展战略——《21 世纪议程》。我国率先制定了《中国 21 世纪议程》，在世界环境与发展领域，中国国际影响不断扩大。从 1980 年到 90 年代初，我国先后加入多个世界性环境保护组织，签订了多个协议，参与多个国际环境公约。我国参加了 1985 年的《防止倾倒废物及其他物质污染海洋的公约》和 1989 年的《保护臭氧维也纳公约》，签订了 1991 年的《关于消耗臭氧层物质的蒙特利尔议定书》。

我国还在国际之间加强在科技和生态环境方面的合作。1980 年，中国与美国签订《中美环境保护科技合作协议书》，进一步加强生态环境的高科技综合治理，减少生态环境污染。党和国家一贯重视科学技术，这些不仅大大促进生态环境的改善，也为我国经济社会的发展创造了条件。

（三）发展阶段（1992—2006 年）

随着改革开放经济社会发展中的深层次矛盾和累积问题逐渐突出，正确处理经济增长与社会发展之间关系的矛盾，以及解决经济社会全面、协调、可持续发展问题迫在眉睫，伴随着对这些问题的系统探索，中国共产党生态文明理论得到发展和完善。

1. 开始生态示范建设

1992 年，党的十四大报告提出：正确处理速度和效益的关系，必须更新发展思路，实现经济增长方式从粗放型向集约型的转变。从转变经济增长方式的角度将经济建设与资源和环境发展联系起来，为确立可持续发展战略奠定了基础。中国改革开放事业进入一个新的发展阶段。在新的历史条件下，党和国家对已有的生态环境建设进行了全面的继承与发展，结合我国改革开放不断扩展，对其不断发展和完善，中国特色社会主义生态文明思想与实践逐步成形。

1994 年，国家环境保护局组织制定了《全国生态示范区建设规划》。

1995 年初，国家环境保护局经过分析后认识到生态保护不能单项抓，必须综合抓，经国务院研究后，批准设立 50 个县一级生态示范区。根据当时国家环境保护局印发的《全国生态示范区建设规划纲要(1996—2050)》，明确了目标和任务，启动了生态示范区建设工作，国家环境保护局将生态省、生态市、生态县、生态示范区、生态功能区、生态工业园区等建设统统纳入生态示范区建设的范畴。

为调动群众的积极性，组织全社会的力量，投入生态环境建设，1998 年 11 月，国务院印发《全国生态环境建设规划》，分析了我国生态环境建设总体概况，总结了成功经验和存在的问题，对全国陆地生态环境建设的一些重要方面进行了规划，主要包括天然林等自然资源保护、植树种草、水土保持、防治荒漠化、草原建设、生态农业等。《全国生态环境建设规划》还将全国生态环境建设划分为 8 个类型区域，分不同类型和区域提出了主要建设任务，提出了加强生态环境建设的政策措施。

2003 年，国家环境保护总局印发了《生态县、生态市、生态省建设指标(试行)》的通知。通知指出，生态县、生态市、生态省建设是生态示范区建设的继续和发展，是生态示范区建设的最终目标。已批准的试点地区，要按照生态示范区建设和管理的要求，继续开展生态示范区建设工作；已命名的国家级生态示范区及社会、经济、生态环境条件较好的地区，可对照指标体系的要求，结合当地的实际情况，开展生态县、生态市、生态省创建工作。

随着生态示范区建设影响越来越大，层次越来越高，最终上升为省一级。1999 年 3 月，国家环境保护总局批准海南省为全国第一个生态省试点，吉林省(1999 年)、黑龙江省(2000 年)、福建省(2002 年)先后成为生态省建设试点，掀起我国生态省建设热潮。目前，已有 14 个省开展了生态省建设。

2. 积极开展国际合作

我国严格遵守国际环境公约，积极参加国际合作。1992 年 6 月 3 日第二次世界环境与发展会议召开，我国积极参与联合国主持下的国际环保运动，并签署了《里约宣言》《21 世纪议程》，随后我国加入《联合国气候变化框架公约》和《联合国生物多样性公约》两个国际公约，率先制定了《中国 21 世纪议程》，先后制定并实施科教兴国战略、可持续发展战略。以此为契机，中共中央办公厅、国务院办公厅转发了外交部、国家环保局《关于出席联合国环境与发展大会情况及有关对策的报告》，结合我国国情，提出了环境发展领域的十条对策和措施。

3. 可持续发展上升为国家战略

为了进一步实现我国可持续发展，1994 年，中国制定了第一个国别的《中国

21世纪议程——中国21世纪人口、环境与发展白皮书》，明确提出了可持续发展的整体战略，把实施可持续发展战略纳入我国国民经济和社会发展计划及远景规划。"《中国21世纪议程》是世界上第一部包括经济可持续、社会可持续和生态可持续等内容完整的国家《21世纪议程》"，实现人口、经济、社会、资源与环境相互协调发展。90年代中期，党和国家把可持续发展上升为一项重大国家战略。

1995年，党的十四届五中全会将可持续发展纳入"九五"和2010年中长期国民经济和社会发展计划，确立了可持续发展战略。可持续发展战略将经济发展、生态环境保护和节约资源有机联系在一起，我党的生态文明理念和环境保护理念实现了第二次飞跃。

1996年通过的《国民经济和社会发展"九五"计划和2010年远景目标纲要》是20世纪的最后一个五年计划。"九五"计划强调，必须把社会全面发展放在重要战略地位，实现经济与社会相互协调和可持续发展，正式将可持续发展确定为国家战略。

1996年7月，全国第四次全国环境保护会议召开，提出保护环境是实施可持续发展战略的关键，保护环境就是保护生产力。国务院做出了《关于加强环境保护若干问题的决定》，明确了跨世纪环境保护工作的目标、任务和措施，实施《污染物排放总量控制计划》和《跨世纪绿色工程规划》两大举措。

1996年3月，可持续发展作为国家战略写进了政府工作报告。从1998年起，中国科学院可持续发展战略研究小组每年向社会发布《中国可持续发展战略报告》。

2000年国务院印发了《全国生态环境保护纲要》，首次提出对生态环境的抢救性保护、强制性保护、"三区"生态保护的战略，标志着全国生态保护工作进入新的发展阶段。到2002年1月，全国第五次全国环境保护会议召开，提出环境保护是政府的一项重要职能，部署"十五"期间的环境保护工作。国家环保投入与能力建设力度加大，环保投入逐年增加，初步建立多元化的环保投入机制；健全环保机构，加强队伍建设，建立监测网络，规范监测管理。

2004年，《中国可持续发展总纲(国家卷)》出版。《中国可持续发展战略报告》提出了"生存、发展、环境、社会、智力"五大支持系统的可持续发展理论构架；利用了可持续发展的资产负债分析方法；建立了可持续发展评价指标体系、资源环境综合绩效评价指标；提出中国可持续发展的三个"零增长"目标。

在实施西部大开发战略过程中，西部的环境保护不仅是个区域的问题，而且关系到全国的生态建设问题，甚至关系到中华民族前途和命运的大问题。由于中国西部地区地处长江和黄河的上游，是长江和黄河流域生态环境的重要保障，其生态环境质量对两大江的中下游地区有极其重大的影响。所以，国家在实施西部大开发战略的过程中，要将生态环境建设和保护列为重点，搞好生态环境建设是西部大开发的必要前提和首要任务。1998年夏季，我国长江流域出现特大洪灾，国务院采取行动，全面停止长江中上游和黄河上游的天然林采伐，大规模封山育林，有计划、有步骤地退耕还湖、还林、还草。在实施西部大开发中，国家非常重视生态保护工作，反复强调要把环境保护作为西部大开发的首要课题，一定要解决好，它直接关系到西部大开发战略实施的成败。

1999 年，国务院制定并颁布了《全国生态环境建设规划》，先后启动了全国天然林保护工程、国家生态工程、水土保持生态环境建设“十百千”示范工程、退耕还林还草工程、京津周边地区防沙治沙工程等大型生态建设项目，涉及的县有 1000 多个，生态建设已辐射到全国，建设期计划到 2050 年，甚至更长。

2000 年，国务院下发《关于进一步做好退耕还林还草试点工作的若干意见》，指出还林后实行封山管护，还草后实行围栏封育。2001 年，国家林业局确立了六大林业重点工程——天然林资源保护工程、退耕还林还草工程、京津风沙源治理工程、“三北”和长江中下游地区等重点防护林体系建设工程、野生动植物保护及自然保护区建设工程和重点地区速生丰产用材林基地建设工程。

2001 年，江西省出台了我国第一部资源综合利用地方性法规——《江西省资源综合利用条例》。为了促进循环经济的发展和资源节约利用，江西省还相继出台了《江西省实施<中华人民共和国节约能源法>办法》和《江西省发展循环经济和建设节约型社会工作分工方案》等法规制度。同时还出台了限制高耗能、高排放产业发展和深入实施差别电价的意见等，为进一步提高法规制度的可操作性奠定了坚实的基础。

2002 年，党的十六大报告制定了全面建设小康社会的战略目标，强调了把可持续发展放在突出位置，坚持计划生育、保护资源和环境的基本国策。提出：“走出一条科技含量高、经济效益好、资源消耗低、环境污染少、人力资源优势得到充分发挥的新型工业化路子”，把建设生态良好的文明社会列为全面建设小康社会的四大目标之一。十六届三中全会上，胡锦涛为总书记的中央领导集体明确提出了“坚持以人为本，树立全面、协调、可持续的发展观，促进经济社会和人的全面发展”。确立了科学发展观的战略思想，提出了“五个统筹”：强调“按照统筹城乡发展、统筹区域发展、统筹经济社会发展、统筹人与自然和谐发展、统筹国内发展和对外开放的要求。”

2003 年，国务院印发了国家计委会同有关部门制定的《中国 21 世纪初可持续发展行动纲要》，提出了我国可持续发展的目标、重点领域和保障措施，是进一步推进我国可持续发展的重要政策文件。为进一步深化生态示范区建设，推动全面建设小康社会战略任务和奋斗目标的实现。

2003 年，十六届三中全会通过的《中共中央关于完善社会主义市场经济体制若干问题的决定》，提出坚持以人为本，树立全面、协调、可持续的发展观和统筹城乡发展、统筹区域发展、统筹经济社会发展、统筹人与自然和谐发展、统筹国内发展和对外开放的思想，明确了完善社会主义市场经济体制的目标和主要任务，深刻阐述了科学发展观。党中央根据科学发展观的总体要求，作出一系列经济社会发展和党的建设的重大决策，坚持以科学发展观为指导，加快转变经济发展方式，加强和创新社会管理，不断提高党的建设科学化水平。

2004年，党的十六届四中全会把人与自然的和谐作为和谐社会的重要组成部分，提出了构建社会主义和谐社会的基本任务。

生物多样性保护是当今世界普遍关注的关系人类生存和发展的重大问题，也是中国经济社会实现可持续发展的重要条件。四川省是全球25个生物多样性热点地区之一。近年来，四川加大生物多样性保护力度，取得一定成效。2004年，四川省发布了《四川省生物多样性保护战略与行动计划》。全省划定了13个生物多样性保护优先区域，明确了生物多样性保护的优先领域。四川省还将林业生态建设作为全省生态文明建设的重点工作之一，先后实施了长江上游防护林建设、天然林保护、退耕还林等林业生态建设工程，森林、湿地、动植物等生态旅游景观资源得到有效保护，生态环境得到较大改善。

2005年3月，胡锦涛同志在中央人口资源环境工作座谈会上首次提出了建设环境友好型社会的号召。同年10月，党的十六届五中全会审议通过的《中共中央关于制定国民经济和社会发展第十一个五年规划的建议》(以下简称《建议》)中强调"必须加快转变经济增长方式"，"建设资源节约型、环境友好型社会"。并把大力发展循环经济、加大环境保护力度、切实保护好自然生态作为建设资源节约型、环境友好型社会的主要内容。发展循环经济，是建设资源节约型、环境友好型社会和实现可持续发展的重要途径。《建议》强调，要坚持开发节约并重、节约优先。完善再生资源回收利用体系，全面推行清洁生产，形成低投入、低消耗、低排放和高效率的节约型增长方式。对消耗高、污染重、技术落后的工艺和产品实施强制性淘汰制度。强化节约意识，鼓励生产和使用节能节水产品、节能环保型汽车，发展节能省地型建筑，形成健康文明、节约资源的消费模式。在处理人与自然的关系问题上，胡锦涛同志指出："人与自然的关系不和谐，往往会影响人与人的关系、人与社会的关系。如果生态环境受到严重破坏、人们的生活环境恶化，如果资源能源供应紧张、经济发展与资源能源矛盾尖锐，人与人的和谐、人与社会的和谐是难以实现的。"

2006年4月，国务院召开全国第六次全国环境保护会议，把环境保护摆在更加重要的战略位置，切实做好环境保护工作，推动经济社会全面协调可持续发展，这是环境保护的又一次重大历史性转变。为了落实政策，国家和地方政府实行建设项目环境预审制、环保"一票否决"等制度，还把资源消耗和生态环境保护指标纳入干部考核体系。

4. 相关法律法规不断出台

20世纪90年代，国家把依法保护环境作为依法治国、建设社会主义法治国家的主要内容，环境法制建设逐步完善，执法力度不断加大，环境保护在执法实践中不断补充和完善法律体系。

为加强自然保护区的建设和管理，保护自然环境和自然资源，1994年国务院颁布《自然保护区管理条例》，对我国自然保护区的建立和管理进行了规定，明确了法律责任。除此之外，《排污费征收管理条例》等30多个环境保护行政法规，以及 70 多个环境保护部门规章相继颁布。党中央和国务院十分重视环境方面的立法、执法工作，强调生态环境保护要纳入依法治理的轨道，对那些破坏生态环境的人要加以严惩。

1996 年，《水污染防治法》和《噪声污染防治法》的修改中，要求建设环境影响报告书中应该包含项目所在单位和居民意见。我国《环境保护法》指出："一切单位和个人都有权利对相关行政主管部门的环境行政执法活动进行实施监督。"可以说，我国公众参与得到了法律法规的确立，公众也参与到政府组织的生态问题听证会，还积极参与到各种民间环境保护组织和活动。近年来，环保部门在扩大公众环境知情权的同时，积极探索拓展多种途径，引导广大群众参与环境保护，同各种不文明行为作斗争。

1996 年，国务院颁布《国务院关于环境保护若干问题的决定》。文件就实行环境质量行政领导负责制、认真解决区域环境问题、坚决控制新污染、加快治理老污染、禁止转嫁废物污染、维护生态平衡，保护和合理开发自然资源、切实增加环境保护投入、严格环保执法，强化环境监督管理、积极开展环境科学研究，大力发展环境保护产业、加强宣传教育，提高全民环境意识等问题做出了具体规定。

2002 年 6 月，全国人大常委会审议通过《清洁生产促进法》。这一时期，我党逐渐重视生态环境政策，并把环境政策上升为宏观战略和基本国策。我国可持续发展观念逐步形成，生态环境法制化建设日趋完善，生态环境国际合作化日益加强，广大人民群众的环境保护意识有了显著提高，形成了全面的生态文明建设思想。

2003 年 1 月 20 日，我国第一部关于西部地区生态建设与保护的行政法规《退耕还林条例》正式实施。在这里，政府向全国人民发出了"绿化西部，绿化祖国，再造秀美山川"的动员令。

为了实施可持续发展战略，预防因规划和建设项目实施后对环境造成不良影响，促进经济、社会和环境的协调发展，2003 年 9 月 1 日，我国开始实施《环境影响评价法》。该法第十一条规定："专项规划的编制机关，对可能造成不良环境影响并直接涉及公众环境权益的规划，应当在该规划草案报送审批前，举行论证会、听证会、或者采取其他形式，征求有关单位、专家和公众对环境影响报告书草案的意见。"这表明，公民环境权利在一定程度上获得法律和政策上的认同，促进中国民主进程的表现。2005 年 4 月 13 日，催生了中国公众参与环境评价制度的是圆明园防渗工程事件。国家环保总局召开圆明园整治工程环境影响听证会，邀请各界社会代表 120 人和 30 多家媒体，在社会上引起广泛的影响。

为了进一步保障公众参与生态环境保护的权益，2006 年 2 月 14 日，国家环保总局颁布了《环境影响评价公众参与暂行办法》，不仅明确了公众参与环境评价的权利，而且规定具体范围、程序、方式和期限，有力保障了公众的环境知情权，有利于调动各相关利益方参与的积极性。

为了促进循环经济发展，提高资源利用效率，保护和改善环境，实现可持续发展，2009年1月，我国正式施行《循环经济促进法》。该法明确规定，发展循环经济是国家经济社会发展的一项重大战略，应当遵循统筹规划、合理布局，因地制宜、注重实效，政府推动、市场引导，企业实施、公众参与的方针。对从事工艺、设备、产品及包装物设计，应当按照减少资源消耗和废物产生的要求，优先选择采用易回收、易拆解、易降解、无毒无害或者低毒低害的材料和设计方案，并应当符合有关国家标准的强制性要求。

5. 环保教育日益丰富

在生态环境教育方面，1992年，我国召开了全国首次环境教育工作会议，会议总结了多年来的环境教育工作经验，提出了“环境保护，教育为本”的口号，并明确地把环境教育正式纳入九年义务教育课程。1996年，国家环境保护局联合中宣部、教育部发起了“绿色学校”创建活动，并于2000年首次进行了表彰，“绿色学校”创建已成为各级环保、宣传、教育部门的共识。创建“绿色学校”活动，通过学校带动了家庭、通过家庭带动了社区，使更多的人参与到保护环境的行动中来，成为我国实施可持续发展战略，推进生态文明建设的一项基础性工程。

1998年，清华大学提出创建“绿色大学”，从“绿色教育”“绿色科研”和“绿色校园”三方面开展绿色大学建设，将可持续发展理念融入大学人才培养、学科建设、科学研究和校园建设的各个环节之中，取得了良好的效果。在学习清华大学经验的基础上，全国各地在创建绿色大学上进行了有益的探索，在能源环境问题日益严峻的今天，“绿色大学”被赋予了更加丰富的内涵。但目前来看，只是部分省（自治区、直辖市）提出了创建计划和创建标准，还没有形成较完整的管理体系，许多高校通过学习清华模式，自发创建。在创建内容上多比较注重外在的校园绿化、美化。

2003年，教育部印发了《中小学环境教育实施指南（试行）》（以下简称《实施指南》）和《中小学环境教育专题教育大纲》（以下简称《大纲》）。《实施指南》分析了国际环境教育发展趋势、我国环境现状与环境教育、环境教育的性质与特点、环境教育的基本理念，提出了环境教育的目标并围绕环境教育在情感、态度与价值观，过程与方法，知识与能力这三个方面的目标，提出了学生在各学段的学习内容与活动建议，对整个环境教育的具体实施和评价提出了建议。《大纲》规定，要在各学科渗透环境教育的基础上，通过专题教育的形式，引导学生欣赏和关爱大自然，关注家庭、社区、国家和全球的环境问题，正确认识个人、社会与自然之间的相互联系，帮助学生获得人与环境和谐相处所需要的知识、方法与能力，培养学生对环境友善的情感、态度和价值观，引导学生选择有益于环境的生活方式。并对小学1~3年级、4~6年级，初中和高中分设了阶段目标、内容标准和课时。

2006年10月27日，国务院首次联合七部委举办中国自然保护区50周年纪念大会，全国建立自然保护区2349个，其中国家级的保护区243个，为我国生态保护树立了里程性的丰碑。这一时期，我国植树造林、水土保持、草原建设等生态工程取得进展，长江、黄河上中游水土保持防治工程全面实施，重点地区资源保护和退耕还林长效显著，建立了一大批自然保护区、森林公园，生态农业示范区、试点示范稳步发展。

2004 年，国家环保总局联合全国妇联举办了“全国绿色社区创建活动启动仪式暨绿色家庭现场演示会”，启动了全国绿色社区创建工作。为加强对全国环保系统“绿色社区”创建活动的指导，国家环保总局成立了全国“绿色社区”创建活动指导委员会，对活动进行指导评价，进行沟通交流和宣传推广。从 2005 年起，环保总局每两年对开展活动成效显著的“绿色社区”和表现突出的单位、个人进行全国表彰。创建“绿色社区”形成了全社会关注、参与环境保护的社会风尚，建立了公众参与环保的新机制。

6. 环保公众参与日益广泛

在党和国家有关领导和部门的支持下，中华环境保护基金会于 1993 年 4 月正式成立。中华环境保护基金会是环境保护部主管、民政部登记注册的中国第一家专门从事环境保护事业的全国性公募基金会。为表彰首任国家环境保护局局长、原全国人大环境与资源保护委员会主任委员的曲格平教授在参与和领导中国的环境保护事业中做出的卓越贡献，1992 年 6 月在巴西里约热内卢召开的联合国环境与发展大会上，曲格平教授获得了联合国环境大奖和十万美元奖金。获奖后，曲格平教授建议，以这笔奖金为基础成立中华环境保护基金会，促进中国环境保护事业的发展。他的这一建议得到了社会各界广泛的赞誉和支持。在党和国家有关领导和部门的支持下，中华环境保护基金会成立了。曲格平教授成为第一个捐款者并出任理事长，原全国人大常委会委员长万里先生、原国务院副总理兼外交部长黄华先生、全国人大副委员长成思危先生、蒋正华先生出任基金会的名誉理事长，国内外一些专家、学者和知名人士担任基金会的特别顾问。根据《中华环境保护基金会章程》规定中华环境保护基金会的最高权力机构为理事会。理事会由国内外著名人士、社会各界热心环境保护事业的代表和主要捐赠者组成。

随后，中华环保基金会、中国环境文化促进会、环保产业协会、野生动物保护协会等，各大高校学生环保社团和国际环保民间组织驻华机构数量不断增加。1994 年 3 月，“自然之友”在北京成立。1996 年成立著名的环保组织“地球村”和“绿色家园”，其后类似环保组织如雨后春笋般的出现。民间环保组织的出现与壮大，既是世界环保运动的潮流，也是社会文明进步的必然。

1991 年，我国实施了由亚洲开发银行提供资金的环境影响评价培训项目，首次提出了公众参与问题，随后举行的一系列国际研讨会上引发中外专家、学者和政府的深入探讨，提出了富有建议性的建议。从此，公众参与逐步确立和扩展，成为我国环境保护建设的议程。

（四）成熟阶段（2007 年以来）

2008 年，国家环境保护总局升格为环境保护部，成为国务院组成部门之一。

环保局的不断升格，显示出政府对于环境保护的越来越重视，环保地位不断得到提升，意味着国家对生态建设与环境保护认识的不断深化。10 年后，2018 年 4 月，新组建的生态环境部正式揭牌。生态环境部将原环境保护部的职责，国家发展和改革委员会的应对气候变化和减排职责，国土资源部的监督防止地下水污染职责，水利部的编制水功能区划、排污口设置管理、流域水环境保护职责，农业部的监督指导农业面源污染治理职责，国家海洋局的海洋环境保护职责，国务院南水北调工程建设委员会办公室的南水北调工程项目区环境保护职责整合，这在很大程度上改善了此前部门职能重叠造成的资源浪费，利于减少出现监管死角和盲区，集中力量加大环境执法力度和污染整治力度。

1. 生态文明上升为国家战略

2007 年，党的十七大提出“建设生态文明”，用生态文明概括和总结了我党自改革开放以来，在探索关于生态环境保护，可持续发展，人与自然的和谐发展，以及全面建设小康社会等方面所取得的理论成果和实践成果，是科学发展和和谐发展理念的一次升华，标志着中国共产党生态文明理论最终形成。

为了实现全面建设小康社会奋斗目标，党的十七大报告中提出：“建设生态文明，基本形成节约能源和保护生态环境的产业结构、增长方式、消费模式”的新要求。

2007 年，我国印发了《生态县、生态市、生态省建设指标(修订稿)》。要求开展生态县、生态市、生态省建设的地区，应对照指标体系的要求，组织编制生态县(市、省)建设规划，通过有关专家论证后，由当地政府提请同级人大审议通过、颁布、实施，并报国家环保总局备案。生态县、生态市建设规划的论证，由省(自治区、直辖市)环境保护局(厅)组织；生态省建设规划的论证，由国家环保总局和省人民政府共同组织。生态县、生态市、生态省建设是生态示范区建设的继续和发展，是生态示范区建设的最终目标。

2008 年，《中国可持续发展战略报告》在回顾和总结过去 10 年研究成果的基础之上，围绕人口、水资源、能源发展与应对气候变化、污染控制、生态保护与建设、城市可持续发展、经济发展与资源可持续利用等领域进行了深入的探讨，针对可持续发展涉及的法律法规、管理体制、战略规划和具体政策展开了广泛的政策研究，并对未来中国实现可持续发展的战略调整、政府机构改革和政策走向提出了建议。

2008 年 12 月，环保部下发《关于推进生态文明建设的指导意见》，要求各地因地制宜探索生态文明建设。2009 年 11 月 25 日温家宝同志主持召开的常务会议上，做出 2020 年我国碳排放强度下降 40%~45%的承诺，会议决定大力发展可再生能源，积极推广核电建设等行动。到目前为止，我国绿色刺激计划的财政投入是美国的 6 倍，并在资金与政策上给予支持，国家积极鼓励发展清洁能源。

2009 年 8 月 12 日国务院公布了《环境影响评价条例》，进一步明确了公众参与的法律效力。这一阶段，我国民间环保组织不断发展与壮大，截止到目前为止，据中华环保联合会提供的最新数据，中国共有500多个民间环保社团，它们通过宣传和普及环保知识与理念，参与或影响公共决策，发起环保实践活动，参加学术研究与交流，在环境保护中的实际作用和社会影响日益增大，如“北京地球村”“绿色江河”等活跃一线的环保组织被越来越多的人所知晓。

2010年，十七届五中全会通过了《中共中央关于制定国民经济和社会发展第十二个五年规划的建议》，全面分析了我国发展的国内环境。指出我们必须坚持以科学发展观统领经济社会发展全局，提出“深入贯彻节约资源和环境保护基本国策，节约能源，降低温室气体排放强度，发展循环经济，推广低碳技术，积极应对气候变化，促进经济社会发展与人口资源环境相协调，走可持续发展之路”。增强机遇意识和忧患意识，加快构建有利于科学发展的体制机制，加快经济结构调整和发展方式转变，促进经济社会长期平稳较快发展，这不仅具有重大的现实意义，而且具有长远的历史意义。

这一时期是在科学发展观指导下生态文明迅速发展时期。胡锦涛同志在十六届三中全会上提出以人为本，全面协调可持续的科学发展观；在党的十七大报告中又提出建设生态文明，走生产发展、生活富裕、生态良好的文明发展道路，成为生态环境良好的国家，促进社会和谐，标志着中国生态文明建设进入全面快速的发展时期。不仅强调人与自然和谐相处，重视保护环境，而且在发展模式上强调可持续性，基本形成节约资源和保护生态环境的产业机构、增长方式以及消费方式，走建设生态文明之路。这些充分说明我国在探索中国特色社会主义道路的进程中，对生态文明的认识不断达到新的高度。

2012年，党的十八大报告把生态文明建设纳入“五位一体”的中国特色社会主义事业总体布局，党的十八大报告提出，要把生态文明建设放在突出地位，融入经济建设、政治建设、文化建设、社会建设各方面和全过程，努力建设美丽中国，实现中华民族永续发展。党的十八大前所未有地凸显了生态文明建设的重要地位，进一步丰富了中国共产党生态文明理论的理论内涵，为中国特色社会主义事业向前发展提供了思想保障和理论基础。

2012年6月，《中华人民共和国可持续发展国家报告》发布。本报告共分八章，第一章对中国实施可持续发展战略的进展、面临的挑战和战略部署进行了总体概述。第二至五章对中国推进可持续发展经济、社会、环境三大支柱建设方面的努力和进展进行了详细阐述，主要内容包括经济结构调整、发展方式转变、人的发展、社会进步、资源可持续利用、生态环境保护与应对气候变化。第六和第七章介绍了中国在可持续发展能力建设、国际合作、履行国际环发公约等方面取得的进展。第八章阐述了中国政府对2012年联合国可持续发展大会目标和主题的基本立场以及对若干重点领域的基本看法。

习近平总书记多次强调：保护生态环境必须依靠制度、依靠法治。只有实行最严格的制度、最严密的法治，才能为生态文明建设提供可靠保障。2013年5月，习近平总书记在中央政治局第六次集体学习时强调指出，要正确处理好经济发展同生态环境保护的关系，牢固树立保护生态环境就是保护生产力、改善生态环境就是发展生产力的理念，更加自觉地推动绿色发展、循环发展、低碳发展，决不以牺牲环境为代价去换取一时的经济增长。

2013 年，国务院颁布《大气污染防治行动计划》，拟通过 5 年时间进行治理，到 2017 年，全国地级及以上城市可吸入颗粒物浓度比 2012 年下降 10%以上，优良天数逐年提高；京津冀、长三角、珠三角等区域细颗粒物浓度分别下降 25%、20%、15%左右，其中北京市细颗粒物年均浓度控制在 60 微克/立方米左右。

2013 年，十八届三中全会发布《中共中央关于全面深化改革若干重大问题的决定》(本段以下简称《决定》)。《决定》不仅阐述了中国全面深化改革的重大意义，总结了中国改革开放 35 年来的历史性成就和宝贵经验，提出了到 2020 年全面深化改革的指导思想、总体思路、主要任务、重大举措。而且“加快生态文明制度建设”成为一项重要内容。《决定》指出，必须建立系统完整的生态文明制度体系，实行最严格的源头保护制度、损害赔偿制度、责任追究制度，完善环境治理和生态修复制度，用制度保护生态环境。《决定》特别强调健全自然资源资产产权制度和用途管制制度，划定生态保护红线，实行资源有偿使用制度和生态补偿制度，改革生态环境保护管理体制。

2015 年 2 月，中央政治局常务委员会会议审议通过《水十条》，即《水污染防治行动计划》，计划到 2020 年，长江、黄河、珠江、松花江、淮河、海河、辽河等七大重点流域水质优良(达到或优于Ⅲ类)比例总体达到 70%以上，地级及以上城市建成区黑臭水体均控制在 10%以内，地级及以上城市集中式饮用水水源水质达到或优于Ⅲ类比例总体高于 93%，全国地下水质量极差的比例控制在 15%左右，近岸海域水质优良(一、二类)比例达到 70%左右。京津冀区域丧失使用功能(劣于Ⅴ类)的水体断面比例下降 15 个百分点左右，长三角、珠三角区域力争消除丧失使用功能的水体。到 2030 年，全国七大重点流域水质优良比例总体达到 75%以上，城市建成区黑臭水体总体得到消除，城市集中式饮用水水源水质达到或优于Ⅲ类比例总体为 95%左右。

2015 年，国务院印发了《土壤污染防治行动计划》。在此之前，环保部制定发布了《污染场地土壤修复技术导则》《场地环境调查技术导则》《场地环境监测技术导则》《污染场地风险评估技术导则》《污染场地术语》5 项污染场地系列环保标准，旨在为各地开展场地环境状况调查、风险评估、修复治理提供技术指导和支持，为推进土壤和地下水污染防治法律法规体系建设提供基础支撑。《土壤污染防治行动计划》提出，到 2020 年，全国土壤污染加重趋势得到初步遏制，土壤环境质量总体保持稳定，农用地和建设用地土壤环境安全得到基本保障，土壤环境风险得到基本管控。到 2030 年，全国土壤环境质量稳中向好，农用地和建设用地土壤环境安全得到有效保障，土壤环境风险得到全面管控。到本世纪中叶，土壤环境质量全面改善，生态系统实现良性循环。《土壤污染防治行动计划》确定了十个方面的措施：一是开展土壤污染调查，掌握土壤环境质量状况；二是推进土壤污染防治立法，建立健全法规标准体系；三是实施农用地分类管理，保障农业生产环境安全；四是实施建设用地准入管理，防范人居环境风险；五是强化未污染土壤保护，严控新增土壤污染；六是加强污染源监管，做好土壤污染预防工作；七是开展污染治理与修复，改善区域土壤环境质量；八是加大科技研发力度，推动环境保护产业发展；九是发挥政府主导作用，构建土壤环境治理体系；十是加强目标考核，严格责任追究。

2015 年 4 月 25 日，《中共中央国务院关于加快推进生态文明建设的意见》(本段以下简称《意见》)颁布实施。《意见》是中央就生态文明建设做出全面专题部署的第一个文件，明确指出，生态文明建设是中国特色社会主义事业的重要内容，关系人民福祉，关乎民族未来，事关“两个一百年”奋斗目标和中华民族伟大复兴中国梦的实现。《意见》包括：总体要求；强化主体功能定位，优化国土空间开发格局；推动技术创新和结构调整，提高发展质量和效益；全面促进资源节约循环高效使用，推动利用方式根本转变；加大自然生态系统和环境保护力度，切实改善生态环境质量；健全生态文明制度体系；加强生态文明建设统计监测和执法监督；加快形成推进生态文明建设的良好社会风尚；切实加强组织领导等方面内容。明确了生态文明建设的总体要求、目标愿景、重点任务和制度体系，突出体现了战略性、综合性、系统性和可操作性，是当前和今后一个时期推动我国生态文明建设的纲领性文件。通篇贯穿了绿水青山就是金山银山的理念，体现了人人都是生态文明建设者的理念。党的十八大和十八届三中、四中全会就生态文明建设作出了顶层设计和总体部署，意见就是落实顶层设计和总体部署的时间表和路线图，措施任务更具体、更明确。

为了加快建立系统完整的生态文明制度体系，加快推进生态文明建设，增强生态文明体制改革的系统性、整体性、协同性。2015 年 9 月，《生态文明体制改革总体方案》(本段以下简称《方案》)出台。《方案》明确了生态文明体制改革的指导思想、生态文明体制改革的理念、生态文明体制改革的原则，提出了健全自然资源资产产权制度、建立国土空间开发保护制度、完善生态文明绩效评价考核和责任追究制度、健全资源有偿使用和生态补偿制度、建立健全环境治理体系、健全环境治理和生态保护市场体系等制度，确定了生态绩效评价考核和责任追究制度，提出了生态文明体制改革的保障措施。

2015 年 10 月，十八届五中全会确立了创新、协调、绿色、开放、共享的五大发展理念，将绿色发展作为“十三五”乃至更长时期经济社会发展的一个重要理念，成为中国共产党关于生态文明建设、社会主义现代化建设规律性认识的最新成果。坚持绿色发展，必须坚持节约资源和保护环境的基本国策，坚持可持续发展，坚定走生产发展、生活富裕、生态良好的文明发展道路，加快建设资源节约型、环境友好型社会，形成人与自然和谐发展现代化建设新格局，推进美丽中国建设，为全球生态安全做出新贡献。促进人与自然和谐共生，构建科学合理的城市化格局、农业发展格局、生态安全格局、自然岸线格局，推动建立绿色低碳循环发展产业体系。加快建设主体功能区，发挥主体功能区作为国土空间开发保护基础制度的作用。推动低碳循环发展，建设清洁低碳、安全高效的现代能源体系，实施近零碳排放区示范工程。全面节约和高效利用资源，树立节约集约循环利用的资源观，建立健全用能权、用水权、排污权、碳排放权初始分配制度，推动形成勤俭节约的社会风尚。加大环境治理力度，以提高环境质量为核心，实行最严格的环境保护制度，深入实施大气、水、土壤污染防治行动计划，实行省以下环保机构监测监察执法垂直管理制度。筑牢生态安全屏障，坚持保护优先、自然恢复为主，实施山水林田湖生态保护和修复工程，开展大规模国土绿化行动，完善天然林保护制度，开展蓝色海湾整治行动。

随着我国水法规体系的逐步完善和岸线开发利用管理工作的不断加强，长江岸线开发利用逐步走上了法制化、规范化的轨道。但由于岸线管理涉及部门众多，责任主体不明确，岸线开发利用缺乏统一规划的指导等原因，导致目前长江岸线开发利用存在许多突出问题。主要包括：局部地区岸线利用布局不尽合理，对防洪安全、河势稳定、供水安全及生态环境保护带来一定影响；局部江段岸线开发利用程度高，岸线资源相对紧缺的矛盾日渐凸显；局部江段岸线利用效率低，岸线资源浪费严重；岸线开发利用和保护管理有待进一步加强。为了解决这些问题，2016 年 9 月，水利部、国土资源部正式印发由长江委技术牵头编制完成的《长江岸线保护和开发利用总体规划》开始实施。《岸线规划》全面分析了长江岸线保护和开发利用存在的主要问题及经济社会发展对岸线开发利用的要求；按照岸线保护和开发利用需求，划分了岸线保护区、保留区、控制利用区及开发利用区等四类功能区，并对各功能区提出了相应的管理要求；开展了岸线资源有偿使用专题研究；提出了保障措施。

2017 年 10 月 18 日，十九大召开，生态文明上升为千年大计，美丽纳入国家现代化的目标之中，提供更多的优质生态产品，成为满足人民日益增长的美好生活的新任务之一，“绿水青山就是金山银山”的发展理念，被细化为更多的具体措施。十九大报告不仅提出了解决生态文明问题的总体指导思想，而且还提出了切实可行的具体措施。就总体指导思想而言，报告明确提出了“要创造更多物质财富和精神财富以满足人民日益增长的美好生活需要，也要提供更多优质生态产品以满足人民日益增长的优美生态环境需要”。这事实上就把生态文明建设明确地列入了我们党“不忘初心、牢记使命”的宏伟蓝图中，体现出了更宏大、更宽广的执政情怀和治理视野。重要的还在于，报告提出了详尽的生态文明建设举措。如加快建立绿色生产和消费的法律制度和政策导向；提高污染排放标准，强化排污者责任，健全环保信用评价、信息强制性披露、严惩重罚等制度；完成生态保护红线、永久基本农田、城镇开发边界三条控制线划定工作；改革生态环境监管体制等。

宪法是国家的根本大法，是治国安邦的总章程，是党和人民意志的集中体现。只有实行最严格的制度、最严密的法治，才能为生态文明建设提供可靠保障。2018 年 3 月 11 日，十三届全国人大第一次会议表决通过《中华人民共和国宪法修正案》，生态文明写入了宪法，这在我国宪政史上尚属首次。在此次宪法修正案的 21 条中，涉及建设生态文明和美丽中国的，有五条。一是增写贯彻新发展理念的要求。二是将“推动物质文明、政治文明和精神文明协调发展”修改为“推动物质文明、政治文明、精神文明、社会文明、生态文明协调发展”。三是在“把我国建设成为富强、民主、文明的社会主义国家”中增写了和谐美丽，完整表述为“把我国建设成为富强民主文明和谐美丽的社会主义现代化强国，实现中华民族伟大复兴”。四是在国务院行使的职权中增加了“生态文明建设”的职能。五是增写“推动构建人类命运共同体”的要求。生态文明写入宪法，是党的主张、国家意志，人民心意，是时代大势所趋。生态文明入宪，是顺应党和人民事业发展要求，适应新形势，吸纳新经验、确认新成果所做出的必然选择；生态文明入宪，是健全中国特色社会主义法律体系、为生态文明法律生态化提供根本法依据的内在要求；生态文明入宪，要求社会各界、全体人民扛起生态文明建设的责任，为建设美丽中国，作出应有的努力。

2018 年 4 月召开的中央财经委员会第一次会议提出，要打几场标志性的重大战役，打赢蓝天保卫战，打好柴油货车污染治理、城市黑臭水体治理、渤海综合治理、长江保护修复、水源地保护、农业农村污染治理攻坚战，确保三年时间明显见效。

2. 相关法律法规日益丰富和完善

国家进一步深化和完善环境保护法制化建设，生态环保法制建设不断健全。为了限制和减少塑料袋的使用，遏制“白色污染”，2007 年 12 月 31 日，国务院办公厅下发了《国务院办公厅关于限制生产销售使用塑料购物袋的通知》，通知明确规定：从 2008 年 6 月 1 日起，在全国范围内禁止生产、销售、使用厚度小于 0. 025 毫米的塑料购物袋。所有超市、商场、集贸市场等商品零售场所实行塑料购物袋有偿使用制度，一律不得免费提供塑料购物袋。

2008 年，环境保护部和国家质量监督检验检疫总局联合颁布了《生活垃圾填埋场污染控制标准》。标准规定了生活垃圾填埋场选址、设计与施工、填埋废物的入场条件、运行、封场、后期维护与管理的污染控制和监测等方面的要求。本标准适用于生活垃圾填埋场建设、运行和封场后的维护与管理过程中的污染控制和监督管理。

2008 年，我国通过了《循环经济促进法》，并于 2009 年正式实施。《循环经济促进法》规定了一系列包括综合运用财政、税收、投资、市场准入、价格、信贷等手段在内的法律规范，通过一系列调整产业结构、促进节能减排的政策性规定，为我国实现经济平稳较快发展提供了法律保障。这些法律的制定和实施使我国的生态文明建设有了法律依据，使我国的生态文明建设工作得以顺利开展。

2015 年 1 月，被称为“史上最严”的新《环境保护法》开始实施。修订后的环保法法律条文从原来 47 条增加到 70 条，增强了法律的可执行性和可操作性，明确了政府的职责，划定了生态保护红线，规定了跨行政区域联合防治协调机制等制度，赋予公众参与的权利，明确了环境公益诉讼，加入了“按日计罚”“行政拘留”，以及“主要负责人引咎辞职”等内容，增设“信息公开与公众参与”专章，“公益诉讼主体”范围进一步扩大至符合条件的环保社会组织。

2015 年 7 月 1 日，《国家安全法》施行。《国家安全法》第 14 条规定：每年 4 月 15 日为全民国家安全教育日。当前，中国生态安全全面临众多挑战，城乡人居环境严峻，一些城市空气质量超标，部分区域灰霾污染频发，部分地区水源存在安全隐患等。因此，完善生态环境保护制度体系，加大生态建设和环境保护力度，划定生态保护红线，强化生态风险的预警和防控，妥善处置突发环境事件，保障人民赖以生存发展的大气、水、土壤等自然环境和条件不受威胁和破坏，促进人与自然和谐发展成为维护国家生态安全的重要内容。

为了加快推进生态文明建设，健全生态文明制度体系，强化党政领导干部生态环境和资源保护职责，2015 年 8 月，《党政领导干部生态环境损害责任追究办法(试行)》开始施行，标志着我国生态文明建设进入实质问责阶段。本办法依据党委和政府及其相关部门在决策、执行、监管中的责任，分别确定了追责情形。对于加强党政领导干部损害生态环境行为的责任追究，促进各级领导干部牢固树立尊重自然、顺应自然、保护自然的生态文明理念，增强各级领导干部保护生态环境、发展生态环境的责任意识和担当意识，推动生态环境领域的依法治理，不断推进社会主义生态文明建设，都具有十分重要的意义。

2016 年 1 月 4 日，被称为“环保钦差”的中央环保督察组正式亮相，首站选择河北进行督察。

2016 年 11 月，中共中央办公厅国务院办公厅印发了《关于全面推行河长制的意见》，明确要求在年底前全面建立河长制。各地都按照其精神和水利部的有关要求，建立了河长会议制度、信息共享制度、信息报送制度、工作督察制度、考核问责与激励制度、验收制度 6 项制度，还结合本地实际出台了河长巡河、工作督办等配套制度，初步形成了党政负责、水利牵头、部门联动、社会参与的工作格局，保障了河长制顺利进行。推行河长制以来确实取得了实实在在的成效，但是必须清醒地认识到，河湖管理保护是一项复杂的系统工程，河湖存在的突出问题是长期积累形成的，彻底解决这些问题绝非一日之功，不可能一蹴而就。当前，我国水资源短缺、水环境污染、水生态损害和水灾害等新老问题交织，集中体现在河湖水域。同时，全面推行河长制也还存在一些薄弱环节和差距，如有的地方河长责任不落实、履职不到位，有的河湖突出问题整治力度明显不够，有的地方部门协同、区域联动机制尚未全面建立，有的地区技术力量薄弱，河湖管理手段比较落后等，解决这些问题和差距，还需要持续发力、久久为功。

为了保护和改善海洋环境，保护海洋资源，防治污染损害，维护生态平衡，保障人体健康，促进经济和社会的可持续发展，2017 年 11 月 4 日，第十二届全国人民代表大会常务委员会第三十次会议决定，通过对《海洋环境保护法》做出修改。自 2017 年 11 月 5 日起施行。

2018 年 1 月 1 日，《环境保护税法》开始施行。这部法律对于保护和改善环境，减少污染物排放，推进生态文明建设具有十分重要的意义。为保障环境保护税法顺利实施，《环境保护税法实施条例》与《环境保护税法》同步施行。条例细化了征税对象、计税依据、税收减免、征收管理的有关规定，进一步明确了界限、增强了可操作性。《排污费征收使用管理条例》同时废止。《环境保护税法实施条例》对《环境保护税税目税额表》中其他固体废物具体范围的确定机制、城乡污水集中处理场所的范围、固体废物排放量的计算、减征环境保护税的条件和标准，以及税务机关和环境保护主管部门的协作机制等做了明确规定。从此，我国环境保护进入了"税"代"费"的日期。

各省市也因地制宜，制定了相关规范和条例。为贯彻落实党的十八大、十八届三中全会精神，深化生态文明制度改革创新，加快建立有利于生态文明建设的投融资机制，进一步拓宽融资渠道，优化资源配置，吉林省出台了《加快建立有利于生态文明建设投融资机制实施意见》，提出建立排污权、碳排放权和节能量交易平台。制定了《吉林省湿地保护条例》，使湿地保护步入了法制化管理轨道。在向海、三湖、雁鸣湖 3 个国家级湿地自然保护区颁布实施了专门的保护区管理条例或管理办法，使吉林省湿地保护立法工作进入全国前列。湿地是自然界最富有生物多样性的生态景观和人类最重要的生存环境之一。湿地保护与恢复在生态文明建设中发挥着不可替代的作用。吉林省共有湿地面积 172 万公顷，鉴于湿地的突出作用，近年来，吉林省省委、省政府对湿地保护高度重视。在全国率先成立了省级湿地保护管理工作机构——吉林省湿地保护管理办公室，建立湿地保护区 18 个、湿地公园 12 个，使大量湿地动植物的栖息环境得到了有效恢复，野生动物种群数量有了较大恢复和增长。同时，在法规制度建设、保护管理体系建设及湿地保护与恢复等方面均取得了较好的成绩，积累了丰富的经验。吉林省高度重视资源节约和环境保护，制定了《吉林省 2014—2015 年节能减排低碳发展实施方案》，围绕"携手节能低碳、共建碧水蓝天"活动主题，组织开展了形式多样、丰富多彩的宣传活动，营造了良好的社会舆论氛围。同时，积极推进企业循环发展，实施企业清洁生产审核，做好汽车再制造企业试点示范，推进尾矿、废旧金属、共伴生矿产等废弃资源综合利用，使循环经济的发展带动了资源节约和环境保护工作的深入进行。

辽宁省制定了一系列的法律法规、制度措施、下发了一系列的通知来保障生态文明建设目标的实现。如制定了《辽宁省防沙治沙条例》《辽宁省海洋环境保护办法》《辽宁省湿地保护条例》《辽宁省跨行政区域河流出市断面水质目标考核暂行办法》和《辽宁省大伙房水库输水工程保护条例》等法规；制定了《关于建立健全环保体制机制的意见》，以建立健全环境保护与经济发展、社会进步综合决策的环保体制机制等。从根本上解决因过去山体大量破坏造成的水土流失、山体垮塌、岩石裸露等生态问题，辽宁省颁布了《辽宁省青山保护条例》，省政府出台了《关于青山工程的实施意见》和《青山保护规划》等文件，率先启动实施了青山工程，通过恢复矿山生态植被、退耕还林、实施工程围栏封育等方式，维护生态平衡，促进生态文明建设。这些制度的出台，使辽宁的生态文明建设有了制度上的保障，进一步推动了辽宁的生态文明建设水平。辽宁省坚持以环境保护促进产业结构优化，淘汰落后产能，推动节能减排。通过严格环境准入，提高铁合金、焦化、电石等 10 多个行业的环境准入条件，加大对落后产能淘汰力度。同时大力实施电力脱硝、水泥脱硝、电厂旁路拆除、石化脱硫等重点减排工程，促进污染物减排，力争由排放大省向减排大省转变。

2014年，《江西东江源生态保护补偿规划》出台，这是江西首部生态保护补偿规划，困扰多年的东江源生态补偿难题有望破解，更多群众将享受到生态保护带来的红利。2015年，江西省十二届人大四次会议审议通过了《江西省人民代表大会关于大力推进生态文明先行示范区建设的决议》，这是江西省首次以代表大会决议案方式推动国家战略的实施。这个战略使江西生态文明建设迈入了全国第一方阵，有利于推动江西的生态优势向发展优势转化。根据中国科学院可持续发展研究小组的研究结论，江西省在全国生态环境综合质量评价中，生态环境主要指标多年来稳居全国前3位。江西省在鼓励企业运用高新技术和先进适用技术促进传统产业转型升级的同时，加大力度，重点监管耗能企业，督促企业不断提升资源综合利用水平。江西省不遗余力地加速实现秸秆由粗放利用向高效利用转变，积极推进综合利用产业化进程，由单一利用向系列化、商品化、产业化综合利用转变。

2014年10月，四川省林业厅发布了《四川省林业推进生态文明建设规划纲要(2014—2020年)》。本纲要提出划定林业生态红线，提出到2020年，长江上游生态屏障全面建成。生态红线的科学划定及严格的管理办法必然会为保护林业自然生态系统完整性，维护生态平衡和生态安全，促进经济社会可持续发展，推进生态文明建设起到重要作用。

3. 国际合作日益广泛

近些年来，世界上越来越多的地区，人类环境受到污染和破坏，有的甚至形成了严重的社会问题。空气受到毒化、垃圾成灾，河流、海洋遭到污染，影响动物和植物的生长繁殖，阻碍经济的发展，严重威胁和损害广大人民的身体健康，不能不引起世界各国人民的深切关心。维护与改善人类环境，向公害作斗争，已成为保证人类健康发展的一个迫切任务。面对环境日益恶化、贫困日益加剧等一系列突出问题，我国不断与世界各国合作，采取各种措施，保护人类赖以生存的环境。世界各国也纷纷行动起来，采取各种办法保护本国的生态环境。

2007年，我国公布《中国应对气候变化国家方案》(本段简称《方案》)，方案明确了到2010年中国应对气候变化的具体目标、基本原则、重点领域及其政策措施。《方案》共分三个部分，第一部分分析了中国气候变化的现状，总结了应对气候变化的努力，取得的成就；第二部分分析了中国的基本国情，气候变化对中国的影响，中国应对气候变化面临的挑战；第三部分阐述了中国应对气候变化的指导思想、原则与目标。《方案》体现了中国愿在发展经济的同时，与国际社会和有关国家积极开展有效务实的合作，共同解决气候变化问题。

2008年我国又发表了《中国应对气候变化的政策行动》，全面介绍中国减排缓和气候变化的政策与行动。2009年，中国政府公布“落实巴厘岛路线图”的文件，阐述中国的立场和主张，并且第十一届全国人大常委会通过了《可再生能源法》和《循环经济促进法》，积极响应气候变化的决议。

2011 年 11 月 28 日至 12 月 11 日，联合国气候变化框架公约第 17 次缔约方会议在南非德班召开，德班结束谈判决定，实施《京都议定书》第二承诺期并启动绿色气候基金。对于正处于重工业化阶段的中国选择加入《京都议定书》既有好处，又有挑战。好处不仅在于这有利于树立中国负责任国家的形象，更在于能借此契机推动中国经济增长模式的升级与转变，因为我们不应该重走西方工业国家“先污染后治理”的老路；而挑战在于这对一些中国企业提出了更高的环保要求。

中国环保国际合作迅速发展，合作伙伴遍及全球，不断引进先进理念、技术与资金，为我所用。到 2010 年，中国加入 50 多个涉及环境保护的国际公约；2 个涉及加强核能利用监管的国际条约；在联合国环境规划署列出的 14 个具有普遍性的国际环境公约，我国已经签署 13 个。我国还与 47 个国家签署双边环保合作文件，与 13 个国家签署双边核能安全合作文件，合作范围涵盖污染防治、生态保护、核安全等主要领域。

2015 年 6 月，我国向联合国气候变化框架公约秘书处提交了“国家自主贡献文件”，明确提出一系列目标：包括 2030 年前后使二氧化碳排放达到峰值并争取尽早实现，2030 年单位国内生产总值二氧化碳排放比 2005 年下降 60%～65%，非化石能源占一次能源消费比重达到 20%左右等。国家主席习近平出席巴黎出席气候变化开幕式并发表题为《携手构建合作共赢、公平合理的气候变化治理机制》的重要讲话。经过两周的艰难谈判，来自 195 个国家的代表终于就共同应对气候变化一致通过了《巴黎协定》，成为 2020 年后取代《京都议定书》的全球气候协议。尽管从发展中国家的立场看，《巴黎协定》并不完美。但《巴黎协定》的达成向国际社会传递了各国政府有意愿、有能力共同应对全球性挑战的信心。此外，我国还积极推进南南合作，从资金到能力建设，自愿为其他发展中国家提供支持，也为目前短缺的国际气候资金提供补充。同时，我国已经签订、参加多项与环境保护有关的国际条约，已先后与多个国家签订双边环境协定或谅解备忘录。

2017 年，党的十九大报告向全世界发出了中国建设生态文明的庄严承诺。生态问题是个全球问题。近代以来，人们曾轻率地把自然界的存在仅仅看作人类满足自身需要的一种手段。于是，气候变暖、空气和水资源污染、土地退化、森林资源缺失、物种多样性锐减等生态问题便日益凸显。党的十九大报告提出“积极参与全球环境治理，落实减排承诺”“为全球生态安全作出贡献”，这无疑是置身当今环境问题迭起的现时代，我国向世界的庄严承诺：我们不仅不把解决贫穷、发展经济同生态环境保护对立起来，更不会以牺牲生态环境来换取经济的发展。而且，作为世界上最大的发展中国家，我们还要为全球生态问题的解决作出中国特有的贡献。

4. 生态文明宣教日益深入

2009 年，国家林业局、教育部、共青团中央决定联合开展“国家生态文明教育基地创建工作”。每年4月1日至5月20日国家生态文明教育基地管理工作办公室负责受理各地申报工作，6月至7月组织专家进行实地考察评审，并选择时机进行授牌。同时，公布了《国家生态文明教育基地管理办法》。本办法规定：国家生态文明教育基地是具备一定的生态景观或教育资源，能够促进人与自然和谐价值观的形成，教育功能特别显著，经国家林业局、教育部、共青团中央命名的场所，是面向全社会的生态科普和生态道德教育基地，是建设生态文明的示范窗口。国家生态文明教育基地评选自2009年启动以来，每届授予10个单位“国家生态文明教育基地”称号，北京林业大学、东北林业大学、复旦大学等单位先后获得该称号。

大众生态文明教育难以模式化、系统化，需因时、因地、因人制宜，并针对不同人群设定不同的目标导向。2018年6月5日，生态环境部、中央文明办、教育部、共青团中央、全国妇联五部门联合发布了《公民生态环境行为规范（试行）》（本段简称《规范》），行为规范包括关注生态环境、节约能源资源、践行绿色消费、选择低碳出行、分类投放垃圾、减少污染产生、呵护自然生态、参加环保实践、参与监督举报、共建美丽中国10个方面。《规范》的编制和发布旨在牢固树立社会主义生态文明观，推动形成人与自然和谐发展现代化建设新格局，强化公民生态环境意识，引导公民成为生态文明的践行者和美丽中国的建设者。生态文明理念是马克思主义中国化的理论成果之一，其形成和发展标志着中国特色社会主义理论和实践的创新程度及丰富程度达到一个新的阶段。

四、实践过程

（一）观：《洪水泛滥之前》

《洪水泛滥之前》（Before the Flood）是美国国家地理频道2016年的一部全新纪录片，由费舍·史蒂芬斯（Steven Fisher）执导，莱昂纳多·迪卡普里奥（Leonardo DiCaprio）参与制作，影片记录了莱昂纳多作为联合国和平大使，历时3年走访与全球变暖相关的国家和地区考察环境污染及治理情况的全过程，旨在唤起人类对全球变暖的危机意识。

纪录片中所展示的加速融化的北极冰盖，被暴力破坏掉的雨林和大海，受雾霾侵袭的中国城市，面临“消失”危险的太平洋岛屿国家基里巴斯，无不令人触目惊心。影片除了充分展示气候变化给人类带来的诸多灾难以及当前地球生态环境所面临的严峻问题，同时也为我们带来了积极的信息：《巴黎协定》的成功签署，清洁能源和可再生能源技术所带来的希望，以及以丹麦为代表的北欧国家在利用可再生能源与实现零碳排放上的积极探索和成就。

影片也批评了以现任总统特朗普为代表的不相信气候变暖的群体（影片拍摄时特朗普正在参选美国总统）。通过观看本片，在了解当前全球变暖基本态势，增强环保意识，自觉保护环境的同时，还能了解到自身辛勤工作对于改善城市环境的非凡意义。

（二）听：讲座《水污染报道》

水污染是由有害化学物质造成水的使用价值降低或丧失，污染环境。污水中的酸、碱、氧化剂，以及铜、镉、汞、砷等化合物，苯、二氯乙烷、乙二醇等有机毒物，会毒死水生生物，影响饮用水源、风景区景观。污水中的有机物被微生物分解时消耗水中的氧，影响水生生物的生命，水中溶解氧耗尽后，有机物进行厌氧分解，产生硫化氢、硫醇等难闻气体，使水质进一步恶化。日趋加剧的水污染，已对人类的生存安全构成重大威胁，成为人类健康、经济和社会可持续发展的重大障碍。据世界权威机构调查，在发展中国家，各类疾病有80%是因为饮用了不卫生的水而传播的，每年因饮用不卫生水至少造成全球2000万人死亡，因此，水污染被称作"世界头号杀手"。水体污染还影响工业生产、增大设备腐蚀、影响产品质量，甚至使生产不能进行下去。

1. 讲座简介

近些年各媒体报道了全国各地的多起水污染事件，人们生产生活受到很大影响。据报道，我国水资源总量的1/3是地下水，而全国90%的地下水受到污染，64%严重污染。

2. 讲座链接

https：//v. qq. com/x/page/l0661arqkz5. html

（三）读：《我国共同的未来》

1. 作品简介

1983年12月，受联合国第38届大会秘书长的委托，挪威首相布伦特兰夫人组织并领导了一个独立的临时性的"世界环境与发展委员会"，该委员会由来自21个国家的社会活动家和科学家组成。委员会成员用了近3年的时间，在全世界范围内，搜集了有关经济、人口、医疗、教育、军事、资源、环境、生态等各方面的材料与数据，广泛听取了政府官员、科学家、各种专家、社会组织以及成千上万的民众，包括农民、棚户区居民、青年、企业家、原住民等就环境和发展问题发表的意见，在此基础上完成了一篇里程碑式的调查报告，即《我们共同的未来》，并在报告中正式提出"可持续发展"的理念。报告以丰富的资料论述了当今世界环境与发展方面存在的问题，提出了处理这些问题的具体的和现实的行动建议。1987年2月，报告在日本东京召开的第八次世界环境与发展委员会上通过，后又经第42届联大辩论通过，于1987年4月正式出版。报告的指导思想积极，对各国政府和人民的政策选择具有重要的参考价值，中译本于1989年出版。《我们共同的未来》及其"可持续发展"思想为1992年里约热内卢联合国环境与发展大会铺平了道路，被誉为人类可持续发展宣言。

2. 作者简介

布伦特兰夫人出生于挪威奥斯陆市，父亲为挪威工党元老，曾任工党政府的国防部长和社会事务部长。1963 年毕业于奥斯陆大学医学系，1965 年获美国哈佛大学公共卫生硕士学位，1974 年至 1978 年任工党政府环境保护大臣，后任议会财政委员会委员、议会外交委员会主席、工党议会党团副主席等职。1981 年 2 月至 10 月，布伦特兰夫人出任挪威首相，成为挪威历史上第一位女首相。1984 年被联合国秘书长任命为联合国环境与发展委员会主席。1986 年她再度出任首相，1990 年、1993 年两度连任首相。1996 年 10 月辞去首相职务。1998 年 7 月至 2003 年 7 月任世界卫生组织总干事。自 1974 年担任环保大臣以后 20 多年间，一直重视国内环保工作，并取得举世瞩目的成绩。但是，东、南、西三方面邻国的工业污染所导致的酸雨对挪威树木、鱼类的生长造成的严重危害，特别是北方邻国核污染和核泄漏的直接威胁，一直困扰着每个挪威人的心。布伦特兰夫人深切感到，保护环境是全球性事业，只靠一个或少数国家努力不可能完成。

1983 年 12 月，联合国秘书长提名布伦特兰夫人为联合国环境和发展委员会主席，负责处理全球的环境问题。是否接受这一重担，她当时是有思想斗争的。其不利方面是今日世界环境污染严重，解决这样的全球性问题绝非易事。而另一方面，她担任挪威首相期间，有领导环保工作的经验。她认为地球是一个大家庭，保护地球，功在当代，利在千秋，自己不应退缩。最后她决定接受这个挑战。

在她的领导下，联合国环发委员会经过 3 年多的努力，于 1987 年 4 月向联大递交了一份题为《我们共同的未来》的工作报告。这个报告提出了解决全球环境问题的一些根本性指导方针和原则。例如，环境和发展问题涉及世界各国后代人的利益，要有一个长远规划；人口、资源、环境和发展，不可分割，需综合考虑；不同的政治制度、发展阶段、文化背景和宗教信仰的国家，尤其是发达国家与发展中国家须进行广泛合作等。这些基本思想后来都纳入了 1992 年里约热内卢首脑会议发表的“可持续发展战略”的宣言之中。现在，环保及发展问题的重要性已日益为人们所认识，它已成为人类的共同事业了。在这方面，布伦特兰夫人功不可没。1998 年 5 月，布伦特兰夫人在世界卫生组织 180 个成员中获得 166 票，以绝对多数当选为该组织总干事。她在就职讲话中提出，把大力消除贫困，救治疟疾患者，反对烟草工业对人体造成的危害作为今后工作重点。她的讲话被 11 次热烈的掌声所打断。

3. 作品评论

上述报告指出：“过去我们关心的是发展对环境带来的影响，而现在我们则迫切地感到生态的压力，如土壤、水、大气、森林的退化对发展带来的影响。在不久以前，我们感到国家之间在经济方面相互联系的重要性，而现在我们则感到在国家之间的生态学方面的相互依赖的情景，生态与经济从来没有像现在这样互相紧密地联系在一个互为因果的网络之中。”

这一鲜明、创新的科学观点，把人们从单纯考虑环境保护引导到把环境保护与人类发展切实结合起来，实现了人类有关环境与发展思想的重要飞跃。报告正式发表后，联合国曾派人员到各国宣讲，国家环保局随即将其译成中文出版。该报告连同当时中国科学院国情调查组完成的 4 篇国情报告(《生存与发展》《挑战与机遇》《城市与乡村》《开源与节约》)，成为我国确定未来发展方向的重要科学依据。

(四)游：青岛

青岛，山东省地级市，简称“青”，国家计划单列市、特大城市、副省级市，山东省经济中心、国家沿海重要中心城市、滨海度假旅游城市、国际性港口城市、国家重要的现代海洋产业发展先行区、东北亚国际航运枢纽、海上体育运动基地，“一带一路”新亚欧大陆桥经济走廊主要节点城市和海上合作战略支点。

1. 名称

中文名称：青岛；英文名称：Qingdao(Tsingtao)；别名：岛城、琴岛、胶澳。

2. 历史沿革

青岛市名因古代渔村青岛得名。“青岛”本指城区前海一海湾内的一座小岛，因岛上绿树成荫，终年郁郁葱葱而得名“青岛”，后于明嘉靖年间首度被记载于王士性的《广志绎》中。明万历七年(1579 年)，即墨县令许铤主持修编的《地方事宜议 · 海防》中，有关青岛之名记述为：“本县东南滨海，即中国东界，望之了无津涯，惟岛屿罗峙其间。岛之可人居者，曰青、曰福、曰管……”这里的“青”，即指青岛。青岛所在的海湾因岛得名青岛湾，由此入海的一条小河也被称为青岛河。青岛河口于明万历年间建港，称青岛口；河两岸的两个村落分别得名上青岛村和下青岛村；河源头的一座山于 1923 年也被定名为青岛山。

新石器时代，青岛是东夷人繁衍生息的主要地区之一，遗留了丰富多彩的大汶口文化、龙山文化和岳石文化。商周时期，青岛是中国海盐的发祥地，位列中国“四大古盐区”和“五大古港”。春秋战国时期，青岛建立了山东地区第二大市镇——即墨，“即墨故城”(平度市境内)是中国现存最早的古代城池遗址。秦始皇统一中国后，五巡天下，三登琅琊(青岛黄岛区境内)。据记载，中国最早的一次涉洋远航——徐福东渡朝鲜、日本，就是从琅琊起航的。汉武帝少年时代在不其(城阳区境内)做过胶东王，是中国有记载的到青岛地域巡游次数最多的皇帝。唐宋时期，青岛作为衔接南北航运的“中转站”，成为中国北方沿海最重要的交通枢纽和贸易口岸。宋时专门在板桥镇(胶州市境内)设“市舶司”管理对外贸易。元朝，为方便海运漕粮，开凿了中国唯一的海运河——纵贯山东半岛的胶莱运河。明清时期，青岛是中国北方重要的海防要塞，属山东莱州府境内。

1891 年(清光绪十七年)，清政府决议在胶澳设防，青岛由此建置。翌年，调登州镇总兵章高元率部移驻胶澳。1897 年 11 月，德国以“巨野教案”为借口强占胶澳，并强迫清政府于 1898 年 3 月 6 日签订《胶澳租界条约》，胶澳沦为殖民地，山东也划入德国的势力范围。第一次世界大战爆发后，1914 年 11 月，日本取代德国侵占胶澳，进行军事殖民统治。

第一次世界大战结束后，中国人民为收回青岛进行英勇斗争。1919 年，由于青岛主权问题，引发著名的“五四运动”。五四运动是由于中国巴黎外交失败而产生的，1919 年 5 月 4 日发生在北京的一场以青年学生为主，广大群众、市民、工商人士等中下阶层共同参与的，通过示威游行、请愿、罢工、暴力对抗政府等多种形式进行的爱国运动，是中国人民彻底的反对帝国主义、封建主义的爱国运动，又称“五四风雷”。从 1918 年 11 月的“公理战胜强权”庆典，到次年 1 月的巴黎会议，短短 2 个月时间，当时的中国充分诠释了“自古弱国无外交”的定律，所谓的“公理战胜强权”不过是一个美丽的童话。面对这样屈辱的局面，从 5 月 1 日开始，北京的学生纷纷罢课，组织演讲、宣传，随后天津、上海、广州、南京、杭州、武汉、济南的学生、工人也给予支持。五四运动直接影响了中国共产党的诞生和发展，中国共产党党史一般将其定义为“反帝反封建的爱国运动”(注意这里的“封建”一词是泛化的封建观)，并以此运动作为旧民主主义革命和新民主主义革命的分水岭。“五四运动”迫使日本于 1922 年 2 月 4 日同中国政府签订《解决山东悬案条约》。同年 12 月 10 日，中国收回胶澳，开为商埠，设立胶澳商埠督办公署，直属北洋政府。其行政区域与德胶澳租界地相同。1929 年 4 月，南京国民政府接管胶澳商埠，同年 7 月设青岛特别市。1930 年改称青岛市。

1938 年 1 月，日本再次侵占青岛。1945 年 9 月，国民党政府接收青岛，青岛仍为特别市。1949 年 6 月 2 日，青岛成为华北地区最后一座解放的城市，改属山东省辖市。1981 年，被列为全国 15 个经济中心城市之一；1984 年 4 月，被列为全国 14 个进一步对外开放的沿海港口城市之一；1986 年 10 月 15 日，被国务院正式批准在国家计划中实行单列，赋予省一级经济管理权限；1994 年 2 月，被列为全国 15 个副省级城市之一。

3. 行政区划

中华人民共和国成立以来，青岛市行政区划变动较大。1949 年年底为市南区、市北区、台西区、台东区、四沧区、李村区、浮山区。1951 年 6 月，胶州专区的崂山办事处划归青岛市领导，改称崂山郊区办事处；8 月，撤销四沧区、浮山区，设立四方区、沧口区。1953 年 6 月，崂山郊区办事处更名为崂山郊区人民政府。1958 年年底，昌潍专区的胶县、胶南县及莱阳专区的即墨县划归青岛市。1961 年 5 月，即墨、胶南、胶县划出；10 月，以原崂山郊区的行政区域设立崂山县，归青岛市。1962 年 12 月，台西区撤销，其辖区分别并入市南区、市北区。1978 年 11 月，烟台地区的即墨县，昌潍地区的胶县、胶南县又划归青岛市；新设立青岛市黄岛区，其辖区包括由胶南县划出的黄岛、薛家岛、辛安 3 个公社。1983 年 8 月，烟台地区的莱西县、潍坊地区的平度县划归青岛市。1987 年 4 月，撤销胶县，设立胶州市(县级)；1988 年 11 月，撤销崂山县，设立崂山区；1989 年 7 月，撤销平度县和即墨县，设立平度市(县级)和即墨市(县级)；1990 年 12 月，撤销胶南县设立胶南市。至此，青岛市所辖 5 个县全部撤县设市(县级)，成为全国第一个市管市的城市群。全市划为七区五市：市南区、市北区、台东区、四方区、沧口区、黄岛区、崂山区和胶州市、即墨市、平度市、胶南市、莱西市。

1994 年 5 月，青岛市区行政区划做出重大调整，撤台东区、沧口区，将原崂山区的一部分设立城阳区、李沧区，各区区域也进行了大规模调整。形成现在的七区五市：市南区、市北区、四方区、李沧区、崂山区、黄岛区、城阳区。市北区及四方区部分街道办事处合并，设立新的市北区；崂山区一部分设立新崂山区，一部分设立城阳区，一部分与沧口区合并设立李沧区；撤销台东区，其行政区域并入市北区；将四方区的吴家村、错埠岭 2 个街道办事处，崂山区李村镇的杨家群、河马石、夹岭沟、曲家庵子 4 个村和中韩镇的 7 号线以西的区域划归市北区；撤销青岛市沧口区，设立李沧区。将原沧口区的四流中路、振华路、晓翁村、四流庄、永安路、营子、板桥坊、楼山后 8 个街道办事处和楼山乡、崂山区李村镇张村河以北的区域划归李沧区。

2012 年 11 月，国务院作出《关于同意山东省调整青岛市部分行政区划的批复》，山东省政府发出《关于调整青岛市部分行政区划的通知》，决定对青岛部分行政区划实施调整：撤销市北区、四方区，设立新的市北区，以原市北区、四方区的行政区域为新的市北区的行政区域；撤销黄岛区、胶南市，设立新的黄岛区，以原黄岛区、胶南市的行政区域为新的黄岛区的行政区域。调整后，青岛下辖 6 个市辖区(市南、市北、李沧、崂山、黄岛、城阳)，代管 4 个县级市(即墨、胶州、平度、莱西)。

2014 年 6 月 9 日，国务院批复同意设立青岛西海岸新区。2017 年 9 月 20 日，国务院、山东省政府批复了青岛市区划调整的请示，同意撤销县级即墨市，设立青岛市即墨区，以原即墨市的行政区域为即墨区的行政区域。截至 2017 年 9 月，青岛下辖 7 个市辖区，代管 3 个县级市。市政府驻市南区香港中路 11 号。

4. 地理环境

①位置境域　青岛地处山东半岛东南部，位于东经 119°30′~121°00′、北纬 35°35′~37°09′，东、南濒临黄海，东北与烟台市毗邻，西与潍坊市相连，西南与日照市接壤；总面积为 11 282 平方千米。

②地质特征　青岛所处大地构造位置为新华夏隆起带次级构造单元——胶南隆起区东北缘和胶莱凹陷区中南部。区内缺失整个古生界地层及部分中生界地层，但白垩系青山组火山岩层发育充分，青岛市出露十分广泛。岩浆岩以元古代胶南期月季山式片麻状花岗岩及中生代燕山晚期的艾山式花岗闪长岩和崂山式花岗岩为主。市区全部坐落于该类花岗岩之上，建筑地基条件优良。构造以断裂构造为主。自第三纪以来，区内以整体性较稳定的断块隆起为主，上升幅度一般

不大。

③地形地貌　青岛为海滨丘陵城市，地势东高西低，南北两侧隆起，中间低凹。其中，山地约占青岛市总面积(下同)的15.5%，丘陵占2.1%，平原占37.7%，洼地占21.7%。青岛市海岸分为岬湾相间的山基岩岸、山地港湾泥质粉砂岸及基岩砂砾质海岸3种基本类型。浅海海底则有水下浅滩、现代水下三角洲及海冲蚀平原等。青岛市大体有3个山系。东南是崂山山脉，山势陡峻，主峰海拔1132.7米。从崂顶向西、北绵延至青岛市区。北部为大泽山(海拔736.7米，平度境内诸山及莱西部分山峰均属之)。南部为大珠山(海拔486.4米)、小珠山(海拔724.9米)、铁橛山(海拔595.1米)等组成的胶南山群。市区的山岭有浮山(海拔384米)、太平山(海拔150米)、青岛山(海拔128.5米)、北岭山(海拔116.4米)、嘉定山(海拔112米)、信号山(海拔99米)、伏龙山(海拔86米)、贮水山(海拔80.6米)等。

④气候　青岛地处北温带季风区域，属温带季风气候。市区由于海洋环境的直接调节，受来自洋面上的东南季风及海流、水团的影响，故又具有显著的海洋性气候特点。空气湿润，雨量充沛，温度适中，四季分明。春季气温回升缓慢，较内陆迟1个月；夏季湿热多雨，但无酷暑；秋季天高气爽，降水少，蒸发强；冬季风大温低，持续时间较长。据1898年以来100余年气象资料查考，市区年平均气温12.7℃，极端高气温38.9℃(2002年7月15日)，极端低气温-16.9℃(1931年1月10日)。全年8月份最热，平均气温25.3℃；1月份最冷，平均气温-0.5℃。日最高气温高于30℃的日数，年平均为11.4天；日最低气温低于-5℃的日数，年平均为22天。降水量年平均为662.1毫米，春、夏、秋、冬四季雨量分别占全年降水量的17%、57%、21%、5%。年降水量最多为1272.7毫米(1911年)，最少仅308.2毫米(1981年)，降水的年变率为62%。年平均降雪日数只有10天。年平均气压为1008.6毫巴。年平均风速为5.2米/秒，以南东风为主导风向。年平均相对湿度为73%，7月份最高，为89%；12月份最低，为68%。青岛海雾多、频，年平均浓雾51.3天、轻雾108.2天。

⑤水文　青岛共有大小河流224条，均为季风区雨源型，多为独立入海的山溪性小河。流域面积在100平方千米以上的较大河流33条，按照水系分为大沽河、北胶莱河以及沿海诸河流三大水系。大沽河水系，包括主流及其支流，主要支流有小沽河、五沽河、流浩河和南胶莱河。大沽河是青岛市最大的河流，发源于招远市阜山，由北向南流入青岛，经莱西、平度、即墨、胶州和城阳，至胶州南码头村入海。干流全长179.9千米，流域面积6131.3平方千米(含南胶莱河流域1500平方千米)，是胶东半岛最大水系。大沽河多年平均径流量为6.61亿立方米。该河20世纪70年代前，径流季节性较强，夏季洪水暴涨，常年有水；之后，除汛期外，中、下游已断流。北胶莱河水系，包括主流北胶莱河及诸支流，在青岛境内的主要支流有泽河、龙王河、现河和白沙河，总流域面积1914.0平方千米。北胶莱河发源于平度市万家镇姚家村分水岭北麓，沿平度市与昌邑市边界北去，于平度市新河镇大苗家村出境流入莱州湾。干流全长100千米，流域面

积 3978.6 平方千米。该河多年平均径流量为 2.53 亿立方米，多年平均含沙量为 0.24 千克/立方米。沿海诸河系，指独流入海的河流，较大者有白沙河、墨水河、王哥庄河、白马河、吉利河、周疃河、洋河等。

⑥土壤　按中国第二次土壤普查土地分类系统，青岛土壤主要有棕壤、砂姜黑土、潮土、褐土、盐土 5 个土类。棕壤面积 49.37 万公顷，占土壤总面积的 59.8%，是青岛市分布最广、面积最大的土壤类型，主要分布在山地丘陵及山前平原。土壤发育程度受地形部位影响，由高到低依次分为棕壤性土、棕壤、潮棕壤等 3 个土属。棕壤性土因地形部位高、坡度大、土层薄、侵蚀重、肥力低，多为林、牧业用；棕壤和潮棕壤是青岛市主要粮食经济作物种植土壤。砂姜黑土面积 17.69 万公顷，占土壤总面积的 21.42%，主要分布在莱西南部、平度西南部、即墨西北部、胶州北部浅平洼地上。该类土壤土层深厚，土质偏粘，表土轻壤至重壤，物理性状较差，水气热状况不够协调，速效养分低。潮土面积 14.49 万公顷，占土壤总面积的 17.55%，主要分布在大沽河、五沽河、胶莱河下游的沿河平地。因距河道远近不同，土壤质地、土体构型差异较大。近海地带常受海盐影响形成盐化潮土，土壤肥力和利用方向差异较大。褐土面积 6333.33 公顷，占土壤总面积的 0.77%，零星分布在平度、莱西、胶南的石灰岩残丘中上部。盐土面积 3666.67 公顷，占土壤总面积的 0.44%，分布在各滨海低地和滨海滩地。

⑦海洋　青岛市海域面积约 1.22 万平方千米，其中领海基线以内海域面积 8405 平方千米；海岸线（含所属海岛岸线）总长为 816.98 千米，其中大陆岸线 710.9 千米，占山东省岸线的 1/4。海岸线曲折，岬湾相间。青岛面积大于 0.5 平方千米的海湾，自北而南分布着丁字湾、栲栳湾、盐水湾（又称横门湾）、崂山湾（又称北湾）、小岛湾、王哥庄湾、青山湾、腰岛湾、太清宫口、流清河湾、崂山口、沙子口湾、麦岛湾、浮山湾、太平湾、汇泉湾、前海湾（又称栈桥湾）、胶州湾、唐岛湾、灵山湾、利根湾和古镇口、斋堂湾、董家口湾、沐官岛湾等；胶州湾内又有海西湾（包括小叉湾、薛家岛湾）、黄岛前湾、红岛湾、女姑口、沧口湾等 49 个海湾。青岛市原有海岛 70 个。1987 年，把斋堂前岛和斋堂后岛以人工堤连接为斋堂岛，千里岩划归海阳市；2006 年，通过卫星遥感图像分析与实地踏勘，确认 3 个未正式报告的海岛（石岛礁、大桥岛、小桥岛），而黄岛和团岛已失去海岛属性，不再列为海岛。青岛有海岛 69 个。其中，水岛、驴岛、小青岛、小麦岛、团岛鼻岛、牛岛和吉岛是人工陆连岛，只有 62 个岛四面环海。69 个海岛总面积为 13.82 平方千米，岸线总长度为 106.08 千米。海岛的面积大部分较小，只有田横岛和灵山岛的面积大于 1 平方千米，其余各岛面积都在 0.6 平方千米以下。在 69 个海岛中，只有 10 个海岛有固定居民。青岛属正规半日潮港，每个太阴日（24 小时 48 分）有两次高潮和两次低潮。平均潮差为 2.8 米左右，大潮差发生于朔或望（上弦或下弦）日后 2~3 天。8 月份潮位比 1 月份潮位一般高出 0.5 米。中国以青岛验潮站观测的平均潮位作为“黄海平均海水面”，其高度在青岛观象山国家水准原点下 72.289 米。中国自 1957 年起，大陆国土的地物高程即以此为零点起算。

5. 自然资源

①水资源　青岛海区港湾众多，岸线曲折，滩涂广阔，水质肥沃，是多种水生物繁衍生息的场所；胶州湾、崂山湾及丁字湾口水域营养盐含量高，补充源充足，异养菌量比大陆架区或大洋区高出数倍乃至数千倍，水中有机物含量较高。尤其是胶州湾一带泥沙底质岸段，是发展贝类、藻类养殖的优良海区。该海区的浮游生物、底栖生物、经济无脊椎动物、潮间带藻类等资源也很丰富。

②植物资源　青岛特有的四大珍稀植物，包括青岛老鹳草、青岛薹草、胶州卫矛、青岛百合。青岛地区植物种类丰富繁茂，是同纬度地区植物种类最多、组成植被建群种最多的地区。有植物资源种类152科654属1237种与变种(不含温室栽培种及花卉栽培类型)。原生木本植物区系共有66科136属332种，分别占山东省木本植物区系科、属、种总数的93%、84%和80.2%。

③动物资源　青岛地区在脊椎动物地理分布区划上属古北界华北区黄淮平原亚区。由于受暖温带海洋季风影响，气候温暖潮湿，植被生长良好，适宜动物栖息繁衍，但大型野生兽类较少。现代青岛地区野生脊椎动物以小型动物为多见，已没有大型猛兽或大型草食兽。哺乳类动物有松鼠科、仓鼠科、鼠科、兔科、犬科、鼬科、蝙蝠科、猬科等；两栖类有蛙科、蟾蜍科、盘舌蟾科、姬蛙科等；爬行类有蜥蜴科、游蛇科、蝰科、乌龟、鳖等。属于国家一、二类保护的珍稀动物有66种，其中一类保护动物有52种。特殊动物有白沙河产的仙胎鱼。区内野生无脊椎动物种类很多，大致可归纳为森林昆虫和农业昆虫。

④鸟类资源　青岛市鸟类保护环志十余年来共采集标本2000余号，有19目58科159属355种，占全国鸟类1200种的29.6%，占山东省鸟类406种的87.4%，其中属国家一级保护珍禽11种、二级保护鸟55种。青岛地区鸟类主要有游禽、涉禽、陆禽、猛禽、攀禽及鸣禽六大类。

⑤矿产资源　青岛地区矿藏多为非金属矿。截至2007年年底，已发现各类矿产(含亚矿种)66种，占山东省已发现矿种的44%。其中，有探明储量(资源量)的矿产50种，占山东省已探明储量矿产的64.1%；未探明储量的矿产16种。已探明或查明各类矿产地730处。其中，大中型矿床39处，小型矿床129处，矿点562处。优势矿产资源有石墨、饰材花岗岩、饰材大理石、矿泉水、透辉岩、金、滑石、沸石岩。潜在优势矿产资源有重晶石、白云岩、膨润土、钾长石、石英岩、珍珠石、莹石、地热。石墨、金、透辉岩主要分布在平度市和莱西市；饰材花岗岩主要分布在崂山区、平度市、黄岛区；饰材大理石主要分布在平度市；矿泉水在青岛市辖区内均有分布，主要集中在城阳区、崂山区及市内三区和即墨市；滑石主要分布在平度市；沸石岩、珍珠岩、膨润土主要分布在莱西市、胶州市、即墨市和城阳区；重晶石、莹石主要分布在胶州市、即墨市、平度市和黄岛区；地热主要分布在即墨市。青岛市石墨和石材矿保有资源储量居山东省首位，滑石、透辉石矿居山东省第二位，沸石、矿泉水等储量也居前列。除铀、钍、地热、天然卤水、建筑用砂、砖瓦用黏土外，矿产资源保有储量潜在总

值达 270 亿元。

⑥风能资源　青岛的风能资源据测定有效风能密度为 240. 3 瓦/平方米，有效风能年平均时间达 6485 小时。光能资源也较好，全年太阳辐射总量为 120 千卡/平方厘米，年平均日照时数为 2550. 7 小时，日照百分率达 58%。

6. 人口民族

2017 年末，青岛常住总人口 929. 05 万人，增长 0. 94%；其中，市区常住人口 625. 25 万人，增长 25. 79%。常住人口城镇化率达到 72. 57%，比上年提高 1. 04 个百分点。截至 2012 年年底，青岛市有少数民族 52 个，少数民族人口 76 696人。其中，朝鲜族 40 015 人，满族 13 511 人，回族 5986 人，蒙古族 4466 人，维吾尔族 2401 人，苗族 1860 人，彝族 1498 人，壮族 1379 人，土家族 1258 人，其他 43 个少数民族人口 4322 人。

7. 经济

青岛诞生了海尔、海信、青岛啤酒、双星、新华锦、青建等一批企业和品牌。2017 年，青岛国内生产总值 11 037. 28 亿元，按可比价格计算，增长 7. 5%。其中，第一产业增加值 380. 97 亿元，增长 3. 2%；第二产业增加值 4546. 21 亿元，增长 6. 8%；第三产业增加值 6110. 10 亿元，增长 8. 4%。三次产业比例为 3. 4 ∶ 41. 2 ∶ 55. 4。人均 GDP 达到 119 357 元。2017 年，青岛实现海洋生产总值 2909 亿元，增长 15. 7%(现价)，占 GDP 比重为 26. 4%。全市现代服务业实现增加值 3340. 2 亿元，增长 8. 4%，占 GDP 比重为 30. 3%。2017 年，青岛财政总收入 3222 亿元，增长 13. 4%。一般公共预算收入 1157. 1 亿元，增长 7. 1%。其中，税收收入 823. 9 亿元，增长 11. 4%；增值税 309 亿元，增长 31. 7%；企业所得税 146. 5 亿元，增长 18%；个人所得税 42. 4 亿元，增长 16. 4%；城市维护建设税 52. 7 亿元，增长 4. 7%。一般公共预算支出 1403 亿元，增长 3. 4%。其中，一般公共服务支出 152. 1 亿元，增长 7. 9%；教育支出 253. 8 亿元，增长 0. 3%；科学技术支出 38. 6 亿元，增长 59. 8%；社会保障和就业支出 153. 4 亿元，增长 14. 7%；城乡社区事务支出 322. 5 亿元，增长 9%。全年国税系统组织税收收入(含海关代征)1692 亿元，增长 24. 8%。2017 年，全市固定资产投资 7777. 1 亿元，增长 7. 4%。其中，第一产业投资增长 17. 8%，第二产业投资下降 9. 3%，第三产业投资增长 22. 5%。战略性新兴产业投资增长 5%，高技术投资增长 15. 5%。2017 年，全市亿元以上新开工项目(含房地产)701 个，较上年增加 102 个，完成投资 1984 亿元，增长 29%，占全市固定资产投资的比重为 25. 5%。2017 年中国百强城市排行榜排第 17 位。

①第一产业　青岛驯养动物主要有牛、马、羊、猪、狗等家畜和鸡、鸭、鹅等家禽。2017 年，青岛农林牧渔业分行业情况：种植业增加值 214. 6 亿元，增长 4. 5%；林业增加值 1. 6 亿元，增长 5. 1%；牧业增加值 77. 9 亿元，增长 5. 2%；渔业增加值 86. 9 亿元，下降 1. 0%。农林牧渔服务业增加值 22. 4 亿元，增长

12%。2017 年，青岛粮食播种面积 47.8 万公顷，蔬菜播种面积 10.8 万公顷，花生播种面积 8.2 万公顷。粮食总产量 296.9 万吨，受春旱影响，下降 2.7%；蔬菜及食用菌总产量 601.2 万吨，增长 5.5%；花生总产量 38.4 万吨，增长 3.9%；水果(含果用瓜)总产量 118.4 万吨，下降 1.7%。现代农业园区 889 个，新增 52 个；认证“三品一标”(无公害农产品、绿色食品、有机农产品和农产品地理标志)产品 926 个，其中国家地理标志保护产品 51 个。全年新增造林 3.5 万亩，更新造林 1.1 万亩，修复退化林 5.7 万亩。2017 年，青岛肉类总产量 54.3 万吨，下降 3.6%；禽蛋产量 17.7 万吨，下降 2.4%；奶类产量 30.9 万吨，下降 2.5%。全年水产品产量(不包括远洋捕捞)107.6 万吨，下降 0.4%。海、淡水养殖面积 4.3 万公顷，下降 4.4%。远洋捕捞量 14.1 万吨，下降 0.4%。2017 年，青岛农机总动力 728 万千瓦，增加 30 万千瓦。农作物生产综合机械化水平达到 87.2%。农田有效灌溉面积 33.0 万公顷，其中节水灌溉面积 17.8 万公顷。

②第二产业　2017 年，青岛规模以上工业增加值增长 7.5%。分经济类型看，国有控股企业增长 2.5%，集体企业增长 20.5%，股份制企业增长 6.9%，外商及港澳台商投资企业增长 8.1%，私营企业增长 10.7%。2017 年，青岛分行业看，电气机械和器材制造业增长 14.2%，金属制品业增长 7.7%，农副食品加工业增长 11.7%，通用设备制造业增长 13.0%，石油加工、炼焦和核燃料加工业下降 8.2%，专用设备制造业增长 18.1%，铁路、船舶、航空航天和其他运输设备制造业增长 2.7%，汽车制造业增长 27.7%，非金属矿物制品业下降 2.1%，计算机、通信和其他电子设备制造业下降 7.2%，电力、热力生产和供应业增长 3.5%。装备制造业增加值增长 12.5%，占规模以上工业增加值的比重为 45.8%。2017 年，青岛规模以上工业利润增长 7.3%。其中，国有控股企业下降 0.4%，集体企业增长 23.5%，股份制企业增长 7.8%，外商及港澳台商投资企业下降 0.9%。2017 年，青岛建筑业实现增加值 602.2 亿元，增长 7.5%。实现利税总额 98.7 亿元，增长 9.1%。

③第三产业　2017 年，青岛金融机构本外币存款余额 15 129 亿元，比年初增加 456.3 亿元；人民币存款余额 14 387.8 亿元，比年初增加 381.7 亿元。其中，住户存款 5394.2 亿元，比年初增加 68.8 亿元。本外币贷款余额 14 388.4 亿元，比年初增加 1436.7 亿元；人民币贷款余额 13 264.8 亿元，比年初增加 1376.7 亿元。2017 年，青岛保险业实现保费收入 396.7 亿元，增长 18.1%。其中，产险公司实现保费收入 110.6 亿元，增长 2%；寿险公司实现保费收入 286.1 亿元，增长 25.8%。2017 年，青岛证券公司代理买卖证券交易金额 35 263.4 亿元，增长 2.4%。年末私募基金机构 191 家，管理基金规模 489.4 亿元，增长 8.1%。境内外上市公司累计 43 家，比上年增加 5 家。“新三板”、蓝海股权交易中心挂牌企业分别为 114 家和 1124 家，分别比上年增加 22 家、570 家。

贸易方面，2017 年，青岛实现社会消费品零售额 4541.0 亿元，增长 10.6%。按经营地统计，城镇消费品零售额 3786.1 亿元，增长 10.2%；乡村消费品零售额 754.9 亿元，增长 12.9%。分行业看，批发和零售业实现零售额 3967.0 亿元，增长 10.7%；住宿和餐饮业实现零售额 574.0 亿元，增长 10.2%。全年限额以上单位实现消费品零售额 1554.7 亿元，增长 12.8%。限额以上批发和零售业法人企业汽车类零售额 388.5 亿元，增长 9.1%；石油及制品类零售额 183.5 亿元，增长 11.2%；粮油、食品类零售额 145.6 亿元，增长 11.1%；日用品类零售额 58.5 亿元，增长 31.9%；化妆品类零售额 21.3 亿元，下降 8.8%。

对外经济方面，2017 年，青岛实现外贸货物进出口总额 5033.5 亿元，增长 15.7%。其中，出口额 3031.8 亿元，增长 7.5%；进口额 2001.7 亿元，增长 30.8%。对“一带一路”沿线国家市场进出口总额 2485.3 亿元，增长 11.2%。其中，出口 1601.1 亿元，增长 6.8%；进口 884.2 亿元，增长 20.1%。全市跨境电商进出口总额 241.3 亿元，增长 101.1%。2017 年，青岛口岸对外贸易进出口总额 11 102.4 亿元，增长 16.9%。其中，出口额 6329.8 亿元，增长 12.0%；进口额 4772.6 亿元，增长 24.2%。2017 年，青岛实际到账外资金额 77.4 亿美元，增长 14.0%。引进青岛市以外国内资金 1887.2 亿元，增长 13.3%。全年新增备案对外投资项目 156 个，协议投资额 64.3 亿美元，新增实际投资额 10.2 亿美元，占全省 18.2%。全年对“一带一路”沿线国家和地区投资项目 68 个，协议投资额 21.9 亿美元。全市对外承包工程业务新承揽项目 120 个，新签合同额 44.1 亿美元，增长 18.3%，占全省 34%；完成营业额 38.2 亿美元，增长 4.9%，占全省 32.5%。全市对外劳务合作业务派出各类劳务人员 18 294 人，占全省 25.6%。

旅游业方面，2017 年，全市接待游客总人数 8816.5 万人次，增长 9.1%；实现旅游消费总额 1640.1 亿元，增长 14.0%。其中，接待入境游客 144.4 万人次，增长 2.4%；入境游客消费 10.2 亿美元，增长 4.1%。接待国内游客 8672.1 万人次，增长 9.2%；国内游客消费 1468.1 亿元，增长 14.4%。

房地产业方面，2017 年，青岛房地产开发完成投资 1330.5 亿元，下降 2.8%。其中，住宅投资 925.5 亿元，下降 3.2%。商品房销售面积 1900.7 万平方米，下降 2%。其中，住宅销售面积 1633.8 万平方米，下降 6.7%。商品房待售面积 470 万平方米，下降 26.3%。其中，住宅待售面积 210.1 万平方米，下降 41.6%。全年保障性住房基本建成 11 569 套，其中公共租赁住房 9111 套，经济适用住房 1503 套，限价商品住房 955 套。截至年底，全市正在享受租赁补贴家庭共 6557 户，全年发放租赁补贴 4628 万元。

8. 社会

①科学技术　2017 年年末，青岛共取得重要科技成果 588 项。获得国家级科技奖励 9 项，其中，技术发明奖 3 项，科技进步奖 6 项；获得省级科技奖励 52 项，其中，最高奖 1 项，自然科学奖 7 项，技术发明奖 3 项，科技进步奖 41 项。2017 年末，青岛国家级创业孵化载体达到 129 家。其中，国家备案众创空间 80 家，国家级星创天地 30 家，国家级孵化器 19 家。累计认定各级孵化器、众创空间 320 家，孵化器入驻企业 1.3 万家，毕业企业 740 家。2017 年末，青岛共引进各类人才 13.14 万人，增长 8.5%。其中，引进博士 1668 人，硕士 1.34 万人，

本科学历 6.67 万人，专科及以下学历 4.96 万人。2017 年有效发明专利 21 802 件，增长 19.2%。每万人有效发明专利拥有量 23.75 件，PCT 国际专利申请 761 件。国家知识产权示范企业 7 家，国家知识产权优势企业 52 家，国家技术创新示范企业 13 家，高新技术企业总数达到 2039 家。

②体育事业　2017 年年末，青岛运动员在各项比赛中共获得金牌 1342 枚，银牌 805 枚，铜牌 874 枚。重点体校 2 所，学员 1061 人；业余体校 10 所，学员 1537 人。

③医疗卫生　2017 年年末，青岛共有卫生机构(不含村卫生室)3494 处。其中，医院、卫生院 410 处，疾病预防控制中心 25 处，妇幼保健机构 12 处，门诊部(所)、诊所、卫生所、医务室 2670 处。年末各类卫生技术人员 7.6 万人，其中医生 3.1 万人。全市拥有医疗床位 6.1 万张，其中医院、卫生院床位 5.3 万张。

④城市建设　2017 年，青岛建成区面积 638.4 平方千米。城市平均每天供水量 119.4 万吨，增长 1.2%。城市全年实际用水量 3.8 亿吨，其中生产用水和生活用水分别为 1.2 亿吨和 2.6 亿吨。2017 年，青岛城市使用液化气、天然气的总户数达到 202.5 万户，全年供应液化气总量 3.7 万吨，供应天然气总量 9.2 亿立方米。城市气化率达到 100%。2017 年，青岛新增供热面积 400 万平方米，年末供热面积达到 1.9 亿平方米。2017 年，青岛市区公共汽、电车线路 477 条。共有营运的公交汽、电车 7208 辆。共有出租汽车 10 055 辆。年末市区共有地铁线路 2 条，年客运量 6573.2 万人次，日均客运量 18 万人次。2017 年，青岛共有公共厕所 660 座，三类以上的 660 座，新增 17 座，改建 62 座。2017 年，青岛城市道路总长度 4697 千米，城市下水道总长度 7667 千米。

⑤人民生活　2017 年年末，青岛居民人均可支配收入 38 763 元，增长 8.6%。按常住地分，城镇居民人均可支配收入 47 176 元，增长 8.2%；农村居民人均可支配收入 19 364 元，增长 7.8%。全市居民人均可支配收入中位数 36 285 元。全市居民人均消费支出 25 232 元，增长 8.5%，恩格尔系数为 29.7%。按常住地分，城镇居民人均消费支出 30 569 元，增长 8.1%；农村居民人均消费支出 12 928 元，增长 7.7%。

⑥社会保障　2017 年年末，青岛城镇居民人均现住房建筑面积 32.7 平方米，农村居民人均现住房建筑面积 34.8 平方米。2017 年末，青岛城镇新增就业 73 万人，增长 13.4%。其中，本市劳动者就业增长 8.9%，外来劳动者来青就业增长 19.3%。服务业吸纳就业 45.3 万人，增长 13.8%。民营经济吸纳就业 55.1 万人，增长 16.3%。2017 年年末，青岛城镇居民最低生活保障人数达 24 220 人，城镇居民最低生活保障资金 23 815.6 万元；农村五保供养人数 4687 人，农村五保供养支出 6257 万元。2017 年末，青岛城镇职工基本养老保险参保缴费人数为 258.7 万人，参加失业保险人数为 210.3 万人，全年累计领取失业保险金的人数为 7.83 万人。全市城镇登记失业率为 3.12%，降低 0.05 个百分点。

⑦教育事业　2017 年，青岛共有各类大专院校(含民办高校)25 所。其中，

普通高校 23 所；全年研究生招生 1.4 万人，在学研究生 3.7 万人，毕业生 0.9 万人（不含驻青科研院所研究生）。普通本专科招生 9.9 万人，在校生 34.6 万人，毕业生 9.5 万人。中等职业教育招生 2.9 万人，在校生 8.8 万人，毕业生 2.5 万人。接受中等职业教育的学生占高中阶段在校生的 50.8%。普通高中招生 4 万人，在校生 11.7 万人，毕业生 3.7 万人。初中招生 9.3 万人，在校生 25.5 万人，毕业生 7.9 万人。普通小学招生 9.4 万人，在校生 55.1 万人，毕业生 9.3 万人。特殊教育招生 0.04 万人，在校生 0.3 万人，毕业生 0.05 万人。幼儿园在园幼儿 25.3 万人。

9. 交通

青岛是中国东部沿海重要的经济中心城市和港口城市，是沿黄流域和环太平洋西岸重要的国际贸易口岸和海上运输枢纽，与世界 130 多个国家和地区的 450 多个港口有贸易往来，港口吞吐量跻身全球前十位。青岛港客运站是旅客水路进入青岛的主要通道之一，通航国内多个港口城市，开通了青岛至韩国仁川、韩国群山、至日本下关 3 条国际定期航线。截至 2017 年年末，全市机动车保有量 261.45 万辆，增长 12.1%。其中，私人汽车 212.26 万辆，增长 11.4%。全年全市社会物流总额 30 198.5 亿元，增长 9.8%；物流产业增加值 987.1 亿元，增长 8.9%。

①航空　青岛拥有青岛流亭国际机场、青岛胶东国际机场（在建）等民用机场。2017 年，青岛拥有国内航线 157 条，国际航线 27 条，港澳台地区航线 2 条，全年航空旅客吞吐量达到 2321.1 万人次，增长 13.2%；航空货邮吞吐量 23.2 万吨，增长 0.6%。

②铁路　青岛有胶济铁路横贯山东，是连接青岛、济南的运输大动脉，是中国第一条正式通车运行的铁路客运专线，全长 362.5 千米。青荣城际铁路即墨至荣成段 2014 年 10 月 28 日开通。济青高铁、青连铁路征迁建设加快推进。2016 年，青岛累计完成铁路货运量 5568.8 万吨，货运周转量 169.3 亿吨千米，两项指标同比均增长 0.1%，是近 3 年以来铁路货运首次实现正增长；全年完成铁路客运量 2700.9 万人次，客运周转量 73.85 亿人千米，两项指标同比均增长 17.4%。

③公路　2015 年年底，青岛高速公路里程由 728.8 千米增加到 818.4 千米，全市公路通车里程达到 16 301 千米（含青龙高速莱阳境内 10.5 千米）。其中，国道 833.9 千米，占总里程 5.1%；省道 2343.1 千米、占总里程 14.4%；农村公路及专用公路 13 124 千米，占总里程 80.5%。2016 年，青岛累计完成公路货运量 2.07 亿吨，同比增长 9.5%，完成公路货运周转量 470.4 亿吨千米，同比增长 3.3%。全年客运量完成 4532 万人，同比增长 3.7%，完成客运周转量 71.8 亿人千米，同比增长 0.7%。

④高速公路　青岛境内主要高速公路有青兰高速公路（G22）、青银高速公路（G20）、青新高速公路（G2011）、荣乌高速公路（G18）、沈海高速公路（G15）、

同三高速、青龙高速(在建)等。

⑤主要交通要道　胶州湾海底隧道，胶州湾跨海大桥，胶州湾轮渡。

⑥航运　2017年，青岛港口吞吐量5.1亿吨，下降0.3%；外贸吞吐量3.7亿吨，增长7.9%；集装箱吞吐量1831万标准箱，增长1.4%。

⑦轨道交通　2016年，青岛开工建设地铁4号线、8号线，加快地铁2号线、1号线和蓝谷、西海岸城际快线建设，地铁3号线2016年12月18日全线开通。青岛地铁远景年线网由18条线路(含两条支线)、400余个车站组成，投资4000多亿元，全长838千米，简称“18448”工程。2017年有1、2、4、8、11、13号线等6条线在建，地铁2号线东段年底开通试运营。2017年，青岛地铁实现3号线安全运营和2号线东段顺利开通，2条线运营总长度44.8千米，地铁车站总数40座。全年开行列车11.9万列次，总运营里程291.9万列千米，总客运量6573.2万人次。

10. 风景名胜

青岛是国家历史文化名城、重点历史风貌保护城市、首批中国优秀旅游城市。国家重点文物保护单位34处。国家级风景名胜区有崂山风景名胜区、青岛海滨风景区。山东省近300处优秀历史建筑中，青岛占131处。青岛历史风貌保护区内有重点名人故居85处，已列入保护目录26处。国家级自然保护区1处：即墨马山石林。2017年，青岛拥有A级旅游景区123处，其中AAAAA级旅游景区1处，AAAA级旅游景区24处，AAA级旅游景区74处。

①栈桥　栈桥是青岛海滨风景区的景点之一，是国务院于1982年首批公布的国家级风景名胜区，也是首批国家AAAA级旅游景区。青岛栈桥位于游人如织的青岛中山路南端，桥身从海岸探入如弯月般的青岛湾深处。桥身供游人参观并在此停靠旅游船，由此乘船可看海上青岛。青岛栈桥始建于清光绪十八年(1892年)，有着100多年的历史，是青岛最早的军事专用人工码头建筑，现在是青岛的重要标志性建筑物和著名风景游览点。1891年，直隶总督兼北洋大臣李鸿章在山东巡抚张曜的陪同下来当时的胶澳视察，回京后果断向清廷提议应在青岛口一带设防。同年6月14日，内阁明发上谕：“拟在胶州、烟台各海口添筑炮台，著照所请。”同时要求登州镇总兵衙门由登州(今蓬莱)移居青岛口。随后登州镇总兵章高元在青岛口建总兵衙门。1892年清政府派登州总兵章高元带四营官兵驻扎青岛，为便于部队军需物资的运输，建了两座码头。其中一座就是栈桥，1893年竣工，长200米、宽10米，石基灰面，桥面两侧装有铁护栏。青岛栈桥全长440米，宽8米，钢混结构。桥南端筑半圆形防波堤，堤内建有民族形式的两层八角楼，名“回澜阁”，游人伫立阁旁，欣赏层层巨浪涌来，“飞阁回澜”被誉为“青岛十景”之一。桥北沿岸，辟为“栈桥公园”，园内花木扶疏，青松碧草，并设有石椅供游人憩坐，观赏海天景色。

②八大关风景区　位于汇泉湾东部，是我国著名的疗养区，面积70余公顷，十条幽静清凉的大路纵横其间，是最能体现青岛“红瓦绿树、碧海蓝天”特点的

风景区，所谓“八大关”，是因为这里有八条马路(现已增到十条)，是以长城八个关口命名的，即韶关路、嘉峪关路、涵谷关路、正阳关路、临淮关路、宁武关路、紫荆关路、居庸关路。这十条马路纵横交错，形成一个方圆数里的风景区，故统称为“八大关”。八大关风景区四季皆宜旅游，除观赏建筑外，还可欣赏八大关四季美景，可谓十步一林，百步一园，奇花异草尽赏。韶关路全植碧桃，春季开花，粉红如带；正阳关路遍种紫薇，夏天盛开；居庸关路是五角枫，秋季霜染枫红；紫荆关路两侧是成排的雪松，四季常青；“宁武关”两侧，海棠与枫树共舞；龙柏掩映下的是“临淮关”。八大关风景区是青岛海滨风景区的主要组成部分，是中国黄海之滨主要疗养胜地。八大关内有200余幢别墅式建筑，设计和造型各具特点，无重复式样，建筑之间互不相连，各自都有花园式庭院。楼房层数一般在2~3层，在每一幢楼房里都可以看到海景。这些建筑分别代表了世界上24个国家和地区的建筑风格。因而，八大关风景区被誉为“建筑博览馆”，成为许多电影和MV的外景地，也是青岛市民拍婚纱外景必到之处。八大关风景区主要代表建筑有花石楼、青岛钓鱼台、元帅楼、公主楼、八大关礼堂等。

③五四广场　五四广场北依青岛市人民政府办公大楼，南临浮山湾，总占地面积10公顷。五四广场因青岛为中国近代史上伟大的五四运动导火索而得名。标志性雕塑“五月的风”，高30米、直径27米，以螺旋上升的风，造型是火红色，体现了“五四运动”反帝、反封建的爱国主义基调和民族力量。五四广场建成后，成为东部新市区的主要文化景观。五四广场分为南北两区，北区连接青岛市人民政府，是中心广场，南区濒临浮山湾，青岛是北京举办2008年奥运会的唯一分会场，而浮山湾就是帆船比赛的场地。广场中间为平整、开阔的大片绿色草坪，中心是一座圆形喷泉。

④国际帆船中心　即青岛奥林匹克帆船中心。位于青岛市东部新区浮山湾畔，北海船厂原址，毗邻五四广场和东海路，市内的著名风景点“燕岛秋潮”位于基地内燕儿岛山的东南角，2008年第29届奥运会和13届残奥会帆船比赛就是在这里举行的。为了迎接奥运会帆船比赛和打造“帆船之都”，青岛市政府把北海船厂整体搬迁到黄岛区的海西湾，并将国际帆船中心建成青岛市独具海上运动特色的建筑区域，体现了“绿色奥运、科技奥运、人文奥运”的理念。奥帆中心占地面积约45公顷，其中场馆区30公顷，赛后开发区15公顷。按照“可持续发展、赛后充分利用和留下奥运文化遗产”的原则，规划、设计、建设，采用了一系列科技新技术。奥帆中心同样注重环境景观规划，通过三条南北向轴线即：西轴——海洋文化轴、中轴——欢庆文化轴、东轴——自然文化轴，组成了意向的“川”字。以“欢舞·海纳百川”为主题，寓意开放的青岛正以宽广胸襟，向世界敞开大门。场馆硬件设施得到了国内外的一致好评，被国际业内人士誉为“亚洲最好的奥运场馆”。

⑤中山公园　与青岛天泰体育场一路之隔的是青岛的综合性公园——中山公园。公园三面环山，南向大海。园内林木繁茂，枝叶葳蕤，是青岛市区植被景观最有特色的风景区。公园东傍太平山，与青岛植物园相接；北靠青岛动物园、青

岛榉林公园，西依百花苑近百种林木与公园的四时花木连为一体，树海茫茫。中山公园建园比较久，建于20世纪初。每逢“五一”前后的20天，这里有青岛一年一度的樱花盛会，青岛人几乎倾城而出，樱花路上人潮如涌，万头攒动。大有“花开时节动京城”的气氛。樱花路东侧以林木、果园为主，有各种各样的常绿乔木、落叶乔木。雪松树形优美、青翠挺拔，是这里重要的观赏树木。中山公园的雪松采用种子繁育获得成功后，青岛的雪松到处安家落户，北到大连，南到合肥，就连北京毛主席纪念堂院内美丽的雪松，也是从这里移种过去的。雪松因雌雄异株，花开时间相错半月，雄花谢过，雌花方开，无法结实的雪松枝条密、长势壮、树形好、繁育快。由此，青岛成为重要的雪松繁育基地。另外，水蜜桃也长于中山公园。它肉嫩汁浓，是夏季水果中的珍品，在青岛颇负盛名。春季桃花盛开之时，桃园如园的特有品种被彩云覆盖，煞是好看。樱花路西侧为休憩娱乐区，树荫遮蔽的园中小路和绿色的草坪，把这儿分割成若干空间。位于西侧的小西湖，是一处小巧玲珑的人工水景。公园一年一度的夏季灯会和深秋菊展，也是最受游人欢迎的活动。每年仲夏之夜，公园内彩灯齐放，来自成都、自贡、南京等地的各式官灯、纱灯、船灯和公园的传统花灯争芳斗艳，异彩纷呈，引得无数灯迷如痴如醉。公园灯会始自1979年，此后一年一度越办越红火，已成为可与樱花盛会相媲美的又一大型游园活动。金秋菊展早在50年代就已开始，1957年已展出700余个品种，紫色的“帅旗”、黑色的“墨荷”，以及“鸳鸯展翅”“天马迫风”等成为深受人们喜爱的菊中珍品。

⑥石老人国家旅游度假区　石老人国家旅游度假区是青岛市于1992年经国务院批准成立的国家级旅游度假区，位于石老人村西侧海域的黄金地带。规划面积10.8平方千米，西起南京路与东海路交汇处，东到石老人村。北侧有浮山、金家岭山、午山三山环抱，南侧为宽阔平缓的沙滩和狭长的岸线，自然环境十分优美。温带海滨度假区类型，冬暖夏凉，风景宜人，区内有山、海、岛、礁、林、洞、花等众多自然旅游资源，人文旅游资源包括大型游乐场、海滨浴场、高尔夫球场、美食村、海豚表演馆、啤酒城、体育中心、星级酒店、直升机游览项目、高新技术工业园区等。度假区成立以来，不断招商引资，先后建起了国际啤酒城、青岛市文化博览中心、海尔科技馆、石老人海水浴场、海洋游乐园、海豚馆、国际高尔夫球场、颐中体育中心及高级别墅区。度假区以山海风光、啤酒文化、渔村民俗、美食购物、海洋娱乐为主要特色，划分为综合服务区、海上公园及海上游乐区、度假别墅区、啤酒文化城、高尔夫球场、健身休闲区等功能小区。

⑦崂山风景名胜区　崂山位于山东半岛南部的黄海之滨，距青岛市中心40余千米。地处北纬36°05′~36°19′，东经120°24′~120°42′。山区东南二面濒临大海，西部自南而北与青岛市区的市南区、市北区、四方区、李沧区、城阳区接壤，北部与即墨市相邻。崂山是山东半岛的主要山脉，最高峰崂顶海拔1133米，是中国海岸线第一高峰，有着海上“第一名山”之称。它耸立在黄海之滨，高大雄伟。当地有一句古语说：“泰山云虽高，不如东海崂。”山光海色，道教名山。

山海相连，山光海色，正是崂山风景的特色。在全国的名山中，唯有崂山是在海边拔地崛起的。绕崂山的海岸线长达 87 千米，沿海大小岛屿 18 个，构成了崂山的海上奇观。崂山是道教发祥地之一，是我国著名的道教名山，保存下来的以太清宫的规模为最大，历史也最悠久。崂山自春秋时期就云集一批长期从事养生修身的方士之流，明代志书曾载“吴王夫差尝登崂山得灵宝度人经”。到战国后期，崂山已成为享誉国内的“东海仙山”。教秦始皇的东巡，汉武帝两次幸不其(今青岛市城阳区)，都与方仙道的活动密切相关，《汉书》载武帝在崂山“祠神人于交门宫”时“不其有太乙仙洞九，此其一也”。崂山风景名胜区是国务院首批审定公布的国家重点风景名胜区之一、我国重要的海岸山岳风景胜地、国家 AAAAA 级旅游景区。崂山风景区由巨峰、流清、太清、棋盘石、仰口、北九水、华楼等九个风景游览区和沙子口、王哥庄、北宅、夏庄、惜福镇五个风景恢复区及外缘陆海景点三部分组成。崂山风景区属温带海洋性气候，年均温度 12.6°C。由于受海洋影响，夏季气温较内陆低，平均温度 24°C。降水量 940~1073.7 毫米，是青岛市最湿润的地区。

⑧湛山寺　湛山寺是我国最年轻的名刹之一。1934 年动工，1945 年竣工，历时十年。在青岛市东部湛山西南、太平山东麓，为市区唯一的佛寺。1934 年开动工，1945 年落成。面积 23 亩[①]。湛山寺倚山而建，从山门到藏经楼共四进，皆仿明代宫殿建筑，明柱外露，木石结构。全寺占地 200 余亩。分中、西、东 3 个院落。中院有天王殿、大雄宝殿、三圣殿、藏经楼。寺西院有倓虚法师纪念堂、三学堂和齐堂。东院设有安养院和素香斋，供老僧颐养天年及宾客食宿。寺东南有药师琉璃光如来宝塔，与寺相辉。湛山寺前蓄山泉之水而成放生池，池畔有兰亭，白玉观音菩萨立于池中，白玉栏杆护清波，水天一色洗尘埃。山门前一对石狮，肃立法门，石狮雕琢精细，系明代青州衡王府遗留的珍品。山门横匾金字“湛山寺”，门旁两侧“常住、三宝”，东西石墙“转大法轮”“佛日增辉”皆为倓虚法师手迹。入山门即天王殿，内供无冠弥勒菩萨，左右为四大天王，后则为“大雄宝殿”的护法韦驮菩萨。大雄宝殿是寺院僧众早晚课诵和法会朝拜参修的殿堂。宝殿庭院阔大，青松参立，石板铺路。大殿内供释迦牟尼佛、大智文殊菩萨、大行普贤菩萨，左右为 16 尊者塑像，殿后供海岛观音。西方三圣殿，殿前石庭平舒宽展。殿内供阿弥陀佛，观世音菩萨、大势至菩萨，后供地藏王菩萨，殿两旁为功德堂。殿前横匾“海印遗风”。明代高僧憨山大师德清公，曾建海印寺于崂山那罗延窟之旁，后憨山被诬，罪谪广东韶州，海印寺被毁，从此佛法绝迹。后居士捐资，倓虚法师弘法建湛山寺，试者称倓虚为憨山再来，便于三圣殿前悬挂《海印遗风》金字匾额。三圣殿后为藏经楼。藏经楼，古式阁楼上下层，坚固防火，风格独特。藏经楼内藏《乾隆收大藏经》724 函共 7240 册，收录佛教典籍 1675 部，为中国古代最大官刻汉文大藏经之一。另外收藏一部香港版《大藏续藏经》，精装 151 册，为影印本，乃正藏之续编。

---

① 1 亩 = 1/15 公顷。

⑨青岛天主教堂　青岛天主教堂本名圣弥厄尔教堂，由德国设计师毕娄哈依据哥德式和罗马式建筑风格而设计。拟建教堂应高百米，适逢第二次世界大战爆发，希特勒严禁德国本土资金外流，该教堂不得不修改图纸，即建成现在规模。教堂始建于 1932 年，于 1934 年竣工。塔身高 56 米，是建国前山东省最高的建筑。占地面积 11 480 平方米，其中建筑面积 6301. 54 平方米。教堂以黄色花岗岩和钢筋混凝土砌成，表面雕以简洁优美的纹案。窗户为半圆拱形，线条流畅，显得庄重而朴素。大门上方设一巨大玫瑰窗，两侧各耸立一座钟塔，塔身高 56 米，红瓦覆盖的锥形塔尖上各竖立一个 4. 5 米高的巨大十字架，塔内悬有四口大钟，一旦钟乐鸣奏，声传数里之外。进入教堂，是一个高达 18 米，可容千人的宽敞明亮的大厅，色彩斑斓的玻璃花窗透射出柔和的光线。大厅东西两侧设有走廊，后面设有 2 个大祭台，4 个小祭台，厅的穹顶绘以圣像壁画，灯光炫目，充满浓厚的宗教气氛。屋顶覆盖舌头红瓦，其气势庞大，且又古朴典雅。教堂装饰系采用意大利文艺复兴时期形式。堂内大厅高 18 米，宽敞明亮，顶棚悬有 7 个大吊灯，后方设有祭台，配之穹顶的圣像壁画，堪称庄严美观。可容纳教徒千人，是青岛地区最大的哥特式建筑，也是中国唯一的祝圣教堂，同时也是基督教建筑艺术的杰作。每天早 6 点平日弥撒，每周日 8~9 点主日弥撒，只有主日弥撒当中才会使用管风琴。

⑩海水浴场　青岛第一海水浴场位于汇泉湾畔，拥有长 580 米，宽 40 余米的沙滩，曾是亚洲最大的海水浴场。这里三面环山，绿树葱茏，现代的高层建筑与传统的别墅建筑巧妙地结合在一起，景色非常秀丽。海湾内水清波小，滩平坡缓，沙质细软，作为海水浴场，自然条件极为优越。花石楼的旁边就是第二海水浴场，位于汇泉湾东侧的太平湾内，岸边是红褐色岩石，峭壁如刀削斧劈，岸上黑松遍植，湾畔曲径纵横，或伸向海滩，或穿行黑松林中。德国占领青岛之初，德国总督常骑马到此狩猎，下海游泳，后辟为海水浴场。中国政府收回青岛后定名为“第二海水浴场”，因地处太平湾，又称“太平角海水浴场”。逢吉日，沙滩上常汇集上百对新婚夫妇摄像拍照，成为第二海水浴场的一大特色景观。石老人海水浴场位于崂山区海尔路南端，大唐渔宴以东，是青岛市区最大的海水浴场之一，石老人海水浴场，左端海中巨石即为“石老人”，成为集度假、观光旅游、海上运动、沙滩运动、休闲娱乐为一体的综合性旅游度假海滩。石老人海水浴场水清沙细，滩平坡缓。改造后的海水浴场将由滨海步行道贯穿始终，并以此为主线串起度假海滩、欢庆海滩、运动海滩、高级会员海滩 4 个高质量沙滩活动区域，成为集度假、观光旅游、海上运动、沙滩运动、休闲娱乐为一体的综合性旅游度假海滩。金沙滩位于青岛开发区东南，南濒黄海，呈月牙形东西伸展，全长 3500 多米，宽 300 米。因为水清滩平，沙细如粉，色泽如金，所以得到了金沙滩这个响亮的名字。金沙滩是中国沙质最细、面积最大、风景最美的沙滩之一，被喜爱它的人们冠以“亚洲第一滩”的美称。对于金沙滩，人们最津津乐道的就是它的“金沙”。这里还有一个美丽的传说：古时候有一只金凤凰飞赴天庭参加百鸟盛会，当飞抵碧波万顷、渔歌荡漾的胶州湾时，心旷神怡，乐不思归，振翅落

入胶州湾畔，化身为今天的凤凰岛，她华美的翅膀掠过的地方，就成了沙质细腻、色泽如金的金沙滩。海面有一石蛙，头东尾西，随潮起潮落若隐若现，称为“隐身石蛙”。

11. 风味特产

①崂山绿茶　是在山东省青岛市崂山区王哥庄、沙子口、中韩、北宅4个街道办事处现辖行政区域，选择背风向阳的半山坡或丘陵地，坡度在30°以下，土壤pH值4.5至6.5，土质深厚肥沃的花岗岩母岩棕壤土，有机质含量大于1.0%，土层厚度不低于60厘米，地下水位在60厘米以上的地理环境选择适宜的茶树品种，用特有的工艺加工制成的绿茶。1959年“南茶北引”获得成功，形成了品质独特“叶片厚、豌豆香、滋味浓、耐冲泡”等特征。按鲜叶采摘季节分为春茶、夏茶、秋茶；按鲜叶原料和加工工艺，分为卷曲形绿茶和扁形绿茶。2006年10月26日国家质量监督检验检疫总局正式批准“崂山绿茶”为地理标志保护产品。崂山绿茶是中国绿茶中的经典名品，香韵醇厚宜人，滋味鲜爽独特。用滚烫的开水，揭开杯盖、提起水壶、倾壶倒水时提腕、压腕，持续三次细水长流，水柱不竭，这道工序叫“凤凰三颔首”。端起茶碗，先观色、再闻香、后品尝；品茶时三刮莫要忘，越刮茶越香。刮尘：悄悄刮去漂浮的茶料，喝出的是冰糖消融之后的甜美。刮香：茶味与辅料的滋味超脱而出，甜香味美。刮茶：露变幽香，淡淡汤色，润喉解渴。

②青岛啤酒　青岛啤酒选用优质大麦、大米、上等啤酒花和软硬适度、洁净甘美的崂山矿泉水为原料酿制而成。原麦汁浓度为12度，酒精含量3.5%~4%。酒液清澈透明、呈淡黄色，泡沫清白、细腻而持久。青岛啤酒股份有限公司(以下简称“青岛啤酒”)的前身是1903年8月由德国商人和英国商人合资在青岛创建的日耳曼啤酒公司青岛股份公司，2008年北京奥运会官方赞助商，跻身世界品牌500强。1993年7月15日，青岛啤酒股票在香港交易所上市，是中国内地第一家在海外上市的企业。同年8月27日，青岛啤酒在上海证券交易所上市，成为了中国首家在两地同时上市的公司。上世纪90年代后期，运用兼并重组、破产收购、合资建厂等多种资本运作方式，青岛啤酒在中国19个省(直辖市/自治区)拥有50多家啤酒生产基地，基本完成了全国性的战略布局。2018年1月27日，青岛啤酒厂入选“中国工业遗产保护名录”。青岛啤酒远销美国、日本、德国、法国、英国、意大利、加拿大、巴西、墨西哥等70多个国家和地区。全球啤酒行业权威报告Barth Report依据产量排名，将青岛啤酒列为世界第五大啤酒厂商。

③即墨老酒　产自即墨的黄酒品类——即墨老酒，是食品工业中的一颗明珠。它以悠久的历史、独特的酿造工艺和典型的地方风味，受到人们的喜爱和赞誉。即墨老酒酒液清亮透明，深棕红色，酒香浓郁，口味醇厚，微苦而余香不绝。国际酒类专家评定，以西方啤酒为代表的药法制酒同东方以黄酒为代表的曲法酿酒相比，曲法酒胜过药法酒的营养。单就营养说，中国北方黄酒的典型——

即墨老酒是“营养酒王”。据化验，即墨老酒含有16种人体所需要的微量元素及酶类维生素，17种氨基酸。即墨老酒每公升含氨基酸高达10 500毫克，比啤酒高10倍，比葡萄酒高12倍。适量饮用，能促进人体新陈代谢，增强体质，防止疾病，延年益寿。即墨老酒隶属于黄酒，是中国古典名酒之一，是黄酒中的珍品，其酿造历史可上溯到2000多年前，正式记载是始酿于北宋时期。其风味别致，营养丰富，酒色红褐，盈盅不溢，晶莹纯正，醇厚爽口，有舒筋活血、补气养神之功效，深得古今名人赞许。清代道光年间即畅销全国各地。即墨老酒产于山东即墨县，古称“醪酒”。据《即墨县志》和有关历史资料记载：公元前722年，即墨地区(包括崂山)已是一个人口众多、物产丰富的地方。这里土地肥沃，黍米高产(俗称大黄米)，米粒大，光圆，是酿造黄酒的上乘原料。当时，黄酒称“醪酒”，作为一种祭祀品和助兴饮料，酿造极为盛行。在长期的实践中，“醪酒”风味之雅，营养之高，引起人们的关注。即墨老酒属黄酒类，有着悠久的历史。据传闻：战国时，齐国田单以火牛阵大破燕军，当地土民就是以黄酒犒劳将士，鼓舞其杀敌取胜的斗志。即墨黄酒中尤以“老干榨”为最佳。其质纯正，便于贮存，且愈久愈良，系胶东地区诸黄酒之冠。后据即墨“老干榨”历史久远、久存尤佳的特点，为便于同其他地区黄酒的区别，遂改称“即墨老酒”。

④青岛高粱饴　青岛高粱饴是传统的名牌软糖，一向以“弹、韧、柔”三性兼备而著称。采用优质高粱淀粉调乳，用精制砂糖化浆，再以适量的有机酸长时间和熬，产生多种有益于人体的糖类和酶类物质。现在除用高粱淀粉外，还用绿豆、玉米、地瓜等淀粉精制成翡翠饴、绿豆饴、珍珠饴等品种。这种糖果在长时间熬制过程中，产生许多有益于人体的糊精、低聚糖、单糖等碳水化合物和消化酶等物质，对胃溃疡、十二指肠球部溃疡等疾病有一定疗效。

⑤红岛蛤蜊　红岛蛤蜊产自山东青岛红岛经济区。红岛滩涂利用面积达7万亩，其中的4万亩用于蛤蜊养殖，红岛所处的胶州湾是的优良海湾，水质、水流和水量以及海滩所含的有机物质适合蛤蜊繁殖生长，因此红岛蛤蜊具有美味的特点。青岛人都有这样的饮食习惯，喝啤酒，吃蛤蜊。但青岛的蛤蜊唯有红岛的蛤蜊最为鲜美，肥大。红岛镇以出产各种贝类，尤其是蛤蜊和海蜊子闻名，是青岛市目前最大的杂色蛤生产基地。红岛从浙江、福建等地引进了‘南方沙’等新品种，镇贝类协会加强了对蛤蜊合理密植、轮养、间苗等养殖技术的培训指导。渔民们普遍采取了三分放养、三分空滩、三分其他贝类的轮养模式，使水中生物饵料充足，给蛤蜊的自然繁殖创造了空间，蛤蜊滩上生出许多自然蛤蜊苗。除当地的浩源、东阳等50多家水产品加工厂消化掉大部分外，其他的统统被外地的水产品加工厂和海产品贩子抢购一空。每年到5月开始，红岛都要举行每年一届的蛤蜊节。红岛地处胶州湾东北部，由于周边海域水质优良，特殊的泥质滩涂，且微生物丰富，因此比较适合蛤蜊生长。此外，红岛蛤蜊因生长周期较短(通常在一年半左右)，因此皮薄、肉嫩、味道鲜美。据介绍，红岛主要生产的花蛤，占青岛市场的17%左右。

⑥胶州大白菜　俗称“胶白”“胶州大白菜”，以其品质优良而著称，具有“帮

嫩薄、汁乳白、味鲜美、纤维细、营养好”等优点，其品质和盛名史籍多有记载，文人多有吟颂。陈毅元帅曾在诗中赞美：“伟哉胶菜青，千里美良田。”白菜因营养丰富而号称“蔬菜之王”，而胶州大白菜由于胶州所特有的土质和水源，则以优点而驰名中外。胶州大白菜易炒熟，生食清爽可口、熟食味甘肥美，富含多种维生素和氨基酸，营养丰富，并有耐储存等特点。在种植中用豆饼、鸡粪作为肥料，从不打农药，人工抓虫，是纯正的天然蔬菜，已形成具有鲜明地方特色的优良品系。

⑦马家沟芹菜　马家沟芹菜是中国芹菜空心类型中具有浓郁地方特色的优良农家品种，距今已有1000多年的栽培历史。其特点独特深受广大消费者的喜爱。马家沟芹菜优良品质与环境因素密切相关。青岛平度政府为保护这一地方特产，2003年在国家工商局注册了“马家沟”牌商标。经过努力，马家沟芹菜产业发展取得了显著成效。2005—2008年先后获得青岛市无公害农产品生产基地认定、国家农业部无公害农产品认证、农业部绿色食品A级认证，青岛市消费者最喜爱的名优农产品。2007年12月，原国家质检总局正式批准“马家沟芹菜”实施地理标志产品保护。

⑧大泽山葡萄　大泽山葡萄产于山东省平度市大泽山镇，是山东省著名特产之一，有上百年的栽培史。大泽山葡萄风味独特，品质优良，穗大粒饱，色泽鲜艳，皮薄肉嫩，口味宜人。广泛栽培的品种有十几个，玫瑰香栽培最多。2008年，国家质检总局批准对大泽山葡萄实施地理标志产品保护。2008年8月27日，原国家质检总局批准对“大泽山葡萄”实施地理标志产品保护。

⑨郑庄脂渣　脂渣，油脂的渣子。脂渣一般是猪肉炸出油后剩下的，虽然和一般猪肉比油脂能少些，纤维质比较多，但也属高热量值食品。耐嚼，和白菜豆腐一块炖煮吃比较好。肉脂渣的肉选择五花肉做效果最好，纯瘦肉做的口感柴，肥肉做的腻。“脂渣”源自青岛民间，是一种制作简便，营养丰富，味道香浓的特色食品。脂渣吸收了胶东地区百多年民间食品的精华。继承了传统脂渣，营养丰富，风味浓郁的特色，而又精益求精。精选成年猪下胸肌肉作为原料，以食盐及味精入味，不添加任何化学香料及防腐剂，在香味浓郁，口感良好的基础上，使脂渣更具有肉脂鲜嫩，口感细腻的独特风味。

12. 美食小吃

①流亭猪蹄　流亭猪蹄是山东青岛流亭街道的特色传统名菜。此菜色泽鲜亮、味道鲜美、清爽不腻、咸淡适中，肉质软硬适度、组织紧密有弹性、无任何防腐添加剂，堪称绿色食品。创始及成名于清咸丰年间(约1855年前后)，至今已有150多年的历史。经第二代传承人周中典对制作技艺和配方调料进一步研究提高及世代相传，成为青岛流亭的地域性品牌。流亭猪蹄色泽鲜亮、味道鲜美、清爽不腻、咸淡适中，肉质软硬适度、组织紧密有弹性、无任何防腐添加剂，堪称绿色食品，多次荣获区、市、省、国家级奖励，先后被评为青岛十大特色小吃、青岛市著名商标、山东省著名商标、山东省名小吃、中华名小吃等，新闻媒

体亦频繁予以报道。

②青岛锅贴　锅贴包制时一般是馅面各半，呈月牙形。锅贴底面呈深黄色，酥脆，面皮软韧，馅味香美。锅贴的形状各地不同，一般是形状，但天津锅贴类似褡裢火烧。从某种意义上说，人们所谓的饺子都是锅贴。锅贴是大众风味小吃。稻香居锅贴以其选料严谨、制作精细、品质优美而闻名古城。成品灌汤流油，色泽黄焦，鲜美溢口。东北也称水煎包，又称为煎饺。锅贴跟煎饺不能混淆。两者并不一样。

③排骨米饭　排骨米饭是一道快餐菜肴，属鲁菜系。排骨米饭的历史悠久，可追溯到百年之前。排骨米饭的做法最早起源于山东半岛地区，历经百年之久，经过人们对吃法的不断更新，一直到今天排骨米饭店临街而立。由此可以看出，不仅排骨米饭在当今快餐行业中有着无法估量的经济价值和市场前景，也意味着人们对饮食消费的最新观念。现在的排骨米饭全部选用优质大排，酱香排骨饭跟传统的酱香排骨不同，是结合豫菜，鲁菜，川菜这三大菜系的精髓，配以 50 多种优质香料秘制成的酱料。以其肉质酥香，汤美味浓，营养健康等特点深受广大顾客喜爱。融合现代人的消费理念，适合全国华人的口味。排骨味美肉嫩，不柴不腻，汤汁咸淡适中，与米搭配很可口，与面搭配更美味。排骨能够彻底地吸收配料的精华，烂而不酥，香而不腻，味道十足。经过多年的演变，现在排骨米饭以突破原有形式，从原来的“地方小吃”朝着“城市快餐”方向发展。据权威机构统计，排骨米饭于 2003 年走出青岛，据今天为止有近十年的历史，辐射范围概括了中国 80% 的城市。在郑州、洛阳、南阳、石家庄、东北、威海、烟台等地盛行。

④青岛大包　是青岛大包快餐有限公司在青岛首家推出的中式快餐，它是在结合当地消费者饮食结构和口味，挖掘青岛特色食品的基础上研制而成的。因其皮薄、味美、鲜嫩而备受消费者的欢迎，先后被评为“山东省名小吃”“中华名小吃”。推出了从 5 元到 18 元不等的适合不同档次和需求的学生套餐，工作套餐、五福套餐，在原先“三鲜大肉包”的基础上，又开发出三丁、五丁、大鸡、时令蔬菜等几十个馅品。建立了配送中心，统一配送。公司对“青岛大包”的生产工艺流程，质量控制标准，服务方式和程序进行了精心设计，统一配料、统一质量、价格、服务标准，统一包装，统一门头号，符合质量标准化，操作程序化、管理科学化等现代中式快餐的要求。

⑤鲅鱼水饺　以新鲜鲅鱼为原料，加适量五花肉馅、韭菜调制而成，有的人会加牛奶以增加鲅鱼的鲜美度。调制鲅鱼饺子馅，“搅”力是非常重要的，鲅鱼去刺后剁成泥，用筷子朝一个方向搅动，千万不要换方向，这样搅出来的鲅鱼馅 Q 弹有力，口感非常棒。鲅鱼水饺是非常鲜美的一款饺子。

⑥辣炒蛤蜊　辣炒蛤蜊是青岛家喻户晓的名菜之一，街头巷尾也常见它的身影。主要材料有花蛤、大葱、蒜头、姜、红辣椒、酱油等。制作方法是将花蛤用盐水养半天，让它吐沙；葱、姜、蒜切末，红辣椒切菱形片。该菜味道超常，香味可口，咸鲜味十足。

13. 节庆文化

①海云庵糖球会　海云庵糖球会是山东青岛的地方传统民俗活动。出于保护民间传统文化的目的，1990 年起政府定名“海云庵糖球会”，会期延长为 3 天。近 20 年来，海云庵糖球会成为远近闻名的大型民俗庙会，赶会的摊贩许多来自外地外省，因而 2005 年被评为“中国十大民俗节会”之一。从 2008 年起，海云庵糖球会将延长为一周，即农历正月十六至正月二十二，时间更长，小吃和民间表演更丰富。海云庵位于山东青岛市四方区海云街，始建于明代。旧时，农历正月十六是该庵庙会，香火颇盛，是市区内三大传统庙会之一。因庙会上卖山楂糖球的特别多，久而久之，便习称为“海云庵糖球会”。1986 年，青岛市恢复了这一深受群众欢迎的民俗节日，会期定为 3 天。1990 年，四方区恢复了民间的传统庙会活动，举办了首届糖球会和糖球艺术大赛。庙会之日，茂腔、柳腔、皮影、杂耍、剪纸、年画、秧歌大赛、锣鼓大赛等民间艺术活动丰富多彩，造型各异的糖球琳琅满目，各种风味小吃和手工艺品应有尽有，每年前来赶会的中外游客有 100 万人之多。自 1990 年起，海云庵糖球会被列为国家重点旅游项目。

②青岛萝卜会　青岛萝卜会是历史悠久的民俗活动，也叫清溪庵庙会。清溪庵俗称下村庙，位于现今的青岛台东道口路，始建于元代，属道教庙宇，原称玉皇庙。庙内供奉玉皇大帝、太上老君、关帝圣君神像，归崂山太清宫管辖。建庙时，因庙前有清清的河水流过而得名。过去，这里出产的萝卜又脆又大，民间有“正月初九吃萝卜不牙疼，可防百病”的说法，又有旧俗立春吃萝卜，称咬春，因而萝卜就成了庙会上的主要商品。逢庙会日，人们来这里卖萝卜、买萝卜、吃萝卜，久而久之，清溪庵庙会就被人们称为“萝卜会”。“清溪庵”因地势低狭，年久失修，在青岛建置初期庙宇被毁，但萝卜会却一直延续下来。届时沿途彩灯高悬，踩高跷、耍龙灯、舞狮子等各种杂耍争相献艺。来自青岛各地的摊贩云集，人流如潮，各种土特产品、日用百货、民间工艺品、风味小吃，尤其是各种各样的青红萝卜，遍布大街小巷。近年来，又举行了现场雕刻比赛和萝卜艺术雕刻展览会。

③田横祭海节　田横祭海节主要是渔民过的节日，发源于山东省田横镇周戈庄村的地方传统民俗活动。具有 500 多年历史。经当地政府的精心策划、包装和推介，这个古老的节日已发展成为山东乃至全国知名的民俗节庆品牌，更是现代人心驰神往的狂欢大典，每年都吸引不计其数的中外游客及中国各地的民俗、经济政策研究等方面的专家慕名前来。2008 年，田横祭海节被列入第二批国家级非物质文化遗产名录，并荣膺首届节庆中华奖“最佳公众参与奖”。

④青岛国际啤酒节　青岛国际啤酒节始创于 1991 年，每年在青岛的黄金旅游季节 8 月的第二个周末开幕，为期 16 天。节日由国家有关部委和青岛市人民政府共同主办，是融旅游、文化、体育、经贸于一体的国家级大型节庆活动，是亚洲的啤酒盛会。如今，啤酒节已经成为彰显青岛城市个性优势与魅力的盛大节日，以啤酒为媒介，展现了青岛啤酒公司和城市。2018 年 7 月 20 日至 8 月 26

日，第28届青岛国际啤酒节在青岛西海岸新区金沙滩啤酒城举行。本届啤酒节凸显“上合主题”，引入了上合组织国家系列品牌啤酒。

⑤青岛梅花节 1999年，在青岛梅园举办了第六届中国梅花蜡梅展览会、第三届国际梅文化学术研讨会和青岛市首届梅花节，并被农业部命名为“中国梅花之乡”。此后，青岛十梅庵梅花节于每年3月中旬至4月上旬在青岛十梅庵风景区内的青岛梅园举行。青岛梅花节已经成为青岛市民踏春赏梅，接触自然的时尚休闲方式。梅花节的主要内容有梅花，蜡梅大、中、小型盆景，露地景地(梅树)，梅花、蜡梅写意盆景，插花艺术，摄影展，诗书画展等。多年来，青岛梅园在上级政府、相关部门和有关专家的关心支持下，通过不断精心培育建设，现占地800多亩、植陆地梅及盆梅10万余株、拥有梅花品种129种，是中国江北第一梅园。梅园每年还会邀请无锡园林局、苏州园林局、武汉磨山管理局、山东腾蛟园艺场等兄弟单位共同参展。每年的梅花节，青岛梅园盛况空前，博大精深的梅花文化吸引游客超过10万人次。

⑥青岛樱花会 青岛樱花会已有80余年的历史，每年4、5月间在中山公园举行，20世纪30年代，中山公园的赏樱活动已有盛名，“东海花海”被列为青岛市十景之一。青岛樱花引进的历史已近百年，多栽植于中山公园，总数达2万余株。青岛樱花会已有80余年的历史，每年4、5月间在中山公园举行。届时，公园樱花路两侧数千株樱花盛开，市民们前来游春赏花。青岛市近郊的许多县、市和省内各地区的群众，也都分乘火车、汽车专程来青岛赴此盛会。20世纪30年代，中山公园的赏樱活动已久负盛名，“东海花海”被列为青岛市十景之一，著名作家臧克家曾写过“青岛樱花会”来抒发对青岛樱花会之情。中华人民共和国成立后，青岛市人民政府对观樱活动十分重视，不断增加与樱花同花期的其他花卉品种，在花会期间举办各种展览、杂技、艺术演出等娱乐活动，更加增添了赏花会的魅力。现在每到春季，中山公园内单樱、双樱、山樱等10多个品种的樱花与桃花、牡丹、杜鹃等花卉绽放，吸引着大量中外游客来青赏花。每年接待中外游客达100万人次之多，最高峰时日客流量可达20余万人次。

⑦大泽山葡萄节 大泽山葡萄节原为平度市大泽山区独有的民间传统节日——“财神节”(农历七月二十二日)，相传源于唐朝初年。1987年，大泽山镇政府与当地实际相结合，更加富有现代文明精神和地方特色，引导演变为“葡萄节”。1991年，市政府决定在全市搞节庆活动，改名为“平度葡萄节”，并定于每年公历9月1日举行开幕式，近年为方便城镇游客参加盛会，一般选择周六开幕。自1995年起，为提高大泽山葡萄的知名度，将“中国葡萄之乡”“中国北方重要石材基地”“山东省风景名胜区”三块金字招牌推介到国内外市场，吸引更多的有识之士来本市和大泽山镇开发投资和旅游观光、洽谈经贸。节庆主会场重设大泽山镇，定名为“大泽山葡萄节”，时间为一个月，横跨不同品种葡萄的盛果期，游客可以品尝到各种葡萄的美味。

⑧青岛海洋节 青岛海洋节作为青岛市的重要节庆品牌，是当今中国唯一以海洋为主题的节日，创始于1999年，举办时间定在每年的7月。海洋节依托风

光秀丽的海洋风景带，发挥青岛“中国海洋科技城”的优势，荟萃现代节庆之精华，活动内容丰富，涵盖了开幕式、海洋科技、海洋体育、海洋文化、海洋旅游、海洋美食、闭幕式等几大板块数十项活动，成为7月青岛一道亮丽的风景线。国家海洋局、青岛市人民政府主办的海洋节至今已举办了十三届，首届海洋节和第二届海洋节是青岛市旅游局、文化局、科技局、科委、政府政策调研室、重大节庆办公室、园林局等政府部门承办，自第三届海洋节起，由青岛市市南区人民政府承办。

14. 城市之最

世界第一次使用火药的海战——宋金唐岛之战，被英国收录为《影响人类最重大的100次战役》。

亚洲最大的人造堤坝平原水库——棘洪滩水库。

世界第一条海运河——元朝开凿的胶莱运河，是世界上第一条沟通不同海域、用于海运的运河。

世界最长跨海大桥——胶州湾大桥。

亚洲第一个海洋馆——1930年，中国海洋研究所在青岛成立，附属青岛水族馆开工，于1932年2月建成。

中国最古老的天文台——青岛胶南琅琊台(公元前5世纪)。

中国有历史记载的最早一次海战——齐吴琅琊海战。

中国历史上最早作为行政中心的沿海城市——琅琊(胶南)。

中国现存最古老的长城——齐长城，起点安陵邑(胶南灵山卫)。

中国第一个有自行车的城市——19世纪末，自行车引入青岛，1903年形成规模。“脚踏车”一词源于青岛。

中国第一个有汽车的城市——19世纪末，德国汽车引入青岛，成为中国最早行驶汽车的城市，并颁发了首个汽车牌照。

中国第一条公路——青岛台柳路，1904年竣工，是中国第一条公路，第一条汽车路，第一条柏油路。

中国第一个汽车站——1910年馆陶路汽车站竣工，开通墨兰堡房和沙子口的长途车，是中国首个汽车站。

中国第一个现代城市排水系统——青岛市1897年的规划，就确立了雨、污分离的现代城市排水管网，由德国设计。

中国最早的机器采矿——1887年，蝎子山金矿从美国购入中国首台采矿机，开创中国机器采矿的先河。

中华人民共和国第一台火车头——1952年，青岛四方机车厂制造了第一台火车头。后来又生产了中国第一台液力传动内燃机车、中国第一列双层客车、中国第一批出口机车、中国第一批动车组。

中国第一个万吨船坞——1905年1.6万吨级船坞竣工，是中国第一座万吨级船坞、当时亚洲第一大船坞。

中国最著名啤酒——青岛啤酒，1903 年建厂，1906 年即在慕尼黑国际博览会上获得啤酒类金牌。

中国最早的矿泉水——1905 年青岛刺猬井矿泉水源地被发现，生产出了中国第一瓶矿泉水——爱乐阔(ALAC)健康水，并出口欧洲。

中国第一个海洋高等学府——中国海洋大学，建立于 1924 年，始称私立青岛大学，后经历国立青岛大学、国立山东大学、山东大学、山东海洋学院、青岛海洋大学，现为中国海洋大学。

中国人建造的第一座天文观测室——青岛观象台，成立于 1898 年，为远东三大天文台之一。

中国第一个帆船俱乐部——1922 年成立的青岛欧美帆船俱乐部。

中国石油行业最高学府、第一个石油高等学府——中国石油大学，成立于 1953 年，历经北京石油学院、华东石油学院、石油大学，现为中国石油大学。

中国最大的海洋科研基地——全国 60% 以上的海洋科学高端人才集中于青岛。

中国最长海底隧道——胶州湾海底隧道。

(五)做：参加一次生态环境保护志愿活动

环保志愿活动有许多，有环保 NGO 组织的志愿服务活动，有各种政府、企事业单位组织的活动，也有个人发起的志愿活动，可选自己感兴趣的参加。如：

1.“地球一小时”活动

“地球一小时”也称“关灯一小时”，是世界自然基金会在 2007 年向全球发出的一项倡议：呼吁个人、社区、企业和政府在每年 3 月最后一个星期六 20：30~21：30 期间熄灯一小时，以此来激发人们对保护地球的责任感，以及对气候变化等环境问题的思考，表明对全球共同抵御气候变暖行动的支持。“地球一小时”活动首次于 2007 年 3 月 31 日晚间 8：30 在澳大利亚悉尼市展开，当晚，悉尼约有超过 220 万户的家庭和企业关闭灯源和电器一小时。事后统计，熄灯一小时节省下来的电足够 20 万台电视机用 1 小时，5 万辆车跑 1 小时。很多参与的市民反映，当天晚上能看到的星星比平时多了几倍。随后，“地球一小时”从这个规模有限的开端，以令人惊讶的速度很快席卷了全球。仅仅一年之后，“地球一小时”就已经被确认为全球最大的应对气候变化行动之一，成为一项全球性并持续发展的活动。2018 年 3 月，“地球一小时”活动将熄灯仪式时间定为 3 月 24 日 20：30，个人、社区、企业和政府通过自发熄灯一小时，激发人们对保护地球的责任感，以及对气候变化等环境问题的思考。

2.“爱鸟周”

随着人们保护野生动物意识的不断提高，许多省份开展了独具特色的保护行动或宣传教育活动。如黑龙江省不仅是中国重点林区，而且是东北亚地区鸟类最重要的迁徙停歇地和繁殖栖息地。经过多年的保护，黑龙江的珍稀濒危野生动物种群实现恢复性增长，成为中国生态环境较好的省份之一，野生动物保护工作位居中国前列。经过多年的保护，目前黑龙江省繁衍栖息鸟类种类繁多，全省分布有鸟类 361 种，其中，迁徙的候鸟种类达 300 余种。每年春秋季节经该省迁徙的鸟类数量达数千万只，仅兴凯湖每年春季迁徙的候鸟就达 200 多万只。这与黑龙江省持续多年的爱鸟宣传和实践是分不开的。黑龙江省自从 1982 年开始举办“爱鸟周”宣传活动，至今已举办 37 届，在提高公众野生动物保护意识，动员全社会参与野生动物保护等方面发挥了重要作用。

3. “大象守护者”活动

在国际非法象牙贸易的巨大利益驱使下，大象的数量正以前所未有的速度锐减。每年有超过 35 000 头大象被捕杀。以这样的速度继续下去，大象或将在未来几十年内从野外消失。象牙消费对大象的生存造成了很大的威胁。三分之一的象牙生长在大象头骨里面，为了能够得到完整的象牙，偷猎者通过毒枪猎杀大象，用斧子将大象象鼻或脸部整个砍下，以获取完整的象牙。

2014 年开始，“北京根与芽”启动大象守护者项目，旨在让学生在了解象牙贸易真相的基础上行动起来，传递不要购买象牙的声音。近些年来，项目开展了线上线下的一系列校园活动，来自全国数十所高校的近万名大学生志愿者们成为大象守护者，将大象保护理念传递给更多的人，进而提高公众的大象保护意识，推动消费观念和行为的改变。

4. 零废弃赛事

你知道一场北京马拉松级别的赛事(约 3 万人)要消耗多少纸杯吗？约 50 万个纸杯。这仅仅是纸杯的数量，还有海绵、食品包装、矿泉水瓶等等大量的赛事垃圾。近年来跑步热潮席卷中国，据不完全统计，国内每年举办 200 多场赛事，将会产生不计其数的一次性消耗品。鉴于国内目前垃圾处理能力，多种垃圾混合投放造成资源无法回收，常常采取焚烧或填埋手段，增加了环境污染的风险……这些都与倡导健康生活的体育赛事理念相悖。

为此，环保 NGO 自然之友发起了零废弃赛事活动。他们认为，赛事中的废弃物问题不能只靠赛后清理来解决，真正有效、可持续的解决办法是在尽量不牺牲跑者参赛体验和考虑组织方执行难度的前提下，遵循 3R 原则，即 Reduce(减量)、Recycle(分类回收)、Reuse(重复利用)，在赛事中努力将新旧物品的消耗以及固体废物的产生减少到最少、对资源最大限度地回收，并在其他需要的地方重复利用，从而接近“零废弃”。他们希望找到系统的、涵盖减量分类再利用的零废弃赛事解决方案，以帮助赛事减少垃圾，最终每个路跑比赛都能将零废弃这一理念体现在赛事实施的各个环节中，将垃圾源头减量、分类、回收的理念推广至赛事主办方并影响中国广大跑友。让路跑真正成为健康、绿色、环保生活的典范。

5.“守护美丽海滩 我们共同行动”

2018 年 9 月 15 日是第 33 届国际海滩清洁日，由中国海洋发展基金会主办、国家海洋环境监测中心和地方政府支持，全国 30 多个城市，50 多个公益组织发起的“守护美丽海滩 我们共同行动”国际海滩清洁日活动也在美丽的青岛胶州湾海滩进行。活动呼吁所有热爱海洋的朋友为海洋弯腰，从自己做起，不随意丢弃垃圾、排放污水，不伤害，不消费受保护的海洋生物，不购买法律禁止的海洋生物制品，密切关注海洋环境问题，身体力行地参与海滩清洁活动。

(六)唱:《让中国更美丽》

《让中国更美丽》是 2018 年六五环境日主题歌曲。5 月 26 日，生态环境部发布 2018 年六五环境日主题系列宣传品，包括主题标志、主题海报、主题歌曲和主题微视频。“从你做起，从我做起，从现在做起……”悠扬动人的旋律、朗朗上口的歌词，六五环境日主题歌曲《让中国更美丽》自发布并向全社会征集优秀作品之日起，瞬间在神州大地传唱。演唱者既有 80 多岁老人，又有 4 岁的孩童；既有环保工作者，又有在校大学生；演唱的方式既有钢琴弹唱，又有长笛独奏……这次“全民大嗨歌”，唱出的不仅是诗意景色，更唱出了大家从自身做起，从自身小事做起，留住鸟语花香，共建美丽中国的环保“好声音”。这也是首次在环境日发布主题歌曲和微视频，实现了从听觉到视觉的打通，带来全方位的感官体验。歌曲由著名音乐家车行作词，咏梅作曲，描绘了冬雪、春草、林海、山泉等充满诗意的景色，呼吁大家从自身做起，从现在做起，从身边小事做起，爱护我们共同的家园，留住鸟语花香，让中国美丽。

《让中国更美丽》
作词：车行
作曲：咏梅
冬有冬的雪花，
春有春的草绿，
天有蓝色的湖水，
白云爱沐浴，
篱笆外的油菜花，
吻着黑蝴蝶，
馋嘴的阿哥钓着河里的大鱼。
山更青啊水更绿，
让中国更美丽，
美丽的大自然是你我，
共同的家园，
从你做起从我做起从现在做起，
让爱通过心灵在大地上传递。

鸟有鸟的林海，
花有花的园地，
山有叮咚的泉水，
林蛙爱游戏，
村口的凤凰尾竹，
系着黄手绢，
爱美的阿妹穿着孔雀的花衣。
山更青啊水更绿，
让中国更美丽，
美丽的大自然是你我，
共同的家园，
从你做起从我做起从现在做起，
让爱通过心灵在大地上传递。

参考文献

1. 肖文华. 中国特色社会主义生态文明建设历程研究[D]. 北京：北京工业大学，2012.

2. 邹爱兵. 生态文明研究综述[J]. 哲学动态，1998(11)：7-9.

3. 刘仁胜. 当代中国马克思主义研究报告(2007—2008)[M]. 北京：人民出版社，2009.

4. 叶平. 回归自然——新世纪的生态伦理[M]. 福州：福建人民出版社，2004.

5. 陈文斌，郭岩. 论习近平生态文明建设理论的五个辩证统一[J]. 学习与探索，2017(06)：85-89.

6. 孙成武. 试析中国共产党生态文明思想的文化意蕴[J]. 东北师范大学报(哲学社会科学版)，2011(03)：16-20.

7. 黄承梁. 论习近平生态文明思想的理论渊源[J]. 城市与环境研究，2018(02)：5-6.

8. 李欣广. 使命初探：21世纪社会主义生态文明建设[J]. 华南师范大学学报(社会科学版)，2011(1)：121-124，160.

9. 彭秀兰. 浅论高校生态文明教育[J]. 教育探索，2011(4)：21-22.

10. 黄娟，贺青春，等. 高校思想政治教育课程开发利用生态文明教育资源的思考[J]. 高等教育研究，2010(12)：77-81.

11. 岳云强，祝杨军. 论生态文明实现的思想教化路径[J]. 前沿，2002(12)：158-160.

12. 张红霞，邵娜娜. 将生态文明教育融入大学生思想政治教育的路径探赜[J]. 马克思主义与现实，2018(04)：166-171.

13. 杨志华. 为了生态文明的教育——中美生态文明教育理论和实践最新动态[J]. 现代大学教育，2015(01)：21-26.

14. 黄顺基. 建设生态文明的战略思考——论生态化生产方式[J]. 教学与研究，2007(1)：13-21.

15. 姜春云. 跨入生态文明新时代——关于生态文明建设若干问题的探讨[J]. 求是杂志，2008(21)：19-24.

16. 胡帆. 试论生态文明建设的四个维度[J]. 山西师大学报(社会科学版)，2010(7)：37-39.

17. 赵增彦. 生态文明建设：破解日趋强化的资源环境约束的有效途径[J]. 东北师大学报(哲学社会科学版)，2011(4)：27-30.

18. 蒲文彬. 贵州在生态文明创建过程中的政府生态责任的探究[J]. 生态经济(学术版)，2011(1)：83-88.

19. 杨晶，陈永森. 生态文明建设的中国方案及其世界意义[J]. 东南学术，2018(05)：25-33.

20. 康蕊. 我国生态文明建设评价指标体系的对比研究[D]. 北京：北京林业大学，2012.

21. 王文清. 生态文明建设评价指标体系研究[J]. 江汉大学学报(人文科学版)，2011(30)：16-19.

22. 杜宇，刘俊昌. 生态文明建设评价指标体系研究[J]. 科学管理研究，2009(27)：60-63.

23. 关琰珠，郑建华，庄世坚. 生态文明建设指标体系研究[J]. 中国发展，2007(7)：21-27.

24. 张静，夏海勇. 生态文明指标体系的构建与评价方法[J]. 统计与决策，2009(21)：60-63.

25. 张擒华，胡宝清，等. 生态文明示范市指标体系构建及建设途径研究[J]. 广西师范学院学报，2010(4)：74-79.

26. 李建中. 关于建设生态文明城市的系统思考[J]. 系统科学学报，2011(1)：38-45.

27. 向婧怡，张红举，陈力，等. 基于内容分析法的水生态文明概念及评价指标探讨[J]. 中国人口·资源与环境，2018(28)：169-175.

28. 孙辉，刘志安. 科技创新促进生态文明建设[J]. 科技创新导报，2014(11)：168-169.

29. 林爱广. 中国生态文明建设及路径研究[D]. 杭州：浙江农林大学，2013.

30. 谷树忠，胡咏君，周洪. 生态文明建设的科学内涵与基本路径[J]. 资源科学，2013(35)：2-13.

31. 欧燕燕，黄衍电. 转变经济发展方式的生态文明建设[J]. 财政经济评论，2009(01)：29-37.

32. 陈剑锋. 基于产业集群的经济发展内生要素分析与模型构建[J]. 理论月刊, 2009(01): 164-166.

33. 焦金雷. 生态文明: 现代文明的基本样式[J]. 江苏社会科学, 2006(01): 74-78.

34. 刘鹤挺. 农村生态文明建设的法治支撑[J]. 人民论坛, 2018(19): 96-97.

35. 刘晓星. 绿色转型, 三驾马车如何联动? [J]. 环境经济, 2015(ZC): 28.

36. 郝颖钰. 公民生态法治意识是生态文明建设的精神支撑[J]. 中共济南市委党校学报, 2014(05): 99-102.

37. 陈月平. 以生态文化为支撑推动生态文明建设[J]. 赤子(中旬), 2013(07): 298-299.

38. 李鸣. 绿色科技: 生态文明建设的技术支撑[J]. 前沿, 2010(19): 155-158.

39. 刘帅. 生态文明建设的绿色科技支撑体系研究[D]. 南昌: 江西农业大学, 2011.

40. 张瑞, 秦书生. 我国生态文明的制度建构探析[J]. 自然辩证法研究, 2010(26): 79-83.

41. 杨嘉莹, 徐春. 通过社区介入推动公众参与生态文明建设[J/OL]. 广东社会科学, 2018(05): 79-84.

42. 陈润羊, 花明, 张贵祥. 我国生态文明建设中的公众参与[J]. 江西社会科学, 2017(37): 63-72.

43. 施生旭, 陈爱丽. 我国生态文明建设中的公众参与问题研究[J]. 林业经济, 2016(38): 25-29.

44. 周明星. 少数民族生态脆弱区域生态文明建设保障机制构建探究[J]. 改革与战略, 2018(34): 74-80.

45. 徐建中, 刘淼群. 基于循环经济的城市生态化发展研究——以黑龙江省煤炭城市的生态化发展为例[J]. 求索. 2009(2): 55-57.

46. 张泱. 黑龙江省伊春林区生态林业可持续发展分析[J]. 东北林业大学学报. 2007(12): 63-64, 70.

47. 邵立民. 黑龙江省发展生态休闲观光农业的对策[J]. 行政论坛. 2008(6): 72-75.

48. 余谋昌, 王耀先. 环境伦理学[M]. 北京: 高等教育出版社, 2004.

49. 刘晓华. 论诺顿的弱人类中心主义[J]. 南京林业大学学报(人文社会科学版), 2013(13): 24-34.

50. 王晓坤. 辛格动物解放与雷根动物权利平等观比较研究[D]. 呼和浩特: 内蒙古师范大学, 2016.

51. 袁敏. 汤姆·雷根动物权利论研究[D]. 南京: 南京师范大学, 2014.

52. 周进宝. 论汤姆·雷根动物权利理论及当代意义[D]. 太原：山西大学，2012.

53. 孔曙光. “动物权利论”批判[D]. 青岛：中国海洋大学，2012.

54. 倪冰青. 当代西方动物权利论研究[D]. 杭州：浙江工业大学，2017.

55. W. 佩特里斯基. 施韦兹伦理学中的人与自然[J]. 国外社会科学，1982(02)：44-45.

56. 杨通进. 动物权利论与生物中心论——西方环境伦理学的两大流派[J]. 自然辩证法研究，1993(08)：54-59.

57. 赵晓红. 从人类中心论到生态中心论——当代西方环境伦理思想评价[J]. 中共中央党校学报，2005(04)：37-40.

58. 王剑，吴娟. “可持续发展”理念的首倡及其意义——《我们共同的未来》述评[J]. 铜仁学院学报，2014(16)：62-65.

59. 包庆德，夏承伯. 土地伦理：生态整体主义的思想先声——奥尔多·利奥波德及其环境伦理思想评介[J]. 自然辩证法通讯，2012(05)：116-124，128.

60. 闵楠. 利奥波德大地伦理学思想研究[D]. 长春：吉林大学，2015.

61. 孟献丽，王玉鹏. 价值与局限：奈斯深生态学思想评析[J]. 自然辩证法研究，2015 (31)：54-58.

62. 余谋昌. 环境哲学：生态文明的理论基础[M]. 北京：中国环境科学出版社，2010.

63. 傅红专，王川生. 中国共产党生态文明理念及对党的建设的意义[J]. 四川理工学院学报(社会科学版)，2013(28)：79-82.

64. 肖文华. 中国特色社会主义生态文明建设历程研究[D]. 北京：北京工业大学，2012.

65. 刘仁胜. 当代中国马克思主义研究报告(2007—2008)[M]. 北京：人民出版社，2009.

66. 世界环境与发展委员会. 我们共同的未来[M]. 王之佳，等译. 长春：吉林人民出版社，1997.

第三章

建设生态经济

生态经济是基于生态环境保护意识的普遍觉醒发展起来的，其主要解决的问题是大规模工业化发展所带来的环境污染问题，内涵在于保证经济增长的同时，按照生态发展规律构建经济发展体系，发展环保产业，以减少环境污染，降低生态破坏，加强环境保护。

关于生态与经济的思考古而有之，譬如《逸周书·大聚篇》记载了公元前 21 世纪大禹曾颁布禁令："春三月，山林不登斧，以成草木之长；夏三月，川泽不入网，以成鱼鳖之长"。农业经济时代人类对自然资源的开发能力低，生态保护的思想并未得到发扬。工业经济时代经过了对自然资源的大规模开发和利用，破坏性开发环境的后果逐步显现后，人类才开始意识到生态保护的重要性。1968 年，美国经济学家肯尼斯·鲍尔丁在《一门科学——生态经济学》一书中正式提出"生态经济学"的概念。1980 年，联合国环境规划署召开了以"人口、资源、环境和发展"为主题的会议，并确定将"生态经济"作为 1981 年《环境状况报告》的第一项主题。

2005 年的 8 月 15 日，时任浙江省委书记习近平同志来到了浙江余村进行调研，首次明确提出了"绿水青山就是金山银山"的理论。2013 年 9 月 8 日，习近平总书记在哈萨克斯坦纳扎尔巴耶夫大学发表演讲，鲜明地提出"我们既要绿水青山，也要金山银山。宁要绿水青山，不要金山银山，而且绿水青山就是金山银山"的科学论断，丰富发展经济和保护生态之间的辩证关系，向世界传达了中国绿色发展的理念。2017 年 10 月 18 日，习近平总书记在党的十九大报告中指出，坚持人与自然和谐共生。必须树立和践行绿水青山就是金山银山的理念，坚持节约资源和保护环境的基本国策，像对待生命一样对待生态环境，统筹山水林田湖草系统治理，实行最严格的生态环境保护制度，形成绿色发展方式和生活方式，坚定走生产发展、生活富裕、生态良好的文明发展道路，建设美丽中国，为人民创造良好生产生活环境，为全球生态安全做出贡献。由此，生态经济概念得以逐步完善。

一、生态经济概述

（一）生态经济的内涵

美国学者赫尔曼·E·戴利中指出，人类经济活动对其所在的生态系统再生产原材料“投入”和吸纳废弃物“产出”的要求，必须保持在生态可持续的水平上，以作为可持续发展的条件。目前，对“生态经济”比较权威的界定是美国学者莱斯特·R·布朗，在《生态经济》中所述：“生态经济是一种有利于地球的经济模式，就是能够满足我们的需求而又不会危及子孙后代满足其自身之需的前景。”我国的周宏春和刘燕华提出广义与狭义的生态经济之说。在广义上是指围绕资源高效利用和环境友好所进行的社会生产与再生产的活动；在狭义上，生态经济是指通过废物再利用、再循环等社会生产和再生产活动来发展经济，相当于“垃圾经济”“废物经济”等。在我国，著名的马克思主义经济学家、生态经济学的奠基者——许涤新同志也曾提出类似的观点，他指出：“在生态平衡与经济平衡之间，主导的一面，一般来说，应该是前者，因为生态平衡如果受到破坏，这种破坏的损失，就要落在经济的身上。”

生态经济的内涵是多重性的，一是从经济上来说它是代表了经济发展新趋势的经济模式；二是从人文概念上说，它是一种社会进步的产物。事实上，从哲学的角度来看，生态经济就是体现了人与自然的一种关系，体现了自然与经济、人与人之间关系的经济发展模式。生态经济的发展既考虑到人与自然的平衡，有考虑到社会经济发展的需要；不牺牲子孙后代的利益，是一种可持续发展的经济。

（二）生态经济的特征

生态经济自产生后，就得到广泛关注。美国学者莱斯特·R·布朗认为，“一种经济只有尊重生态学诸原理才会是可持续发展的，同样，一种经济要想能持续进步，就一定得遵循生态学的基本原理；如果违背这些原理，就一定会由盛转衰，江河日下，终至崩溃。非此即彼，绝无他途。”一句话道出了发展生态经济的关键——必须处理好人与自然的关系、生态与经济的关系。

1. 生态系统性

生态经济是以保护和发展生态产业为核心的一种新型经济模式，这种经济模式必须依赖于生态本身的系统性。生态系统从人与自然的协调系统出发，衍生出人的社会系统、自然的结构系统和区际平衡系统三大子系统，而这三大子系统又可分化为更多次级系统。作为一个系统来说，它有三个特点：一是人与自然的协调程度受自然资源客观性规律的约束，而这种约束以自然强有力的报复和反作用表现出来；二是要协调人口与经济发展的关系；三是协调资源和环境与经济发展的关系。

2. 公共性

这是由环境是“公共领域”的性质决定的，因而具有公共产品的基本特性：非竞争性，即一个人对生态环境改善的消费不会影响其他人对同一环境的享受；非排他性，即难以或不必要用市场价格机制把不付费的人排除在享受某物品的利益之外。这就决定了生态产品存在着供应不足的公共品特性。

3. 全球性或称溢出性

全球性有两重含义，一是指环境污染和破坏所造成的损害是无地域无国界限制的。1998 年出现的长江特大洪灾与西部生态环境恶化有关；1999 年京津地区反复出现历史上罕见的沙尘暴也同此有关。特大洪灾和沙尘暴对全国的影响表明，生态的破坏不仅涉及当地，而且危害全国。如 2006 年 4 月沙尘暴天气影响了北方 13 个省(直辖市/自治区)的 1 亿人次，全地区直接经济损失 1.39 亿元。二是指生态经济具有很强的外部效应，即一个经济实体不经交易向另一经济实体提供的附加效应。从而使“环境问题越来越超越国家、民族、社会政治制度和经济制度，超越宗教、文化和意识形态，成为全球性的重大问题”。

4. 持续性

生态经济开发的持续性特点是基于三个原因：一是生态破坏的效应显现有一个过程；二是生态破坏因子一旦形成会较长期地起作用，并累积起来加速环境的破坏；三是在被破坏的环境下，生态资源具有衰减的递延性，会把本代人的生态破坏带给下一代人，甚至几代人，造成根本无法修复的影响。

(三)生态经济的原则

生态经济产生与发展历史背景的独特性赋予了它在经济学道路上的新的历史意义，具有全新的思维方式与方法来指导人类的经济活动，开拓了人类与自然的新眼界，拓展了人类新的发展方向，延伸了人类新的前进道路。我们在发展生态经济时如何把握的尺寸就是需要根据生态经济的发展原则来指导我们的实践活动。

第一，人与自然和谐共生。人与自然的关系是不断在发展变化的，由最初的敬畏到现在希望和谐相处，都是人与自然相处过程中不断总结得到的。生态经济的基础是自然物质，因此人与自然的和谐发展体现在它与自然生态环境在物质、能量、价值与信息的输入输出上，保持经济与生态稳定协调，人与自然和谐共生存在着动态平衡交换关系的关键。只有坚持了人与自然协调发展的原则，才能让人的作为与自然的供给出现平衡长久的和谐。如果人们超越了自然净化的限度，就会造成人与自然关系的严重失衡。人与自然关系的失衡是由很多因素造成的。首先是认识自然的水平有限，人们认识自然的水平在历史上的每一个阶段都会受到当时经济、文化、政治和宗教的影响，所以人与自然的关系显示出阶段性，每一个阶段都有特点。其次是人类对科技的过度迷信，人们认为科技可以征服一切，科技越发展越能解决人与自然之间的矛盾。不能盲目地用现代化的科学技术去破坏自然，不遵守自然的规律，认为改造自然获得自身想要达到的效果是理所应当的。生态是一个系统，事物之间都有相互作用关系，因此科技对自然的作用与反作用都将在一段时间后显现出来，结果的好坏都将是决定未来的因素。最后是价值观的影响，实践过程中，人们往往只会关注与自己最近的利益的获取，但是就最后的结果的好坏，结果由谁来承担都不是在获取利益当时所考虑的，所以人们对自然的改造具有此消彼长性。当人们获得了自然资源的物质价值时，往往只会注意到眼前自然资源的使用价值，忽视了未来发展的利益。此外，人类改造自然的行为具有双重性，既有促进的一面，又有消极的一面。当人们能正确认识到自然规律，能合理地利用规律把握人与自然的关系，增强人类对自然的适应能力，就能正面获得成果；如果人们对自然规律把握不好，违背自然规律孤立地、片面地改造自然，其结果一是自然平衡的破坏，二是社会平衡破坏，三是人与自然的平衡破坏，因而受“自然的报复”也就在所难免。生态经济的产生就是为了弥补由于人的过度行为对自然和对人自身造成的伤害。

第二，生态效益与经济效益相统一原则。发展生态经济时，如何使生态效益与经济效益双重丰收，完成新时期的任务，就要看生态与经济两者关系是否和谐。生态经济特征中提到生态经济具有整体性与内在共生互动联系性。无论是环境乐观主义者还是悲观主义者虽然都看到了人类面临的严重的环境问题，但是对科技在生态科技中产生作用都过于片面，前者看到了技术能在预见的范围内解决生态问题，后者则只看到了环境问题下技术的不足，看不到科技为改善环境做的努力。人类需要一种社会经济生态系统结构和功能紧密结合的发展模式。生态与经济效益相统一的原则使经济效益在生态这个框架中采用最有效的方式来管理资源，使所有的资源都得到充分的利用。所以将社会系统看作是整个生态系统的一部分，生态系统整个容量与自净能力决定了社会发展到什么样一个最大程度。人们接近生态的最大值，经济发展的余地越小。生态经济中生态与经济效益的统一需要我们用整体的、发展的眼光看待两者发展的前景。那么换言之，经济与生态即是一体，不能片面的、割裂的用机械的方法看待它们。经济的发展依赖的是生态的供给，生态的恢复与保持需要人在合理利用科技的基础上发挥主观能动性帮助保护与发展，才能使得人类的进步走向最远。

第三，可持续发展原则。人与自然中，生态系统的最大负荷程度直接关系到经济发展。生态系统负荷限度不是固定的，是根据人类技术水平状况而不断变化的。同时也需要人们不断修正价值观、文明观去维护自己所生存的空间。人们将自然中所提供的资源视为一种基本的生产要素，那么就需要对其进行有效的管理。对于自然的有效管理不是解决所有发展问题的关键所在，而是社会发展衡量标准。一个国家经济的发展不仅是一个社会文明的表现，更多体现在是否能为本国居民提供满足其生活的物质，使其健康愉悦地生活。衡量生态经济的标准是是否能满足更多的人的需要，不仅仅是在当下生活的人们的需要，还有很多未来的人们的需要；是生态系统内部诸要素之间的综合平衡发展，为未来的发展预留资源。人们应以持续长远的获利作为一个重要的衡量标准，任何只顾眼前好处、不计未来耗损的所谓经济发展，都不应该被视为科学、理性的发展。走可持续发展之路，要综合统筹好经济增长如何发生、技术朝什么方向发展等方面的问题，这决定着能否实现生态可持续的经济发展。更重要的是要用长远的眼光处理经济发展中出现的各种问题，用是否能够获得长久利益与整体利益为前提综合考虑解决方案。而不是用只顾眼前好处，不计较未来损耗，不考虑将来人类生存发展质量与前途的经济发展模式，那样都不应该被视为科学、理性的发展。对此，经济的可持续发展必须以保护资源环境为基础，这是保证后代人生存发展权的一项重要内容，也是经济长远发展的根本保障。

（四）生态经济的核心关注点

生态经济重新思考了生态与经济的关系，在理论上做出了修正与创新，总的来说生态经济正视了人对生态的需求和生态资源有限性，在此基础上，提出以经济发展的目标取代单纯的经济增长，并开始重视生态环境的承载能力及其与经济的关系。

1. 经济利益最大化与生态需求

传统经济学是建立在理性人的假设基础上的，当一个人在经济活动中面临若干不同的选择机会时，他总是倾向于选择能给自己带来更大经济利益的那种机会，即总是追求最大的利益。这种理性人假设并未将生态环境因素考虑在内，将人对洁净的空气、水以及优美的环境的需求排除在人的利益追诉之外。然而，随着经济的飞速发展，虽然物质逐步丰裕，但环境问题层出不穷，人们逐渐意识自身对健康的生态环境的需求增强，并且愿意以经济利益交换洁净的空气和水，如购买空气净化器，净水器等，这是个体自主自发的诉求。可见，经济人假设已不能解释人愿意牺牲个人经济利益，换取生态需求满足的普遍现象，为此需要将生态需求纳入到理性人假设当中去。人对生态环境的需求，如同人对食物，住宅和日用品的需求一样，是人的基本需求，只不过在人类活动对环境的破坏程度小，尚未伤及这种基本需求的时候，人没有意识到对生态环境的依赖程度，更没有将生态需求和利益需求的关系纳入思考。将生态需求和利益需求同时作为一个理性人的诉求，是生态经济学的重要假设修正。

2. 资源无限和生态资源有限

赫尔曼·戴利的《超越增长——可持续发展的经济学》一书构建了一种与传统经济学和传统发展观俨然有别的可持续发展的生态经济理论框架，它的重要理论贡献在于，在分析生态环境与经济之间的关系时首次提出了“经济是环境的子系统”“把经济看作生态系统的子系统”，并把它作为可持续发展观的核心理念，即将生态系统从传统经济学的经济增长的要素地位中摆脱了出来。生态经济学认识到了生态资源的有限性，在这一立足点之上，生态经济的研究得以延伸。

(1)经济增长与经济发展

首先，生态经济学认为现存经济学都是基于持续的、无限制的经济增长前提。这种前提使代际的、代内的、种群间的平等问题都被忽略了。然而经济增长并不等于经济发展，增长是指经济总量大小的增加，资源和环境对经济增长的重要作用被限制在经济增长之外。1990 年，皮尔斯(Pearce)和图奈(Turner)就在《自然资源与环境经济学》一书中，将经济学生产函数中的资本理解为人造资本，并提出了与之相对应的“自然资本”的新概念，如自然资本已成为社会生产最稀缺的资本。戴利指出：“人造资本和自然资本是互补性的，只有部分是替代性的。”现在，“越来越多的人造资本远不能代替自然资本，反而对自然资本有越来越大的互补性需求，快速地消耗自然资本会使自然资本变得更加具有限制性”。因此，单纯的这种经济增长是不可持续的，没有考虑代际问题的经济增长也是不公平的；而发展是一个广泛的概念，它包括经济生产和经济组织在类型和形式上的改变，具有社会、文化和政治上的衍生性。

(2)资源配置与生态环境承载限度

人类经济活动的限度问题，即资源环境的承载限度问题被关注于资源配置的新古典经济学所忽视，而生态经济学认为人口的尺度与物质利益的尺度最终将受到生态环境要素的限制。生态经济学家强调了自然生态系统的价值，自然生态系统通过提供自然资源与消纳废物支持人类的社会经济活动，这种贡献被称为环境生命支持。人造资本的增长受到自然资本服务价值总量的限制，自然资本和人造资本从根本上是互补的而不是可互相替代。在生态系统是经济系统的子系统的隐含假设下，新古典经济学是将自然资本作为经济的一个生产要素，甚至是一个不重要的子系统，因为自然资本被认为是可用人力资本或其他替代品所替代的。而随着生态系统对人类社会的价值逐渐为人们所认识，生态经济学认为没有自然资本，经济活动将无法进行，自然资本永远不可能被人的劳动、人创的财富和技术所取代。人类社会发展到今天，经济增长的限制因素不再是人创资本，而是剩余的自然资本。

二、生态经济的理论基础

(一)马克思恩格斯的生态经济思想

1. 物质变换论

马克思生态经济理论的基本问题，是人与自然的相互关系的学说。事实上，人与自然的关系就是人与自然的物质变换关系，这是我们理解人类史与自然史相统一的关键，也可以说是马克思人与自然关系学说最突出的理论建树。倘若要全面地理解马克思使用物质变换来说明人类与自然关系的意义，就需要对“物质变换”这个概念的来源及含义作一下简短的回顾。

“物质变换”是德语“Stoffwechsel”的翻译，有人也译为“物质代谢”或“新陈代谢”。这一概念最早出现在1815年，是由德国著名化学家希格瓦特提出的，并且在19世纪30、40年代被德国的生理学家们所采用，并逐渐流行于其他自然科学领域，其主要含义是指身体内与呼吸有关的物质变换。1842年，李比希在他的《动物化学》一书的组织退化背景中给予新陈代谢这个词较为广泛的应用，且是与“生命力”概念混合在一起的。后来这一观念得到进一步普遍化并作为一个重要概念而出现，在生物化学的发展过程中，它既可在细胞水平上使用，也可在整个有机体的分析中使用。基于此，一部分学者认为马克思在19世纪60年代为了解释人类劳动和环境的关系而使用的“新陈代谢”这个概念是源于李比希。

以上是关于“物质变换”概念来源的第一种说法。另外还有一种说法，就是马克思的物质变换思想主要来自于当时荷兰生理学家、哲学家摩莱肖特和毕希纳以及谢林的自然哲学。施密特是这一说法的提出者。施密特认为，尽管马克思恩格斯严厉地批判过摩莱肖特，但他们对“新陈代谢”这个词并没有批判，还是采用了摩莱肖特的概念。马克思“熟悉地使用了唯物主义运动的代表人摩莱肖特的‘物质变换’概念”。他还强调指出：“马克思在物质变换概念这一点上追随摩莱肖特，总是把它作为‘永恒的自然必然性’来谈，在某种程度上把它抬高到‘本体论的’地位。”此外，在施密特看来，马克思就是在生理学的意义上使用物质变换这一概念的。他曾这样论述：“在马克思的著作中，生命过程的概念自《德意志意识形态》以来，一直被提到。而这个概念出现在《巴黎手稿》中，就像在谢林、黑格尔那里一样，它仅涉及有机的自然。作为人的无机的身体的外界自然这一概念，或者受《资本论》的预备性研究及其完成所驱使，而把劳动过程称为人与自然的物质变换这种表述，都属于生理的领域，而不属于社会的领域。马克思使用物质变换概念不单纯是为了比喻，他还直接从生理学上去理解这个概念。”

关于以上两种说法，福斯特认为，尽管马克思知道摩莱肖特的著作，但是没有证据表明他非常认真地从摩莱肖特那里吸收了这个概念。与此相反，马克思仔细地研究了李比希，因此毫无疑问，他熟悉李比希对这个概念更早的、更具有影响力的使用。而且，他在《资本论》中对这个概念的用法总是接近于李比希的观点，并且在包含着直接提及李比希著作的背景中通常都是如此。鉴于摩莱肖特在机械唯物主义和神秘主义之间变来变去的倾向，马克思不可能发现他的分析与之志趣相投。其实，关于“物质变换”概念的来源，无论是摩莱肖特，还是李比希，尽管他们确实起了非常重要的作用，但是仍旧不应该把这个概念的用法归功于任何一位思想家。我们必须要注意到的一个事实是，“从19世纪40年代至今，新陈代谢概念已经成为研究有机体与它们所处环境之间相互作用的系统论方法中的关键范畴。它抓住了新陈代谢交换的复杂的生物化学过程，通过新陈代谢交换，有机体(或者一个特定的细胞)从它所处的环境中吸取物质和能量，并通过各种形式的新陈代谢反应把它们转化为生长发育所需要的组织成分。”更需要注意的是，“物质变换”概念在当前越来越受到学者们的青睐，费舍尔科瓦斯基最近将其称之为一颗“正在冉冉升起的概念新星”。

我们回到马克思的“物质变换”概念上来。在《资本论》《经济学批判大纲》(1857—1858年经济学手稿)《1861—1863年经济学手稿》《关于阿瓦格纳的笔记》《反杜林论》《自然辩证法》等著作中，马克思恩格斯曾多次使用“人与自然之间的物质变换”这一说法，来说明人类劳动、生产和商品交换等社会问题，尤其是在《资本论》中，马克思这样的表述更是频繁。在国外，施密特是讨论此概念的第一人，他在1962年首次从马克思的经济学著作中抽出了这一概念，生态学马克思主义者帕森斯、格企德曼、佩伯等人对此也有所涉及，但并没有深入展开研究，美国的福斯特倒是进行了详细阐述。除此而外，日本的马克思主义者在这一方面的研究还比较领先，尤其是椎名重明、吉田文和、森田桐郎、岩佐茂等。应该说，尽管中外学者对“物质变换”这一概念的看法颇有歧见，但有一个深切的共识，那就是理解这一概念对于我们透视马克思主义生态哲学理论的内核至关重要，它不仅能够反驳环境主义者对马克思理论的生态责难，而且能够为现代的生态经济学和环境政策提供直接的思想借鉴。

现在，我们进一步来阐释马克思物质变换理论的基本内涵。

在人类思想发展史上，马克思第一次把劳动作为人与自然的中介，实现了人类与自然界之间的物质变换，也就是说，劳动是人与自然直接发生物质变换关系的基础。马克思曾精辟地指出：“劳动首先是人和自然之间的过程，是人以自身的活动来中介、调整和控制人和自然之间的物质变换的过程。”这段论述可以清楚地表明，在马克思关于劳动性质的基本规定中，他把“物质变换”概念作为对这个领域进行理论分析的主要范畴，他对劳动进程的理解和把握也都植根于这一概念中。或者可以说，马克思用“人与自然之间的物质变换”来内在地设定劳动的目的性。马克思认为，劳动“是为了人类的需要而占有自然物，是人和自然之间的物质变换的一般条件，是人类生活的永恒的自然条件”。可见，劳动是实现人与自然物质变换的前提条件，劳动的永恒性就意味着物质变换的永恒性，劳动终止了，人与自然的物质变换也即行终止。在韩立新教授看来，“如果把劳动过程比喻成‘物质代谢’的话，劳动过程就要像生命体的新陈代谢那样，不仅包括把外部东西同化的一面，还必须包括把获得的东西再排到外部的异化方面。这就不同于近代以来对劳动的理解。近代以来，劳动只是被理解为‘自然—人’这样一种人化过程，借用生理学的用语来说，只包括自然向人生成的‘同化’过程。而马克思的劳动概念不仅包括了这一‘同化’过程，而且还包含了人向自然的异化’过程，从整体上看，劳动是一个‘自然—人—自然’(同化和异化)的循环过程。”更为重要的是，劳动具有普遍一般性，它是人类生活一切形式所共有的。可以说，马克思这一理论的伟大之处就在于他把“劳动过程嵌入伟大的自然联系之中”。我国杰出的马克思主义经济学家、生态经济学奠基人许涤新先生指出：“马克思的关于劳动过程是人类同自然之间的物质变换，不言而喻地包含了生态体系的意义，具有人类(结成社会的人类)与他们所处的环境系统之间的相互关系的意义。这是很明白的事情。”显然，马克思视野中的“人和自然之间的物质代谢”这一过程是根据劳动这个中介来规定的。

对马克思的物质变换概念作过深入研究的施密特曾指出："马克思使用'物质变换'的概念，就给人和自然的关系引进了全新的理解。"当前学界普遍承认，"物质变换"概念包含两层含义：一是生理学和生态学意义上的物质变换；二是生态哲学和生态价值论意义上的物质变换。对于生理学和生态学意义上的物质变换，韩立新教授就其一般含义而言提出了两点看法："生命体为维持其生命活动必须在体内或体外进行物质的代谢、交换、结合、分离活动；在自然与生态系中，包含人类在内的所有动植物、微生物都处于相互联系相互依存的关系之中，共同构成了一个由自然要素组成的生命循环。"这就是说，作为产生人与自然物质变换的劳动过程包括两个方面，即吸收与排放：一方面是人类向自然界吸收自身生存所需的资源和能源；另一方面是人类排放自身能量以供养自然环境。人类与自身所处的自然环境以及其他生物相互作用、相互影响，就在于实现人类与自然界进行物质和能量交换的双向循环。人类作为自然的消费者，为了满足自己的生存和生活，必然通过劳动向自然界索取生产和生活资料，而人类又作为大自然的一员，必然要反馈能量以被其他生物所分解和利用，从而促进生态系统的整体循环。对于物质变换的生态哲学和生态价值论含义，一般是指人和自然界之间在本质上是相互作用和相互渗透的过程，它所确认的是自然的人化和人的自然化。正如施密特所言："物质变换以自然被人化，人被自然化为内容，其形式是被每个时代的历史所规定的。"这就意味着，人类不仅在物质层面与自然界进行着物质交换，实现着物质的新陈代谢；在精神层面同样也与自然界发生着本质的交换，即随着人类社会的发展，自然的东西不断进入人类之中，人类的东西也不断进入自然之中。需要指出的是，马克思关于物质变换的两种含义并不是各自孤立的，而是相互联系和相互影响的。如果说物质变换的生理学和生态学含义表达着人类与自然界关系的物质属性，属于人类与自然界关系的外在表现，那么物质变换的生态哲学和生态价值论含义则表达人类与自然界关系的本体论属性，属于人类与自然界关系的内在方面。物质变换的外在方面影响着内在方面，而内在的观念方面则制约着物质变换的外在表现。

更为独特的是，马克思不仅清楚地看到了人和自然之间的物质变换是生态循环的一环，而且天才地洞察到了资本主义生产方式使"人和自然之间的物质变换"出现了"无法链接的断裂"。比如人类与土地之间物质变换的断裂，马克思明确指出："资本主义生产使它汇集在各大中心的城市人口越来越占优势，这样一来，它一方面聚集着社会的历史动力，另一方面又破坏着人和土地之间的物质变换，也就是使人以衣食形式消费掉的土地的组成部分不能回到土地，从而破坏土地持久肥力的永恒的自然条件。"事实上，不仅人与土地之间出现了断裂，这种状况也体现在城乡的敌对关系中。马克思说："在伦敦，万人的粪便，就没有什么好的处理方法，只好花很多钱用来污染泰晤士河。"资本主义生产和生活过程中的这些废弃物非但不能被自然界所吸收，反而还污染和危害生态环境，不仅违背和破坏了物质循环与新陈代谢的生态规律，而且还对自然界本身和人本身都造成了严重的伤害。在马克思看来，资本主义生产方式破坏了人本身以及人之外的自然，从而造成了人与自然、社会与自然之间物质变换的不合理性与不协调性。为此，马克思提出了生态可持续性概念。这对于资本主义来说是不可能实现的，但在马克思所设想的生产者联合起来的社会中却是必不可少的。因此，如果我们理解了马克思把物质变换作为联结人类与自然的纽带这一核心思想，我们也就会顺理成章地理解马克思这一段著名的论述："自然必然性的王国会随着人的发展而扩大，因为需要会扩大；但是，满足这种需要的生产力同时也会扩大。这个领域内的自由只能是：社会化的人，联合起来的生产者，将合理地调节他们和自然之间的物质变换，把它置于他们的共同控制之下，而不让它作为盲目的力量来统治自己；靠消耗最小的力量，在最无愧于和最适合于他们的人类本性的条件下来进行这种物质变换。但是，这个领域始终是一个必然王国。在这个必然王国的彼岸，作为目的本身的人类能力的发挥，真正的自由王国，就开始了。但是，这个自由王国只有建立在必然王国的基础上，才能繁荣起来。"从这里我们可以看出马克思的道路，人与自然之间进行物质变换的可行路径就是"合理调节"和"共同控制"。所谓"共同控制"是扬弃资本主义社会对自然资源的私人占有，扬弃人与自然关系的异化状态，是在人与自然的和谐状态中为了人类共同的目的而使用自然资源。也就是说，要想保证人与自然和人与人的和谐，就必须打碎资本主义的生产劳动方式和社会制度，建构一种共同控制物质变换的社会制度，这样才能使联合起来的生产者共同控制人与自然之间的物质变换。马克思对新的共产主义制度的设计和安排，既可以使人类从自然界提取所需的物质资源，又能排放自身的能量以养育自然界，既消解了人与自然的不协调，也消解了人与人之间的不平等，人与自然的关系和人与人的关系得到了本质的和谐统一。

通过以上论述表明，马克思恩格斯视野中的物质变换理论蕴含着生态学的内在属性，不仅在物质层面遵循生命循环和物质代谢规律，而且符合人与自然之间相互制约和相互依赖的辩证法规律，为实现人类与自然界之间的协调与平衡奠定了理论基础。如果说当今全球性的生态危机源于人类与自然之间物质变换的断裂，那么马克思恩格斯的物质变换理论无疑为弥合这种裂缝提供了正当性理由和劳动本体论的基础。显然，马克思恩格斯的物质变换思想从环境保护的角度来看是极其重要的，为我们考察当今生态问题有着非常积极的借鉴作用。

2. 循环经济论

"循环经济"这一概念，是由美国经济学家波尔丁于 20 世纪 60 年代提出来的，这在学术界已取得了基本的共识。然而，马克思的经典著作中却蕴含着关于循环经济的思想先声与理论萌芽。也就是说，早在波尔丁提出"循环经济"概念半个多世纪前，马克思在《资本论》第三卷第一篇第五章中就已深刻地阐发了循环经济的基本理念。我们不妨从以下两个方面来说明。

第一，关于废弃物再利用的问题。在马克思看来，随着资本主义生产方式的迅速发展，对排泄物的大规模合理利用将会降低流动资本支出，循环式地利用自然资源，实现废物的资源化和利润化。人类的排泄物有两种，一种是生产排泄物，另一种是消费排泄物。所谓生产排泄物，是指工业和农业生产过程中所排放的废料，比如，化学工业在小规模生产时损失掉的副产品，制造机器时废弃的但又作为原料进入铁的生产的铁屑等；所谓消费排泄物，则部分地指人的自然的新陈代谢所产生的排泄物，部分地指消费品消费以后残留下来的东西。在区分生产排泄物和消费排泄物的基础上，马克思特别强调了这种废弃物再利用的必要性和重要性，他认为，“原料的日益昂贵，自然成为废物利用的刺激”。而“所谓的废料，几乎在每一种产业中都起着重要的作用。”“这种废料——撇开它作为新的生产要素所起的作用——会按照它可以重新出售的程度降低原料的费用，因为正常范围内的废料，即原料加工时平均必然损失的数量，总是要算在原料的费用中。在可变资本的量已定，剩余价值率已定时，不变资本这一部分的费用的减少，会相应地提高利润率。”显然，在资本主义社会大量生产、大量消费、大量废弃的模式下，不可再生资源不断地在消失，节省资源、化解资源危机的有效途径就是通过发掘生产中的废弃物的可用性质，经过回收再利用这一环节，造成节约从而提高利润率。可以说，世界上本不存在废物，存在的是人们对废物的不重视和不利用。这与循环经济学家常说的一句话“垃圾是放错了位置的原料”是如出一辙的。在马克思看来，不管是生产排泄物还是消费排泄物，作为完整的生态循环的一部分，都需要返还于土壤。如果要使人类所排放的这两种废弃物有助于滋养自然环境，不仅要使这些废弃物在生产过程中就得到充分的利用，最大化地提高对自然资源的利用率，而且要尽可能地使排向自然界的废弃物能够被自然环境所分解和吸收，最大限度地减少或消除对自然生态环境的污染和破坏，以保证人类与自然界之间有序的生命交换和物质循环。

比如生产排泄物，即“所谓的生产废料再转化为同一个产业部门或另一个产业部门的新的生产要素这是这样一个过程，通过这个过程，这种所谓的排泄物就再回到生产从而消费(生产消费或个人消费)的循环中。”而消费排泄物对农业来说就最为重要，进入直接消费的产品，在离开消费本身时重新成为生产的原料。例如花瓣，既可当作肥料归还给土地，也可当作原料用于其他生产部门；又如破碎麻布可用来造纸；又如“在制造机车时，每天都有成车皮的铁屑剩下。把铁屑收集起来，再卖给(或赊给)那个向机车制造厂主提供主要原料的制铁厂主。制铁厂主把这些铁屑重新制成块状，在它们上面加进新的劳动。他以这种形式把铁屑送回机车制造厂主手里，这些铁屑便成为产品价值中补偿原料的部分。就这样这些铁屑往返于这两个工厂之间——当然，不会是同一些铁屑，但总是一定量的铁屑。”马克思的这些论述表明，每一种物都具有多种属性，从而发挥着各种不同的用途，所以同一产品在不同的劳动过程中能够成为很不相同的原料。例如，谷物可用来磨面，也可用来制淀粉，还可用来酿酒，或者用于畜牧业。而作为种子，它又是自身生产的原料。煤炭也同样，在它作为产品退出采矿工业的同时，又作为生产资料进入了采矿工业。在牲畜饲养业中更是如此，牲畜既是被加工的原料，又是制造废料的手段。因此，在同一劳动过程中，同一产品可以既充当劳动资料，又充当原料。

那么，如何实现废弃物的循环利用呢？首先，依靠科学技术的力量。马克思高屋建瓴地指出：科学的进步，特别是化学的进步，发现了那些废物的有用性质。“化学的每一个进步不仅增加有用物质的数量和已知物质的用途，从而随着资本的增长扩大投资领域。同时，它还教人们把生产过程和消费过程中的废料投回到再生产过程的循环中去，从而无需预先支出资本，就能创造新的资本材料。”可以说，“化学工业提供了废物利用的最显著的例子。它不仅找到新的方法来利用本工业的废料，而且还利用其他各种各样工业的废料，例如，把以前几乎毫无用处的煤焦油转化为苯胺染料，茜红染料(茜素，近来甚至把它转化为变成药品。”其次，机器的改良也是至关重要的。“在爱尔兰，亚麻通常是用极粗糙的方法梳理，以致损失。这种损失，用较好的机器就可以避免。”通过“机器的改良，使那些在原有形式上本来不能利用的物质，获得一种在新的生产中可以利用的形态”，能够把一些几乎毫无价值的材料制成有多种用途的产品。机器的改进，不仅大大提高了自然资源的利用率，而且减少了废弃物对生态环境的污染。再次，生产规模的扩大化也为废弃物再利用的实现提供了条件。马克思指出：“对生产排泄物和消费排泄物的利用，随着资本主义生产方式的发展而扩大。”只有在大规模的劳动的条件下，才为实现废弃物的循环利用提供了可能，这是“由于大规模社会劳动所产生的废料数量很大，这些废料本身才重新成为贸易的对象，从而成为新的生产要素。这种废料，只有作为共同生产的废料，因而只有作为大规模生产的废料，才对生产过程有这样重要的意义，才仍然是交换价值的承担者。”可见，废弃物再利用是社会化大生产的产物。总之，在马克思看来，科技进步、机器改良和生产社会化在实现废弃物资源化过程中发挥着关键性的作用，科技进步可说是强力支撑，而庞大的规模则是其必要条件。

日本学者岩佐茂在谈到人类应如何将废弃物排放到自然界时曾指出：“重要的是：尽可能最大限度地减少废弃物；对那些不得不向自然排出的废弃物，要以易于分解和净化的形式还原给自然。最终的‘废弃物处理的出发点是向自然的还原’。此外，对有害的废弃物要采取以下措施：限制这些废弃物的生产及消费；将其处理成无害物质；对其进行严格管理，等等。”随着现代化工业的发展，废弃物在各大城市几乎是堆积如山，我们随处可以发现工厂排出的废水、废气、废物以及各种各样的垃圾。人们只顾满足自己，利欲熏心、毫无止境地盘剥自然资源，而对向自然界所排放的废弃物却根本不作无害化或循环再利用处理，结果导致了资源能源的浪费枯竭和自然环境的残破不堪。

第二，关于废料减量化的思想。马克思认为废料再利用造成的节约与废料减少造成的节约是不同的，废料减少造成的节约是“把生产排泄物减少到最低限度和把一切进入生产中去的原料和辅助材料的直接利用提到最高限度。”就是说，废料减少造成的节约包括两个方面：一方面是生产排泄物减少到最低限度，即通常所讲的低排放；另一方面是生产资料的直接利用提升到最高限度，以此达到提高原料利用率而节约资源的目的，即通常所讲的低消耗。这实质上就是循环经济的减量化原则。那么，怎样实现废料的减量化呢？马克思从机器的质量和原料本身的质量两方面出发，指出了减少废料的途径。一方面，废料的减少“部分地要取决于所使用的机器的质量。机器零件加工得越精确，抛光越好，机油、肥皂等物就越节省”，而“在生产过程中究竟有多大一部分原料变为废料，这要取决于所使用的机器和工具的质量”，这一点是最重要的。另一方面，废料的减少还要“取决于原料本身的质量。而原料的质量又部分地取决于生产原料的采掘工业和农业的发展(即本来意义上的文化的进步，部分地取决于原料在进入制造厂以前所经历的过程的发达程度”。“从共同的生产消费中产生的节约，也只有在大规模生产中才有可能。但是最后，只有结合工人的经验才能发现并且指出：在什么地方节约和怎样节约，怎样用最简便的方法来应用各种已有的发现，在理论的应用即把它用于生产过程的时候，需要克服哪些实际障碍等。”

总之，马克思在一百多年前所阐发的变无用为有用、变废物为宝物、变有害为有利的资源循环利用思想，是吸收了当时自然科学研究成果在这个问题上的合理成分，并赋予了生态学的科学内涵，应该说是深远的、卓越的。当今，人类正在跨向生态文明时代，合理利用资源，切实保护生态环境已经成为本世纪人类所面临的重大课题。显然，马克思的循环经济理论为人类发展循环经济，合理协调人与自然之间的物质关系提供了极为有益的思想启示，对循环型社会的创建有着很重要的借鉴作用，能够推动人类与自然界的协调发展与协同进化。

3. 自然生产力论

我国著名学者钱俊生、余谋昌指出，“后人对马克思恩格斯经典著作的解读，只注重了阐发他们的社会经济生产力思想，很多人不重视、甚至忽视了对其自然生态生产力的阐释，好像马克思主义的创始人不关心自然生态，没有自然生态生产力的相关论述。其实，在他们的经典著作中包含大量的、系统的、精辟的论述，蕴藏着丰富的自然生产力思想。”有人认为马克思是生产力主义的支持者，因而马克思为此常常遭到批判。其实，马克思不仅没有站在生产力主义的立场上，而且在自然生产力理论中包含了许多环境保护的观点。

依马克思看来，人和自然在社会生产中是同时起作用的，因而提出了自然生产力和社会生产力两种生产力的概念，并认为生态生产力系统是自然生产力和社会生产力的统一。为此，他反复指出：“劳动生产力是由多种情况决定的，其中包括：工人的平均熟练程度，科学的发展水平和它在工艺上应用的程度，生产过程的社会结合，生产资料的规模和效能，以及自然条件。”显然，马克思在这里既指出了社会生产力，它是通过劳动在自然的基础上“制造出来的生产力”，又指出了自然生产力，它是不需要代价且未经人类加工就已经存在的，也可称之为“无机界生产力”或“单纯的自然力”。社会生产力和自然生产力是相互依存、相互制约、相互渗透的，人们在自然生产力的基础上创造社会生产力。同样，在社会生产力的作用下又创造出一个新的自然界，正如马克思在分析生产劳动的自然条件时将其“归结为人本身的自然(如人种等)和人的周围的自然”，它们一起存在于社会生产中，共同构成了整个生产力系统。

马克思、恩格斯非常重视自然生产力，充分肯定自然界的地位与价值。马克思说：一切生产力都归结为自然界。恩格斯也强调：一切生产力都归结为自然力。应该说这个思想是马克思、恩格斯生态经济学说的一个重要内容。在他们看来，自然生产力是社会生产力的前提和基础，自然生产力影响、制约、决定着社会生产力，“撇开社会生产的不同发展程度不说，劳动生产率是同自然条件相联系的”。在马克思看来，不管是“生活资料的自然富源”还是“劳动资料的自然富源”，都对社会生产力产生着重要的影响。所以，人类的社会生产力都必须控制在生态资源和环境的承受能力的范围之内，离开了自然条件，人类社会难以存在，更何谈发展和进步！因为“人在生产中只能像自然本身那样发挥作用，就是说，只能改变物质的形态。不仅如此，他在这种改变形态的劳动中还要经常依靠自然力的帮助。因此，劳动并不是它所生产的使用价值即物质财富的唯一源泉。正像威廉配第所说，‘劳动是财富之父，土地是财富之母’”。自然生产力是整个生产力系统中必不可少的重要组成部分，因为它是“特别高的劳动生产力的自然基础”。在社会生产中，社会物质生产由社会生产力推动，自然物质生产由自然生产力推动，因此马克思提出了自然生产率的概念。马克思说：“自然就以土地的植物性产品或动物性产品的形式或渔业产品等形式，提供出必要的生活资料。农业劳动(这里包括单纯采集、狩猎、捕鱼、畜牧等劳动)的这种自然生产率，是一切剩余劳动的基础。”这一论述深刻地揭示了土地是农业生产与再生产所必需的、最基本的、不可代替的自然生产资料。所以说，“农业劳动的生产率是和自然条件联系在一起的，并且由于自然条件的生产率不同，同量劳动会体现为较多或较少的产品或使用价值。”显然，自然生产资料是人类从事一切生产活动的基本前提和物质基础。在阐发自然生产率重要性的基础上，马克思又揭示了自然生产率和社会生产率的关系。他说：“在农业中(采矿业中也一样)，问题不仅涉及劳动的社会生产率，而且涉及由劳动的自然条件决定的劳动的自然生产率。可能有这种情况：在农业中，社会生产力的增长仅仅补偿或甚至补偿不了自然生产力的减低——这种补偿总是只能起暂时的作用。”这表明，随着社会生产力的发展，自然资源逐渐枯竭，生态环境不断恶化，导致人与自然、经济与生态之间的矛盾日益加剧，然而社会生产力的提高与科学技术的进步却有极大的可能补偿不了自然生产力，反而使自然生产力不断下降。马克思的自然力思想对探索当今全球生态问题有着重要的启示。反观当今全球生态问题，其中很重要的原因，就是人们不仅通过科学技术的进步实施对自然的主宰，随意地征服自然、支配自然，以牺牲自然生产力来换取社会生产力的快速发展；而且又无节制地向自然界排放废弃物，损害了自然生态系统所具有的物质循环和能量转换的能力，破坏了自然生产力的持续发展。可见，马克思的自然力思想对探索目前生态危机成因及其解决路径都有着很重要的启示。

4. 可持续发展论

从人类社会发展的历史来看，进行发展模式转型、走可持续发展之路是从根本上解决生态环境问题的必然出路，也是生态文明在发展向度上的基本内涵和要求。虽然马克思、恩格斯没有明确提出可持续发展的概念，但在他们的著作中蕴含着可持续发展思想的源头。福斯特从马克思新陈代谢断裂的观点中推理出马克思具有可持续发展的思想。他说："得出如下结论就是不可避免的：在人类与土地的自然关系中，马克思对资本主义农业以及新陈代谢断裂的观点，导致他得出较为宽泛的生态可持续性概念——他认为这种观点对资本主义社会来说具有非常有限的实用性，因为资本主义不可能在这一领域应用理性的科学方法，但是，这种观点对生产者联合起来的社会来说却是不可缺少的内容。"在物质变换的角度上，马克思、恩格斯关于可持续发展的思想主要有三个基本点，分别论述了可持续发展的必要性、可能性和应然性。

首先，从维持人与自然之间的物质变换关系出发提出了可持续发展的必要性。马克思、恩格斯认为，以生产劳动为中介的人与自然的物质变换是人类生存发展的基础和人类生活的现实内容。资本主义生产方式干扰和阻碍了人与自然之间的物质变换，进而导致了土地荒芜、河流污染、矿藏枯竭、气候恶化等生态环境问题。为了促进人与自然物质变换的顺利进行，必须走可持续发展之路。福斯特正是从马克思、恩格斯关于生态资本主义生产造成的新陈代谢断裂出发，肯定了马克思恩格斯可持续发展思想的存在。

其次，以"排泄物的利用"为例阐明了走可持续发展之路的可能性。在马克思、恩格斯的思想中，可持续发展可能性体现在两个方面：一是废弃物可以资源化；二是废弃物可以减量化。第一，大规模的社会劳动产生了大量的废料，科学技术的发展帮助人们把生产和消费过程中的废料再次投放到再生产的循环之中使之成为新的生产要素。"化学的每一个进步不仅增加有用物质的数量和已知物质的用途，从而随着资本的增长扩大投资领域。同时，它还教人们把生产过程和消费过程中的废料投回到再生产过程的循环中去。"随着科学技术的不断进步，每种物质具有的多种属性，从而具有的各种不同用途，都被开发出来；一种已经完成可供消费的产品，能够重新成为另一种产品的原料。第二，依靠科学技术，废弃物可以减量化。马克思、恩格斯指出，废料的减少，主要取决于所使用的机器的质量以及原料本身的质量。科学技术的不断进步生产出了越来越精确的机器，也提升了原料的质量，因而大幅度地降低了生产过程中的废物排放。

再次，在人类历史发展的视阈内指出了走可持续发展道路的应然性。马克思、恩格斯在《德意志意识形态》中指出，任何一个国家、地区和城市的生态经济系统都具有维持发展的连续性特点，"历史的每一阶段都遇到一定的物质结果，一定的生产力总和，人对自然以及个人之间历史地形成的关系，都遇到前一代传给后一代的大量生产力、资金和环境"。这就告诉我们，人类在耗费环境资源发展经济时，需要处理好当代人和后代人之间合理的生态经济利益关系，既要考虑当代人的眼前利益，又要着眼于子孙后代长远利益，这是可持续发展的基本要求。马克思在《资本论》中阐述地租理论时说："甚至整个社会，一个民族，以至一切同时存在的社会加在一起，都不是土地的所有者。他们只是土地的占有者，土地的受益者，并且他们应当作为好家长把经过改良的土地传给后代。”在此，马克思、恩格斯对可持续发展思想的表达已经十分明显了。

总之，马克思的经济理论是展示其魅力的最卓越的思想。他不仅揭示了资本家榨取工人剩余价值的本质，也批判了资本主义生产方式破坏自然的必然逻辑。更难能可贵的是，马克思的经济理论包含了非常深刻而丰富的生态学思想，即使站在现代生态学的角度来反观其经济理论，也并不逊色于当今声名显赫的环保学家，或者可以直接说，马克思的经济理论本质上是一种生态经济观。

(二)西方经济学的生态经济思想

西方经济学中对生态问题也有一定程度的阐述，形成了他们的生态经济思想。虽然马克思生态经济思想与西方经济学生态经济思想有一定的相同之处，但是它们还存在很大的区别。区别的存在更体现了马克思生态经济思想的科学性及其思想的宏观高度。

1. 古典经济学的生态经济思想

西方经济学家对自然条件的重要作用的认识可以追溯到英国古典经济学家威廉·配第。配第提出了“土地为财富之母，劳动为财富之父”的观点，他将土地和劳动看作财富创造的两个重要的因素。可见，在古典经济学时期，经济学家们已经意识到自然界财富创造的重要影响作用。遗憾的是，在后来的西方经济学发展过程中，研究重点发生了变化，劳动与资本逐渐成为了研究的重点问题。然而到了马尔萨斯时代，自然资源与生态环境对经济社会发展的约束问题重新回到了西方经济学家们的视野中。这一思想在马尔萨斯的《人口原理》和《政治经济学原理》两本书中得到了具体体现。马尔萨斯主要向我们阐述了这样一种思路：以幂指数形式增长的人口与收入，必然会对自然资源形成一种幂指数增长的需求趋势，而我们知道，自然界并不是一个取之不尽用之不竭的取料场，它所能提供的资源是有限的，仅仅是以线性形式增长的，这种以线性形式增长的资源供给必然不能满足以幂指数形式增长的资源需求。因此，自然资源的供给与需求之间就形成了一个缺口。在马尔萨斯人口法则的基础上，李嘉图结合萨伊定律以及土地收益递减规律，提出了自然资源相对稀缺理论，即由于生产率较高的自然资源的稀缺，导致了自然资源的稀缺。李嘉图的相对稀缺理论与马尔萨斯的绝对稀缺理论是有一定区别的。但他们都意识到了自然资源已难以应对人口的增长和经济社会的发展。

2. 当代西方经济学的生态经济思想

凯恩斯主义革命是西方经济学界的一个重要的变革，它对西方经济学的发展产生了重要的影响。在凯恩斯主义革命时期，国家干预主义和经济自由主义同时存在，这也就导致了当代西方经济学的生态经济思想也有两条发展路径。国家干预主义认为国家需要对市场经济进行控制和干预，反对自由放任的市场经济，其重要代表人物是庇古。庇古提出，人们自然而然地倾向于将其过多的资源用于现在的服务，而将过少的资源用于未来的服务，鉴于这样的自然趋势，除非政府在分配方面进行利益补偿，否则，政府进行任何人工干预以支持这种趋势，必将减少经济福利。庇古认为对于自然资源的保护，市场是无能为力的，这就需要政府发挥其作用，需要政府通过立法、税收、国家补贴以及法律监督等手段来对自然资源进行保护和修复。凯恩斯也主张通过政府的干预，控制人口的快速增长，保证自然资源的供给。然而，遗憾的是，政府干预并非如同预想般解决所有问题，反而在此过程中出现了政府失灵。因此，经济学家们又不得不探讨市场是否能够在环境保护问题中起到应有作用，并且如何发挥作用。经济自由主义学派就主张通过市场机制来对资源进行配置，通过市场来解决生态环境中所出现的一系列问题。英国著名经济学家科斯就是经济自由主义学派的代表人物，科斯关于环境问题的解决思路正是科斯定理所反映的内容。科斯定理并非由科斯本人用文字具体描述，科斯只是提出了观点和思路，其他人将科斯的这些观点和思路尝试着写成了文字定理。科斯定理是这样表达的：在产权明确，交易成本为零或者很小的情况下，不管最初将财产权赋予谁，最终市场均衡的结果都是最优的。将其运用到自然资源方面，也同样如此，只要自然资源的产权明确，在交易成本为零的情况下，无论哪方拥有自然资源的产权，最终的配置结果都是最优的。但是，我们也看到，在这一定理中存在着一个前提假设，交易成本为零或者很低，这个假设在现实中很难实现，而且事实也证明，用科斯定理的思路来解决生态环境问题是具有一定局限性的。

（三）马克思生态经济思想与西方生态经济思想的比较

马克思生态经济思想与西方生态经济思想的区别主要表现在以下几个方面：

第一，马克思生态经济思想将人与自然看作是一个有机整体，以此为前提来追求人与自然的和谐统一；而西方经济学始终将人类社会的地位凌驾于自然界之上。

第二，马克思生态经济思想与西方经济学的生态经济思想产生的时代背景不同，马克思的生态经济思想贯穿在马克思对资本主义社会的深刻剖析中，它产生于资本主义发展的初期；而西方经济学的生态经济思想正如前面我们所提到的，正式的出现是在当代西方经济学发展起来以后，此时已经进入了资本主义发展的高级阶段，资本主义发展初期与高级阶段所面临的客观世界也有很大的不同。

第三，马克思生态经济思想与西方经济学的生态经济思想在研究逻辑和研究方法上有所不同，马克思生态经济思想以人与自然的价值统一为研究始点，以人类的劳动实践为价值中介，主要通过研究人类与自然界之间的物质变换活动来揭示为何要实现以及如何实现和谐的问题，马克思恩格斯站在历史唯物主义和辩证唯物主义的高度来分析人与自然之间的关系，并在此高度上来寻求解决人与自然之间矛盾的解决方法；而西方经济学主要是研究稀缺资源是如何配置的问题，因此，他们对生态经济问题的研究，也是从资源稀缺性的角度出发的，认为稀缺的资源难以满足快速增长的人口的需要，并分析了生产和消费过程中所存在的问题，认为生产和消费中存在的不当行为是生态经济矛盾的主要问题，西方经济学在此分析过程中主要运用了实证分析法和规范分析法。

第四，马克思生态经济思想与西方经济学的生态经济思想二者的研究重点不同，马克思生态经济思想以人与自然的物质变换活动为基础，着重研究了资源的循环；而资源的循环并不是西方经济学生态经济思想的研究重点，甚至被忽略，他们根据古典经济学的相关理论着重研究资本的循环。

第五，对于如何解决生态经济矛盾问题，两者存在根本性的不同，马克思深刻分析了人类社会发展规律以及资本主义社会的本质特征，提出资本主义社会的经济危机必然转向生态危机，从而进一步得出解决生态环境问题的根本途径是资本主义生产方式的消亡；而西方经济学无论是国家干预主义流派还是经济自由主义流派都未触及到问题的本质，因此提出的解决方案也是治标不治本的，例如国家干预主义认为应该通过政府干预来解决生态环境问题，而经济自由主义则认为最优的解决途径是依靠市场机制。

三、生态经济的实践发展

（一）生态经济的新选择

发展生态经济，是中国对人类与自然关系进行重新认识的结果，也是中国对改革开放以来社会经济高速发展陷入人口剧增、资源短缺、生态恶化等困境，从而进行深刻反省自身发展模式的产物。简言之，由传统经济向生态经济转变是当代中国可持续发展的必然选择。具体来讲，发展生态经济，主要体现在绿色经济、低碳经济、循环经济三个方面。

1. 绿色经济：未来经济发展的大趋势

“绿色经济”作为一个概念，源自英国环境经济学家皮尔斯于 1989 年出版的《绿色经济蓝图》一书。他认为，每一时代的经济发展应当是自然和人类自身都可以承受的，不会因为盲目追求生产增长而导致生态危机，也不会因为自然资源耗竭而使经济无法持续发展，从而使人类也濒临灭亡的危险边缘。为此，人类要考虑生态系统的承载力，把生态系统整合到经济系统中去，建立一种“可承受的经济”，这就是“绿色经济”。“绿色经济”作为一种新的能够引领世界经济活动走向的话语，最早出自联合国秘书长潘基文之口。在 2007 年年底召开的联合国巴厘岛气候会议上，潘基文高瞻远瞩地指出：“人类正面临着一次绿色经济时代的巨大变革，绿色经济和绿色发展是未来的道路”，“绿色经济正在为发展和创新产生积极的推动作用，它的规模之大可能是自工业革命以来最为罕见的”。2008 年 10 月，联合国环境规划署首次较为系统地提出发展绿色经济的倡议，该倡议所秉承的宗旨和理念是：经济的“绿色化”不是增长的负担，而是增长的引擎。这个倡议所具有的时机恰当性、影响广泛性使绿色经济逐渐成为全球未来经济发展的大趋势和新潮流。

所谓绿色经济，它是一种以生态环境容量和资源承载力为基本前提，以人本自然的新理念取代人类中心主义的旧理念，以高效、和谐、持续的新的增长方式取代低效、冲突、不可持续的旧的增长方式，实现以经济、社会、环境协调发展为核心目标的平衡式经济。当今，绿色已成为全球非常时尚的关键词。绿色观念、绿色生产、绿色消费、绿色营销、绿色产品、绿色产业、绿色市场、绿色形象，都成为绿色经济领域里非常重要的关键词。

绿色经济作为一种新的经济发展模式，其主要特征体现在两个方面：就绿色经济的基本内容而言，是要促进经济活动的全面"绿色化"。一是要加快建立更为清洁的产业部门，努力培育新能源、节能环保等新兴绿色产业，以新能源、新材料等为切入点，积极挖掘新的经济增长点，占据未来经济竞争的制高点，实现经济发展模式的根本转型。二是要对传统"两高一资"产业进行绿色化改造。减少以重化工业为特征的制造业份额，从源头上控制资源消耗和污染物排放；对传统制造业实施清洁生产，推进技术的更新进步，提升环境保护水平，注重经济发展质量。就绿色经济的发展目标而言，是要实现经济、社会和环境的可持续发展。强调可持续性，一方面要充分考虑生态环境容量和自然资源的承载能力，把经济规模限制在资源再生和环境可承受的范围之内，既能满足当代人的发展需求，又不影响后代的可持续发展；另一方面要视环境保护和经济发展并重，且保证环境保护和经济发展同步，以环境保护优化经济增长，将环境保护贯穿于经济生产的各领域和全方位，从源头和过程进行双重的把关和控制，实现环境与经济的协调发展。

2. 低碳经济：世界经济发展的新潮流

"低碳经济"最早见诸于政府文件，是在 2003 年的英国能源白皮书《我们能源的未来：创建低碳经济》。作为第一次工业革命的先驱和资源并不丰富的岛国，英国充分意识到了能源安全和气候变化的威胁，并希望在节能减排方面成为世界的引领者。2007 年 9 月 8 日，中国国家主席胡锦涛在亚太经合组织第 15 次领导人会议上，本着对人类、对未来的高度负责态度，对事关中国人民、亚太地区人民乃至全世界人民福祉的大事，郑重提出了四项建议，明确主张"发展低碳经济"。他在这次重要讲话中，总共 4 次提到了"碳"："发展低碳经济"、研发和推广"低碳能源技术""增加碳汇""促进碳吸收技术发展"。

低碳经济摒弃了传统工业经济先污染后治理、先低端后高端、先粗放后集约的发展模式，是以低耗能、低污染、低排放和高效能、高效率、高效益为基本特征，通过制度创新、产业创新、技术创新等多种手段，提供能源效率，寻找新能源，减少温室气体排放，实现经济社会与生态环境协调发展的共赢模式。目前，低碳发展、低碳技术、低碳能源、低碳产业、低碳城市、低碳生活方式等一系列新概念如雨后春笋般涌现。发展低碳经济，是涉及能源消费方式、经济发展方式和人类生产生活方式的一次全新变革，人类将步入一个新的低碳化时代。

无疑，低碳经济是在全球气候变化对人类生存和发展严峻挑战的大背景下提出的，涉及人类共同的未来，关乎地球上每个国家和地区，关乎每一个人，低碳发展需要全球通力合作。目前，世界上已经有许多国家制定了发展低碳经济的战略，把低碳经济作为未来经济的新增长点。作为最大的发展中国家，最具担当的大国，中国实施低碳经济发展战略，不仅顺应了世界经济发展的新潮流，更是我国实现可持续发展目标的必然要求。

目前，发展低碳经济已基本成为人类的共识。但在人们认识低碳经济的问题上，还需要澄清几个误区：首先，低碳并不意味着贫困，贫困不是低碳经济，低碳经济的重点在低碳，目的在发展，要实现的目标是低碳高增长；其次，发展低碳经济并不排斥高耗能产业的引进和发展，而是规约其符合低碳经济发展需求；再次，低碳经济并不意味着成本很高，它以节能减排为发展方式，尽可能地减少能源消耗量、温室气体排放量，实现节约发展、清洁发展、低成本发展、低代价发展；最后，低碳发展不是空中楼阁，就体现在生产和生活方式的实践中，不是未来需要做的事情，而是应从当下做起。

3. 循环经济：生态文明时代的经济形态

传统工业经济是一种“资源高开采—产品低利用—污染高排放”单向流动的线性经济，其典型特征就是大量生产、大量消费和大量废弃。就是说，人们高强度地把地球上的物质和能源开采出来，却不进行任何处理而把生产和消费中产生的污染和废弃物大量地排放到环境中。在这种经济数量型增长模式下，对资源的利用是粗放性的和一次性的，资源持续不断地变成废物，只有大量的自然资源才能保证人类生产和生活的正常运行，最终导致了自然资源的短缺、枯竭与环境污染的灾难性后果。

与传统经济的发展模式相反，循环经济从根本上否定了自工业革命以来长达几个世纪的经济模式，不再一味地对自然资源和生态环境进行索取、利用和破坏，而是充分考虑自然生态系统的物质循环规律和能量流动规律，实现经济发展、资源利用和生态环境之间的平衡。循环经济旨在运用生态学的规律来指导人类的经济活动，通过资源的高效、循环利用，把传统的依赖资源消耗的线性增长经济转变为依赖生态型资源循环来发展的经济，从而实现经济、社会与环境的可持续发展。简言之，循环经济是一种“资源—产品—再生资源”的物质闭环反馈式流动型经济，把“大量生产、大量消费、大量废弃”的传统增长模式变革为“最佳生产、最适消费、最少废弃”的生态型增长模式，为新时代经济的持续发展提供战略性的理论范式。

循环经济需要遵循三个方面的原则：减量化(Reduce)、再利用(Reuse)、再循环(Recycle)，简称3R原则。首先，“减量化”原则是对于“生产—分配—交换—消费”这个经济活动过程各个环节而言的。该原则旨在通过控制经济活动的物质输入端，从而减少由此进入其后的生产和消费流程中的物质量，从源头上减少废弃物的排放量，并要求用较少的资源投入来达到既定的生产或消费目标。在生产过程中，主要表现为产品小型化、包装简便化、信息数码化、材料新型化、消费理性化等。该原则彻底改变了传统工业经济的末端治理方式，把人们对环境治理的关注点从经济活动的末尾引到了开端，使人们从输入端积极主动地通过预防方式避免和减少废弃物的产生，从传统粗放式的高开采、高排放的经济模式转向低开采、低排放、高效率的经济发展模式。其次，“再利用”原则是针对经济活动过程而言所提出的过程性方法。它旨在通过对生产废料、淘汰物品等生产和消费领域的物品的再利用来延长产品和服务的生命周期，防止物品过早地成为废弃物。该原则应该运用于生产的全过程和消费的各领域，主要体现在减少一次性消费、能量和产品功能的梯级利用、互通有无的社区“跳蚤市场”等。再次，“再循环”原则是属于输出端方法。这一原则要求把经济活动完成后所产生的废弃物进行资源化处理后重新变成可以利用的资源流向生产的输入端，从而形成一种往复的物质循环式的资源利用模式，彻底改变了以往用完就扔的线性经济模式。这是生态学中的反馈规律在经济活动中的指导应用。事实上，一个经济活动的过程就是一种或几种资源利用的过程。而以前的经济方式没有循环，只有不断地开采，造成了自然资源的日益短缺，也影响了经济的可持续发展。简言之，减量化原则主要针对的是输入端，再利用原则是过程性方法，而再循环主要针对输出端。这三个原则构成了一个有机的整体，减量化可以说是前提和基础，而再利用和再循环又深化了减量化原则的实行。

从循环经济 3R 原则的排列顺序可以看出，20 世纪下半叶以来，人们在环境与发展问题上的思想进步走过了三个阶段；首先，以环境破坏为代价单纯追求经济增长的理念终于被抛弃，人们的思想从排放废弃物转变到要求净化废物，即末端治理方式；随后，从净化废物进步到利用废物，即再生和循环；现今，人们认识到利用废物也只是一种辅助性手段，实现从利用废物到减少废物的质的飞跃，这才是环境与发展协调的最高目标。循环经济的实现不仅依赖于运用 3R 原则，而且需要社会三个层面的参与和推动：首先是小循环，即企业层面。企业是消耗资源和形成产品的地方，实施循环经济要从每个企业入手，把循环经济低消耗、高利用以及污染预防的理念和战略贯穿于生产的各环节和全过程。其次是中循环，即区域层面。由于单个企业的生产循环往往具有一定的局限性，产生的废弃物无法消解，于是需要按照生态学理论和生态设计原则，通过企业间的物质集成、能量集成和信息集成，形成企业间的协调合作、互补共生关系，在企业间打造工业园区里的中循环体系，实现资源的循环利用和废弃物的“零排放”。最后是大循环，即社会层面，是指在整个社会这一范围内形成“自然资源—产品—再生资源”的循环经济发展模式。20 世纪 90 年代以来，以德国、日本为代表的一些发达国家已从无害化转向减量化和资源化的方式处理生活垃圾，这实际上就是从社会整体循环的角度，全面提高资源利用效率，实现可持续发展，建立循环型社会。

循环经济的实践表明，世界各国不再单纯地关注人类经济活动所造成的生态后果，也逐渐摒弃了“头痛医头脚痛医脚”的污染治理方式，而是从经济运行机制上控制导致环境污染和生态破坏的源头。循环经济是一种节约经济、持久经济、相伴经济有机结合的生态经济，节约能源资源、保护生态环境，创建资源节约型、环境友好型社会，循环经济是必然选择。循环经济是一种可持续的经济发展模式，能够实现社会进步、经济发展和生态保护的"共赢"，成为当前世界上先进的经济模式。

总之，生态经济是一种根据人类与自然的协调发展这一基本原则来全面改造经济的发展模式。可以说，生态经济是人类社会继农业经济、工业经济之后新的生态经济，是人类经济发展的新趋势。生态经济是一个广义的概念，如前所述的绿色经济、低碳经济、循环经济，它们是从经济活动的不同角度与层面来探讨经济模式的，低碳经济强调的是以低能耗、低污染、低排放为基础的经济模式，而循环经济则要求将减量化、高利用和资源化原则运用于生产、流通和消费等过程中，是对资源节约和循环利用活动的总称。但是三者都可以归属于生态经济的大范畴，在本质上都属于生态型经济，是生态经济时代的新转向、新变革、新选择。

（二）生态经济的发展路径

进入 21 世纪，我国面临着人口、资源、环境与经济社会发展之间矛盾日益突显的严峻挑战，曾经给中国经济注入新鲜活力的"白猫黑猫理论"的粗放型经济增长方式并不能适应时代的需要，而可持续发展这只绿猫将成为引领中国经济发展的新潮流。中国将迎来一场绿色改革开放，中国要从最大的"黑猫"变成最大的"绿猫"。在国际金融危机、全球气候变化以及绿色工业革命的多重背景下，我们必须寻求一个可持续的绿色发展模式，追求经济社会净福利最大化，同时实现经济社会发展成本最小化。简言之，绿色发展已成为中国科学发展的必选之路。

1. 大力推广绿色生产

众所周知，传统工业经济的生产观念，是人们普遍认为自然界有取之不尽用之不竭的无限资源，因而最大限度地开发利用自然资源，最大限度地追求经济增长，最大限度地获取利润。传统经济生产方式主要有以下几个特点：从生产投入上看，是高投入高耗能，属于能源密集型生产；从生产目的来看，只追求经济效益，而不顾生态效益，不惜破坏和牺牲人类生存环境；从生产模式来看，是一条线性道路，即原料—产品—商品—废品；从生产成果的评价标准看，只注重经济增长指标，只看国民生产总值的增长率；从生产成本的计算来看，只算社会资源成本，不算生态环境成本。正是在这种利益最大化追求的驱动下，引爆了生态悲歌，资源与环境也成为制约经济发展的瓶颈。如何走出这样的经济困境？如何挽救人类的家园？显然，我们应该反思并摆脱传统的"先生产、后污染，边生产、边污染"的末端处理式的经济生产方式，代之以污染防范为主的绿色生产方式。

生态经济的生产理念是绿色生产。绿色生产不但是指生产场所清洁，而且包括生产过程对生态环境不构成污染，开发和生产出来的产品是绿色产品。生态经济的生产理念是要充分考虑自然生态系统的承载能力，从生产的源头和全过程都要充分利用自然资源，节约自然资源，尽可能地少投入、少排放、高利用，达到废物最小化、无害化和资源化。绿色生产追求合理利用资源、减少整个工业生产模式对人类和环境的风险，可以说是发展生态经济的一个有力工具。绿色生产是一项较为复杂的系统工程，是要以管理和技术为手段，将综合性预防的环境战略与措施运用于生产全过程及产品的整个生命周期，实现节能、降耗、减污的目标。在工艺和产品设计时，除了要考虑产品的回收和处理性能，更要考虑到资源的高效利用和环境保护，还要考虑到使用清洁、无毒、无害或低毒、低害的原料取代危害严重的原料。也就是说，绿色设计所要求的是集社会属性、经济属性与精神属性于一体的产品。在生产过程中，既要采用清洁的工艺技术设备，减少生产活动对人类健康和生态环境的危害，又要合理、高效利用资源，减缓资源的耗竭。在综合治理方面，要注意生产废弃物的回收和利用，减少或消除消费者在处理废弃物时造成的环境污染，并采取有效措施根治环境污染，实施污染控制。因此，绿色生产是按照有利于生态环境保护的原则来组织从产品开发、规划、设计、建设到运营管理的全过程，创造绿色产品，发展绿色经济。

2. 培育和发展生态产业

发展生态产业，是发展生态经济的一个新的活力增长点。生态产业是指按照生态经济学原理和知识经济规律，以生态学理论为指导，基于生态系统承载能力，在社会生产活动中应用生态工程的方法，突出整体预防、生态效率、环境战略、全生命周期等重要概念，模拟自然生态系统，建立的一种高效的产业体系。按照三大产业的分类，可分为生态农业、生态工业和生态服务业。

(1)生态农业

生态农业是指在保护、改善农业生态环境的前提下，遵循生态学、生态经济学规律，运用系统工程方法和现代科学技术，集约化经营的农业发展模式。生态农业的发展源于对农业环境恶化的思考。19 世纪工业革命将科学技术应用于农业，欧美发达国家率先结束传统农业，开始了以工业化和化学化为标志的“石油农业”时期，农产品产量及生产效率大幅提高，但化肥、农药以及机械等现代化工业成果的大量使用，对农业生态环境和资源造成了严重的负面影响，导致了农业面源污染、生态破坏、水土流失、土地退化等环境问题。在此背景下，学术界和产业界开始寻求农业可持续发展的途径，生态农业应运而生。

生态农业率先在发达国家发展起来，美国、德国、日本是较早进行生态农业实践的国家，在政策层面对生态农业加以规范和引导，通过相关法律对生态农业发展、农业环境和资源保护、生态标志、生态农业补贴等作出了详细规定，逐渐形成了较为完备的生态农业生产体系、加工体系、质量安全监管体系、市场营销体系、服务体系、支持体系。

我国在 20 世纪 80 年代初引入生态农业概念并开展相应研究，先后经历了探索阶段（20 世纪 80 年代至 90 年代中期）、全面推进阶段（20 世纪 90 年代后期）以及产业化与创新发展阶段（2000 年以来）。截至 2017 年 9 月，我国已先后两批建成国家级生态农业示范县 100 余个，带动省级生态农业示范县 500 多个，建成生态农业示范点 2000 多处，探索形成一大批典型生态农业模式。

我国在政策层面对生态农业给予了大力支持。近几年，生态文明建设工作上升至国家层面，在党的第十九次全国代表大会上，习近平主席对生态农业也做出了相关论述：要加大生态系统保护力度，完善天然林保护制度，扩大退耕还林还草；严格保护耕地，扩大轮作休耕试点，健全耕地草原森林河流湖泊休养生息制度，建立市场化、多元化生态补偿机制。整体来看，目前我国促进生态农业发展以宏观政策引导为主，预计后续政策将对生态农业发展目标、相应标准规范、生态农业企业的生产经营活动的监管、违法经营者的处罚做出统一规定。

我国生态农业实践多为以家庭为基础的小规模经营，通过小范围的畜牧业、施用农家肥、实行作物轮作等途径，实现系统内部的自我循环。2002 年农业部筛选出十大类型生态农业模式进行重点推广，其中“四位一体”能源生态农业模式在我国北方地区大规模推广，其主要方式是在塑膜日光温室旁，建立地下沼气池，沼气池上方建圈舍及厕所，形成一个封闭的能源生态系统。在此系统内，圈舍温度在冬天提高 3~5℃，为禽畜提供了更适宜的生长条件，使猪的生长期大幅缩短约 150 天。禽畜粪便为沼气池提供原料，产出的沼气用于家庭供暖，残留的沼渣、沼液作为温室作物的肥料。此外，猪等禽畜呼吸排出的二氧化碳可促进温室内作物光合作用，蔬菜产量和质量明显提高。

不同生态农业模式可根据气候、农业生产方式、农业资源类型等因素应用于不同地区。在南方地区大规模推广的“猪-沼-果”模式与“四位一体”模式类似，将禽畜养殖、沼气生产、作物种植结合，形成一个良性循环的生态系统；草地生态恢复与持续利用模式、生态畜牧业生产模式适用于我国西北草原农业地区；设施生态农业以有机肥料替代化学肥料，以生物和物理措施防治病虫害，适用于广大作物种植区域。我国农业资源丰富，各地在发展生态农业的过程中，整体上遵循因地制宜的原则，并且兼顾农业的经济效益、社会效益和生态效益。

（2）生态工业

生态工业是指根据生态学及生态经济学原理，模拟自然生态系统中物质流动的方式重新规划工业生产、消费和废物处置系统，形成的循环生产，集约经营管理的综合工业生产体系，其目标是生产过程低消耗、低污染或无污染，工业发展与生态环境相协调。生态工业的实践始于 20 世纪 70 年代，丹麦卡伦堡市的数家工业企业出于节约成本的目的，相互间进行资源和能源副产物的共享互换，形成了全新的工业共生体系。1989 年，美国通用汽车公司研究人员发表了题为《可持续工业发展战略》的文章，正式提出“工业生态学”的概念。1991 年 10 月，联合国工业发展组织提出了“生态可持续工业发展”。此后，以欧美发达国家为代表，在世界范围内开展了一系列生态工业的研究和实践。

生态工业的主要实践形式是生态工业园，20 世纪 90 年代以来，发达国家率先开展生态工业园的探索。美国是当前世界上最为积极致力于生态工业园规划和建设的国家，1993 年美国已有 20 个城市规划建立生态工业园区。1994 年美国可持续发展总统委员会资助 4 个生态工业园区示范项目的建设；加拿大于 1992 年在 Burnside 工业园启动"生态系统与工业园区"项目，开启了工业园区生态化转型道路，目前拥有 40 多座生态工业园，涉及造纸、化工、发电、钢铁等多个行业。

我国生态工业园区建设起步较晚，自 1999 年开始启动生态工业示范园区建设试点工作，2001 年 8 月广西贵港正式被国家环境保护总局确认为第一个国家生态工业(制糖)建设示范园区，随后又有 12 个生态工业示范园区陆续获批建设，涉及造纸、化工、铝业、制糖、电子信息、新材料、机械等行业。此后我国生态工业园发展迅速，截至 2017 年 1 月，已有 48 个工业园区获批挂牌为国家生态工业示范园区，45 个工业园区获批开展国家生态工业示范园区建设。

(3)生态服务业

生态服务业是指依据生态学原理的服务业生态化发展，是在合理开发利用生态环境资源基础上发展的服务业，其核心理论是促进产品与服务的非物质化。生态服务业主要包括绿色商业服务业、生态旅游业、现代物流业、绿色公共管理服务等细分领域。服务业生态化主要体现在：服务主体生态化；服务过程清洁化；消费模式绿色化；与其他产业相结合。

与生态农业与生态工业不同，生态服务业细分行业多，涉及面广，多数国家并未从整体层面对其进行规划，而是在细分领域内进行生态化改造，相应的实践形式也有很多类型。例如，生态服务业的核心理论——去物质化，指出服务业主要通过提供产品功能，而非产品，来满足消费者的需求，该理论在实践中的典型应用之一，就是鼓励公众通过公共交通出行而非私家车，最终达到降低能耗和污染物排放的生态效益。

3. 建立可持续的消费模式

当前，人类正面临着严重的环境污染和资源消耗的生存困局，这已经成为制约世界经济快速发展的一个重大瓶颈。促进经济可持续发展的驱动力是什么？毋庸讳言，就是"绿色消费"。尤其对于尚处在发展中国家的中国来说，建立可持续的绿色消费模式已迫在眉睫。因此，传统的不可持续性消费模式要从根本上变革，从"高消耗资源、高排放污染、高物质化"的消费类型转向"低消耗、低排放、非物质化"的消费类型。唯当如此，中国的生态经济才能露出真正的曙光，中国的可持续发展战略也才能从根本上实现好转。

众所周知，传统工业经济消费模式的特征是高消费、超前消费和挥霍消费，这种消费方式不仅消耗了大量的自然资源，而且造成了严重的环境污染，使人类在地球上的可持续生存和发展面临着极大的威胁。与传统经济消费方式不同，生态经济消费方式的特征是适度消费、理性消费和循环消费，它是对工业经济以来盛行的诸如高消费、超前消费、挥霍消费、畸形消费等消费方式的批判和摒弃，是一种消费方式变革的结果。生态消费模式，完全符合人类与自然和平相处、共生共荣的和谐原理。

生态消费模式是一种新的可持续消费模式。关于可持续消费的认识，具有代表性的是1994年联合国环境署在内罗毕发表的《可持续消费的政策因素》报告中所指出的：可持续消费意味着提供满足基本需要和提高生活质量的服务和有关产品，同时最大限度减少资源和有害物资的使用，以及在这些服务或产品的寿命周期内废物和污染的排放，从而不危及未来各代人的需要。理解这一概念需要把握以下几点：可持续消费是在协调有限的资源和环境与人类消费模式之间的关系这一背景下出现的，它旨在谋求人与自然之间和谐发展的积极实现；可持续消费关系到人类吃、穿、住、用、行等生活中的方方面面，并直接影响到与我们息息相关的生存环境；可持续消费不是对消费不足和过度消费的无奈折中，而是为了更好地满足人们的消费需要；可持续消费要求在消费过程中尊重自然、注重环保、崇尚节约、强化生态消费意识，缓和人与自然的尖锐矛盾，达到消费与环境相和谐。

生态经济的消费观是绿色消费观，绿色消费是生态经济发展的内在动力，它是一种与自然生态相协调的，既节约、适度又注重保健、环保的消费模式。这种消费是一种可持续消费，既满足当代人的消费需求，又不减少子孙后代的消费需求，并且保证他们的消费安全和身心健康。传统消费模式消费了资源，消费了环境，消费了地球，也消费了人类；可持续消费模式拯救了资源，拯救了环境，拯救了地球，也拯救了人类。可持续消费是人类消费模式发展史上的一次历史性转变，它对于人类的生产生活方式和思维方式都将产生变革性的影响，是未来生态文明的标志。

(三)生态经济的科技支撑

每一种经济时代的标志，不在于生产什么，而在于怎样生产和用什么劳动资料生产。换言之，社会经济形态不断演进的直接驱动力来自社会科学技术结构的变化升级。科学技术作为人类文明智慧的成果和结晶，在人类社会的发展与进步中发挥着重大的推动作用。无论是在传统工业时代，还是在现今知识经济时代，科学技术都是经济发展的基础。同样，生态经济的实现也离不开科学技术。就中国目前的状况而言，正如胡锦涛同志在2006年1月9日召开的全国科学技术大会上的讲话中所指出的：我国正处于社会主义初级阶段，经济社会发展水平不高，人均资源相对不足，进一步发展还面临着一些突出的问题和矛盾。从我国发展的战略全局看，走新型工业化道路，调整经济结构，转变经济增长方式，缓解能源资源和环境的瓶颈制约，加快产业优化升级，促进人口健康和保障公共安全，维护国家安全和战略利益，我们比以往任何时候都更加迫切地需要坚实的科学基础和有力的技术支撑。

实现生态经济的根本途径是科技生态化。所谓科技生态化，是指“社会科技发展趋向于生态科技形态，生态科技居于科技体系的核心，以实现科技成为环境优化力量的过程。”生态科技是一个全新的概念，即指“其研究运用能够促进整个生态系统保持良性循环，甚至能优化生态系统结构的科学技术系统。这里有必要说明，所谓的生态科技并不仅仅指这类科技的积极生态效应，而是指它在产生生态效应的前提下，能够带来明显的经济效应，使得生态科技的研究和实施不仅保证了生态的可持续发展，而且也使经济的可持续发展和社会的可持续发展成为可能。”显然，生态科技是一种新型的思维模式，是对人与自然关系的全新阐释，代表了未来科技发展的新方向。促进生态科技创新，关键在于创造一个全新的绿色的技术背景，发展生态技术。生态技术是一种新的技术形式，它是指在保护自然资源、生态环境以及解决生态环境的问题中所采取的预防、治理和控制环境污染，并进行调养生态环境的新技术、新对策和新措施。生态技术是人类向大自然学习的结果，它集中体现了生态学的基本原理与现代科学技术的新成就，是集经济高效与环境安全为一体的真正的现代高新技术。

生态技术创新的突破口在于环境战略、环境标准研究和环境应用技术等方面，并且具有一定基础优势、关系生态文明建设全局和生态安全的关键领域。中国《国家中长期科学和技术规划纲要(2006—2020年》指出，未来科技发展实现目标中要求能源开发、节能技术和清洁能源技术取得突破，促进能源结构优化，主要工业产品单位能耗指标达到或接近世界先进水平。在重点行业和重点城市建立循环经济的技术发展模式，为建设资源节约型和环境友好型社会提供科技支持。引导和支撑生态经济发展，就要尽快破解那些迫在眉睫的生态科技难题，主要包括：控制污染和消除污染的技术、有毒废弃物的净化处理技术、废弃物减量化和资源化的绿色技术、生产过程净化的清洁技术、智能化微制造技术、航天技术、生物技术、新能源、新材料技术、生态修复技术、生态监测预警系统、推进重大环保装备及仪器设备的研发水平、提高环保装备技术水平、加大国产绿色产品市场占有率、环境变化监测和温室气体减排技术等。为适应生态经济发展的需要，尤其应该大力研究和推广几项关键性技术。

第一，智能化微制造技术。随着现代信息技术革命的发展，智能化微制造技术必将渗透到我国国民经济生产和生活的方方面面，它会逐渐成为生态文明时代的主导技术。智能化微制造技术，不仅包括微加工，还包括微电子的应用，微米技术加工基本可算是起步阶段，这种技术被主要应用在汽车零件、军事等领域，而微电子的应用大都集中在电路和电脑芯片上。对于这项新型技术，欧美发达国家已投入了大量资源，对其研究和开发也不断取得了实质性的突破。

第二，生物工程技术。在人类技术思想史上，生物技术是一场革命。生物工程技术涉及的领域非常广泛，一般来讲，其五大主体技术是基因工程、细胞工程、酶工程、发酵工程和生物反应器工程。生物技术以生物学为理论基础，与先进的现代工程技术相结合，充分运用分子生物学的最新成果，将其成果转化成一大批新兴产业群。生物工程技术广泛应用于农业、工业、医学、能源和环保等各个方面，成为生态科技的核心体系，它必将在人类社会的经济、政治、军事等领域发挥巨大的影响，不仅致力于全球生态环境问题的解决，而且为人们带来巨大的经济效益和社会效益。

第三，循环经济技术。在传统的线性经济发展模式下，其落后的生产加工技术是遵循从资源到产品到污染排放的路径单向流动，其主要特征是高消耗、高污染的。而循环经济技术是为了更好地、合理地利用资源和能源，更多地回收废弃物，更少地排放污染物，形成“资源—产品—再生资源”的循环型路径。循环经济技术主要包括减量化技术、再利用技术、资源化技术、能源利用技术等多种技术。这些技术既在源头上节约资源和减少污染，也在生产过程中延长原料使用周期，还将生产消费中产生的废弃物转化为有用的资源或产品，进而达到提高资源利用率，实现资源可持续利用的目的，实现了社会效益与生态效益的双重提高。

第四，低碳技术。在生态危机全球化的背景下，降低能耗和减排温室气体已成为人类社会亟须解决的难题。因此，倡导低能耗、低污染的“低碳社会”“低碳经济”成为经济发展的新型经济发展模式，受到世界各国的关注和践行。低碳技术所能应用的范围是非常广泛的，主要集中于煤炭、油气等资源的科学开发与高效利用、可再生能源及新能源等领域对温室气体排放的有效控制，它涉及交通、电力、化工、冶金等部门，几乎涵盖了国民经济发展的所有支柱产业。从一定程度上讲，谁掌握了低碳核心技术，谁就赢得了绿色经济的优先发展权。

第五，节能减排技术。显然，节能减排包括节能和减排两大技术领域，节能意味着减排，但减排并不一定节能，节能技术的创新尤为必要。因此要加大财政支持力度，建立一批具有世界领先水平的国家重点实验室，构建技术研发创新平台，从实质上攻克节能减排的关键技术。另外，培育科技创新型企业，积极转化节能减排领域的科技创新成果，提高企业自主创新能力。而且在重点行业鼓励和扶持一大批企业使用先进的节能减排技术，力求采用环保新设备、新技术、新工艺，大力提高经济效益和市场竞争力，突破制约低碳经济发展的技术瓶颈。

第六，污染处理技术。随着我国经济的快速发展，环境污染问题已不容忽视。但是我国环境科技发展由于一直未得到高度重视，污染防治技术较为落后，现在已对这一领域进行攻坚突破，也取得了一定成效。目前，环境科技研究领域不仅重视单是污染引起的环境问题，而且逐渐转移到全方位地研究自然资源保护和其他环境问题等。尤其是在污染防治方面，由以前以工业“三废”治理为主的技术进步到综合防治技术，在有害废物处理处置方面也有一定进展。

第七，生态修复技术。生态修复技术依据生态系统的演替过程为理论基础，利用生态系统的自我恢复能力并辅以人工措施，控制那些待修复生态系统的演替发展向良性循环方向进行，使那些遭到破坏的生态系统恢复其结构和功能，最终使系统整体趋于自平衡状态。简言之，生态修复是试图重新创造、引导或加速自然演化的过程。

总之，当前生态科技的创新已体现了人类由单纯破坏生态、主宰自然发展到保护生态、修复自然的绿色科技理念，已开始重视科技的创新与进步在生态经济建设中发挥的重要作用。无疑，科学技术与生态经济发展有着相互促进的密切关系。一方面，在生态经济发展理念的指导下，科学技术获得了发展的强大推动力，不断拓展新的研究领域和滋生新的科学技术增长点；另一方面，科学技术也是实现生态经济发展的必要条件，科学技术是经济可持续发展的主要基础之一，没有高层次的科学技术支持，可持续经济发展的目标就不能够实现。在生态经济发展模式下，科学技术的进步不仅是生态经济赖以实现的有力杠杆，而且其生态学的转向成为发展生态经济的主要内容和根本要求。这是因为，科学技术不是按其预定轨道行驶的列车，而是在茫茫大海上摸索探险的航船，人类则是驾驶航船的舵手。如果我们忘乎所以地盲目行进，就随时有沉没汪洋的重大危险。然而，如果我们对科技前进的方向有清醒的认识，就能驾驭它到达理想的彼岸。

四、实践过程

(一)观：视频《绿水青山就是金山银山》

1. 视频简介

《绿水青山就是金山银山》是由中共浙江省委宣传部、浙江广播电视集团精心策划、浙江卫视担纲制作的三集大型政论纪录片。纪录片从全球视野、历史视角，深刻阐述了“绿水青山就是金山银山”重要思想提出的时代背景及其折射的理论光辉；生动展示了10年间浙江打好转型升级组合拳，不断推进生态文明建设的具体实践；真情记录了浙江人民攀“两山”路，寻梦山水间的不懈追求。

纪录片《绿水青山就是金山银山》共包括三集，即《第一集：美丽新时代》《第二集：组合拳效应》《第三集：寻梦山水间》。

2. 视频链接

http：//tv. cntv. cn/video/绿水青山就是金山银山

(二)听：讲座《财经关键词之绿色经济发展之路》

1. 讲座简介

国务院发展研究中心资源和环境研究所副所长李佐军围绕绿色经济的概念、地方政府在绿色经济推广中所需要完成的职责以及绿色经济指标的考量等问题进行了深入分析和讲解。

2. 讲座链接

https：//www. iqiyi. com/v_ 19rrjutmrv. html

(三)读：《增长的极限》

1. 作品简介

《增长的极限》是2013年出版的图书，该书挑战现有思维模式和行为模式，向读者展示低碳经济、生态足迹等话题，是系统思考方面的典范之作。《增长的极限》中提出的一种著名经济增长观和社会发展观。它包括以下几个方面的内容：

第一，增长的极限性。增长并非是无限的，在一定的时间内和一定的条件下将达到极限。这种极限性来自两个方面：自然的、物质的极限和人为的、社会的极限。其中，和平环境、教育水平、科技能力等社会极限固然重要，但最主要的极限来自物质极限，即地球和资源的有限性。世界的各种增长，包括排名前三位的人口增长、工业产品增长和污染增长，无不受到地球和资源有限性的制约性。例如，居世界增长数量之冠的人口增长，通常要受到粮食、土地、淡水量、矿物资源等的限制。

第二，增长的非线性。持续不断的增长通常不是线性增长的过程，而是按指数增长模式进行的非线性增长的过程。在一定的时间周期内，与人类的前途和命运休戚相关的人口、粮食、工业化、污染、资源消耗等方面的量的增长，不属于按照常量增长的类型，而属于按常量的百分比增长的指数增长类型。指数增长往往是一种按高速度倍增的增长，其速度之快、数量之多、影响之广和后果之惊人，往往出人意料之外。世界人口的增长，是典型的指数增长。自然资源利用率的增长，也按指数增长的方式进行，从而导致不可再生资源的加速消耗和可利用时间的大幅度缩减：铬从420年减为95年；铝从100年减为31年；铜从36年减为21年。

第三，增长的滞后性。增长过程中的时间差即滞后现象，是增长的特点。滞后现象出现在增长的自然过程和社会过程之中。例如，在工业生产增长的自然过程中，滞后性明显地表现在下列两个方面：从工业污染物的排放到工业污染物积聚到有害程度的时间差；从工业污染物积聚到有害程度到工业污染物的危害被人们有效地控制的时间差。又如，在工业生产增长的社会过程中，从认识到制定调整工业生产政策的必要性到了解到实施政策后所产生的各种正负效果，也存在着时间差，即后者滞后于前者，因为完成从前者到后者的过渡需要一定的时间。增长的滞后性，使增长具有潜在危险，因为滞后性导致增长难以得到及时有效的控制和调整，使整个增长系统失灵。增长的速度越快，滞后性越严重，潜在的危险也越大。

第四，增长的两面性。增长既有积极的一面，也有消极的一面。人们往往看重它的积极面，却忽视它的消极面。增长代表的是一种问题成堆的发展。它一方面在为人的利益服务，另一方面在加速人走向覆灭的进程。对增长和发展的盲目反对固然不可取，但盲目的增长和发展却应当坚决反对。

第五，增长的灾难性。没有任何条件、不必付出任何代价的增长是不存在的。不生产更多的粮食，就不可能有人口的增长；不以消耗各种资源为代价，也不可能换取经济的增长。由于地球的有限性和资源的不可再生性，由于人类盲目地追求增长和缺乏长远的发展眼光，如果世界人口、工业化、污染、粮食生产和资源消耗等方面的增长趋势依然在继续，那么在今后的一百年中增长必将达到极限，必将带给整个地球灾难性的后果，使人类社会走向衰败。

第六，增长被全球均衡取代的必要性。如果人类不改变盲目追求增长的行为，增长的极限将不可避免地发生，人类社会将无法逃脱崩溃的厄运。为防止灾难性前景的出现，人们应当自觉地抑制增长，使社会从增长过渡到全球均衡。达到全球均衡状态，意味着生态和经济条件的稳定、人的基本物质需要的满足和实现个人潜力的机会均等。确立这种状态的关键是停止指数增长，使增长降为零度增长。就人口和工业投资来说，应当在 1975 年使人口出生率与死亡率相等，在 1990 年使投资率与折旧率相等，来实现零度增长。在零度增长条件下的全球均衡，实际上是引起增长的力量和抑制增长的力量之间的均衡，是非停滞的均衡和人与人平等的均衡。

第七，增长的全球性。增长是全球普遍存在的现象，也是一个全球性问题。全球性的狂热追求经济高速增长的行为，流行全世界的以增长、工业化和投资为重点的发展模式，席卷世界的增长可以无限的信念，增长失控可能招致的全球性灾难，等等，无不表明增长问题已处在时间和空间的最高层次，具有重大的战略意义。因此，必须站在全球整体的高度，用现代社会广阔的战略眼光，审视增长及其引发的问题，寻求全球性的解决增长极限问题的有效方案。

第八，增长的系统性。增长是个全球系统，在构成这个系统的子系统中，人口、粮食、投资、污染具有特殊的重要地位，它们相互作用，相互影响。作为一个全球系统的增长，和其他的全球系统相互作用、相互联系和相互制约。如果增长系统的行为得不到有效的改善，增长系统将发生极限并最终走向系统的崩溃。

第九，增长的复杂性。增长不仅是个大系统，而且是复杂的系统。增长过程的复杂性主要表现在：首先，指数的、非线性的增长有复杂的原因和复杂的未来发展过程，在增长系统里，不但有许多不同的量同时存在和同时增长，而且量与量之间相互联系的方式也很复杂；其次，增长系统各个组成部分之间，充满了循环往复、连锁或滞后的关系，对增长系统的行为产生复杂而又重要的影响。为避免增长系统出现极限性的障碍和走向崩溃，必须掌握和妥善处理系统中的复杂关系。

第十，增长的动态性。指数增长具有明显的动态性特征。由于影响指数增长的各种因素往往随着时间的变化而变化，因而指数增长过程是一种动态的、发展变化的过程。利用系统动态学可以把握增长系统的动态变化，并设计控制增长系统动态变化的有效方案，以避免增长系统出现极限性和崩溃性的动态变化。系统动态学中的反馈环路对了解影响增长的促进因素或抑制因素的动态变化，具有重要作用。正反馈环路用来了解促进因素的动向，负反馈环路则用来理解抑制因素的发展趋势。例如，在世界经济增长的动态变化过程中，构成它的正反馈环路的是资本、产品和投资，有更多的资本，才能生产更多的产品，更多的产品意味着产品有更大的可变部分可用作投资，投资的增多意味着资本的增多，于是便形成了新的、更大的投资储备，用来生产更多的产品；与此相反的负反馈环路，是由资本和资本折旧构成的，伴随着资本的增多，每年的平均损耗也必然增多，损耗越大，下一年的资本则必然会越少。和经济领域一样，其他领域的增长，也是在正负反馈环路的作用下发生动态变化的。

《增长的极限》的正式发表，立即引起爆炸性的反响，西方报纸把它称为“70年代的爆炸性杰作”。几乎在一夜之间，增长及其极限问题，成为全球关注的中心和传播媒介的热点，成为政界、企业界、学术界和其他各界的话题，并引发了一场关于增长极限的旷日持久的论争。该书在问世后的短短10多年中，曾再版10几次，被译成30多种文字，发行量高达600万册。它成为世界各国100多所大专院校的教材，并曾被第三十一届联合国大会列为大会文件。《增长的极限》在全世界产生了巨大的影响。

2. 作者简介

德内拉·梅多斯(Donella Meadows)，系统思考大师之一，也是“学习型组织之父”、《第五项修炼》作者彼得·圣吉的老师。著有畅销书《增长的极限》、系统思考入门读物《系统之美》。1996年创立了可持续性发展协会。2001年辞世，生前是达特茅斯学院副教授、系统分析师。

乔根·兰德斯(Jorgen Randers)，挪威管理学院名誉院长。

丹尼斯·梅多斯(Dennis Meadows)，新罕布什尔大学系统管理学教授、社会科学与政策研究所的所长。

(四)游：游览祖国大好河山

杭州，简称“杭”，浙江省省会，位于中国东南沿海、浙江省北部、钱塘江下游、京杭大运河南端，副省级市，是浙江省的政治、经济、文化、教育、交通和金融中心，长江三角洲城市群中心城市之一、环杭州湾大湾区城市、杭州都市圈城市、中国重要的电子商务中心之一。截至2017年，杭州下辖10个区、2个县，代管1个县级市，总面积16 853.57平方千米(包含钱塘江水域面积，钱塘江河海分界线采用海盐澉浦—余姚西三闸连线)，常住人口946.8万人，城镇化率76.8%。2017年，居民人均可支配收入49 832元，社会消费品零售总额5717亿元，高新技术企业达2844家。

杭州自秦朝设县治以来已有2200多年的历史，曾是吴越国和南宋的都城。因风景秀丽，素有“人间天堂”的美誉。杭州得益于京杭运河和通商口岸的便利，以及自身发达的丝绸和粮食产业，历史上曾是重要的商业集散中心。后来依托沪杭铁路等铁路线路的通车以及上海在进出口贸易方面的带动，轻工业发展迅速。新世纪以来，随着阿里巴巴等高科技企业的带动，互联网经济成为杭州新的经济增长点。

杭州人文古迹众多，西湖及其周边有大量的自然及人文景观遗迹，具代表性的有西湖文化、良渚文化、丝绸文化、茶文化，以及流传下来的许多故事传说成为杭州文化代表。

2018年世界短池游泳锦标赛、2022年亚运会将在杭州举办。2018年1月，杭州入选首批社会信用体系建设示范城市。2017年中国百强城市排行榜排第

7 位。

1. 名称

中文名称：杭州；英文名称：Hangzhou City；别名：临安、钱塘、武林、杭城。

2. 历史沿革

杭州乌龟洞遗址古人类化石的发现证实 5 万年前就有古人类在杭州这片土地上生活，萧山跨湖桥遗址的发掘证实了早在 8000 年前就有现代人类在此繁衍生息，距今 5000 年前的余杭良渚文化被誉为“文明的曙光”。杭州夏商周属“扬州之域”。传说在夏禹治水时，全国分为九州，长江以南的广阔地域均泛称扬州。公元前 21 世纪，夏禹南巡，大会诸侯于会稽(今绍兴)，曾乘舟航行经过这里，并舍其杭(“杭”是方舟)于此，故名“余杭”。一说，禹至此造舟以渡，越人称此地为“禹杭”，其后，口语相传，讹“禹”为“余”，乃名“余杭”。春秋时，吴国、越国两国争霸，杭州先属越国，后属吴国，越灭吴后，复属越。战国时，楚国灭越国，杭州又归入楚。

秦统一六国后，在灵隐山麓设县治，称钱唐，属会稽郡。《史记·秦始皇本纪》中记载：“三十七年十月癸丑，始皇出游……过丹阳，至钱唐，临浙江，水波恶……”这是史籍最早记载“钱唐”之名。当时还是随江潮出没的海滩，西湖尚未形成。

西汉承秦制，杭州仍称钱唐。新莽时一度改钱唐为泉亭县；到了东汉，复置钱唐县，属吴郡。这时杭州农田水利兴修初具规模，并从宝石山至万松岭修筑了第一条海塘，西湖开始与海隔断，成为内湖。汉书地理志记载：钱唐，西部都尉治。武林山，武林水所出，东入海，行八百三十里，莽曰泉亭。

三国、两晋、杭州属吴郡，归古扬州。东晋咸和元年(326 年)，印度佛教徒慧理在飞来峰下建了灵隐寺，是西湖最古的丛林建筑。梁太清三年(549 年)，侯景升钱唐县为临江郡。陈祯明元年(587 年)，又置钱唐郡，辖钱唐、于潜、富阳、新城、桐庐，属吴州。

隋王朝建立后，于开皇九年(589 年)废郡为州，“杭州”之名第一次出现。并桐庐入钱唐县，下辖钱唐、余杭、富阳、盐官、于潜、武康六县。州治初在余杭，次年迁钱唐。开皇十一年，在凤凰山依山筑城，“周三十六里九十步”，这是最早的杭州城。大业三年(607 年)，改置为余杭郡。六年，杨素凿通江南运河，从江苏镇江起，经苏州、嘉兴等地而达杭州，全长 400 多千米，自此，拱宸桥成为大运河的起讫点。杭州一跃而“咽喉吴越，势雄江海”，确立起了它在整个钱塘江下游地区的交通枢纽地位。“水牵卉服，陆控山夷”。这一重要的地理位置，促进了杭州经济文化的迅速发展。这时的余杭郡有户 15 380，杭州户口统计由此开始。

唐代，置杭州郡，旋改余杭郡，治所在钱唐。因避国号讳，于武德四年(621

年)改“钱唐”为“钱塘”。太宗时属江南道，天宝元年(742 年)复名余杭郡，属江南东道。乾元元年(758 年)又改为杭州，归浙江西道节度，州治一度在钱塘，辖钱塘、盐官、富阳、新城、余杭、临安、于潜、唐山八县。到了唐代后期，杭州已是一副“骈樯二十里，开肆三万室”的兴旺景象。每年朝廷从杭州所收商税高达 50 万缗，几乎占全国财政收入的 4%。在元和八年(812 年)中央政府任命卢元辅为杭州刺史的制文中已经出现了“江南列郡，余杭为大”的赞誉。

五代十国时期，吴越国偏安东南，建都于杭州。当时的杭州，治在钱塘，辖钱塘、钱江、盐官、余杭、富春、桐庐、于潜、新登、横山、武康十县。在吴越三代、五帝共 85 年的统治下，经过劳动人民的辛勤开拓建设，杭州发展成为全国经济繁荣和文化荟萃之地。欧阳修在《有美堂记》里有这样的描述：“钱塘自五代时，不烦干戈，其人民幸福富庶安乐。十余万家，环以湖山，左右映带，而闽海商贾，风帆浪泊，出入于烟涛杳霭之间，可谓盛矣!”吴越王钱镠在杭州凤凰山筑了“子城”，内建宫殿，作为国治；又在外围筑了“罗城”，周围 70 里，作为防御。据《吴越备史》记载，这个都城，西起秦望山，沿钱塘江至江干，濒钱塘湖(西湖)到宝石山，东北面到艮山门。以形似腰鼓，故又有“腰鼓城”之称。

吴越王重视兴修水利，引西湖水输入城内运河；在钱塘江沿岸，采用“石囤木桩法”修筑百余里的护岸海塘；还在钱塘江沿岸兴建龙山、浙江二闸，阻止咸水倒灌，减轻潮患，扩大平陆。动用民工凿平江中的石滩，使航道畅通，促进了与沿海各地的水上交通。

北宋时，杭州为两浙路路治。淳化五年(994 年)，改军号为宁海军节度。大观元年(1107 年)升为帅府，辖钱塘、仁和、余杭、临安、于潜、昌化、富阳、新登、盐官九县。当时人口已达 20 余万户，为江南人口最多的州郡之一。经济繁荣，纺织、印刷、酿酒、造纸业都较发达，对外贸易进一步开展，是全国四大商港之一。杭州历任地方官，十分重视对西湖的整治。元祐四年(1089 年)，著名诗人苏东坡任杭州知州，再度疏浚西湖，用所挖取的葑泥，堆成横跨南北的长堤(苏堤)，上有六桥，堤边植桃、柳、芙蓉，使西湖更加美化。又开通茅山、盐桥两河，再疏六井，使卤不入市，民饮称便。据《宋史》卷 88《地理志》载，北宋崇宁年间(1101—1106 年)户口数字与元丰年间大致相等，户数达 203 574，口数达 296 615。宋仁宗有诗句赐梅挚知杭州中赞美杭州为东南第一州。

由此可见，在南宋定都之前，杭州是江南人口数量最多的州城。

经过北宋 150 多年的发展，到了南宋时，开始了杭州的鼎盛时期。南宋建炎三年(1129 年)升为临安府，治所在钱塘。辖钱塘、仁和、临安、余杭、于潜、昌化、富阳、新城、盐宫九县，地域与唐代大致相当。绍兴八年(1138 年)定都在于此，杭州城垣因而大事扩展，当时分为内城和外城。内城，即皇城，方圆九里，环绕着凤凰山，北起凤山门，南达江干，西至万松岭，东抵候潮门，在皇城之内，兴建殿、堂、楼、阁，还有多处行宫及御花园。外城南跨吴山，北截武林门，右连西湖，左靠钱塘江，气势宏伟。设城门 13 座，城外有护城河。由于北方许多人随朝廷南迁，使临安府人口激增。到咸淳年间(1265—1274 年)，居民增至124万余人(包括所属县)。就杭州府城所在的钱塘、仁和两县而言，人口也达43万余人。

元至元十三年(1276年)，设两浙大都督府，又改设安抚司。十五年(1278年)升杭州路，为江浙行省省会。

明代改杭州路为杭州府，为浙江承宣布政使司治所。

清世祖顺治二年(1645年)，置浙江巡抚，驻杭州。圣祖康熙元年(1662年)，浙江承宣布政使司改为浙江行省，杭州为省会。

清初，在杭州城西沿西湖一带建造“旗营”，俗称“满城”。城墙周围十里，南至今开元路，北靠法院路，东临中山中路附近，西面包括湖滨公园，并辟有六座城门，总占地1436亩，成为杭州的“城中城”(民国初年拆除)。雍正二年(1724年)、嘉庆五年(1800年)，浙江总督李卫、巡抚阮元先后再次疏浚西湖，挖起大量葑泥，使湖水加深数尺。杭州人口持续增加。光绪九年(1883年)，杭州城内有62万余人。光绪二十一年，清政府在中日战争中失败，被迫签订《马关条约》，杭州开为日本通商商埠，拱宸桥辟为日本租界。随着资本主义势力的入侵和洋务运动的兴起，杭州的近代工业也逐渐发展起来。

“中华民国”元年(1912年)，废杭州府，合并钱塘、仁和两县为杭县，仍为省会所在地。民国三年(1914)设道制，置钱塘道，道尹驻杭县。原杭州府所辖各县归钱塘道管辖。民国十六年(1927)废道制，析出杭县城区设杭州市，直属浙江省；郊区仍为杭县，旧属诸县直属于省。从此，杭州确立为市的建制，市区分为8个区。这时杭州已有少数近代工业，如在1897年创办的通益公纱厂(杭州第一棉纺织厂前身)，规模较大；其后又陆续兴办起火柴厂、造纸厂等，传统的手工丝织行业也逐步采用机械传动。1909—1914年，沪杭、杭甬铁路相继建成；全长1453米的钱塘江大桥于1937年竣工。1945年抗日战争胜利后，无条件收回拱宸桥日租界。

从鸦片战争后的百余年间，国力不振，民生凋敝，杭州城市年久失修，工商业也困难重重，西湖的不少景点，大多残破不堪，有的已经废圮。1949年5月3日，杭州市才获得新生。

50年代以后，杭州的区域范围经历了不断变化。先是将原有的8个区改名为上城区、中城区、下城区、江干区、西湖区、艮山区、拱墅区、笕桥区；其后，艮山区并入下城区，笕桥区并入江干区，中城区大部分并入上城区，小部分并入下城区。1958年4月杭县撤销作为杭州市郊区，1960年1月建立钱塘联社，1961年3月余杭县并入杭州钱塘联社，成立新的余杭县。

1990年初，半山区又与拱墅区合并，成立新的拱墅区。

1994年，杭州升格为副省级城市。

1996年12月12日，杭州市新设立滨江区。属县则有萧山、桐庐、余杭、临安、建德、富阳、淳安7个县(市)。

2001年3月12日，杭州市政府正式宣布，经国务院和浙江省人民政府批准，撤销萧山市和余杭市，同时设立萧山区和余杭区，与杭州市原6个区一起构成一个新杭州，调整后的杭州新市区由原来的 6 个区增加到 8 个区。

2014 年 12 月 13 日，经国务院批准，撤销富阳市，设立杭州市富阳区。富阳区成为杭州市第 9 个市辖区。

2016 年 10 月 1 日，经国务院批准和浙江省人民政府批复同意，杭州市人民政府驻地由拱墅区环城北路 318 号迁至江干区解放东路 18 号。

2017 年 8 月 10 日，浙江省人民政府正式签发《浙江省人民政府关于调整杭州市部分行政区划的通知》，根据《国务院关于同意浙江省调整杭州市部分行政区划的批复》(国函〔2017〕102 号)精神，撤销县级临安市，设立杭州市临安区，以原临安市的行政区域为临安区的行政区域，临安区人民政府驻锦城街道衣锦街 398 号。

3. 行政区划

辖区：10 个市辖区、2 个县、1 个县级市。

街道社区：92 个街道办事处，75 个镇，23 个乡，597 个社区、807 个行政村。

市政府：杭州市人民政府驻江干区解放东路 18 号。

4. 地理环境

(1)地理位置

杭州位于中国东南沿海北部，浙江省北部，东临杭州湾，与绍兴市相接，西南与衢州市相接，北与湖州市、嘉兴市毗邻，西南与安徽省黄山市交界，西北与安徽省宣城市交接。

地理坐标为坐标为东经 118°21′~120°30′，北纬 29°11′~30°33′。市中心地理坐标为东经 120°12′，北纬 30°16′。

杭州的城市原点(零公里标志)设在上城区紫薇园坐标原点。紫薇园坐标原点从 1913 年开始就作为杭州市的中心。城市内的建筑、道路、水系及名胜古迹，都可根据该原点标出方位和与原点的距离。

(2)水系分布

杭州有着江、河、湖、山交融的自然环境。全市丘陵山地占总面积的 65.6%，平原占 26.4%，江、河、湖、水库占 8%，世界上最长的人工运河——京杭大运河和以大涌潮闻名的钱塘江穿过。

(3)气候特征

杭州处于亚热带季风区，属于亚热带季风气候，四季分明，雨量充沛。全年平均气温 17.8℃，平均相对湿度 70.3%，年降水量 1454 毫米，年日照时数 1765 小时。夏季气候炎热，湿润，是新四大火炉之一。相反，冬季寒冷，干燥。春秋两季气候宜人，是观光旅游的黄金季节。

(4)地形地貌

杭州地处长江三角洲南沿和钱塘江流域，地形复杂多样。杭州市西部属浙西丘陵区，主干山脉有天目山等。东部属浙北平原，地势低平，河网密布，湖泊密布，物产丰富，具有典型的“江南水乡”特征。

5. 自然资源

杭州物产丰富，素有“鱼米之乡”“丝绸之府”“人间天堂”之美誉。农业生产条件得天独厚，农作物、林木、畜禽种类繁多，种植林果、茶桑、花卉等品种260多个，杭州蚕桑、西湖龙井茶闻名全国。全市森林面积1635.27万亩，森林覆盖率达64.77%。

国家一级陆生野生动物有10种，二级64种；国家一级保护植物3种，二级18种。矿产资源有大中型的非金属和金属矿床。临安、昌化出产的鸡血石，为收藏石和印石中的珍品。

6. 人口民族

2016年年末，全市常住人口946.80万人，比上年末增加28.00万人，其中城镇人口727.14万人，占比76.8%，比2015年提高0.6个百分点；人口出生率为12.5‰，人口自然增长率为7.4‰。全市户籍人口753.9万人，人口出生率为14.7‰，人口自然增长率为6.2‰。

根据《杭州市第六次人口普查主要数据公报》(2011年)，杭州常住人口中市外流入人口为235.44万人，占27.06%，全市常住人口中，具有大学(指大专及以上)文化程度的人口为164.27万人；具有高中(含中专)文化程度的人口为154.17万人；具有初中文化程度的人口为277.03万人；具有小学文化程度的人口为197.21万人(以上各种受教育程度的人包括各类学校的毕业生、肄业生和在校生)。每10万人中具有大学文化程度的人口为18 881人；具有高中文化程度的人口为17 720人；具有初中文化程度的人口为31 841人；具有小学文化程度的人口为22 667人。全市常住人口中，文盲人口(15周岁及以上不识字的人)为32.41万人。全市常住人口中，居住在城镇的人口为637.27万人，占73.25%；居住在乡村的人口为232.77万人，占26.75%。

杭州汉族为主、少数民族散杂居。1982年全国第三次人口普查时，全市有汉族、畲族、回族、满族、蒙古族、壮族、苗族、朝鲜族、侗族、土家族、布依族、高山族、傣族、瑶族、彝族、佤族、水族、维吾尔族、白族、达斡尔族、藏族、黎族、塔塔尔族、傈僳族、纳西族、锡伯族、俄罗斯族27个民族。除汉族以外的26个少数民族人口13 383人，占全市总人口的0.25%。杭州各少数民族一般讲汉语，用汉名、服饰、生活习惯等亦与汉族大致相同。

7. 经济

2017年，杭州实现地区生产总值12 556亿元，比上年增长8.0%。其中第一产业增加值312亿元，第二产业增加值4387亿元，第三产业增加值7857亿元，分别增长1.9%、5.3%和10.0%。全市常住人口人均GDP为134 607元，比上年提高 10 321 元，增长 5.4%。按国家公布的年平均汇率折算，为 19 936 美元。三次产业结构调整为 2.5∶34.9∶62.6，服务业占 GDP 比重比上年提高 1.7 个百分点。城镇常住居民人均可支配收入 56 276 元，农村常住居民人均可支配收入 30 397元。

(1)第一产业

2017 年，杭州实现农林牧渔业增加值 317 亿元，增长 2.0%。其中农业 202 亿元，林业 43 亿元，渔业 29 亿元，农林牧渔服务业 5.70 亿元，分别增长 3.2%、2.5%、2.0%、9.9%；牧业 38 亿元，下降 4.8%。粮食总产量 64.72 万吨，增长 1.8%；蔬菜产量 338.34 万吨，增长 0.9%；水果产量 81.99 万吨，增长 7.3%；水产品产量 20.10 万吨，增长 3.2%；肉类产量 24.58 万吨，下降 6.4%。市级“菜篮子”基地 502 个，其中新建 42 个；创建省级现代农业园区 3 个，特色农业强镇 4 个，全年新建粮食功能区 9.6 万亩。新建美丽乡村精品示范线 12 条，村庄生态修复 850 个；农家乐(民宿)共接待游客 4964 万人次，实现经营收入 52 亿元，分别增长 27.9%和 18.2%。

(2)第二产业

2016 年，杭州实现工业增加值 3578.67 亿元，增长 5.2%，其中规模以上工业增加值 2983.91 亿元，增长 5.6%。规模以上工业中，战略性新兴产业、装备制造业、高新技术产业分别实现增加值 812.07 亿元、1249.59 亿元和 1372.92 亿元，增长 11.6%、14.6%和 12.5%。新产品产值率由上年 35.4%提高到 37.7%。工业产品产销率为 99.3%。全市规模以上工业企业实现利税 1610.31 亿元，增长 6.8%，其中利润 927.94 亿元，增长 6.7%。企业亏损面 17.0%。全市实现建筑业增加值 400.11 亿元，增长 0.7%。具有总承包和专业承包资格的建筑企业 1474 家，完成施工产值 4105.30 亿元，增长 0.2%；房屋建筑施工面积 27 220.71 万平方米，下降 3.2%；房屋建筑竣工面积 9754.11 万平方米，下降 3.8%。

(3)第三产业

①金融　2016 年，杭州实现金融业增加值 987.67 亿元，增长 6.5%。年末全市金融机构 459 家，当年新增 50 家。全市金融机构本外币存款余额 33 386.04 亿元，增长 11.8%。贷款余额 26 169.00 亿元，增长 12.2%。其中住户贷款 7800.77 亿元，增长 33.1%；非金融企业及机关团体贷款 18 124.97 亿元，增长 5.1%。

②贸易　2016 年，杭州实现货物进出口总额 4485.97 亿元，增长 8.7%。其中，进口总额 1172.17 亿元，增长 14.6%；出口总额 3313.80 亿元，增长 6.7%(不含省属企业，出口 3019.05 亿元，增长 9.5%)。出口总额中，机电产品出口 1357.20 亿元，高新技术产品出口 424.23 亿元，分别增长 8.3%和 7.6%。按贸易方式分，一般贸易出口 2922.94 亿元，增长 8.7%；进料加工贸易出口 347.38 亿元，下降 8.1%。出口市场中，亚洲、欧洲市场分别增长 8.0%和 8.3%。全市服务贸易进出口总额 1399.64 亿元，增长 18.0%。其中，出口总额 945.67 亿元，增长 19.0%。

2016 年，杭州实现批发和零售业增加值 860.74 亿元，增长 4.2%；住宿餐饮业增加值 177.47 亿元，增长 4.6%。全市实现社会消费品零售总额 5176.20 亿元，增长 10.5%，扣除价格因素，实际增长 8.9%。其中商品零售额 4637.58 亿元，增长 10.7%；餐饮收入 538.62 亿元，增长 8.7%。城镇消费品零售额 4904.61 亿元，增长 10.4%；乡村消费品零售额 271.59 亿元，增长 10.9%。全市实现网络零售额 3445.65 亿元，增长 28.6%；居民网络消费额 1499.98 亿元，增长 34.0%。

③旅游　2017 年，接待国内游客 15884 万人，接待入境游客数量 402.23 万人。

8. 社会

(1)科技

杭州是国家信息化试点城市、电子商务试点城市、电子政务试点城市、数字电视试点城市和国家软件产业化基地、集成电路设计产业化基地。杭州致力于打造“滨江天堂硅谷”，以信息和新型医药、环保、新材料为主导的高新技术产业发展势头良好，已成为杭州的一大特色和优势。通讯、软件、集成电路、数字电视、动漫、网络游戏 6 条“产业链”正在做大做强，有 12 家企业进入全国“百强软件企业”行列，15 家企业进入国家重点软件企业行列，14 家 IT 企业在境内外上市。

2017 年，全年发明专利申请 25 578 件、发明专利授权 9872 件，分别增长 2.5%、14.2%。发明专利授权量中企业专利占比达 47.4%。新认定国家重点扶持高新技术企业 589 家，累计达 2844 家。年末培育认定研发中心 2189 家，其中省级研发中心 835 家。省科技型中小企业 9238 家。省级以上企业研发机构 1203 家。新增省级企业研究院 76 家。科技企业孵化器 113 家，其中国家级 32 家，省级 60 家。拥有省级众创空间 101 家，23 家入选 2017 年省级优秀众创空间。全年研究与试验发展(R&D)经费支出与生产总值之比为 3.2%。财政一般公共预算支出中科技支出 92.32 亿元，增长 23.2%。

2013 年 12 月 18 日，移动 4G 在杭州、宁波、温州正式商用，移动 4G 版 iPhone5s 同时接受预定。移动 4G 在杭州正式商用，移动 4G 网络在杭州覆盖人口近 70%，基本覆盖主城区。移动 4G 在普遍应用于市民生活的同时，也被运用在公安网络系统，受到社会各界的广泛好评。杭州 4G 网络布局已趋成熟，现已开通了 2400 多个 4G 基站，覆盖人口超过 500 万。

2018 年 5 月 2 日，中国移动在杭州等 5 个城市开展外场测试，每个城市建设超过 100 个 5G 基站。

(2)医疗

截至 2016 年年末，杭州有各类医疗卫生机构 4712 个，其中医院 277 个，比上年末分别增加 284 个和 33 个。拥有床位 6.77 万张，其中医院床位 6.40 万张，分别增长 6.4% 和 9.6%。有各类专业卫生技术人员 10.11 万人，其中执业(助理)医师 3.82 万人，注册护士 4.20 万人，分别增长 8.7%、9.8% 和 9.9%。全市医疗机构完成诊疗人数12 192.03万人次，增长3.9%。全市婴儿死亡率和5岁以下儿童死亡率分别为2.10‰和2.99‰。每10万孕产妇死亡率为1.34人。

(3)体育

截至2016年年末，杭州在巴西里约奥运会上，杭州入选中国体育代表团的体育健儿共获得1金1银1铜佳绩。成功举办国际(杭州)毅行大会、国际钱塘江冲浪对抗赛、杭州马拉松等大型品牌体育赛事活动，吸引近50个国家(地区)国际友人参加。全市现有体育场地面积1658.22万平方米，全市体育锻炼人口占比由上年的40.2%提高至40.5%。

2011年10月，举办第八届全国残疾人运动会。

2016年，举办第十届全国大学生运动会。

2017年9月，举办第十三届全国学生运动会。

2018年世界短池游泳锦标赛、2022年亚运会将在杭州举办，杭州成为了继北京、广州之后，第三座举办亚运会的中国城市。

(4)环保

截至2016年年末，杭州市区空气质量优良天数为260天，优良率71.0%，PM2.5年平均浓度为48.8μg/m³，下降14.5%。至年末，市区人均公园绿地面积达14.3平方米，建成区绿化覆盖率为40.5%。全年规模以上工业单位增加值能耗下降6.3%，单位GDP能耗预计下降6%以上。

(5)教育

建于明弘治十一年(1498年)的万松书院是中国古代著名书院之一，它是明清时期杭城规模最大、历时最久、影响最广的浙江文人汇集之地。而杭州知府林启创建于1897年、今浙江大学前身的求是书院则是中国近代史上效法西方学制最早创办的几所新式高等学校之一。

杭州市属高校6所(浙江大学城市学院、杭州师范大学、杭州职业技术学院、杭州科技职业技术学院、杭州万向职业技术学院、浙江育英职业技术学院)，在校生5.6万人(其中研究生1329名)，教职工5258名。

截至2016年年末，杭州共有小学447所，在校学生54.30万人；初中249所，在校学生21.58万人；普通高中77所，在校学生11.04万人。学前三年幼儿入园率为98.8%，初中毕业生升入各类高中比例为99.7%。优质高中招生比例由上年的86.4%提高到86.7%。普通高等院校39所，在校学生48.10万人，其中在校研究生5.30万人，分别比上年增长1.1%和5.6%；毕业生12.84万人，其中毕业研究生1.37万人，分别增长2.7%和3.8%。高等教育毛入学率由上年的60.4%提高到62.2%。全市累计解决义务教育阶段外来务工人员子女入学27.77万人。

9. 交通

(1)公路

截至2016年年底，杭州市境内公路总里程达到16306.07公里，其中高速公路632.04公里。

(2)铁路

截至2016年年底，杭州有线路包括沪昆线(浙赣段、沪杭段)、萧甬线、宣杭线。高速铁路现有沪杭客运专线、宁杭客运专线、杭甬客运专线，2014年12月10日，沪昆高铁杭州至南昌段正式开通运营，而南昌至长沙段已开通运营。至此，沪昆高铁杭州至长沙段全线通车运营。杭州成为中国首座高铁十字架城市。

杭州站位于上城区环城东路，始建于1906年11月14日(当时称清泰站)，因站址在杭州城清泰门内，故本地媒体和民众一般称其为"城站"；最新的杭州站于1997年在拆除40年代日据时期旧站的基础上重建而成，1999年12月28日启用，为上海铁路局辖下的铁路一等站。杭州站为5台9线，多座站台可停靠动车组。始发列车开往全国各个方向，以周边的上海、宁波、温州居多。2005年杭州站发送旅客1462万人次，到达1283万人次。杭州地铁1号线在此设有"城站"站，未来杭州地铁5号线也将过此站。

杭州东站位于江干区天城路，建于1992年；最新的杭州东站于2013年7月1日启用，为上海铁路局下辖特等站。车站体量与上海虹桥站相当，为15台30线，是中国乃至亚洲最大的枢纽站点之一。2015年发送旅客392.4万人次，到达515.3万人次；杭州地铁1号线和杭州地铁4号线在此设有"火车东站"。

杭州南站原名萧山站，位于萧山区新塘街道，距离杭州站27千米，现为特等站，是沪昆线和萧甬线两线枢纽。杭州南站规划旅客总量每天4.5万人次，高峰时旅客量每小时1.2万人。杭州南站在2013年7月进入闭关改造阶段，预计2017年正式启用，届时杭州地铁5号线将在此设站，未来杭州地铁11号线也将在该站设站。

(3)航空

杭州萧山国际机场位于杭州市东部，萧山区靖江街道，距市中心约30千米。是中国重要的干线机场、中国第四大航空口岸(仅次于上海、北京、广州，进出港旅客突破285万人次)、中国十大国际机场之一、中国对外开放的一类航空口岸和国际航班备降机场，是浙江省第一空中门户。

2013年萧山国际机场拥有一条4E级跑道和一条4F级跑道，旅客吞吐量突破2200万人次。2006年，杭州机场与"全球最佳机场"——香港国际机场，进行战略性的全面合资合作，由此成为中国内地首家整体对外合资的机场，2012年底T3航站楼使用，第二跑道建成，萧山机场迈入双跑道机场俱乐部。2014年7月，位于杭州火车东站的城市航站楼启用。

(4)水运

杭州的水路交通，主要是京杭大运河上从苏州至杭州的游船，一般是夜行，暮发朝至，到达地为苏州和无锡两地。在武林门码头上船，17：30发往苏州，次日7：00到抵达，苏州返航时间为17：30。另有一条为钱塘江的航线。这两条线一般都是在夏季或旅游旺季才开通。现已停运。

杭州水上巴士是杭州市内的水上公交系统，按站(码头)停靠，用于缓解陆上交通压力和为游客提供旅游服务，目前有3条公交线路，连接大运河、西溪、钱塘江等水系。

(5)市内交通

①公交　杭州市区全是无人售票车(包括空调车)，乘坐公交车自备零钱，车上不找零，IC乘车卡通用。前门上、后门下。

②电瓶车　西湖新南线长3.5千米，分为一公园、涌金门、柳浪闻莺、学士桥和长桥5个区块，共有18次历史文化景观，每天8：00~17：30，可在环湖南线内乘坐电瓶车环游西湖，环湖电瓶车现有4、8、11、14座4种，行车速度每小时约10千米。线路分3种：

环湖一周游。单向顺时针绕湖行进，票价30元，凭票可在任一站点下车，共可上下车4次。

区间往返游。票价10元，在少年宫水闸—西泠桥、跨虹桥—雷峰塔前、一公园—唐云艺术馆3个区间高区间车，可在区间自由上下车2次。

包车游。费用每半小时10元。

③出租车　杭州出租车起步价11元(3千米)，每千米单价2.5元，等候费4分钟2.5元，超10千米每千米单价3.75元。

④包车　可以直接在网上包车，目前很多线上包车平台，如趣包车。直接网络下单，约好时间，司机会在规定时间到达，可以省了很多找车的时间。

⑤公共自行车　60分钟内免费使用，全市范围内通租通还。

⑥绿色环保，低碳出行　在西湖景区和周边设置了100个旅游咨询亭，提供IC卡办理、电子导游机租赁服务，为游客提供“骑游杭州”提供便网点范围杭州市城区内：上城区、下城区、西湖区、拱墅区、江干区、滨江区6区(即主城区范围)。

公共自行车可以通借通还，布局较密。杭州市余杭区有临平街道、东湖街道、星桥街道、余杭经济开发区、塘栖镇(景区)、良渚街道、余杭街道、闲林街道、仓前街道、五常街道、乔司街道等地有网点。可以与市区通借通还。杭州市萧山区城区内有布局，可在滨江区专门网点通借通还。

10. 文化

(1)方言

杭州话，是吴语的一种，属于吴语太湖片。

杭州话，一般是指杭州主城区方言，属于吴语太湖片杭州小片，分布于杭州拱墅区、上城区、下城区、江干区、西湖区。杭州话是杭州历史的活化石。南宋年间，开封及周边地区的北方军民随宋室大举南迁，定居临安。此后，清朝的八旗兵在杭州驻扎，时间长达200年以上。由于北方移民急剧增加，导致占人口优势的吴语与占政治优势的北方官话进行融合，这一特征在杭州城区内尤其突出。杭州话有儿缀，多用文读，这是和北方方言长期融合演变的产物，也是与临绍吴语、苕溪吴语的差异之处。杭州话语腔语调与周边临绍吴语无异，较大程度地受到了绍兴话的影响，杭州与绍兴的依存关系类似上海与苏州。

杭州市区话具有全浊音，四声齐全，清浊对立，这是隶属吴语的典型标志。

杭州地区的滨江、萧山、富阳方言，以及临安、桐庐方言属于吴语太湖片临绍小片。余杭方言属于吴语太湖片苕溪小片。杭州地区吴语临绍方言使用人口众多。此外，原严州府今划入杭州的淳安县、建德市为徽语。

(2)场馆

截至2016年年末，杭州有文化馆16个，公共图书馆16个，图书馆藏书1489万册。

截至2006年，全市有博物(纪念)馆51个，剧场16个，群艺馆3个，音乐厅2个，全国重点文物保护单位25处(群)。新增国家级文化产业示范基地2个，5家画廊被命名为“中国诚信画廊”，5个广场被命名为“全国特色文化广场”。

(3)艺术

2009年全市获国家级、省级文艺、广播影视、动漫类奖131项。年末有各类专业艺术表演团体20个，公共图书馆16个，文化馆13个，博物馆、纪念馆62个，全国重点文物保护单位24处(群)。全市有线电视用户203.62万户，其中数字电视104.39万户。电视、广播综合覆盖率分别达到99.8%和99.83%。广播电视“村村通”实现全覆盖。成功举办第五届中国国际动漫节、第十一届西湖博览会等重大文化活动。蚕桑丝织技艺、西泠印社的“篆刻”列入联合国教科文组织“人类非物质文化遗产代表作”名录。

(4)节会

①钱江观潮节 “八月十八潮，壮观天下无”每年农历8月18日，在萧山钱江观潮度假村举行国际钱江观潮节。届时，游客不仅可以欣赏举世奇观钱江潮，更可参与一系列文化体育和旅游活动。

②西湖博览会 西湖博览会最早创立于1929年，与1893年的“芝加哥博览会”、1900年的“巴黎博览会”和1927年的“费城博览会”一起扬名世界，并被公认为四大国际性的盛典。首届博览会总共展出国内外物品14.76万件，堪称当时中国物品的总汇。

为纪念这场首开中国博览业先河的展会，2000年，杭州市政府决定重办西博会。到目前，西博会已成为在国内外具有一定知名度和影响力的综合性、国际性博览会。

(5)特产

杭州丝绸、西湖龙井、西湖藕粉、径山茶、西湖绸伞、雪水云绿茶、萧山萝卜干、临安山核桃。

注：杭白菊并非杭州特产而是桐乡的特产，桐乡是隶属于嘉兴的县级市。

11. 旅游

杭州拥有2个国家级风景名胜区——西湖风景名胜区、“两江两湖”(富春江—新安江—千岛湖—湘湖)风景名胜区；2个国家级自然保护区——天目山、清凉峰自然保护区；7个国家森林公园——千岛湖、大奇山、午潮山、富春江、青山湖、半山和桐庐瑶琳森林公园；1个国家级旅游度假区——之江国家旅游度假区；全国首个国家级湿地——西溪国家湿地公园。杭州还有全国重点文物保护单位25个、国家级博物馆9个。全市拥有年接待1万人次以上的各类旅游景区、景点120余处。

著名的旅游胜地有瑶琳仙境、桐君山、雷峰塔、岳庙、三潭印月、苏堤、六和塔、宋城、南宋御街、灵隐寺、跨湖桥遗址等。2011年6月24日，杭州西湖正式列入《世界遗产名录》。

截至2016年年末，杭州实现旅游产业增加值808.89亿元，增长13.3%。全市实现旅游总收入2571.84亿元，增长16.9%，其中旅游外汇收入31.49亿美元，增长7.5%。接待入境旅游者363.23万人次，增长6.3%；接待国内游客1.37亿人次，增长13.8%。至年末，全市各类旅行社达717家，增长4.7%；星级宾馆173家，其中五星级24家，四星级46家；A级景区70个，其中5A级3个，4A级34个。继西湖申遗成功后，2014年6月22日中国大运河成功入选世界文化遗产名录。

(1)西湖

西湖位于杭州市西部、杭州市市中心，是中国大陆首批国家重点风景名胜区和中国十大风景名胜之一。它是中国大陆主要的观赏性淡水湖泊之一，也是现今《世界遗产名录》中少数几个和中国唯一一个湖泊类文化遗产。它以秀丽的湖光山色和众多的名胜古迹闻名中外，是中国著名的旅游胜地。西湖三面环山，面积约6.39平方千米，东西宽约2.8千米，南北长约3.2千米，绕湖一周近15千米。湖中被孤山、白堤、苏堤、杨公堤分隔，按面积大小分别为外西湖、西里湖、北里湖、小南湖及岳湖5片水面，苏堤、白堤越过湖面，小瀛洲、湖心亭、阮公墩3个小岛鼎立于外西湖湖心，夕照山的雷峰塔与宝石山的保俶塔隔湖相映，由此形成了“一山、二塔、三岛、三堤、五湖”的基本格局。西湖的美在于晴天水潋滟，雨天山空蒙。无论雨雪晴阴，无论早霞晚辉，都能变幻成景；在春花，秋月，夏荷，冬雪中各具美态。湖区以苏堤，白堤两个景段的优美风光著称。

(2)西溪

西溪国家湿地公园坐落于浙江省杭州市区西部，离杭州主城区武林门只有6千米，距西湖仅5千米。西溪国家湿地公园总面积约为11.5平方千米，分为东部湿地生态保护培育区、中部湿地生态旅游休闲区和西部湿地生态景观封育区。西溪国家湿地公园是一个集城市湿地、农耕湿地、文化湿地于一体的国家湿地公园。2009年11月03日，被列入国际重要湿地名录。2012年1月10日，被评为国家AAAAA级旅游景区。2017年12月，被评选为全国中小学生研学实践教育基地。西溪“十景”：秋芦飞雪、火柿映波、龙舟胜会、莲滩鹭影、洪园余韵、蒹葭泛月、渔村烟雨、曲水寻梅、高庄宸迹、河渚听曲。

(3)千岛湖

千岛湖(新安江水库)位于浙江省杭州市淳安县境内，小部分连接建德市西北，是为建新安江水电站拦蓄新安江下游而成的人工湖，1955 年始建，1960 年建成。水库坝高 105 米，长 462 米；水库长约 150 千米，最宽处达 10 余千米；最深处达 100 余米，平均水深 30.44 米。在正常水位情况下，面积约 580 平方千米，蓄水量可达 178 亿立方米；在最高水位时拥有 1078 座大于 0.25 平方千米的陆桥岛屿，并以 2 平方千米以下的小岛为主，岛屿面积共 409 平方千米。千岛湖水在中国大江大湖中位居优质水之首，为国家一级水体，不经任何处理即达饮用水标准，被誉为“天下第一秀水”。1984 年 12 月 15 日浙江省地名委员会正式将新安江水库命名为“千岛湖”。2001 年，千岛湖风景区被评为首批中国 AAAAA 级旅游区。2010 年 4 月 18 日，国家旅游局授予千岛湖风景区为国家 5A 级旅游景区殊荣。千岛湖碧波万顷，千岛竞秀，群山叠翠，峡谷幽深，溪涧清秀，洞石奇异，还有种类众多的生物资源，文物古迹和丰富的土特产品，构成了享誉中外的岛湖风景特点。经过大规模的改造和建设，已形成了品位较高、内涵丰富的羡山、屏峰、梅峰、龙山、动物系列、石林六大景区的 14 处景点。

(4)拱宸桥

拱宸桥位于浙江省杭州市区大关桥之北，东连丽水路、台州路，西接桥弄街，连小河路，是杭城古桥中最高最长的石拱桥。桥长 98 米，高 16 米，桥面中段略窄为 5.9 米宽，而两端桥堍处有 12.2 米宽。三孔薄墩联拱驼峰桥，边孔净跨 11.9 米，中孔 15.8 米，拱券石厚 30 厘米，为拱跨的 1/52.7 和 1/39.7 中墩厚约 1 米，合大孔的 1/15.8；眉石厚 20 厘米。采用木桩基础结构，拱券为纵联分节并列砌筑。拱宸桥东西横跨大运河，是京杭大运河到杭州的终点标志。始建于明崇祯四年，清光绪十一年重建，中间几经兴废。该桥全长 92 米，为三孔薄墩石拱桥，纵联分节并列砌筑。桥形巍峨高大，气魄雄伟，是杭州拱墅区的标志性建筑物。桥东西两岸分别建有中国京杭大运河博物馆、中国伞博物馆、中国扇博物馆、中国刀剪剑博物馆。

(5)广济桥

广济桥又名通济桥、碧天桥，俗称长桥，系明弘治十一年(1498 年)由鄞人陈守清募建。附近为水北明清街、乾隆御碑、浙江水利通判厅、郭璞井、水南庙，是古代桥梁建筑的杰作。位于杭州市余杭区塘栖镇西北，南北向架于京杭大运河上，如长虹卧波，为古运河上仅存的一座七孔石拱桥。此桥造型秀丽，拱券采用纵联并列分节砌置法，水平全长 78.7 米，宽 6.12 米，矢高 7.75 米。2014 年 6 月，随着大运河申遗成功，广济桥作为遗产点正式成为了世界文化遗产的一部分。广济桥是京杭大运河上仅存的一座七孔石拱桥，位于杭州市余杭区塘栖镇内。

(6)富义仓

富义仓位于浙江省杭州市霞湾巷 8 号，京杭大运河畔。地处胜利河与古运河交叉口，是清代国家战略粮食储备仓库。其南面是反映接驾文化的御码头，往北是佛文化气息浓厚的香积寺和大兜路历史文化街区，东为特色临水古街——胜利河美食街，西则与运河特色画舫“乾隆舫”隔河相望。富义仓是杭州现存唯一的运河航运仓储建筑，具有重要的文物价值。建于光绪六年(1880 年)，取名“以仁致富、和则义达”之意。当年杭州所用的米粮皆从运河漕运而来，储于富义仓，与北京的南新仓并称为“天下粮仓”。

(7)钱塘江

钱塘江，古称浙，全名“浙江”，又名“折江”“之江”“罗刹江”，一般浙江富阳段称为富春江，浙江下游杭州段称为钱塘江。钱塘江最早见名于《山海经》，因流经古钱塘县(今杭州)而得名，是吴越文化的主要发源地之一。钱塘江是浙江省最大河流，是宋代两浙路的命名来源，也是明初浙江省成立时的省名来源。以北源新安江起算，河长 588.73 千米；以南源衢江上游马金溪起算，河长 522.22 千米。自源头起，流经今安徽省南部和浙江省，流域面积 55 058 平方千米，经杭州湾注入东海。钱塘江潮被誉为“天下第一潮”，是世界一大自然奇观，它是天体引力和地球自转的离心作用，加上杭州湾喇叭口的特殊地形所造成的特大涌潮。钱江观潮的时间按农历计算，每月的初三和十八日潮势最大，在此前后则递减。每天有两次涌潮，其具体时间会有规律地推移。一年中，又以农历八月十八日的潮势最为壮观，前往观潮的人也最多。历史上俗称这天是“潮神生日”，如今则称为“观潮节”。

(8)良渚遗址

良渚文化遗址位于杭州城北 18 公里处杭州市余杭区瓶窑镇。因首次发现的良渚时期黑陶罐于浙江杭州市余杭区良渚街道，于 1959 年依照考古惯例按发现地点良渚命名，是为良渚文化。1936 年发现的良渚遗址，中心地区在太湖流域，而遗址分布最密集的地区则在太湖流域的东北部、东部和东南部。实际上是余杭区的良渚、瓶窑、安溪三镇之间许多遗址的总称，瓶窑镇是良渚文化的遗址中心。是新石器时代晚期人类聚居的地方。年代距今 4300~5300 年左右。是长江下游良渚文化的代表性遗址。遗址总面积约 34 平方公里。2012 年良渚遗址被列入《中国世界文化遗产预备名单》。2019 年，将申报世界文化遗产。良渚遗址最大特色是所出土的玉器。挖掘自墓葬中的玉器包含有璧、琮、钺、璜、冠形器、三叉形玉器、玉镯、玉管、玉珠、玉坠、柱形玉器、锥形玉器、玉带及环等。另外，陶器也相当细致。经半个多世纪的考古调查和发掘，初步查明遗址分布于太湖地区。在杭州市余杭区良渚、安溪、瓶窑三个镇地域内，分布着以莫角山遗址为核心的 50 余处良渚文化遗址，有村落、墓地、祭坛等各种遗存，内涵丰富，范围广阔，遗址密集。良渚文化的陶器，以夹细砂的灰黑陶和泥质灰胎黑皮陶为主。琮、璧一类玉器数量之多和工艺之精，为同时代其他文化所未见。石器磨制精致，新出现三角形犁形器、斜柄刀、“耘田器”、半月形刀、镰和阶形有段锛等器形。良渚文化为中国新石器文化之一，同马家浜文化、马桥文化一样，其考古地点分布于太湖周围地区。

(9)湘湖

湘湖以风景秀丽而被誉为西湖的“姐妹湖”。是一个位于中国浙江省杭州市萧山区的湖泊，湘湖还是华夏文明的发源地之一。这里发掘的跨湖桥文化遗址，是国家级文物保护单位，这里出土了世界上最早的独木舟，把浙江文明史前推 8000 年。湘湖城山之巅的越王城遗址，距今已有 2500 多年的历史，是当年勾践屯兵抗吴的重要军事城堡，见证了“卧薪尝胆”的历史风云，为迄今为止保存最好的古城墙遗址。湘湖是唐代大诗人贺知章的故里，李白、陆游、文天祥、刘基等历代名人在此留有不朽诗文。附近设有杭州地铁1号线湘湖站。附近有杭州极地海洋公园，杭州乐园。浙江湘湖旅游度假区东接萧山城区，西濒钱塘江，北至浙赣铁路，南临杭州绕城高速公路，至西湖仅15千米，湖北岸城山为春秋时越王勾践储粮屯兵之所，湖西老虎洞则是勾践卧薪尝胆之地。湘湖八景是城山怀古、览亭眺远、先照晨曦、跨湖夜月、杨岐钟声、横塘棹歌、湖心云影、山脚窑烟。目前，湘湖三期已经正式开园。其水域总面积达到6.1平方千米，整体构成了一个“长颈葫芦状”的湖面景观。

(10)跨湖桥新石器时代遗址

位于浙江省萧山城区西南约4千米的城厢街道湘湖村，是因古湘湖的上湘湖和下湘湖之间有一座跨湖桥而命名。遗址堆积厚2~3米，文化内涵丰富，面貌独特，碳14测年距今7000~8000年。出土遗物有稻谷米及形制别致的各种陶器，另有堪称“中华第一舟”的7500年前的独木舟。其有机质文物保存良好。遗存的茎枝类草药传说中是商初重臣尹伊发明的药方，这一珍贵资料对研究我国中草药的起源尤其是煎药起源具有重要价值。遗址内的文物保存比较完整，现存于湘湖边的跨湖桥遗址博物馆。2006年5月此遗址被国务院核定为第六批全国重点文物保护单位。

(11)瑶琳仙境

瑶琳仙境位于桐庐县境内，距杭州80千米，是华东沿海中部亚热带湿润区喀斯特洞穴的典型代表，属国家级风景名胜区，又名瑶琳洞，纵深1千米，总面积达28 000平方米，是“中国旅游胜地四十佳”“浙江省十大旅游胜地”之一。2002年跻入国家AAAA级风景旅游景区行列。它以曲折有致的洞势地貌，瑰丽多姿的群石景观，被誉为“全国诸洞之冠”。画家叶浅予夸它是“中国少有，世界罕见”。

(五)做：搜集资料：查出世界各国治理环境用了多少年

1. 活动目标

(1)知识目标

通过查阅世界各国治理环境的时间，明确环境治理的艰巨性、复杂性和长期性，不断提高环境保护意识，积极参与到保护环境和治理环境的实践活动中。

(2)能力目标

培养搜集处理信息的能力，提升文字概括能力和语言表达能力。

(3)情感目标

通过合作小组的集体研究，对自己的成果有喜悦感、成就感，体认合作交流的乐趣。

2. 活动形式

以小组为单位进行调查研究。

3. 活动过程

(1)把学生进行分组，将所要调研的国家逐一列出，搜集资料任务分派到个人。

(2)各小组对搜集的资料进行分析、整理，撰写调研报告，讨论成果展示的具体内容和形式。

(3)资料总结和成果展示。

4. 活动总结

学生：在各组展示调研成果之后，其他学生作适当评价。评出优秀小组和优秀个人。

教师：进行活动小结，帮助学生进一步明确坚持绿色发展理念，实施绿色、低碳、循环发展的生产方式和生活方式的重要性。

参考文献

1. 骆鹿．生态经济的哲学意蕴[D]．上海：华东理工大学，2013.

2. [美]赫尔曼.E. 戴利．超越增长——可持续发展的经济学[M]．上海：上海译文出版社，2001.

3. 周宏春，刘燕华．循环经济学[M]．北京：中国发展出版社，2005.

4. 黄正人，吴国探．中国生态经济[M]．太原：山西人民出版社，2001.

5. [美]莱斯特.R. 布朗．生态经济：有利于地球的构想[M]．北京：东方出版社，2003.

6. 中债资信绿色债券研究团队．生态经济研究(上)：生态经济的理论发展及研究范畴[J/OL]．“中债资信”微信公众号，2017.

7. 王玉梅．当代中国马克思主义生态哲学思想研究[D]．武汉：武汉大学，2013.

8. [美]约翰·贝拉米·福斯特．马克思的生态学——唯物主义自然[M]．北京：高等教育出版社，2006.

9. [德]施密特．马克思的自然概念[M]．北京：商务印书馆，1988.

10. 马克思．资本论：第1卷[M]．北京：人民出版社，2004.

11. 马克思恩格斯全集：第23卷[M]．北京：人民出版社，1972.

12. 韩立新．环境价值论[M]．昆明：云南人民出版社，2005.

13. 许涤新．马克思与生态经济学[J]．社会科学战线，1983(5)：51.

14. 韩立新．马克思的物质代谢概念与环境保护思想[J]．哲学研究，2002(2)：28.

15. 曹孟勤，徐海红．生态社会的来临[M]．南京：南京师范大学出版社，2010.

16. 马克思．资本论：第 3 卷[M]．北京：人民出版社，2004.

17. 马克思恩格斯全集：第 26 卷[M]．北京：人民出版社，1972.

18. [日]岩佐茂．环境的思想——环境保护与马克思主义的结合处[M]．北京：中央编译出版社，2006.

19. 钱俊生，余谋昌．生态哲学[M]．北京：中共中央党校出版社，2004.

20. 刘希刚．马克思恩格斯生态文明思想及其在中国实践研究[D]．南京：南京师范大学，2012.

21. 马克思恩格斯文集：第 5 卷[M]．北京：人民出版社，2009.

22. 马克思恩格斯文集：第 1 卷[M]．北京：人民出版社，2009.

23. 马克思恩格斯文集：第 7 卷[M]．北京：人民出版社，2009.

24. 吴迪．马克思生态经济思想视阈下的循环经济研究[D]．北京：首都师范大学，2013.

25. 张文台．生态文明建设论[M]．北京：中共中央党校出版社，2010.

26. 庄贵阳．由“表”及“里”认识低碳经济[N]．经济日报，2009-01-07.

27. 覃明兴．关于生态科技的思考[J]．科学技术与辩证法，1997(3)：6.

28. 秦麟征．增长的极限——国际著名未来研究机构罗马俱乐部的发展观[C]．第三届中国科学家教育家企业家论坛论文集，2004.

第四章
建设生态文化

生态文明是人类文明发展的一个新的阶段，即工业文明之后的文明形态；生态文明是人类遵循人、自然、社会和谐发展这一客观规律而取得的物质与精神成果的总和；生态文明是以人与自然、人与人、人与社会和谐共生、良性循环、全面发展、持续繁荣为基本宗旨的社会形态。

生态文化是生态文明的重要组成部分。生态文化是指以崇尚自然、保护环境、促进资源永续利用为基本特征，能使人与自然协调发展、和谐共进，促进实现可持续发展的文化。生态文化的形成，意味着人类统治自然的价值观念的根本转变，这种转变标志着人类中心主义价值取向到人与自然和谐发展价值取向的过渡。习近平总书记在全国生态环境保护大会上的重要讲话指出："中华民族向来尊重自然、热爱自然，绵延5000多年的中华文明孕育着丰富的生态文化。"中华文明孕育的生态文化已经深深融入我们的文化血脉。

一、生态文化产生的时代背景

（一）人类对工业文明的反省

工业文明，以技术革命和物质财富快速增长为主要标志，不可再生资源的大量消耗，严重地改变了自然生态系统。20世纪，先行获取利益的经济发达国家，已经完成了工业化，而发展中国家尚处于工业化进程中，甚至贫困状态。但是，人类对自然资源的攫取和对生态环境的破坏，已经大大超出了自然界自我修复、自我净化的能力。

工业文明所带来的环境危害主要有三大类：一是自然矿物资源的耗尽。工业文明本质上就是建立在以能源为基础的一种文明发展模式，生产和增长依赖于大量的自然资源的使用和各种矿物原材料的巨大的耗费。工业文明把能源为主体的资源大量消耗，特别是对不可再生资源的消耗和浪费最为严重。二是生态生物圈的失衡。工业文明使生态平衡遭到了严重的破坏。由于工业发展对于自然资源如矿物资源、生物资源、土地资源和水资源的需求，土地资源和森林资源大规模的减少，土壤侵蚀、水土流失、草原退化和土地荒漠加速蔓延。此外，由于生存条件的恶化，生物多样性在消失，生物物种在减少。目前世界上有 1000 多种高等动物濒临灭绝，约 2.5 万种有花植物的生存处于危险之中。三是自然环境污染。工业生产制造出产品的同时往往伴随着一些副产品：工业废水、废气、废渣。这些工业副产品给我们的生活环境与身体带来了极为严重的生态污染和健康危害，主要表现有大气污染，水体污染，酸雨、臭氧层遭到破坏，温室效应及海洋污染，等等。人类活动产生的破坏力已经发展到威胁人类自身生存的程度。

(二)对生态价值的觉悟

生态价值，是指哲学上“价值一般”的特殊体现，是对生态环境客体满足其需要和发展过程中的经济判断、人类在处理与生态环境主客体关系上的伦理判断，以及自然生态系统作为独立于人类主体而独立存在的系统功能判断。当工业文明给生态环境造成严重破坏的情况下，人类反思到只有减少人类对自然的消费，维护自然生态系统的自我修复能力，人类才能可持续地生存下去。生态价值主要包括以下三个方面的含义：第一，地球上任何生物个体，在生存竞争中都不仅实现着自身的生存利益，而且也创造着其他物种和生命个体的生存条件，在这个意义上说，任何一个生物物种和个体，对其他物种和个体的生存都具有积极的意义(价值)。第二，地球上的任何一个物种及其个体的存在，对于地球整个生态系统的稳定和平衡都发挥着作用，这是生态价值的另一种体现。第三，自然界系统整体的稳定平衡是人类存在(生存)的必要条件，因而对人类的生存具有环境价值。对于生态价值的觉悟使人认识到，只有规范和约束主体性，使人类的实践活动不超出自然界的生态系统的掌控，生态系统才能保持稳定平衡，人类才能可持续地生存下去。

1972 年瑞典斯德哥尔摩人类环境会议，国际社会第一次就生态问题发表了《人类环境宣言》；1987 年世界环境与发展委员会在《我们共同的未来》报告中第一次阐明可持续发展的概念，得到国际社会广泛认同；1991—2011 年间，《里约环境与发展宣言》《21 世纪议程》《京都议定书》《千年宣言》等相继发布。

2007 年，联合国森林论坛(UNFF)第七届会议通过了《国际森林文书》，形成了森林对实现千年发展目标的国家行动和国际合作框架。2015 年 3 月，关于森林景观恢复的第二届波恩挑战国际会议宣布，全球已恢复 6190 万公顷退化森林景观，正在迈向 2020 年全球恢复 1.5 亿公顷森林景观的挑战目标。恢复退化土地，增加森林碳汇，改善全球气候和环境的生态诉求，正在聚集世界政治和经济力量。

2015 年 8 月 2 日，联合国 193 个成员国通过了《变革我们的世界：2030 年可持续发展议程》，确立了全球可持续发展的基本要素和原则；12 月 12 日，《联合国气候变化框架公约》缔约方 196 个国家的谈判代表通过了《巴黎协议》。根据协议，各国将以“自主贡献”方式参与全球应对气候变化行动，把全球平均气温较工业化前水平升高控制在 2℃之内，尽快达到温室气体排放顶峰，本世纪下半叶实现温室气体净零排放。正如习近平总书记 2015 年 9 月 28 日在第七十届联合国大会讲话中指出："我们要解决好工业文明带来的矛盾，以人与自然和谐相处为目标，实现世界的可持续发展和人的全面发展。"70 年来，联合国"全球议程"从人权与发展，到环境与发展，再到可持续发展——变革我们的世界，标志着生态文化核心理念逐步被事实认证，生态文明价值观正在引领世界转型发展。

(三) 中共中央关于生态文明建设的顶层设计

当今中国的发展面临资源约束趋紧、环境污染严重、生态系统退化的瓶颈问题。基于对中华民族生存与发展的深刻思考和长远谋划，党的十八大确立"五位一体"总体布局。党的十八大报告指出："我们必须树立尊重自然、顺应自然、保护自然的生态文明理念，把生态文明建设放在突出地位，融入经济建设、政治建设、文化建设、社会建设各方面和全过程，努力建设美丽中国，实现中华民族永续发展"。

党的十八届三中全会提出深化生态文明体制改革，加快建立生态文明制度。2015 年 4 月和 9 月，中共中央、国务院先后印发《关于加快推进生态文明建设的意见》《生态文明体制改革总体方案》，对生态文明建设作出顶层设计，"努力走向社会主义生态文明新时代"旗帜鲜明，首次提出"坚持把培育生态文化作为重要支撑"。党的十八届五中全会通过的《中共中央关于制定国民经济和社会发展第十三个五年规划的建议》，确立了创新、协调、绿色、开放、共享的发展理念，这是我国走向生态文明新时代的行动纲领和克服生态危机、推进经济社会转型发展的文化选择和深刻变革，具有划时代的里程碑意义。党的十九大强调，人与自然是生命共同体，人类必须尊重自然、顺应自然、保护自然。要加快生态文明体制改革，建设美丽中国。习近平总书记指出，"我们要建设的现代化是人与自然和谐共生的现代化，既要创造更多物质财富和精神财富以满足人民日益增长的美好生活需要，也要提供更多优质生态产品以满足人民日益增长的优美生态环境需要。必须坚持节约优先、保护优先、自然恢复为主的方针，形成节约资源和保护环境的空间格局、产业结构、生产方式、生活方式，还自然以宁静、和谐、美丽。"

二、生态文化的内涵

(一) 文化的内涵

文化是智慧群族的一切群族社会现象与群族内在精神的既有、传承、创造、发展的总和。它涵括智慧群族从过去到未来的历史，是群族基于自然基础上的所有活动内容，是群族所有物质表象与精神内在的整体。具体人类文化内容指群族的历史、地理、风土人情、传统习俗、工具、附属物、生活方式、宗教信仰，文学艺术、规范、律法、制度、思维方式、价值观念、审美情趣、精神图腾等。

文化是非常广泛和最具人文意味的概念，简单来说文化就是地区人类的生活要素形态的统称：即衣、冠、文、物、食、住、行等。给文化下一个准确或精确的定义，是一件非常困难的事情。虽然对文化这个概念的解读，一直众说不一。但东西方的辞书或百科中却有一个较为公认的解释和理解：文化是相对于政治、经济而言的人类全部精神活动及其活动产品。文化既包括世界观、人生观、价值观等具有意识形态性质的部分，又包括自然科学和技术、语言和文字等非意识形态的部分。广义的文化，是人类在社会历史实践过程中所创造的物质财富和精神财富的总和。狭义指社会的意识形态以及与之相适应的制度和组织机构，就是在历史上一定的物质生产方式的基础上发生和发展的社会精神生活形式的总和。

文化包括物质文化、制度文化和心理文化三个方面。物质文化是指人类创造的物质文明，包括交通工具、服饰、日常用品等，它是一种可见的显性文化；制度文化和心理文化分别指生活制度、家庭制度、社会制度以及思维方式、宗教信仰、审美情趣，它们属于不可见的隐性文化。包括文学、哲学、政治等方面的内容。

不管文化有多少定义，但有一点还是很明确的，即文化的核心问题是人。有人才能创造文化。文化是人类智慧和创造力的体现。不同种族、不同民族的人创造不同的文化。人创造了文化，也享受文化，同时也受约束于文化，最终又要不断地改造文化。我们都是文化的创造者，又是文化的享受者和改造者。人虽然要受文化的约束，但人在文化中永远是主动的。没有人的主动创造，文化便失去了光彩，失去了活力，甚至失去了生命。我们了解和研究文化，其实主要是观察和研究人的创造思想、创造行为、创造心理、创造手段及其最后成果。

（二）生态文化的基本内涵

文化是民族的血脉与灵魂，华夏五千年，孕育了博大精深的生态文化，凝缩为中华民族世代传承的生态智慧和文化瑰宝，生态文化是文化的重要组成部分，生态文化最早起源于人类图腾时代，行至现代生态文明，历经了漫长的岁月。图腾是人类最早的文化现象，社会生产力的低下和原始民族对自然的无知是图腾产生的基础，他们运用图腾解释神话、古典记载及民俗民风。在原始社会，部落或公社被分成若干群体或氏族，他们在采集生活物资的过程中，同自然界的动植物发生密切的关系，并用原始思维认识和理解生活实践中的相关问题。他们认为自然界的某一植物或动物或虚拟的某一生物，同自身有着血缘亲属的关系，因此予以崇拜。图腾都是原始人早期与自然关系的产物，是早期的自然环境在人类主观意识上的反映。

原始社会之后，随着人口逐步增加及人类对自然的认识能力、改造能力的增强，原来的采集-狩猎文化已不能满足人们生存的需要，中华民族开始进入农耕时代，在殷商时期就有了稳定的农业生产。这时人类社会由部落向民族形态演替，出现了风格各异、五彩缤纷的民族文化，但生态文化仍处于狭义的阶段，当生态文化由狭义转向广义时，正是民族文化向科学文化转化的阶段。在这个阶段，我国产生的儒、道思想均是我国朴素的生态文化的体现。人们依靠自然、适时耕作的生产方式和观念意识，导致了“天人合一”思想的产生。

进入工业社会以后，随着人们对物质生活的苛求，工业生产开始飞速前进。从18世纪60年代，世界上第一台蒸汽机的发明和应用，到工业经济达到空前的规模，这时候的文化也称为工业文化。随之而来的资源危机、环境危机，使人类在享受社会进步的甜头之后不得不面对自己种下的可能毁灭人类文明的“苦果”：温室效应加剧、臭氧层耗损、酸雨现象、森林资源大量毁灭、水土流失、土地沙漠化、水资源危机、环境污染、自然灾害频繁……摆在当代人类面前的一系列日益严重的问题，使人类从祖先那儿继承下来的绿色意识开始猛醒，使人类必须创造出一种新的文明来挽救支撑人类的继续存在并发展。这种新的文明就是生态文明，也称为绿色文明，而支撑这种文明的文化，也被称为生态文化。

生态文化是伴随着经济社会发展的历史进程形成的新的文化形态，是一种社会积淀，也是历史产物。生态文化是人与自然和谐相处、协同发展的文化。也可以把生态文化理解为人与自然关系的文化。广义的生态文化是指人类历史实践过程中所创造的与自然相关的物质财富和精神财富的总和；狭义的生态文化是指人与自然和谐发展、共存共荣的意识形态、价值取向和行为方式等。生态文化是探讨和解决人与自然关系的文化；是基于生态系统、尊重生态规律的文化；是以实现生态系统的多重价值来满足人的多重需求为目的的文化。生态文明时代的开启，生态文化的崛起，象征着人类生态文明意识的觉醒和经济发展方式的历史性转型，是中国国情之必然，更是人类可持续发展的必由之路。

生态文化是一种价值观，是人类社会与自然界和谐协调的精神力量。生态文化以文化的形式固化、传承人类认识自然、改造自然的优秀成果，它是人类思想认识和实践经验的总结。近代社会的“人类中心主义”价值观仅关注人类的价值，漠视自然的价值，最终导致生态环境恶化、自然资源枯竭、生态灾难频繁，严重阻碍人类社会的继续发展，于是人类重新审视人与自然的关系，把人类自身价值和自然本体价值有机地融合起来，形成生态文化的基本价值观。

生态文化是一种人文文化。生态文化把和谐、协调、有序、稳定、多样性以及适应等观念纳入自己的伦理体系，着眼于可持续发展，既关心人的价值和精神，也关心人类的长期生存和自然资源增值，体现了人类对人与自然关系的深度认识。

生态文化是一种先进文化。生态文化倡导人与自然和谐相处的价值观念，是人类根据人与自然生态关系的需要和可能，最优化地解决人与自然关系问题所反映出来的思想、观念、意识的总和。它包括人类为了解决所面临的种种生态问题、环境问题、经济问题和社会问题，为了更好地适应环境、改造环境、保持生态平衡、维持人类社会的可持续发展，实现人类社会与自然界的和谐相处，求得人类更好地生存与发展所必须采取的手段，以及保证这些手段顺利实施的战略、策略和制度。可以说，生态文化是人类文明发展的成果集成，是先进文化的重要组成部分。

（三）生态文化的主要外延

生态文化将文化从人文社会科学范畴延伸至自然生态领域。生态文化要求人类运用生态学的原理和方法来探索人与自然的关系，不断促进科技进步和经济社会发展，理性认识环境容纳量、生态阈值、地球承载力、生态足迹等有关人类社会与自然环境之间的量化指标，更新人口观念，提高人口素质，合理开发资源，高效利用资源。

生态文化以系统观为理论基础，把自然、人、社会看作是一个辩证发展的整体，提倡人们树立可持续发展的观念。生态文化分析和研究三者之间的相互关系和变动的规律性，只有在资源承载能力之内的良性循环，才能使生态系统平衡地发展。

生态文化从生态系统的整体性和全局性出发，要求人类改变以往人与自然对立的观念，树立人与自然和谐共生的环保意识，倡导绿色消费。

生态文化作为处理人与自然生态关系的手段、工具、准则，在社会伦理价值上是中立的，可以为不同地区、种族、国家、阶级共同拥有。为不同层次的价值主体同接受，它是人类共同的文化财富，是全球文化，没有民族性、国民性、阶级性。

（四）生态文化的主要特征

1. 层次性

与人类历史上所有成功的文化一样，生态文化也具有其特定的层次性，即由表及里表现为生态文化的物质表层、形式浅层、体制中层、观念深层。第一，生态文化的物质表层。生态文化的物质表层，是指承载着生态文化内涵的物质实体。这类物质实体通过人类感官而逐渐影响个体的思维方式和行为模式，从而使生态文化得以深入人心。无公害食品、绿色食品、有机食品、绿色建材、生态建筑等，都是这类物质实体，它们通过经济社会的生产、分配、交换、消费等环节，传播着它们自身所承载的生态文化内涵。第二，生态文化的形式浅层。透过物质表层，便是生态文化的形式浅层，即承载着生态文化内涵的仪式、形式、过程等。近 30 多年来轰轰烈烈的中国生态农业运动，在物质表层提供了大量的生态农业产品，在形式浅层同时也有效地传播着生态与环保的信息和观念；近 20 年来迅速发展的中国休闲农业，以承载乡村旅游的形式来传播传统农耕文化和现代生态文化，唤醒人们的生态文化意识；各类生态文化节庆活动、回归自然的休闲旅游、蕴含生态文化内涵的媒体宣传等，增加大众对自然的亲切感和依赖感，构筑人与自然和谐发展的总体氛围。第三，生态文化的体制中层。生态文化的体制中层，是指国家、地区、部门或经济实体，为了弘扬生态文化、保护生态环境而制定的承载生态文化内涵的各类约束性的法律、法规、政策、制度、规定、纪律等以及与之相应的管理机构和管理体制，用以规范公众的行为，传播生态文化。第四，生态文化的观念深层。生态文化的观念深层属于“形而上”的范畴。

剥开生态文化的表层、浅层和中层。进入到生态文化的深层或核心层，就是体现生态文化的价值观和行为理念，以及受这种价值观和行为理念所支配的行为方式。受支配的具体行为方式和抽象的观念、准则、规范、心理状态是紧密结合在一起的。所以，生态文化的传播，必须立足于改变公民的价值观念、行为理念和具体的规范、准则及心理状态。

2. 整体性

虽说生态文化表现出其特定的层次性，但生态文化的四个层次并不是孤立存在、独立发挥作用的，而是相互联系、相互影响、综合地显现其功能。生态文化整体性的重要表现之一，就是社会的总体氛围和公民的道德意识，若社会的总体氛围和绝大部分公民的道德意识都高度认同生态文化，说明生态文化已深入人心，表明生态文化已成为一种主流文化。

《易经·系辞》有云："形而上者谓之道，形而下者谓之器。"简单讲，形而下就是指具体的、感性的事物。形而上则是指抽象的观念、规范、原则。从生态文化的四个层次来看，生态文化的观念深层作为一种形而上者之"道"，支配着个体的行为方式。对于个体而言，这种"道"的形成，需要依赖物质表层的感官刺激、形式浅层的情操陶冶、体制中层的约束性管理和先觉者的引导。在这种"道"的形成过程中，个体逐步接纳生态文化的价值观和行为理念，使其受价值观和行为理念支配的行为方式都能体现生态文化的内涵，从而形成承载生态文化的特有的行为模式。接纳了生态文化价值观以后，个体的行为模式必然受其生态价值观和行为理念支配，从而自觉地形成符合生态价值观的行为模式。并为生态文化的体制中层、形式浅层、物质表层建设作贡献。

3. 传承性

生态文化的传承性是文化具有传承性的重要表现形式。人类为了繁衍和生存，前辈们把自己积累的知识和经验不断地传授给新的一代。从而形成人类文化的传承性。可以说，当今的生态文化的很多内容都是受传统文化的影响衍生而来，是传统文化的进一步发展。中华民族有着五千年的文明历史，朴素的生态意识和生态文化传统是古老文明中不可或缺的重要组成部分。其核心思想就是"和"，主要内容是敬畏天地、道法自然、善待万物，讲求人与自然的和谐相处，进而达到"天人合一"的最高境界。由此可见，当今倡导的以人与自然为核心价值观的生态文化无疑继承并汲取了中华传统文化的优秀思想和精髓。两者之间，体现了本质上的相关性和一致性。早在先秦时期，各种典籍就有原始生态文化的内容，如《礼记·月令》记载："孟春之月，禁止伐木。"我国各民族的传统行为里，孕育着博大精深的自然生态文化因素。这些传统文化思想，通过代际交流、世代传承扎根于民间，有的以宗教形式或图腾崇拜根植于乡民观念深层；有的以约定俗成或乡规民约形成体制中层的自发监控机制；有的以乡风民俗或传统节庆活动流传于村野，形成形式浅层的朴素生态伦理；更多的是各种自然遗产和人文景观，以物质表层方式传承传统的朴素生态文化。这些传统的生态文化，在历史的大潮中代代相传，不断创新，不断丰富内涵，虽然在现代经济生活的冲击下有所毁损。但其思想内核对现代生态文化的发展具有十分重要的意义。在生态文化的建设中，一定要注重生态文化传统的再教育和政策诱导，让扎根于老百姓中的生态文化传统发扬光大。

4. 多样性

生态文化的核心是人与自然和谐协调发展，在这个系统中的“人”和“自然”都是多样化的，从而使生态文化表现出多样性特征，这种多样性具体表现为地域多样性、人本多样性和时序多样性。第一，地域多样性。由于地球表面气候差异和地质结构、地理环境的差异，带来了与之相适应的生态环境多样性，不同地域的人类为了实现与自然环境的和谐协调发展，从而使生态文化也表现出丰富的地域多样性。生态文化是人类与自然关系的某种推演和表现，而人类与自然关系的发生、发展都是在特定的地域中进行的。不同地域的自然生态系统也存在差异性，自然产生带有区域环境特色的思想意识，创造具有地域特色的生态文化。第二，人本多样性。地球上各个区域、不同国家、不同民族之间存在着传统思想和经济文化的差异，决定了民族文化具有多样性，这种因人类在不同文化基础上进化发育而成的多样化生态文化，就是生态文化的人本多样性。第三，时序多样性。随着人类社会的发展，也会产生不同阶段的生态文化，从而形成生态文化的时序多样性。也就是说，不同时代或阶段的生态文化，其内涵和外延可能是不同的，这基于两个方面的原因：其一是生态文化必须顾及人类生存和发展的需要，不同生产力的发展水平是不同时序阶段的生态文化发展的基础和前提；其二是生态文化的内涵和外延取决于人类对自然的认识水平，以及在此基础上建立的与自然发生关系的方式、方法、手段和工具，从而形成生态文化的时代性。

生态文化繁荣是生态文明建设的精神支柱。生态文明意味着人类思维方式与价值观念的重大转变。建设生态文明必须以生态文化的繁荣创新为先导，构建以人与自然和谐发展理论为核心的生态文化。在世界观上，需要超越机械论，树立有机论；在价值观上，需要超越“人类中心主义”，重建人与自然的价值平衡；在发展观上，需要超越“不增长就死亡”的狭隘增长主义，建立“质量重于数量”的人口、资源、环境协调的整体发展观。

5. 实践性

生态文化是从人类统治自然的文化过渡到人与自然和谐的文化，这种过渡是随着人类实践的变迁而发生的改变。生态文化既是世界各国共同推进生态文明建设潮流的必然产物，也是当今全人类最新环保理念和生态智慧的集中反映，更是新的历史条件下指导生态文明实践世界观和方法论的具体体现。生态文化的实践性体现在知与行的统一体，注重实践的本质特征，要求生态文化最终应当转化为社会和公众的一种自觉自律的生产、生活方式。生态文化追求经济与环境之间的良性互动，坚持经济运行生态化，重视生态技术，使绿色产业和环境友好型产业在产业结构在经济法中居主导地位。个体在具体的生活实践中，积极践行绿色低碳、节约环保的消费模式，克制对物质财富过度追求的欲望，选择既满足自身需要又不损害自然环境的生活方式。

(五)生态文化的主要内容

生态文化反映了人与自然关系这一根本问题。在人与自然如何相处的思考中，出现多种文化形态。在原始社会，人类受到自然的主宰和限制，产生了"原始文化"，这种文化是在直接利用自然物的意义上产生的文化，反映出了人类对大自然的敬畏之心。

在人类对自然的开发与利用的过程中，农业、畜牧业和工业得到了发展，即农耕文化阶段和工业文明阶段。自从进入农业文明以来，人口数字不但增长，技术不断变革，人类不断利用自然资源，而资源是有限制的。人类在驯服自然及利用所有资源的过程中，盲目自大，以自我为中心，这就是以人类为中心的资源文化。

生态文化是一种崭新的文化形态，是与有关人与人的关系的社会文化或人文文化概念相对应的一种文化观念。与属于社会科学的传统人文文化不同，是一种与社会科学与自然科学都有关系的一种全新的、交叉的先进文化。是从人统治自然的文化过渡到人与自然和谐的文化。生态文化强调人与自然和谐共存，这是人的价值观念根本的转变，这种转变解决了人类中心主义价值取向过渡到人与自然和谐发展的价值取向。生态文化是生态生产力的客观反映，是人类文明进步的结晶，又是推动社会前进的精神动力和智力支持，渗透于社会生态的各个方面。生态文化起于人的生态意识的觉醒，以实现人与自然和谐发展为使命。生态文化重要的特点在于用生态学的基本观点去观察现实事物，解释现实社会，处理现实问题，运用科学的态度去认识生态学的研究途径和基本观点，建立科学的生态思维理论。通过认识和实践，形成经济学和生态学相结合的生态化理论。

(六)生态文化的结构划分

中国生态文化体系是一个完整的有机整体。各个分支既紧密联系，相互促进，又相对独立，自成体系。

1. 按照生态文化类型划分

生态文化类型主要分为两大类，即自然生态文化(纵向)和社会生态文化(横向)。

自然生态文化实质上是自然的人格化和人格的自然化。这里的自然主要指自然资源、自然环境和自然生态系统。自然生态文化大体可分为：森林文化、草原文化、湿地文化、海洋文化、沙漠与绿洲文化、湖泊文化、流域文化、高原文化、山岳文化等。

社会生态文化是把人类社会作为一个完整的生态系统作为对象，研究建立一种人与人、人与社会以及社会与社会之间的和谐关系。同样，这种和谐关系离不开人居小环境和人类赖以生存发展的自然生态大环境。社会生态文化大体可分为：民族生态文化、城市生态文化、乡村生态文化、人文生态文化、企业生态文化、社区生态文化、边疆生态文化、宗教生态文化等。在社会生态文化中，不同民族、不同人群、不同行业、不同信仰、不同地域又可分为若干分支。

2. 按照生态文化内涵划分

生态文化体现和反映在人类生存环境状态的各种文化现象中，它作为人与自然关系的尺度，具有人类文化的结构，生态文化类型主要分为三大类，即精神文化层面，物质文化层面和制度文化层面。

(七)生态文化的三个层面

1. 物质生态文化

物质生态文化主要就是生态文化在它的物质形态的层次，主要包括社会物质生产的技术形式转变，能源形式转变以及人类生活方式转变。

以往的生产方式和生活方式，以大量生产、大量浪费、大量废弃为特征。这是一种浪费性生产方式，具有资源高消耗、产品低产出、环境高污染的性质。因此，人类需要创造新的技术形式和能源形式，采用生态技术和生态工艺，进行无废料生产，既能实现文化价值，为社会提供足够多的产品，又能保护自然价值。

长期以来，工业化以及粗放型的经济发展消耗了很多自然资源，造成环境污染和生态破坏带来的经济损失以及为治理环境污染和生态破坏所作的经济投入，这种经济增长是不可能持续的，必须采取新的生产方式，采取生态经济的发展方式。为此，需要在确认自然价值的基础上，创造、应用和发展新的技术和工艺，生态技术和生态工艺，建设一种新型的工业——生态工业。

发展生态产业是生态文化建设的首要任务。人类生态系统健康的指标包括了人类生态系统的活力的保持；生产的能量流动、物质循环以及系统遭遇各种自然灾害的恢复能力；人类生态系统的产品提供、调节、文化功能和支持功能等诸多服务功能是否能保证人类健康。

生态产业经济的模式是：原料—产品—剩余物—产品。它的出发点是自然资源是有价值的，而且是多价值的，物质生产是资源多价值的开发利用，资源的利用是可循环的，有人称其为“循环经济”。发展生态产业真正意义上实现了“循环、共生、稳生”的生产产业。生态经济学，发展了传统经济学理论，将生态与经济协调发展理论作为核心，为发展经济提供了一种崭新的思想，推动了生态与经济的协调发展，推动了可持续发展。

2. 精神生态文化

生态文化，确立生命和自然界有价值的观点，摈弃传统文化的“反自然”的性质，抛弃人统治自然的思想，走出人类中心主义；建设“尊重自然”的文化，按照“人与自然和谐”的价值观，实践精神领域的一系列转变。

精神生态文化是生态文化在它的精神形态的层次，具体表现在生态哲学、生态政治学、生态伦理学、生态美学、生态法学、生态教育、生态科技文化发展以及生态宗教、传媒文化等多方面。

3. 制度生态文化

生态制度是指人们正确对待生态问题的一种进步的制度形态，制度创新历来是解决生态环境问题的本源性动力。制度生态文化是通过社会关系和社会体制变革，改革和完善社会制度和规范，按照公正和平等的原则，建立新的人类社会共同体，以及人与自然界的伙伴共同体。这种选择，要求改变传统社会不具有公平调节社会利益、不具有自觉的环境保护机制，而具有自发的两极分化机制、自发地破坏环境机制的社会性质；从而使公正和平等的原则制度化，环境保护和生态保护制度化，使社会具有自觉的保护所有公民利益的机制，具有自觉的保护环境和生态的机制，实现社会的全面进步。

生态制度是生态文化的重要组成部分。在建设中国特色社会主义的伟大进程中，必须积极推进中国特色的生态制度建设。实践证明，健全完善科学的生态制度在生态环境保护中发挥着重要的作用，生态制度具有强有力的约束力规范、能够调整人与自然之间的关系以及人们的生产和生活方式。社会在不断进步，随着工业化、城镇化的快速发展和日新月异的变化，旧的生态问题和生态危机得到了化解，但是新的环境问题和危机又不断出现了。伴随着新生的问题和新生的危机，这就不断地研究新情况，解决新问题，与时俱进地制定新的生态制度，使生态制度更加完备，并在生态文明建设的具体实践中，发挥巨大的作用。

三、建设生态文化的重要意义

生态文明建设是中国特色社会主义事业的重要内容，关系着人民福祉、关乎着民族未来的长远大计，关系着“两个一百年”奋斗目标和中华民族伟大复兴中国梦的实现。党的十九大报告将生态文明建设提升到前所未有的战略高度，提出了一系列新思想、新要求和新部署。面对资源约束趋紧、环境污染严重、生态系统退化的严峻形势，必须树立尊重自然、顺应自然、保护自然的生态文明理念，把生态文明建设放在突出地位，融入中国特色社会主义建设的各方面和全过程，努力建设美丽中国，实现中华民族永续发展。贯彻落实党的十九大关于生态文明建设的决策部署，就是要把习近平新时代中国特色社会主义思想，融会贯通到生态文明建设，大力推进生态文化建设，就是其中重要内容和措施。

（一）生态文化为生态文明建设起到理论指南和方向导航的作用

生态文明作为一种观念、意识和价值取向，是生态文明的重要组成部分，是生态文明建设的灵魂。建设生态文化是把生态文明建设融入经济、政治、文化、社会建设之中的内在要求，并自始至终全方位地贯穿在生态文明建设的各个方面。

文化是文明的基础，文明进步离不开文化支撑。文化作为一个精神价值和人文理想，它为人类的其他活动提供了最高坐标。失去了文化导向，行业或个人会迷失方向。生态文化是生态文明建设的重要内容，为生态文明建设提供理论指南。纵观人类发展的历史，生态环境保护的启迪，源于文化的觉醒；生态环境保护的推动，得益于文化的自觉；生态环境保护的成果，在文化融入中提升。生态文化作为一种观念、意识和价值，生态文化建设中包含着理念的创新、制度的约束、行为的示范和物质的文化，生态文化的全方位建设能够为进生态文明的建设和发展提供系统的理念文化、制度文化、行为文化和物质文化支撑。不断培育先进、自信的生态文化，必将会位生态文明建设和发展起到更加坚实、更加稳固的理论引导。同时先进的生态文明也会对生态文明建设的走势起到引领和导航的作用。生态文明建设作为一项与全人类息息相关的共同事业，每一个社会成员的生存态度、生活方式都会深刻地影响到我们赖以生存的环境。生态文化可以引导人们科学认识和正确运用自然规律，自觉地遵守自然规律，达到人类社会系统和自然系统的动态平衡与协调发展，从而促使人类迈入生态文明社会。生态文化源于实践，生态文化产生以后，又会对生态实践起到强大的能动反作用。人类的高度的环保自觉和生态自信，将会对生态文明的实践活动注入源源不断的信念支撑和精神动力。任何一种生态文明建设的实践行为，都是在生态文化的巨大的文化张力和内生动力的影响之下，予以考量、构建和实施的。

（二）生态文化为生态文明建设提供理念支撑

生态文明建设是一项复杂而艰巨的系统工程，涉及方方面面，既是生产方式和生活方式的伟大变革，同时也是思维方式的伟大变革，生态文明建设不但需要公众参与，同时需要科学的生态理念作为支撑。生态文化是生态文明建设在精神层面的反映，承载着一个国家、民族和地区对生态文明的精神追求。

随着我国经济的不断发展，人们的生活水平不断提升。对生活品质的追求，对美好生活的向往更加强烈，人们从求温饱到谋环保，对生态环境质量的诉求越来越强烈。因为良好的生态环境，直接影响着人们生活的品质，优质的生态环境才能为人们提供衣食住行方面的安心和舒心。大力弘扬生态文化，有助于凝聚生态文明价值共识、培育生态文明价值认同、坚定生态文明价值信仰，从而形成人人、事事、时时崇尚生态文明的社会新风尚，为生态文明建设提供重要支撑作用。人们对生态文明建设的价值认同与观念的创新，会直接影响公众生态参与的自觉性与主动性。人们不断增强的环境危机意识和生态情感认同，增强了人们对于生态环境保护的观念认可与价值追求，一定会为生态文明建设提供理念支撑。同时人们在生态理念的认同，就会外化于人们具体的实践中，节约资源、保护环境，形成强大的精神动力与行动合力。大力弘扬生态文化，是处理好生态与经济、生态与发展关系的必然要求，有助于全社会形成对生态文明建设的认同并积极践行。

（三）生态文化为生态文明提供制度约束

生态制度是指保护生态环境所依靠的制度，是在面对资源约束趋紧、环境污染严重、生态系统退化的严峻形势下提出的。生态环境的有效保护，在根本上依赖于科学严密的社会制度安排。2016年2月5日，习近平总书记在中共中央政治局就大力推进生态文明建设进行的集体学习时指出："只有实行最严格的制度、最严密的法治，才能为生态文明建设提供可靠保障。"社会行为在很大程度上是制度安排的结果，保护生态环境必须依靠制度。生态文明建设不单单要依靠觉悟、自律，而且要依靠完善的体制机制来激励和约束人们的行为。生态制度具有法律的权威性，与生态理念、生态道德形成互补，对人们的行为起到规范和制约的作用。加强制度建设，用法律、法规来规范和调节人与社会、人与自然之间的行为关系，使全社会的生态环境和自然资源置于法律的保护之下，这是有利于自然生态与环境保护的长效机制。健全自然资源和生态环境监管制度，是深化生态文明体制改革的首要任务；保护森林、湿地、海洋等生态系统，维护山水林田湖生命共同体的生态安全；全面清理、修订现有法律法规中与生态文明制度建设不相适应的内容；抓紧健全土壤和水资源污染防治、重点海域排污总量控制、核安全等生态安全、环境保护方面的法律法规；共同构建全球森林治理体系；建立陆海统筹、区域联动的海洋生态保护修复和环境治理机制；完善森林、湿地、海洋三大生态系统和生物多样性保护的法律法规体系，增强自然生态系统保护管理的科学性、协同性和有效性，由注重保护管理自然资源向注重保护管理整个自然生态系统转变。健全生态制度，是建设生态文明的法制保障。

（四）生态文化为生态文明提供共享载体

物质生态文化主要就是生态文化在它的物质形态的层次。物质生态文化作是生态文化外显的表征，物质生态文化能够为生态文明建设提供可以共享的优美的生态成果。物质生态文化是人们能够直观感受得到的文化成果，能够为人们分享到，能够唤起和激发人们内心的生态情结与情感依存，增强投身于生态文明建设的自觉性与自信心。良好的生态环境保护的物质文化是推进生态文明建设，彰显物质外化的主要表现形式。加强生态文化遗产与生态文化原生地一体保护；对自然遗产和非物质文化遗产、国家考古遗址公园、国家重点文物保护单位、历史文化名城名镇名村、历史文化街区、民族风情小镇等生态文化资源，进行深度挖掘、保护与修复完善；在具有历史传承和科学价值的生态文化原生地，创建没有围墙的生态博物馆，由当地民众自主管理和保护，从而使其自然生态和自然文化遗产的原真性、完整性得到一体保护，提升民众文化自信和文化自觉。

建设生态文化是人类实现文明发展的需要，是建设中国特色社会主义，实现中华民族伟大复兴的时代呼唤和要求。生态文化的建设有利于人们转变思维方式，树立生态理念、生态伦理和行为规范，使社会形成良好的风气；生态文明建设有利于从物质形态上改变传统的生产方式、生活方式和消费方式，实现绿色发展；生态文化建设有利于从制度形态上强化生态法律法规和政策制度建设，规范人们的行为，实现人与自然和谐共存。

四、实践过程

(一)观：视频纪录片《家园》

《家园》于2009年6月5日在法国上映。《家园》已经被翻译成14余种语言，全世界超过100个国家同步放映，引发观众对可持续性发展问题的关注。

《家园》是法国金牌电影制作人吕克·贝松和法国航空摄影师兼生态学家阿尔蒂斯·贝特朗15年精致巨献的作品，通过对地球大自然记录的手法，将地球的存在以及演变的过程通过画面完美地呈现出来。整部影片全部从空中高清拍摄，穿越54个国家120个拍摄点，拍摄时间跨度18个月，向观众展示了50多个国家的空中照片，淋漓尽致地展现了地球的美丽和创伤，还原了地球生态之美。通过第一部长片制作，导演阿尔蒂斯·贝特朗用他的镜头记录了一份悸动，让我们从空中俯瞰大地，欣赏充满魅力的地球，分享这片共同生活的大地，分享他对地球未来的感叹和不安。该片讲述了地球的宝贵资源消耗殆尽，珍稀物种灭绝，原始资源奇缺，污染日益严重，人类以及地球的明天将何去何从。

《家园》为我们铺下了一块奠基石，而我们要建设的将是我们的地球。影片通过地球不断的演变来告之世人：虽然人类存在只有20万年，但是人类的生存却打破了地球40亿年来固有的平衡。气候变暖、资源枯竭、物种灭绝，人类正在破坏自己的家园。但是我们已经来不及悲观了。人类只剩下不到10年的时间来扭转这一趋势，意识到对地球资源的过度开采，并改变消费方式。

导演扬恩·亚瑟花了15年时间筹备，走访50个国家拍摄，由澳洲海底的大堡礁到非洲肯尼亚高原的乞力马扎罗山；亚马孙热带雨林到戈壁沙漠；美国德萨斯州连绵不断的棉花田到中国上海的工业城镇。如诗如画的美景唤醒世人，乐观地珍视我们仍然保有的50%雨林，而非只着眼那失去的一半；更重要的是地球60亿人类都应该醒觉，我们的责任所在……

吕克·贝松首度监制，国际名摄影师阿尔蒂斯·贝特朗执导的纪录片，以客观的角度阐述地球的诞生，演变以及地球现今所面临的种种问题。以一幕幕自然漂亮的画面带观众认识美丽的地球，并借此宣扬环保的重要以及迫切性。

(二)听：《习近平新时代中国特色社会主义思想三十讲》

习近平总书记指出，绿水青山就是金山银山。建设生态文明是关系人民福祉、关乎民族未来的千年大计，是实现中华民族伟大复兴的重要战略任务。党的十八大提出了中国特色社会主义“五位一体”总体布局，以习近平总书记为核心的党中央把生态文明建设摆在改革发展和现代化建设全局位置，坚定贯彻新发展理念，不断深化生态文明体制改革，推进生态文明建设的决心之大、力度之大、成效之大前所未有，开创了生态文明建设和环境保护新局面。党的十九大明确了到本世纪中叶把我国建设成为富强民主文明和谐美丽的社会主义现代化强国的目标，第十三届全国人大一次会议通过的宪法修正案，将这一目标载入国家根本法，进一步凸显了建设美丽中国的重大现实意义和深远历史意义，进一步深化了我们党对社会主义建设规律的认识，为建设美丽中国、实现中华民族永续发展提供了根本遵循和保障。

1. 坚持人与自然和谐共生

生态文明是人类社会进步的重大成果，是实现人与自然和谐共生的必然要求。建设生态文明，要以资源环境承载能力为基础，以自然规律为准则，以可持续发展、人与自然和谐为目标，坚定走生产发展、生活富裕、生态良好的文明发展道路，建设美丽中国。

人与自然的关系是人类社会最基本的关系。自然界是人类社会产生、存在和发展的基础和前提，人类可以通过社会实践活动有目的地利用自然、改造自然，但人类归根到底是自然的一部分，人类不能盲目地凌驾于自然之上，人类的行为方式必须符合自然规律。习近平总书记指出："人与自然是生命共同体，人类必须尊重自然、顺应自然、保护自然。"人与自然是相互依存、相互联系的整体，对自然界不能只讲索取不讲投入、只讲利用不讲建设。保护自然环境就是保护人类，建设生态文明就是造福人类。

生态兴则文明兴，生态衰则文明衰。古今中外，这方面的事例很多。恩格斯在《自然辩证法》一书中写道，"美索不达米亚、希腊、小亚细亚以及其他各地的居民，为了得到耕地，毁灭了森林，但是他们做梦也想不到，这些地方今天竟因此而成为不毛之地"。对此，他深刻指出："我们不要过分陶醉于我们人类对自然界的胜利。对于每一次这样的胜利，自然界都对我们进行报复。"据我国史料记载，现在植被稀少的黄土高原、渭河流域、太行山脉也曾是森林遍布、山清水秀，地宜耕植、水草便畜。由于毁林开荒、乱砍滥伐，这些地方生态环境遭到严重破坏。塔克拉玛干沙漠的蔓延，湮没了盛极一时的丝绸之路。楼兰古城因屯垦开荒、盲目灌溉，导致孔雀河改道而衰落。实践证明，人类对大自然的伤害最终会伤及人类自身。只有尊重自然规律，才能有效防止在开发利用自然上走弯路，这个道理要铭记于心、落实于行。

我们党一贯高度重视生态文明建设。20 世纪 80 年代初，保护环境已成为基本国策。进入 21 世纪，又把节约资源作为基本国策。经过改革开放 40 年的快速发展，我国经济建设取得历史性成就，同时也积累了大量生态环境问题，成为明显的短板。各类环境污染呈高发态势，成为民生之患、民心之痛。近年来，随着社会发展和人民生活水平不断提高，人民群众对干净的水、清新的空气、安全的食品、优美的环境等要求越来越高，生态环境在群众生活幸福指数中的地位不断凸显，环境问题日益成为重要的民生问题。老百姓过去"盼温饱"，现在"盼环保"；过去"求生存"，现在"求生态"。习近平总书记反复强调，环境就是民生，青山就是美丽，蓝天也是幸福，绿水青山就是金山银山；像保护眼睛一样保护生态环境，像对待生命一样对待生态环境；绝不能以牺牲生态环境为代价换取经济的一时发展。

社会主义现代化是人与自然和谐共生的现代化，既要创造更多物质财富和精神财富以满足人民日益增长的美好生活需要，也要提供更多优质生态产品以满足人民日益增长的优美生态环境需要。必须坚持节约优先、保护优先、自然恢复为主的方针，形成节约资源和保护环境的空间格局、产业结构、生产方式、生活方式，努力建设望得见山、看得见水、记得住乡愁的美丽中国。

2. 树立和践行绿水青山就是金山银山理念

金山银山和绿水青山的关系，归根到底就是正确处理经济发展和生态环境保护的关系。这是实现可持续发展的内在要求，是坚持绿色发展、推进生态文明建设首先必须解决的重大问题。有人说，发展不可避免会破坏生态环境，因此发展要宁慢勿快，否则得不偿失；也有人说，为了摆脱贫困必须加快发展，付出一些生态环境代价也是难免的、必须的。这两种观点把生态环境保护和发展对立起来了。

习近平总书记很早就用金山银山、绿水青山作比喻，生动形象、入木三分地阐明了经济发展与环境保护之间的辩证关系，提出了“绿水青山就是金山银山”的重要理念，为我们建设生态文明、建设美丽中国提供了根本遵循。绿水青山是人民幸福生活的重要内容，是金钱不能代替的；绿水青山和金山银山绝不是对立的，关键在人，关键在思路。一些地方生态环境资源丰富又相对贫困，更要通过改革创新，探索一条生态脱贫的新路子，让贫困地区的土地、劳动力、资产、自然风光等要素活起来，让资源变资产、资金变股金、农民变股东，让绿水青山变金山银山。

绿水青山就是金山银山的理念，具有重大理论价值和实践价值。人类要过上更好的生活，需要发展经济。过去认为生产农产品、工业品、服务产品的活动才是经济活动，才是发展。但是人类除了对农产品、工业品和服务产品有需求外，还需要生态产品，需要清新的空气、清洁的水源、舒适的环境。过去之所以没有将这些生态产品定义为产品，没有将提供生态产品的活动定义为发展，是因为在工业文明之前以及工业文明的早期，生态产品是无限供给的，是不需要付费就可以自然而然得到的。现在，能源紧张、资源短缺、生态退化、环境恶化、气候变化、灾害频发，清新空气、清洁水源、舒适环境越来越成为稀缺的产品。比如，生产农产品需要耕地，提供生态产品也需要“耕地”。生态产品的“耕地”就是森林、草原、湿地、湖泊、海洋等生态空间，只有保护好这些生态空间，才能提供更多优质生态产品。人民群众对生态产品的需要提出了新的更高要求，这就必须顺应人民群众对优美生态环境的新期待，把提供生态产品作为发展应有的内涵，为人民提供更多蓝天净水。

自然是有价值的，保护自然就是增值自然价值和自然资本的过程，就是保护和发展生产力，理应得到合理回报和经济补偿。党的十八届三中全会提出编制自然资源资产负债表。党的十九大提出建立市场化、多元化生态补偿机制，就是要探索生态产品价值的实现方式，探索绿水青山变成金山银山的具体路径。

树立和践行绿水青山就是金山银山的理念，必须正确处理好经济发展同生态环境保护的关系。习近平总书记反复强调，经济发展不应是对资源和生态环境的竭泽而渔，生态环境保护也不应是舍弃经济发展的缘木求鱼，而是要坚持在发展中保护、在保护中发展，实现经济社会发展与人口、资源、环境相协调。要坚持和贯彻新发展理念，深刻认识保护生态环境就是保护生产力、改善生态环境就是发展生产力，坚决摒弃以牺牲生态环境换取一时一地经济增长的做法，让良好生态环境成为人民生活改善的增长点、成为经济社会持续健康发展的支撑点、成为展现我国良好形象的发力点，让中华大地天更蓝、山更绿、水更清、环境更优美，大踏步进入生态文明新时代。

3. 推动形成绿色发展方式和生活方式

推动形成绿色发展方式和生活方式，是发展观的一场深刻革命。习近平总书记指出：“绿色发展，就其要义来讲，是要解决好人与自然和谐共生问题。”坚持绿色发展，推进生态文明建设，必须从源头抓起，采取扎扎实实的举措，形成内生动力机制。这就要求我们，必须坚定不移走绿色低碳循环发展之路，引导形成绿色发展方式和生活方式。

充分认识形成绿色发展方式和生活方式的重要性、紧迫性、艰巨性，把推动形成绿色发展方式和生活方式摆在更加突出的位置。要坚持走绿色发展道路，加快构筑尊崇自然、绿色发展的生态体系，谋求更佳质量效益，让资源节约、环境友好成为主流的生产生活方式，使青山常在、清水长流、空气常新，让人民群众在良好生态环境中生产生活，为子孙后代留下可持续发展的“绿色银行”。

推动形成绿色发展方式和生活方式，重点是推进产业结构、空间结构、能源结构、消费方式的绿色转型。要加快产业结构绿色转型，加快建立绿色生产和消费的法律制度和政策导向，建立健全绿色低碳循环发展的经济体系，构建市场导向的绿色技术创新体系，面向市场需求促进绿色技术的研发、转化、推广，用绿色技术改造形成绿色经济。要推进空间结构绿色转型，按照主体功能定位，优化空间结构，形成主要集聚经济和人口的城市化地区、主要提供农产品的农产品主产区、主要提供生态产品的生态功能区，对不同主体功能区要分别实行优化开发、重点开发、限制开发、禁止开发的策略。要促进能源绿色转型，推进能源生产和消费革命，构建清洁低碳、安全高效的能源体系，推进资源全面节约和循环利用，实施国家节水行动，降低能耗、物耗，实现生产系统和生活系统循环链接。要推动消费方式绿色转型，倡导简约适度、绿色低碳的生活方式，反对奢侈浪费和不合理消费，使绿色消费成为每一个公民的责任，从自身做起，从自己的每一个行为做起，自觉为美丽中国建设作贡献。

4. 统筹山水林田湖草系统治理

大自然是一个相互依存、相互影响的系统。统筹山水林田湖草系统治理，归根到底是用什么样的思想方法对待自然、用什么样的方式保护修复自然的问题。习近平总书记强调，山水林田湖草是一个生命共同体。人的命脉在田，田的命脉在水，水的命脉在山，山的命脉在土，土的命脉在树。如果种树的只管种树、治水的只管治水、护田的单纯护田，很容易顾此失彼，最终造成生态的系统性破坏。必须按照生态系统的整体性、系统性及其内在规律，统筹考虑自然生态各要素、山上山下、地上地下、陆地海洋以及流域上下游等，进行整体保护、系统修复、综合治理。

统筹山水林田湖草系统治理，需要把加快推进生态保护修复作为一项重点任务。坚持保护优先、自然恢复为主，深入实施山水林田湖草一体化生态保护和修复。生态保护修复的工程与其他工程不同，应更多地顺应自然，少一些建设，多一些保护；少一些工程干预，多借用一些自然力。历史经验证明，过度的大规模工程措施对遏制生态退化的作用往往难达预期效果，有时甚至适得其反。而一些依靠自然本身的修复能力，辅以少量人工措施的做法，往往能取得更好效果。通过划定生态圈保护区域，通过减少人类活动促进自然修复，使被割裂的生态系统逐渐连接起来，使原有的自然生态廊道恢复起来。对自然恢复也要有历史耐心，持之以恒，久久为功，不能毕其功于一役。

加快推进生态系统保护和修复，需要优化生态安全屏障体系，构建生态廊道和生物多样性保护网络，提升生态系统质量和稳定性。建立全国统一的空间规划体系，完成生态保护红线、永久基本农田、城镇开发边界三条控制线划定工作，明确城镇空间、农业空间、生态空间，为各类开发建设活动提供依据。针对我国缺林少绿的国情，开展国土绿化行动，集中连片建设森林，继续推进荒漠化、石漠化、水土流失综合治理，强化湿地保护和恢复，加强地质灾害防治，为国土增添绿装，扩大退耕还林还草，恢复国土的生态功能。在坚持最严格的耕地保护制度基础上，针对耕地退化问题，扩大轮作休耕制度试点，使超载的耕地休养生息。建立政府主导、企业和社会各界参与、市场化运作、可持续的生态补偿机制。

5. 实行最严格生态环境保护制度

建设生态文明，是一场涉及生产方式、生活方式、思维方式和价值观念的革命性变革。实现这样的变革，必须依靠制度和法治。习近平总书记反复强调，在生态环境保护问题上，就是要不能越雷池一步，否则就应该受到惩罚。只有实行最严格的制度、最严密的法治，才能为生态文明建设提供可靠保障。当前，我国生态环境保护中存在的突出问题，大都与体制不完善、机制不健全、法治不完备有关。必须把制度建设作为推进生态文明建设的重中之重，加快生态文明体制改革，着力破解制约生态文明建设的体制机制障碍。

深化生态文明体制改革，需要尽快把生态文明制度的四梁八柱建立起来，把生态文明建设纳入制度化、法治化轨道。习近平总书记主持审定的《生态文明体制改革总体方案》，明确以八项制度为重点，加快建立产权清晰、多元参与、激励约束并重、系统完整的生态文明制度体系。要构建归属清晰、权责明确、监管有效的自然资源资产产权制度，着力解决自然资源所有者不到位、所有权边界模糊等问题。构建以空间规划为基础、以用途管制为主要手段的国土空间开发保护制度，着力解决因无序开发、过度开发、分散开发导致的优质耕地和生态空间占用过多、生态破坏、环境污染等问题。构建以空间治理和空间结构优化为主要内容，全国统一、相互衔接、分级管理的空间规划体系，着力解决空间性规划重叠冲突、部门职责交叉重复、地方规划朝令夕改等问题。构建覆盖全面、科学规范、管理严格的资源总量管理和全面节约制度，着力解决资源使用浪费严重、利用效率不高等问题。构建反映市场供求和资源稀缺程度、体现自然价值和代际补偿的资源有偿使用和生态补偿制度，着力解决自然资源及其产品价格偏低、生产开发成本低于社会成本、保护生态得不到合理回报等问题。构建以改善环境质量为导向，监管统一、执法严明、多方参与的环境治理体系，着力解决污染防治能力弱、监管职能交叉、权责不一致、违法成本过低等问题。构建更多运用经济杠杆进行环境治理和生态保护的市场体系，着力解决市场主体和市场体系发育滞后、社会参与度不高等问题。构建充分反映资源消耗、环境损害和生态效益的生态文明绩效评价考核和责任追究制度，着力解决发展绩效评价不全面、责任落实不到位、损害责任追究缺失等问题。

实践证明，生态环境保护能否落到实处，关键在领导干部。一些重大生态环境事件背后，都有领导干部不负责任不作为的问题，都有一些地方环保意识不强、履职不到位、执行不严格的问题，都有环保有关部门执法监督作用发挥不到位、强制力不够的问题。这就需要落实领导干部任期生态文明建设责任制，实行自然资源资产离任审计，认真贯彻依法依规、客观公正、科学认定、权责一致、终身追究的原则；针对决策、执行、监管中的责任，明确各级领导干部责任追究情形；对造成生态环境损害负有责任的领导干部，不论是否已调离、提拔或者退休，都必须严肃追责。最关键的是，各级党委和政府高度重视、加强领导，纪检监察机关、组织部门和政府有关监管部门各尽其责、形成合力、追责到底，决不能让制度规定成为没有牙齿的老虎。

（三）读：《拯救地球生物圈——论人类文明转型》

《拯救地球生物圈——论人类文明转型》一书由姜春云主编。这是一部经过长期调查研究，在综合前人研究成果、总结世界各国正反两面经验基础上，探索如何破解全球环境危机、实现人类与自然和谐、可持续发展规律并取得创新性、突破性成果的专著。

“知恩图报，善哉，君子也；忘恩负义，乃恶，小人也。”这报恩与负义、善与恶，自古以来就是评价人们伦理道德及行为优劣的最起码也是最基本的尺度。小至一个家庭，儿女们是不是感父母养育之恩而孝敬父母；大至一个国家，民众们是不是感国家培育之恩而报效祖国；就整个地球而言，人类是否感大自然孕育、抚养之恩而敬畏、呵护自己的绿色家园。这是所有生活在地球上的人，包括个体和群体，不同国别、肤色、性别、阶层、职业的人，都应当作出理性而明智回答的问题，并以仗义执言、扬善止恶的正义法则律己律人，见诸行动。

众所周知，自然界的生命群体早在几亿年前就在地球上安家落户了，而人类来到这个世界只不过是几百万年的事情，是晚辈的晚辈。人类诞生及其进化全程，从猿到猿人、早期智人到智人、少数古人到几亿、几十亿现代人，哪一步不是大自然这个伟大而神圣的母亲抚育、供养的结果？比之与家庭、国家的关系，大自然对人类的养育之恩和奉献，更带基础性、根本性，也更值得人类知恩、感恩、报恩。然而，人类又是怎样对待大自然的呢？这是一个似乎不好回答又必须作出回答的问题，不然，天地良心何在？

说实在话，人类对待大自然，知恩感恩报恩者，大有人在，这种人为呵护生态、优化环境做出了积极努力和贡献；不知恩感恩报恩者，有之，这种人对自然生态的变化漠不关心、无动于衷，极少闻问；忘恩负义以至恩将仇报、肆意破坏生态环境者，也不乏其人，且其不义行为与日俱增，愈演愈烈。这也正是生态退化、环境恶化、人类陷入生存危机的主要根源。

生态环境问题，早在农业文明时期就已开始显露，但那时的人类活动对环境的影响还是渐进的，相对而言较轻；伴随着工业革命和科学技术飞速发展，人类在创造巨大物质财富和文化成果的同时，对生态环境造成了严重破坏，愈是接近现代，这种破坏愈是惨烈。大气污染、水污染、土壤污染、土地沙化荒漠化、气候变暖、冰川融化、臭氧层破损、酸雨区域扩大、生物多样性锐减，影响人类健康并造成死亡的疾病多发以及极端气候地质灾害频繁袭击等，这种种触目惊心的现实在警示：人类赖以生存发展的地球生物圈出现了破损，支撑地球生物圈的主要生态系统(森林、草原、湿地、江河、湖泊、农田、山系、大气、海洋等)，都已伤痕累累、功能弱化，潜伏着人们难以预料的祸患和危险。这如同一个大养鱼缸，由于受到外力撞击，出现了裂缝，它漏水了，而且水漏得愈来愈多，以致威胁到缸中游鱼的生存和繁衍。显然，如若不紧急抢救修补，地球生物圈的破损将日益加重，直至功能丧失，不再正常运行，导致人类陷入生存绝境。这样说，并非耸人听闻，而恰是对人类生存危机和隐患的真实写照。

面对环境恶化引发的生存危机，半个世纪以来，国际社会和各国政府频频会商，签订“协议”“公约”，发布“宣言”，作出承诺，并采取了应对措施，也见到了成效。但总地说，生态修复、环境治理效果甚微，只能说“局部好转”，全球范围内环境恶化如故，而且呈加剧之势。正如美国耶鲁大学森林与环境学院院长、联合国开发计划署原署长詹姆斯·史伯斯指出：“直至今日，引起国际社会不安的环境恶化还没有得到本质的减缓，不祥的趋势仍然存在，而且这些问题变得更加根深蒂固并危在旦夕。”他还认为，全球变暖、环境(水、土和大气)污染、资源枯竭和正在枯竭、生态系统的瓦解趋势、物种的减少等问题比我们所了解、所愿意承认、所预计的要严重得多。

全球环境恶化到了今天的地步，有其深层次根源。不能排除与大自然逆向演替有关，但最根本的还是人类社会没有正确对待大自然，在处理与大自然的关系上，认识偏颇，行为失当，犯下了难以弥补的历史性错误。特别是工业革命以来的掠夺性开发及其非理性生产生活方式，对自然生态和资源环境的破坏，是毁灭性的。传统工业文明相对于农业文明，无疑是革命性进步，它创造了高得多的劳动生产率和巨大物质技术文化财富，但其致命的弱点和弊端也是显而易见的，那就是它的极端逐利性、贪婪性、掠夺性、强权性和疯狂性——为加速财富、资本积累而不顾一切的价值观、发展观。正是在这种文明理念主使下，几个世纪以来，西方一些工业发达国家向大自然发动了规模空前的征服、掠夺、破坏行动，伴随而来的是一次又一次的殖民主义战争，不但造成千百万人死亡、亿万人受奴役，而且使全球生态环境遭受到空前浩劫。参与掠夺自然资源的，不乏人类中心主义者，他们把人类视为大自然至高无上的占有者、主宰者、统治者，把自然万物视为人类的附属物、消费品和奴仆，肆意掠夺、霸占、灭绝，而且在消费上追求奢侈豪华、铺张浪费、挥霍无度。在200多年的工业化进程中，西方发达国家竟然消耗掉了全球约1/2亿万年形成的一次性资源。

实践一再告诫人们，在生态环境问题上，传统工业文明不可能纠正、也绝对没有办法纠正自己的失误，如同走入了“死胡同”。后来兴起的一些发展中国家，在推进工业化过程中，由于没有跳出传统工业文明的旧框框，在短短的几十年间也遇到了西方工业化国家一二百年间的环境污染、生态退化问题，面临发展与环境的双重压力和挑战。

20世纪中后期，人类反思工业文明难以为继的深刻教训，创立了以人类与自然和谐、可持续发展为主要特征的生态文明，为破解环境危机，实现发展与环境双赢开辟了广阔前景。生态文明对工业文明而言，是一次质的提升和飞跃，它既传承了工业文明的优势、长处，又以全新的理念，纠正了工业文明的弱点、失误。生态文明的基本特征及其理念可概括为：

1. 人类是大自然的成员之一，与自然界其他生物是平等、友好、相互依存的伙伴关系，而不是什么至高无上的主宰者、统治者；

2. 大自然孕育、抚养了人类，人类应当知恩图报，善待自然，而不可忘恩负义，对自然万物施以暴行；

3. 人类开发利用自然资源理所当然，但一定要取之有度，不可超过自然生态和环境的承载力；

4. 人类对自然资源的开发利用，必须遵循“人际公平、国际公平、代际公平”的道德准则，不可侵占属于他人、他国和后代的权益；

5. 倡导资源节约、高效、循环利用，力求效益最大化、消耗最低化、对环境影响最小化；

6. 以可持续发展为最高追求目标，摒弃一切“杀鸡取卵”、“竭泽而渔”、急功近利的短期行为；

7. 发展成果全体社会成员共享，而不可少数人独吞等。

也就是说，人类对待大自然，亟须匡正理念、摆正位置。人类是“万物之灵”，应当发挥具有思维和高智商的优势，承担起关爱、呵护、疏导、优化大自然的责任，引导和保障自然万物和谐共处、生生不息、平衡有序发展。

需要指出的是，中国改革开放 30 多年来，社会主义现代化建设取得了举世瞩目的辉煌成就，同时也出现了严峻的环境问题和可持续发展问题。实践已经证明并将继续证明，坚持以马列主义、毛泽东思想和中国特色社会主义理论体系为指导，走中国特色社会主义道路，树立和落实以人为本、全面协调可持续的科学发展观，建设资源节约型、环境友好型社会，既是推进生态文明建设、实现“文明转型”的主旨要义，也是实现经济社会又好又快发展、发展与环境双赢、构建和谐社会、提高人民群众幸福指数的必由之路和可靠保障。

“知己知彼，百战不殆”，“凡事预则立，不预则废”。这两句充满唯物辩证法的古语，道破了世事成败的要领秘诀。人类能否扭转环境恶化趋势、拯救地球生物圈，取决于是否正确估量生存环境形势，正视而不是掩饰环境问题的严重性，科学预测未来的隐患，认真反思对大自然所犯的错误，并“知过必改”，自觉增强使命感、危机感、责任感，采取足以转危为安、实现发展与环境良性循环的对策。

拯救地球生物圈，实践人类文明转型——由传统工业文明转变为现代生态文明，是人类发展史上空前宏伟、壮丽的事业，也是一项艰巨而复杂的社会工程，需要人类潜心研究、正确认识和回答一系列相关的问题。诸如，人类与大自然究竟是一种什么关系，是征服被征服、主宰被主宰、统治被统治的关系，还是平等、友善、和谐、共生共存共繁荣的关系？在茫茫宇宙空间数以亿万计的天体中，为什么唯有地球是生命的绿色摇篮？何谓地球生物圈，地球生物圈的正负向演替对人类生存发展会产生怎样的影响？是哪些生态系统在支撑和维护地球生物圈正常运行？人类生存和发展，是否一定要以牺牲生态环境为代价？如何看待推进生态文明与转变发展方式、消费方式的关系？如何看待资源、环境的有限性和人类欲望无限性的矛盾？长期以来人类对大自然过度索取，欠下巨额生态债务，要不要偿还、如何偿还？人类年老体弱了要休养康复，自然生态病重体衰了要不要休养生息？科学技术在拯救地球生物圈中应当发挥什么作用？人口发展与资源、环境和可持续发展是一种什么关系？人类连绵不断的战争，对生态环境和地球生物圈意味着什么？如何发挥法治与德治对保护环境、拯救地球生物圈的利器、保障作用？为什么必须完善经济社会发展考评标准、办法？拯救地球生物圈——走生态文明之路，如何做到各国通力合作、协调动作？等等。

因此，在总结人类处理与自然关系的正反两方面经验的基础上，联系全球环境危机现实，对相关问题作出有深度的剖析和讨论，提出一系列新的理念、观点、见解、思路和对策措施，认定必须坚持走生态文明发展道路。

(四)游：贵阳

贵阳，贵州省省会，简称筑、金筑，有“林城”之美誉，因境内贵山之南而得名。是贵州省的政治、经济、文化、科教、交通中心和西南地区重要的交通、通信枢纽、工业基地及商贸旅游服务中心。西南地区中心城市之一、全国生态休闲度假旅游城市、全国综合性铁路枢纽。属于亚热带湿润温和型气候，年平均气温 15.3℃，年平均相对湿度 77%，2016 年森林覆盖率为 46.5%，有森林公园 11 个。

贵阳是国家级大数据产业发展集聚区、呼叫中心与服务外包集聚区、大数据交易中心、数据中心集聚区。为中国首个国家森林城市、国家循环经济试点城市、中国避暑之都，荣登“中国十大避暑旅游城市”榜首。2017 年，贵阳市复查确认保留全国文明城市荣誉称号。

贵阳之名较早见于明(弘治)《贵州图经新志》，元代始建顺元城，明永乐年间，贵州建省，贵阳成为贵州省的政治、军事、经济、文化中心。境内有 30 多种少数民族，有山地、河流、峡谷、湖泊、岩溶、洞穴、瀑布、原始森林、人文、古城楼阁等 32 种旅游景点。2018 年 4 月，被国家市场监督管理总局划分为“2018 年传销重点整治城市”。

1. 名称

中文名称：贵阳；英文名称：Guiyang/Kweiyang；别名：林城、筑城。

2. 历史沿革

秦汉时期：“贵阳”之名较早见于明(弘治)《贵州图经新志》：郡在贵山之阳故名。贵阳因为在贵山的南面所以得名。因贵阳古代盛产竹子而闻名，故用“竹”的谐音“筑”来作为贵阳的简称。

春秋时期：今贵阳属牂牁国辖地。战国时属夜郎国范围。两汉时期隶属柯郡。

唐宋时期：唐朝，在乌江以南设羁縻州，贵阳属矩州。宋代，称贵阳为贵州，宣和元年(1119 年)，更矩州为贵州。

元明时期：元至元十七年(1280 年)，置顺元路宣抚司，翌年改为宣慰司；二十年(1283 年)，置贵州等处长官司，为顺元路治，先隶四川行中书省，后隶湖广行中书省；二十九年(1292 年)，顺元、八番两宣慰司合并，设八番顺元宣慰司都元帅府于顺元城(今贵阳)。明洪武四年(1371 年)，设贵州宣慰使司，司治贵州(今贵阳)。六年(1373 年)12 月，置贵州卫指挥使司。十五年(1382 年)，置贵州都指挥使司，下领贵州等十八卫。二十六年(1393 年)，又置贵州前卫。永乐十一年(1413 年)，置贵州等处承宣布政使司，贵州建省，贵阳成为贵州省的政治、军事、经济、文化中心。隆庆三年(1569 年)3 月，改新迁程番府为贵阳府。万历十四年(1586)，置新贵县，附郭，隶于贵阳府。二十九年(1601 年)，升贵阳府为贵阳军民府。三十六年(1608 年)，析新贵县、定番州地置贵定县，仍隶贵阳军民府。崇祯四年(1631 年)，废贵州宣慰司，析宣慰司水东地置开州。明末，贵阳军民府辖新贵县、贵定县、开州(今开阳县)、广顺州(今长顺县)、定番州(今惠水县)，亲领 4 个长官司。

清顺治十六年(1659 年)，设贵州巡抚驻贵阳军民府。康熙五年(1666 年)，移云贵总督驻贵阳。二十六年(1687 年)，省贵州卫、贵州前卫置贵筑县，与新贵县同城，改贵阳军民府为贵阳府。三十四年(1695 年)，省新贵县入贵筑县。乾隆十四年(1749 年)，贵阳府辖贵筑县、贵定县、龙里县、修文县、开州、定番州、广顺州和长寨厅(今属长顺县)。光绪七年(1881 年)，增辖罗斛厅(今罗甸县)。

民国时期：民国三年(1914 年)，废贵阳府设贵阳县，贵州分为 3 道，贵阳县属黔中道，为道治；移贵筑县驻扎佐，旋移息烽，改名息烽县。民国九年(1920 年)，废黔中道，贵阳县直隶于贵州省长公署。民国二十五年(1936 年)，全省为 8 个行政督察区，贵阳县属第一行政督察区。次年，贵阳县直隶于省政府。民国三十年(1941 年)7 月 1 日，撤贵阳县设贵阳市，另置贵筑县驻花溪，直至解放时未变动。

中华人民共和国成立后：1949 年 11 月 15 日，贵阳解放，11 月 23 日成立贵阳市人民政府。

2006 年 7 月 6 日，国务院同意贵阳市人民政府驻地由贵阳市南明区市府路迁至贵阳市观山湖区林城东路。

3. 行政区划

1949 年，设贵阳专区，管辖贵筑、修文、开阳、息烽、惠水、龙里等县，专署驻贵筑县治(花溪)。

1952 年，裁贵阳专区设贵定专区。

1954 年，贵筑县划归贵阳市辖。

1958 年，撤贵筑县建置，将市郊划为花溪、乌当两区；经国务院批准，将原属安顺专区的清镇、修文、开阳 3 县和原属黔南自治州的惠水县划归贵阳市辖。

1959 年，设白云镇，相当于市辖区一级行政单位。

1963 年，将开阳县划归遵义专署，修文、清镇两县划归安顺专署，惠水县划归黔南自治州。

1973 年，恢复白云区建置。

1992 年，清镇撤县设市。

1996 年 1 月 1 日，经国务院批准将原安顺地区管辖的清镇市和修文、息烽、开阳“一市三县”划归贵阳市辖。

2000 年 1 月，国务院批准贵阳市设立小河区。

2007 年 8 月 30 日，省政府批准同意调整云岩区、乌当区、南明区局部行政区域，将乌当区金阳街道的茶园村、金关村、金鸭村、杨惠村、大凹村和南明区后巢乡蔡家关村划归云岩区管辖。

2009 年 1 月 16 日，正式将花溪区小碧乡、乌当区永乐乡成建制划入南明区。

2012 年，国务院批准撤销花溪区、小河区，设立新花溪区和观山湖区。新花溪区为原花溪区、小河区行政区域；以原乌当区金阳街道、金华镇、朱昌镇、清镇市百花湖乡组建观山湖区。

2013 年 4 月，省政府同意撤销乌当区新场乡，设置新场镇，镇人民政府驻新场村；同意撤销乌当区下坝乡，设置下坝镇，镇人民政府驻下坝村；同意撤销乌当区百宜乡，设置百宜镇，镇人民政府驻百宜村。

截至 2017 年，贵阳市下辖 6 个市辖区：观山湖区、云岩区、南明区、花溪区、乌当区、白云区；3 个县：修文县、息烽县、开阳县；代管 1 个县级市：清镇市。有 32 乡(其中民族乡 18 个)、45 个镇、90 个社区，1054 个行政村。政府驻观山湖区市级行政中心。

4. 地理环境

(1)地理位置

贵阳位于贵州省中部，地处东经 106°07′~107°17′，北纬 26°11′~26°55′之间。东南与黔南布依族苗族自治州的瓮安、龙里、惠水、长顺 4 县接壤，西靠安顺地区的平坝县和毕节地区的织金县，北邻毕节地区的黔西、金沙 2 县和遵义市的遵义县。总面积 8034 平方千米，占全省面积的 4.56%。

(2)地势地貌

贵阳地处云贵高原黔中山原丘陵中部，长江与珠江分水岭地带。总地势西南高、东北低。苗岭横延市境，岗阜起伏，剥蚀丘陵与盆地、谷地、洼地相间。相对高差 100~200 米，最高峰在水田镇庙窝顶，海拔 1659 米；最低处在南明河出境处，海拔 880 米。中部层状地貌明显，主要有贵阳—中曹司向斜盆地和白云—花溪—青岩构成的多级台地及溶丘洼地地貌。峰丛与碟状洼地、漏斗、伏流、溶洞发育。较平坦的坝子有花溪、孟关、乌当、金华、朱昌等处。南明河自西南向东北纵贯市区，流域面积约占市区总面积的 70%。

贵阳地貌属于以山地、丘陵为主的丘原盆地地区。其中，山地面积 4218 平方千米，丘陵面积 2842 平方千米；坝地较少，仅 912 平方千米；此外，还有约 1.2%的峡谷等地貌。境内主要山峰有青龙山，在清镇市南部、城关镇东隅，面积 10.5 平方千米，海拔 1333.5 米。

(3)气候特征

贵阳市海拔高度在 1100 米左右，处于费德尔环流圈，常年受西风带控制，属于亚热带湿润温和型气候，年平均气温为 15.3℃，年极端最高温度为 35.1℃，年极端最低温度为-7.3℃，年平均相对湿度为 77%，年平均总降水量为 1129.5 毫米，年雷电日数平均为 49.1 天，年平均阴天日数为 235.1 天，年平均日照时数为 1148.3 小时，年降雪日数少，平均仅为 11.3 天。

贵阳夏无酷暑，夏季平均温度为 23.2℃，最高温度平均在 25~28℃之间，在最热的7月下旬，平均气温也仅为23.7℃，全年最高温度高于30℃的日数少，近5年平均仅为35.8天，大于35℃的天数仅为0.3天；紫外线强度仅在中午很短的时间内达到4级，其余时间均为弱或很弱；夏季雨水充沛，约500毫米，夜间降水量占全年降水量的70%。贵阳冬无严寒，最冷一月上旬，平均气温是4.6℃。

全年平均气温15.3℃，极端最高气温33.7℃，极端最低气温-4.8℃。全年平均相对湿度80%，总降水量1046毫米，日照时数1160小时。

5. 自然资源

(1)土壤

贵阳境内土壤以酸性黄壤为主。与石灰岩、白云岩、砂岩、页岩等交错分布。形成酸性土壤，也发育了各种酸性土壤植物群落。

(2)水文

贵阳处于长江水系与珠江水系的分水岭地带。以花溪区桐木岭为界，桐木岭以南的河流属珠江水系，以北的河流属长江水系。贵阳市域境内10千米以上河流共98条，其中长江流域90条，珠江流域8条，主要河流有长江水系的乌江、南明河、猫跳河、鸭池河、暗流河、鱼梁河、谷撒河、息烽河和洋水河以及珠江水系的蒙江。

贵阳市水资源主要源于天然雨，全市年天然径流546~640毫米，平均每平方公里产水56.3万立方米，水资源总量为53.4亿立方米，占全省水资源总量的3.9%。

(3)矿产

贵阳市的主要矿产有煤、铝土矿、磷矿、硫铁矿、水晶、石英砂岩、石灰岩、白云岩、重晶石、石膏和铅锌矿等20余种。其中铝土矿和磷矿在国内占有很重要的地位。铝土矿、磷矿是贵阳地区优势矿产，其他如重晶石、水晶、石英砂等有较大开发前景。

截至2016年，全市已探明矿种52种，主要有煤、铁、硅、重晶石、大理石、耐火粘土、铝矾土、磷、硫、汞等矿产资源。铝土矿保有储量3.01亿吨，占全国的五分之一，矿床主要集中在修文县和清镇市，有特大型、大型、中型矿床9个。其中，清镇市猫场铝土矿储量1.5亿吨，为国内著名特大型铝土矿。铝矿品位高，三氧化二铝含量平均在70%左右，铁含量平均小于5%，铝、硅比平均为7.87。磷矿4.64亿吨，是全国三大磷矿基地之一，全国70%的优质磷矿集中在贵阳。煤炭储量9亿吨，“一市三县”及3个郊区均有分布。铁矿2396万吨，硫铁矿2878万吨，汞(金属量)2683吨。

(4)动植物

贵阳境内地带性植被为中亚热带湿润性常绿阔叶林，城区原生植被已经完全被破坏。以壳斗科、樟科、山茶科为主的阔叶林，在乌当区百宜乡、花溪区高坡苗族自治乡等远郊区及三县一市边远深山尚有小面积残存。

贵阳境内有普通无脊椎动物7个门类，100余种；脊椎动物202种(亚种)，其中鱼纲 50 种，两栖纲 11 种，爬行纲 15 种，鸟纲 85(亚种)种，哺乳纲(亚种) 41 种。自 20 世纪 60 年代以后，各类动物急剧减少。贵阳市远郊和 3 县 1 市深山中尚存少量国家各级保护动物及有大鲵、鸳鸯、红腹锦鸡、穿山甲、八哥(鹩哥)、林麝、猕猴等及多种蛇类、蜥蜴类动物。

贵阳境内历史上植物资源极为丰富。仅 1958 年，在贵阳境内采集到藻类植物标本就有 24 科、40 属、62 种。其中大部可食用或药用。

1978 年，贵阳市查明的菌类植物中，可食用的伞菌就有 37 种，以长裙竹荪、木耳、牛肝菌、松乳菇、多汁乳菇、羊肚菌、大白菇等为常见食用品种。药用菌以灵芝、紫芝、茯苓较常见。

苔藓植物有 128 种，分属 42 科，80 属。现城区已经不多见。蕨类植物有 23 科，37 属，63 种，其中绝大多数可以入药。紫萁、蕨菜的嫩芽可以做菜，根中的淀粉是珍贵的保健食品。

种子植物有 316 种，分属 87 科，187 属，常见的用材植物有马尾松、杉木、柏树、侧柏和各种栎树等，珍稀树种有青岩油杉、南方铁杉、云贵鹅耳枥等数十种。药用贵重品种有厚朴、杜仲、黄柏等。此外，还有多种油脂植物和芳香植物。比较珍稀的观赏树有南方红豆杉等。各种可药用的草本植物有 127 科，近 700 种。20 世纪 60 年代在城内山上即可采集到多种药用木本、草本植物。

2016 年，贵阳市森林覆盖率达到 46.5%。有森林公园 11 个，其中国家级 1 个，省级 10 个。

6. 面积人口

贵阳全市土地总面积 804 667 公顷。其中，耕地 271 941 公顷，占土地总面积的 33.8%；园地 7452 公顷，占 0.93%；林地 273 653 公顷，占 34.01%，森林覆盖率 39.19%；牧草地 26 670 公顷，占 3.31%；水面 15 419 公顷，占 1.92%(坑塘水面 1213 公顷，养殖水面 223 公顷，水库水面 9477 公顷，河流水面 4490 公顷，湖泊水面 16 公顷)；建设用地(含居民点及工矿用地、交通用地和水利设施)63 017 公顷，占 7.83%；未利用地 113 163 公顷(其中：荒草地 36 278 公顷，裸岩石砾地 71 462 公顷，田土坎 41 294 公顷，裸土地 615 公顷，滩涂 267 公顷)，占 14.06%。

2016 年，贵阳年末常住人口 480.20 万人，年平均人口 474.94 万人。年出生率 11.76‰，死亡率 5.68‰，自然增长率 6.08‰，城镇化率达 74.8%。

贵阳市是一个多民族杂居的城市，汉族人口占大多数，布依族次之，苗族人口居贵阳第三位，除此之外，还有回族、侗族、彝族、壮族等 20 多个少数民族。

7. 经济

2017 年，贵阳市实现地区生产总值 3537.96 亿元，同比增长 11.3%。其中，第一产业增加值 147.33 亿元，增长 6.3%；第二产业增加值 1375.18 亿元，增长

10. 0%；第三产业增加值 2015. 45 亿元，增长 12. 6%。人均生产总值 74493 元，同比增长 9. 2%。

三次产业结构比为 4. 2∶38. 8∶57. 0，继续呈现稳健的“三二一”结构。与上年比，第一产业、第三产业比重均下降 0. 1 个百分点，第二产业比重提高 0. 2 个百分点。

全年居民消费价格比上年上涨 1. 0%，其中衣着价格上涨 2. 3%，食品烟酒上涨 0. 1%。工业生产者出厂价格比上年上涨 1. 9%。

全年新建商品住宅价格比上年上涨 10. 4%，二手房价格比上年上涨 5. 4%。

年末商品房待售面积 234. 59 万平方米，比上年末减少 36 万平方米。其中，商品住宅待售面积 141. 2 万平方米，减少 0. 47 万平方米；办公楼待售面积 32. 04 万平方米，减少 15. 49 万平方米；商品房待售面积 1 年至 3 年(含 1 年)133. 97 万平方米，减少 64. 88 万平方米。年末规模以上工业企业资产负债率为 63. 9%，比上年末下降 2. 5 个百分点。每百元主营业务收入中的费用为 10. 63 元，比上年末下降 0. 2 元。全年水利、环境和公共设施管理业、农业固定资产投资(不含农户)分别比上年增长 16. 3%和 60. 1%。

规模以上高技术制造业增加值增长 18. 3%，占规模以上工业增加值的比重为 17. 5%。装备制造业增加值增长 17. 9%，占规模以上工业增加值的比重为 14. 6%。全年限额以上通过公共网络实现的商品销售额 66. 50 亿元，增长 30. 4%。

全年一般公共预算收入 377. 77 亿元，比上年增长 8. 0%，其中税收收入 296. 41 亿元，增长 10. 7%。全年规模以上工业企业实现利润 190. 69 亿元，比上年增长 2. 1%。全年规模以上服务业企业实现营业利润 19. 12 亿元，扭负为正，比上年增长 149. 7%。

(1)第一产业

贵阳有肉、禽、蛋、奶、蔬、果、药、茶八大农业特色产业，以精品水果、特色养殖、中药材、茶叶、蔬菜、肉鸡等为农业主导产业。

2017 年，贵阳市全年粮食播种面积 10. 21 万公顷，比上年下降 4. 5%；油菜子播种面积 3. 57 万公顷，比上年下降 6. 1%；烤烟播种面积 0. 59 公顷，比上年增长 4. 1%；蔬菜及食用菌播种面积 12. 29 万公顷，比上年增长 0. 5%。

全年粮食产量 42. 74 万吨，比上年减产 3. 3%。其中，夏粮产量 6. 95 万吨，减产 18. 4%；秋粮产量 35. 79 万吨，增产 0. 3%。

全年完成造林面积 0. 97 万公顷，比上年下降 7. 5%。

全年肉类总产量 15. 95 万吨，比上年增长 5. 0%；禽蛋产量 32 364 吨，比上年增长 12. 7%；奶类产量 59 184 吨，比上年增长 6. 0%；水产品产量 12 171 吨，比上年增长 27. 3%。

全市年末拥有农业机械总动力 196. 42 万千瓦，比上年增长 2. 6%；实现机耕面积 20. 50 万公顷，比上年增长 46. 4%；机播面积 8703 公顷，比上年增长 99. 1%；机灌面积 38 861 公顷，比上年下降 3. 4%；机收面积 34 625 公顷，比上年增长152.0%。农用化肥施用量(折纯)5.71万吨，比上年下降5.4%。

(2)第二产业

贵阳工业优势产业为磷煤化工、航空制造、电子信息、生物医药等，有装备制造产业、材料产业、信息产业、健康产业四大产业集群，以钢铁、有色、化工为代表的原材料工业，以烟酒、医药、特色食品为代表的轻工业，以矿山机械、交通设备、航空航天部件为代表的装备制造业，以电子信息、高端制造和新材料为代表的战略性新兴产业均实现较快增长。

2017年，贵阳全年规模以上工业增加值比上年增长9.7%。重点产业(行业)规模以上工业增加值比上年增长10.4%，占规模以上工业增加值的80.6%；其中，特色食品业增加值增长16.3%、医药制造业增加值增长17.9%、装备制造业增加值增长17.9%、电力生产及供应业增加值增长15.5%。工业园区规模以上工业企业增加值比上年增长9.6%，占规模以上工业增加值的84.7%。

贵阳35个行业25升10降。全市35个工业行业中，25个行业呈增长趋势。其中皮革、毛皮、羽毛及其制品和制鞋业，家具制造业，石油加工、炼焦和核燃料加工业，电气机械和器材制造业，燃气生产和供应业，水的生产和供应业6个行业工业增加值增速均超过30%，占全市规模以上工业增加值的5.7%。

在规模以上工业企业中，轻工业增加值比上年增长11.6%，重工业增加值比上年增长7.9%；国有企业增加值比上年增长5.1%；国有控股企业增加值比上年增长7.0%；非公有制工业增加值占规模以上工业增加值的47.9%，比上年增长12.7%，高于全市平均水平3个百分点，比重较上年下降2.9个百分点；外商及港澳台投资企业比上年增长33.2%。

2017年，全市规模以上高技术产业(制造业)增加值比上年增长18.3%，增速高于全市平均水平9.6个百分点。总量占全市规模以上的17.5%，比重较上年提高1.3个百分点。

2017年，贵阳全年规模以上工业企业743个，比上年增长9.4%。主营业务收入2750.11亿元，比上年增长9.7%；实现利税总额402.35亿元，比上年增长3.1%；实现利润总额206.94亿元，比上年增长1.5%。

2017年，全市建筑业增加值502.61亿元，比上年增长10.9%。具有资质等级的总承包和专业承包建筑企业320户，资质以上建筑企业房屋建筑施工面积9579.57万平方米，比上年增长3.0%；房屋建筑竣工面积2062.15万平方米，比上年增长30.6%。

(3)第三产业

贵阳是贵州“金三角”旅游区的依托点，是贵州旅游业的支撑点，区域内旅游资源丰富多彩。是贵州省的金融及商贸旅游服务中心。

2017年，贵阳全年实现社会消费品零售总额1335.28亿元，比上年增长11.7%。按经营地统计，城镇消费1154.97亿元，增长12.5%。其中城区消费1093.08亿元，增长10.8%；乡村消费180.31亿元，增长6.7%。按消费形态分，商品零售1289.37亿元，增长11.7%；餐饮收入45.91亿元，增长 11.5%。

2017 年，贵阳全年外贸进出口总额 29.92 亿美元，比上年增长 25.3%。其中出口 22.71 亿美元，增长 17.7%；进口 7.20 亿美元，增长 64.7%。

全年批准外商投资项目 33 项，比上年增长 37.5%。实际直接利用外资 13.45 亿美元，比上年增长 20.1%。

2017 年，贵阳全年旅游总人数 14 877.54 万人次，比上年增长 34.1%。其中接待国内游客 14 836.59 万人次，接待外国(海外)游客 40.95 万人次。旅游总收入 1871.95 亿元，比上年增长 34.7%，其中旅游外汇收入达 18 562.96 万美元，增长 134.9%。

2017 年，贵阳全年完成财政总收入 782.85 亿元，比上年增长 9.1%；一般公共预算收入 377.77 亿元，比上年增长 8.0%；一般公共预算支出 578.08 亿元，比上年增长 10.1%。

全市年末金融机构本外币各项存款余额 10 908.27 亿元，比年初增加 929.43 亿元。其中，住户存款余额 2663.36 亿元，增加 157.48 亿元；金融机构本外币各项贷款余额 10 506.14 亿元，增加 1249.73 亿元。全市年末金融机构人民币各项存款余额 10 814.51 亿元，比年初增加 886.21 亿元。其中，住户存款余额 2646.09 亿元，增加 159.54 亿元；非金融企业存款余额 4795.98 亿元，增加 153.83 亿元。金融机构人民币各项贷款余额 10 403.12 亿元，比年初增加 1249.92 亿元。其中，短期贷款余额 318.83 亿元，增加 17.27 亿元；中长期贷款余额 1725.22 亿元，增加 272.06 亿元。

2017 年，贵阳全年保险保费收入 140.99 亿元，比上年增长 25.0%。保险赔付支出 51.37 亿元，比上年增长 13.6%。

全市年末共有上市公司 19 家，其中上交所 9 家，深交所 10 家。上市公司总市值 1874.82 亿元，比上年下降 3.1%。证券公司 2 家，证券营业部 76 家，资金账户数 84.81 万户，成交金额达到 7041.37 亿元。期货营业部 10 家，成交金额 3275.55 亿元。

8. 社会

截至 2017 年，贵阳市自来水厂 12 个，自来水综合生产能力 151.50 万立方米/日，供水管道长度达到 4190.18 千米。全年供水总量 33 563 万立方米，售水总量 25 731.06 万立方米。其中公共服务用水 6322.05 万立方米，居民家庭用水 15 963.35 万立方米。

2017 年，贵阳有天然气供气总量 30 692 万立方米，比上年增长 23.2%。其中家庭用量 11 731 万立方米，增长 19.0%。用天然气户数 102.02 万户，其中家庭用户 101.43 万户，比上年增长 14.3%。天然气人口 288.07 万人。

截至 2017 年，贵阳有 22 个污水处理厂，处理能力 110 万立方米/日，其中市区污水处理厂 11 座，市区污水处理能力 100 万立方米/日；“三县一市”污水处理厂 11 座，污水处理能力 10 万立方米/日。市区排水管道长度 3479.65 千米。

2017年，贵阳市城市绿地112.67万平方米；建成区园林绿地面积11 856.87公顷，建成区绿化覆盖面积12 296.38公顷，建成区公园绿地面积3606.40公顷，建成区绿化覆盖率41.13%，人均公园绿地面积12.88平方米，森林覆盖率48.66%。

9. 交通

贵阳是中国西南地区沟通珠三角、长三角的重要交通枢纽和区域性商贸物流中心之一，西南地区的铁路枢纽之一、西南地区公路航空、交通枢纽之一，为一类口岸城市，川黔、湘黔、黔桂、贵昆4条铁路在贵阳形成西南地区铁路十字交叉，贵广、长昆、渝黔、成贵、贵南等多条高速铁路客运专线陆续建成。"十二五"期间旅客吞吐量达到5308万人次，航班起降48.2万架次，货邮吞吐量39.4万吨。

航空：贵阳境内有1个国际机场——贵阳龙洞堡国际机场。机场位于贵阳市东郊，距市中心11千米。2007年年底，贵阳龙洞堡国际机场由4D升级为4E级机场。

2017年，贵阳龙洞堡国际机场通航点达到102个，比上年增加10个城市。其中国际通航点18个，比上年增加1个；国际通航地区3个。全年各种运输方式完成旅客发送量73 361.48万人次，比上年增长10.9%；完成货物运输量47 789.24万吨，比上年增长29.5%。航班正常率在国内旅客吞吐量排名前27位的机场中排名第9位。

铁路：贵阳南站为全国第二大铁路编组站，川黔、湘黔、贵昆、黔桂和南昆5条铁路干线交汇。贵阳北站是中国特大型铁路枢纽站之一，2014年12月26日启用。

水运：贵阳市建有开阳港洛旺河和龙水三座码头，洛旺河为2个500吨级的货运泊位，龙水为1个500吨级的客运泊位；息烽港由企业投资建成货运码头1座，设计年货运量50万吨。

公路：截至2013年，贵阳有通车高速公路6条，289.639千米。有8条出境公路，321和210国道经过贵阳。形成以贵阳为中心，国道及高速公路向省内各地、市、州呈辐射状延伸，公路通车里程达1800余千米，公路密度居全省之冠。

截至2015年，贵阳市老城区有宽度12米以上道路共计147.39千米。其中快速路长度为18.89千米，主干道长度为38.88千米，次干道长度为33.13千米，支路长度为56.50千米。

轨道：2015年8月24日，贵阳市政府批准了《贵阳市城市轨道交通线网规划(修编)》。根据该规划，贵阳城市轨道交通线路由9条线组成，在原线网规划(1~4号线)的基础上，新增了四条S线(市域快线)及一条贯穿贵安新区南北向的G1线，线网总规模466.9千米，共设车站258座。

公交：根据2017年6月信息显示，贵阳市公共交通(集团)公司有各种运营车辆3239辆，市、郊线路共159条，运营里程2.31亿千米，年客运量6.09亿人次，运营总收入达 6. 21 亿元。

截至 2016 年，贵阳市区道路总长度达到 1306 千米，道路面积 2643 万平方米，桥梁 345 座，其中立交桥 26 座。公交运营车辆 3265 辆，折合标准运营车辆 3971 标台，运营线路总长度 4721 千米，公交客运总量 61 994 万人次。城市出租汽车 8904 辆。

2017 年 1 月，开通贵州省首条 BRT 快速公交，全长 29 千米，设贵阳北站、未来方舟支线，也是西部地区第二、全国第三条全高架 BRT 系统。2018 年，结合中环主线 BRT 系统，开通九条支线 BRT。

10. *旅游*

贵阳位于贵州“金三角”旅游区、本区域内旅游资源丰富多彩，已开发的景点涉及 32 个景型，有山地、河流、峡谷、湖泊、岩溶、洞穴、瀑布、温泉、原始森林、人文、古城楼阁等各类旅游资源。截至 2016 年，全市共有各级文物保护单位 307 处，6 处全国重点文物保护单位；有风景名胜区 10 个，其中国家级风景名胜区 2 个，省级风景名胜区 8 个。有国家级历史文化名镇 1 个，中国历史文化名村 1 个，中国少数民族特色村寨 14 个。有国家 AAAAA 级旅游景区 1 个，国家 AAAA 级旅游景区 13 个，国家 AAA 级旅游景区 5 个，国家 AA 级旅游景区 1 个，全国农业旅游示范点 5 个。

(1)风景名胜

①红枫湖　红枫湖风景名胜区位于中国贵州省贵阳市西郊，距省会贵阳 28 千米，是贵州西线黄金旅游第一站。景区面积 200 平方千米，是一个融高原湖光山色、岩溶地貌、少数民族风情为一体的国家级风景名胜区。

湖边有座红枫岭，岭上及湖周多枫香树。深秋时节，枫叶红似火，红叶碧波，风景优美，故名“红枫湖”。

红枫湖景区由北湖、南湖、中湖、后湖四部分组成。北湖以岛闻名。鸟岛、蛇岛、龟岛等诸多岛屿如散落的珍珠一般点缀在万顷碧波之上，形成了独特的景观；北湖沿岸，有西汉的古墓群，有明代的“苗王营垒”。2017 年 5 月，红枫湖景区被摘牌 AAAA 级景区。

红枫湖地区的规模开发，已有 600 多年的历史。早在明洪武二十三年(1390 年)，征战云南回师的明军万余人，在明威将军焦琴的统领下，分驻在今猫跳河中游一带，建立威清卫，实行军屯。今红枫湖镇中一、中八、右二、右七、后五、后六、刘官堡、陈亮堡、龙井堡等地，都是昔日屯军的驻地。屯军“三分戍守，七分屯田”，揭开了这片热土农业开发的序幕。之后，经过历代农民前仆后继的辛勤劳作，把这片荒漠的处女地，建成了清镇的“粮仓”。

1958 年，兴建红枫湖，红枫湖水淹区近百个村寨的 1. 8 万居民，献出了他们世代经营的良田沃土和林地园地 7 万多亩，房屋万余间，异地搬迁或就地往高处搬迁，艰苦兴家，重新创业，这是何等豪迈而令人钦佩的举措。几十年来，他们在国家的扶持和地方党委、政府的领导下，与没有动迁的居民和谐相处、团结互助、发展生产、建设家园，经过一段贫困的日子后，与红枫湖相依为命，安居乐业，过上小康的生活。

1991 年 12 月，清镇市实施建镇并乡撤区，将原城关区下辖的东门桥布依族乡、中八苗族乡、簸箩乡、大星乡和县直辖城关镇合建为红枫湖镇。2003 年 6 月，又将社会和经济条件较好的市城区和东门桥、大星片区划出，新组建青龙街道办事处。红枫湖镇的规模缩小，综合实力有所减弱，但经济仍持续、健康、稳步增长。2006 年，国内生产总值达到 4.9 亿元，其中一、二、三产的比重为14：57：29。财政总收入完成 532.77 万元，地方财政收入完成 306.2 万元，农民人均纯收入新增 140 元，达到 3145 元。

红枫湖位于清镇市郊，距贵阳 33 千米，坐车也就不到一个小时。湖域水面东西可达 2 千米，南北长达 25 千米。湖域四周遍布红枫树，金秋时节、枫叶似火、湖水轻柔、互衬互耀，故名曰：“红枫湖”颇具诗情画意。

贵州国家级风景名胜区之一的红枫湖风景名胜区是连贵州本地人都十分爱去游览的地方。不仅仅因它的湖泊面积大，更因它的湖上星罗棋布的小岛而吸引着本地的外地的游客。水域总面积为 57.2 平方千米，蓄水量可达 6 亿立方米，为贵州高原人造湖之最。据专家考证出来的数据显示，红枫湖比北京的十三陵水库大 12 倍，相当于 6 个杭州西湖。

红枫湖由中、南、北、后四湖组成。其中北湖以岛著称，较有名气的如鸟岛、蛇岛、龟岛等都是以形象而命名。沿岸有西汉时代的古墓群以及明代的苗王营垒等名胜古迹，至今仍可感受到那种烽火烟城的感觉；南湖以洞闻名，在各类湖群中，红枫湖以此自居一格，洞中各种怪异钟乳石令人咋舌；中湖处于南北二湖之间，以奇石异峰着称，山上松柏苍翠，峭壁陡岩，颇具气势；后湖汊众多，船行人移，夕阳余晖下，恰似烟雨江南，又一小桥人家。

②青岩古镇　青岩古镇，贵州四大古镇之一，位于贵阳市南郊，建于明洪武十年(1378 年)，原为军事要塞。古镇内设计精巧、工艺精湛的明清古建筑交错密布，寺庙、楼阁画栋雕梁、飞角重檐相间。镇人文荟萃，有历史名人周渔璜、清末状元赵以炯(贵州历史上第一个文状元)。镇内有近代史上震惊中外的青岩教案遗址、赵状元府第、平刚先生故居、红军长征作战指挥部等历史文物。周恩来的父亲、邓颖超的母亲、李克农等革命前辈及其家属均在青岩秘密居住过。青岩古镇还是抗战期间浙江大学的西迁办学点之一。

2005 年 9 月青岩古镇景区被建设部、国家文物局公布为第二批中国历史文化名镇。2013 年在顶峰国际非物质文化遗产保护与传承旅游规划项目中被誉为中国最具魅力小镇之一。2010 年青岩古镇荣获中华诗词学会授予的“中华诗词之乡”荣誉称号，率先成为了全国的诗词之乡。2016 年被住建部列为首批中国特色小镇。2017 年 2 月 25 日，评为国家 AAAAA 级旅游景区。

青岩古镇位于贵州省贵阳市花溪区，是贵阳市首个国家 AAAAA 级旅游景区，是第二批中国历史文化名镇之一，至今已有 600 多年的历史，人文历史底蕴深厚，地域特色颇具魅力。青岩古镇因明朝屯兵而建镇，以青色的岩石而得名，是一座因军事城防演化而来的山地兵城，素有贵阳“南大门”之称。

明初，青岩古镇设屯堡。天启四年至七年(1624—1627年)，布依族土司班麟贵建青岩土城，领七十二寨，控制八番十二司。青岩古镇作为军事要塞和所占的特殊地理位置，其后数百年，经多次修筑扩建，土城垣改为石砌城墙，街巷用石铺砌。四周城墙用巨石筑于悬崖上，有东、西、南、北四座城门。城内3平方千米范围，文物景点近百处。

中央王朝为控制西南边陲，洪武六年(1373年)置贵州卫指挥使司，以控制川、滇、湘、桂驿道。青岩位于广西入贵阳门户的主驿道中段，在驿道上设置传递公文的“铺”和传递军情的“塘”，于双狮峰下驻军建屯，史称“青岩屯”。

洪武十四年(1381年)，朱元璋派30万大军远征滇黔，大批军队进入黔中腹地后驻下屯田，“青岩屯”逐渐发展成为军民同驻的“青岩堡”。

青岩古镇有着深厚历史背景的建筑。爬上镇边一侧不算太高的山坡可以鸟瞰小镇的全景，小镇并不是建造在一个平面上而是建造在高低不平的山坡面上，从高处望去，整个小镇的格局给人一种在别的古镇中难以看到的立体美感。青岩古镇中除了众多的寺庙，还保留着一座基督堂和一座天主堂，多种宗教和谐共处，形成其独特风格。

小古镇里，古建筑比比皆是，除以上八牌坊外，还有九寺：龙泉、慈云、观音、朝阳、迎祥(又名斗阁)、寿佛、圆通、凤凰、莲花；八庙：药五、黑禅、川主、雷祖、财神、孙膑、东岳；五阁：奎光、文昌、云龙、三宫、玉皇；二祠：班麟贵土司祠、赵国澍祠；赵状元(以炯)府、青岩书院、万寿宫、水星楼。还有一世界珍稀树木“青岩冷杉”；神仙、黄龙、花山、璇宫四溶洞；三叠系的古生物化石山。

③文昌阁　文昌阁，位于贵阳城区东隅，占地1200平方米，以设计巧妙、结构独特而著名，是国家级重点文物保护单位。

文昌阁是中国一种传统祭祀建筑，许多地方都有修建，但各地文昌阁内所祀神祇数目不一。一般来说，文昌阁都是四角形、六角形、八角形，但贵阳文昌阁却是九角形楼阁，建筑风格奇特。文昌阁坐落在贵阳城老东门的月城上，地势较高，登阁远眺，山川城郭尽收眼底，视野辽阔，是欣赏贵阳风景的好去处。

道教庙宇。始建于明代万历三十七年(1609年)，清代康熙八年(1669年)重修，雍正、乾隆、嘉庆、道光时均有维修和扩建。该阁是一座九角三层宝塔形建筑，两边设有配殿，前为联结配殿的斋房，平面布局成四合院形。主楼高约20米，面阔11.47米，进深11.58米，为三层三檐、不等边九角攒尖顶，各层插拱较多，斗呈曲线，翘角不高，窗花和枋板施有彩绘，其建筑风格颇具地方特色。原为供奉文昌帝君之所，现是贵阳文物保护单位。

结构为三层三檐九角不等角攒尖顶。目前国内阁楼的角均为偶数等角，如贵阳文昌阁这样的造型属国内唯一。阁高三层，九角形，底层平面呈方形，总高为20米，两边设配殿，前有斋房与配殿相连。在建筑上，顶层金柱用楼过梁承托，檐柱下穿二层，作二层金柱；二层檐柱穿至底层，又作底层金柱，如此逐层下放，构成上小下大稳定形式，各层均有较大空间，外观壮丽，气势雄伟；内二、三层楞木各九根，屋顶9角，柱54根，梁81根，均为9的倍数，可谓匠心巧运。古时“9”含极大极多之意，作为代表最高权力、最高等级的象征。阁楼古朴雄伟，阁下庭院幽雅，窗花和枋板施有彩绘；雕刻与北方古建筑迥异。配殿和斋房均为重檐悬山顶。初建时还附设有骡马殿，主楼上并置铜鼓一面。建筑风格颇具地方特色，九角式在国内罕见。阁楼坐落在宽厚高大的月城上，雄伟壮丽。山川城郭奔来眼底，益增登临览胜者的游兴。

④甲秀楼　甲秀楼在贵州省贵阳市城南的南明河上，以河中一块巨石为基而建，是国家AAA级旅游景区。

甲秀楼始建于明万历二十六年(1598年)，至今已有400多年历史，明万历年间(1573—1620年)巡抚江东之于此筑堤联结南岸，并建一楼以培风水，名曰“甲秀”，取“科甲挺秀”之意。有浮玉桥衔接两岸。

天启元年(1621年)焚毁，总督朱燮元重建，改名“来凤阁”。清代多次重修，清康熙二十八年(1689年)巡抚田雯重建，并恢复原名。现存建筑是宣统元年(1909年)重建的。楼上下三层，白石为栏，层层收进，由桥面至楼顶高约20米。南明河从楼前流过，汇为涵碧潭。楼侧由石拱“浮玉桥”连接两岸，桥上有小亭一座，叫“涵碧亭”。甲秀楼朱梁碧瓦，四周水光山色，名实相符，堪称甲秀。

清代贵阳八景之一的“鳌矶浮玉”即为位于贵阳南明河鳌矶石上的甲秀楼，楼系贵州巡抚江东之所建。建楼以前，王阳明的再传弟子马廷锡曾在此建栖云亭讲学传道。楼于明万历二十五年(1597年)开始兴建，当时先在沙中垒台作“奋鳌状”，名“鳌头矶”，再于台上建阁，名“甲秀”，取科甲挺秀之意。楼曾几毁几建，1981年维修一新。碑重修中，发现楼阁底层石墙中嵌有诗碑，后有8块诗碑复嵌于底层楼壁。

明清以来甲秀楼便是文人骚客聚集之处，高人雅士题咏甚多。现楼内古代真迹石刻、木皿、名家书画作品收藏中，清代贵阳翰林刘玉山所撰206字长联为一绝，比号称天下第一长联的昆明孙髯翁大观楼长联还多26个字。

甲秀楼是三层三檐四角攒尖顶，高22.9米，石柱托檐，护以白色雕花石栏杆。浮玉桥为九孔，称“九眼照沙洲”。中华人民共和国成立后临河修公路填埋二孔，现能见七孔。楼基和桥虽经多次洪水冲击，历近400年，仍然砥柱中流。中华人民共和国成立初期，政府维修甲秀楼，拆除铁柱，移存省博物院。十年动乱中，楼危亭毁。1981年，按原式样重修，楼基部分，采用现代建筑材料和技术。重建涵碧亭，重修过程中，发现楼阁底层石墙中嵌有诗碑，重修后有8块诗碑复嵌于底层楼壁。楼额“甲秀楼”三字，系宣统年间谢石琴所书。十年动乱中散失，后寻回刻有“秀”“楼”二字的两块，另据过去照片，配写“甲”字，按原式样悬挂楼顶层外面。

甲秀楼是三层三檐四角攒尖顶阁楼，这种构造在中国古建筑史上都是独一无二的。楼高22.9米，飞甍翘角，12根石柱托檐，护以白色雕塑花石栏杆，翘然挺立，烟窗水屿，如在画中。登楼远眺，四周景致，历历在目。浮玉桥如白龙卧波，全长 90 余米，穿过楼下，贯通两岸。桥上有涵碧亭，桥下有涵碧潭、水月台，桥南有翠微阁，遥相呼应。

甲秀楼分为三大部分：第一部分浮玉桥；第二部分甲秀楼主体建筑；第三部分翠微园。浮玉桥头立有石木牌坊，牌坊中央设有“城南遗迹”四个大字，桥上建有“涵碧亭”。主体建筑甲秀楼飞甍翘角、石柱托檐、雕栏环护。翠微园是一组由拱南阁，翠微阁，龙门书院组成的明清古代建筑群。同时新建的贵州少数民族传统服饰陈列院，收集收藏了贵州省苗族、侗族、彝族、水族、革家、土家族、布依族等民族传统服饰、手工刺绣品、民间蜡染数百余件，令人叹为观止。该馆所陈列展示的民族传统服饰和民族工艺品，是贵州少数民族文化艺术的体现，也是贵州各少数民族的骄傲。

甲秀楼边，有贵阳仅存的一座始建于明宣德年间，距今 560 多年的明代建筑“翠微园”。这里原先是一片寺庙和园林，王阳明曾经游览过的南庵便在这里。他在《南庵次韵二首》诗中写道：“松林晚映千峰雨”“渔人收网舟初集”。后改建为翠微园，把寺庙建筑与园林庭院合为一体。

甲秀楼是闹市中一处不可多得的清幽之地，景区内古色古香，景区外高楼林立，入夜后灯火辉煌，人影晃动，成为历史文化与现代文明的聚焦点，在现代文明中闪烁着历史的光芒，昂扬着“甲秀天下”的精神风貌，引导人们走向美好的未来。

2006 年，甲秀楼作为“文昌阁和甲秀楼”的组成部分，被国务院公布为全国重点文物保护单位。

⑤黔灵公园　黔灵山公园是一座综合性的游览公园，建于 1957 年，位于贵阳市西北角，因素有“黔南第一山”之称的黔灵山而得名。公园幽静的山谷里建有动物园，清泉怪石，随处可见，有成群的灵猴和鸟类在此栖息，山上还保存有第四纪冰川期遗迹。黔灵公园不仅是国内著名风景区，而且地质构造复杂，植物种类繁多，是教学实习的良好基地。

黔灵公园是国家 AAAA 级旅游区，位于贵阳市中心区西北，公园南接枣山路，东近八鸽岩路，东北有市北路，北至关刀岩、小关水库，西连长坡岭林场、七冲岭、三桥村及圣泉。距市中心 1.5 千米，面积 426 公顷，是国内为数不多的大型综合性城市公园之一。以明山、秀水、幽林、古寺、圣泉、灵猴而闻名遐迩。园内峰峦叠翠，古木参天，林木葱茏，古洞清涧，深谷幽潭，景致清远，自古是贵州高原一颗璀璨的明珠，有“黔南第一山”的美誉。

抗日战争期间，爱国将领张学良、杨虎城曾被软禁于麒麟洞内。通往这座佛寺的蜿蜒小道上可见到陡峭悬崖上的石刻群。登上山顶的“瞰筑亭”，贵阳市全景尽收眼底。山脚下便是那碧波粼粼的黔灵湖，湖面如镜，时不时有几条调皮的小鱼跳出水面，游船静静地在水面上游走。

湖畔有一座革命烈士纪念碑，掩映在苍松翠柏之中。黔灵公园是一座综合性的游览公园，公园幽静的山谷里还建有动物园，山上保存有第四纪冰川期遗迹。

黔灵公园不仅是国内著名风景区，而且地质构造复杂，植物种类繁多，是教学实习的良好基地。

黔灵公园于1998年入选为中国名园，2001年被国家旅游局评定为“AAAA国家等级旅游区(点)”，2009年被国家林业局、教育部和共青团中央授予“国家生态文明教育基地”称号，2009年被国家林业局、教育部和共青团中央授予“国家生态文明教育基地”称号。

因为黔灵山一带大气候背景处于高原地带，所以黔灵山的气候条件是相当一致的，具有与典型中亚热带地区有所不同的高原亚热带气候特征。冬无严寒、夏无酷暑、热量充沛、生长期长，年均气温15.3℃，一月均温4.9℃，最高气温33~34℃，最低气温4~5℃，无霜期270天。

园内古木参天，植被茂密，集贵州高原灵气于一身。山上生长着1500余种树木花卉和1000多种名贵药材。清泉怪石，随处可见，并有成群的猕猴和鸟类栖息于此。沿“九曲径”登山可达弘福寺，该寺建于明末清初，是贵州著名的佛寺之一。弘福寺与山麓的麒麟洞及山上的摩崖石刻群，均为省级重点文物保护单位。

黔灵山公园集山、林、泉、湖、洞、寺、动物于一体，清绝于世。有“贵在城中，美在自然”之称。黔灵山属黔中山原中部的一部分，园区山岭连绵、谷地相间，地形富于变化。海拔在1100~1396米之间，地形各有起伏，相对高差不大，约200米左右。山体有白象岭、八角岩、大罗岭、象王山、七冲岭、檀山、杖钵山。其中大罗岭海拔高1396米，是园内及贵阳中心区西北第一高峰。黔灵山地区由于地质构造复杂，在不大的范围内出露较多的地层，包括二叠系下统茅口组；上统吴家坪组、长兴组，三叠系下统大冶组、安顺组，中统贵阳组及上统三桥组、二桥组和侏罗系中下统自流井群。

1944年4月，经我国著名地质学家李四光考察，黔灵山弘福寺寺址属于第四纪冰川遗迹“冰窖”。在地貌上黔灵山一带为浅切割的低山丘陵，地貌变化主要受地质构造和岩性的影响，形成若干种地貌类型，成为其他自然地理成分及整修自然景观发育的基本骨架。本区岩石包括碳酸盐岩和非碳酸盐岩两大类。地貌类型按照成因的不同，分为岩溶地貌和常态侵蚀地貌两类。

黔灵山的地带性土壤为黄壤。由于受到地质构造和岩性的影响，形成不同的地貌类型，约为北东-南西向的岭谷相间所控制，由背斜所组成的山岭，坡度大，地形陡峻，则土壤冲刷严重，土壤较薄。在山岭之间的谷地、如东面的麒麟谷、西面的二桥谷、由于地势低平，岩性软、土层均较厚。地形变化不仅影响土层厚度，还制约了土壤类型的分异。

黔灵山公园园区山岭沟壑众多，坡向齐备，具备各类型植物生长的立地条件。由于历史原因，原始亚热带湿润性常绿阔叶林群落已基本无存。现存植被以常绿阔叶林被破坏后自然更新的次生植物为主。植物已知共计128科350属476种，其种数约占全省植物的8.17%(其中蕨类植物占10.12%，裸子植物占26.56%，被子植物占8.06%)，在面积不大的区域里含有如此多的植物，可见其植物种类的丰富。其中珍稀植物有半枫荷、岩生红豆树。

黔灵山地区由于岩石组合多样、构造复杂，地下水的分布情况也较复杂。公园内有较多的地下水出露地表形成井泉，形成大罗溪、七星潭谷地以及动物园谷地中溪水；泉眼众多水质良好，主要有圣泉、檀泉、白象泉、冷翠泉、大罗泉等。黔灵湖为人工水库，蓄水面积约22公顷，形成园内开阔的水面。圣泉是黔灵山风景游览不可分的一部分，史籍及各种笔记都以黔灵山为中心，记述圣泉为：黔灵“山后五里有泉，名圣泉”，黔灵八景也包括圣泉“圣泉百盈”。圣泉附近有其他泉眼出现。

上象王岭登瞰筑亭，一览筑城风貌。公园各处鸟类繁多，猴群时现。猕猴主要活动于七星潭喂猴场及弘福寺周围。鸟类大部分为树栖鸟及少量涉水鸟，分布在山谷、黔灵湖及其上游的湿地。“四围竹林甚茂，松杉滴翠，桂子流香。”“树出石隙，浓荫障天，人行其间，巾履皆碧，清风忽来，幽籁徐起，山鸟上下，引吭作百种声”。

⑥阳明洞　阳明洞位于贵阳市修文县城东1.5千米的栖霞山上。2006年，阳明洞被国务院公布为第六批全国重点文物保护单位之一。因中国明代著名哲学家、教育家王守仁(人称“阳明先生”)谪为龙场(今修文县城)驿丞时，曾居于此洞而得名。王守仁在此3年，其著名的“致良知”“知行合一”等重要思想及一些脍炙人口的散文名篇便是在此写出的。洞旁现存清代建筑数座，石刻题咏甚多。

阳明洞又名东洞，洞口苔痕苍绿，藤萝密布。洞内宽敞明亮，可通往后山。四壁石乳凝结，洞口崖上有明代贵州宣慰使安国亨(彝族)题刻“阳明先生遗爱处”；右侧有明罗汝芳题刻“阳明别洞”；左侧有清庞霖题刻“奇境”等。洞中的镌刻较多，字的大小不等，草、楷都有。洞外是长12米，宽9米的青石铺地的院落，岩坎边用青石栏杆围绕；院落南边石级两旁，有两颗参天古柏，为王守仁亲手所植，称为守仁柏。建在石岩之上的君子亭，为六角重檐攒尖式清代建筑，亭东北岩石上有(清)贺长龄书录王守仁《君子亭记》碑刻。亭岩石壁下有蒋介石题刻“知行合一”四个大字。

阳明洞是中国明代哲学家和教育家王守仁遭谪贬时居住过的处所，又是举世闻名的爱国将领张学良被软禁过的地方。这里山清水秀，景色迷人，多少年来游人不断。研究阳明之学，不能不到贵州，不能不到修文，不能不到阳明洞。

⑦息烽集中营革命历史纪念馆　息烽集中营是抗日战争时期国民党军统局设立的监狱中规模最大、等级最高的一所秘密监狱，由设于息烽阳郎坝的本部和玄天洞囚禁处组成。军统内部称之为“大学”，而重庆白公馆监狱和望龙门看守所则分称“中学”和“小学”。

2017年1月，国家发改委网站公布《全国红色旅游经典景区名录》，息烽集中营革命历史纪念馆入选中国红色旅游经典景区名录。

息烽集中营旧址位于贵州省息烽县城南6千米，是抗战期间国民党坚持“消极抗日、积极反共”的反动政策而设立的关押中共党人和爱国进步人士的最大秘密监狱，与重庆白公馆、渣滓洞监狱、江西上饶集中营同为抗战期间国民党设立的四大集中营。息烽集中营对内称“新监”或“大学”，对外挂牌是“国民政府军事委员会息烽行辕”。

息烽集中营四面崇山峻岭，古树参天。山里有湖，有洞，地形隐蔽险要。息烽集中营本部控制面积约2平方千米，设监狱八栋43间。监房按“忠孝仁爱，信义和平”8字命名。称为“忠斋”“孝斋”“仁斋”等。“义斋”为女监狱。称重庆望龙门看守所为“小学”、称重庆白公馆监狱为“中学”，息烽集中营所关押的则是从全国各地押来的“要犯”，称之为“大学”，而留学则是处死的黑话。被囚禁的人员主要有被捕的共产党员、抗日将领和社会各阶层的爱国知名人士。

1927年，蒋介石发动“四·一二”反革命政变，逮捕了许多有影响的共产党人和进步人士，囚于国民党设在南京的“军人监狱”。1937年“七·七”事变，日寇大举进犯，南京岌岌可危，蒋介石消极抗日，积极反共，令军统将这批人迁至武汉，不久再迁湖南益阳，最后转移到息烽关押。

玄天洞囚禁处深藏于高山峡谷中，系一自然天成的洞穴，洞口成上圆下平的半圆形，洞顶最高处15米，最宽处54米，进深130米，洞内面积3400平方米。因其地势险要，岩壁陡峭，偏僻难寻，人迹罕至，便于隐藏，成为国民党军统关押“重要”犯人的秘密所在地。

息烽集中营自1938年11月建立至1946年7月撤销，先后关押共产党人、进步人士1220余人，其中包括许多著名人物，如许晓轩(《红岩》中许云峰的原型)、车耀先(成都“努力餐”创始人)、杨虎城、宋振中(“小萝卜头”)、罗世文、宋绮云、黄显声、张露萍、马寅初等，而600多名革命者为民族解放事业先后在这里献出了宝贵的生命，如张露萍七烈士等。

1997年5月，息烽集中营革命历史纪念馆正式对外开放。1988年，国务院公布息烽集中营旧址为全国重点文物保护单位。1996年，贵阳市将旧址修复一期工程列为当年15件实事之一，投资400多万元修复了集中营营区旧址，1997年正式对外开放。1998年，玄天洞杨虎城将军囚禁处也修复开放。一个占地80多亩，包括英烈事迹陈列展、营区、烈士陵园和玄天洞等“一线四点”参观线路的大型革命传统教育基地初具规模。息烽集中营旧址被中宣部公布为第二批全国爱国主义教育示范基地。

为充分发挥息烽集中营旧址的教育作用，1988年，国务院将其列为全国重点文物保护单位；1997年，贵州省和贵阳市将其列为省、市爱国主义教育基地。2001年6月中共中央宣传部将其列为全国爱国主义教育示范基地。

息烽集中营旧址这个无数革命先烈斗争和流血的地方，中华人民共和国成立后一直受到党和人民的重视和保护。

⑧黄果树瀑布　黄果树瀑布，即黄果树大瀑布。古称白水河瀑布，亦名“黄葛墅”瀑布或“黄桷树”瀑布，因本地广泛分布着“黄葛榕”而得名。位于中国贵州省安顺市镇宁布依族苗族自治县，属珠江水系西江干流南盘江支流北盘江支流打帮河的支流可布河下游白水河段水系，为黄果树瀑布群中规模最大的一级瀑布，

是世界著名大瀑布之一。以水势浩大著称。瀑布高度为77.8米，其中主瀑高67米；瀑布宽101米，其中主瀑顶宽83.3米。黄果树瀑布属喀斯特地貌中的侵蚀裂典型瀑布。黄果树瀑布出名始于明代旅行家徐霞客，经过历代名人的游历、传播，成为知名景点。

黄果树大瀑布的成因要上溯至2亿多年前的中三叠纪，那时黄果树一带沉积了一套巨厚的碳酸盐岩。黄果树瀑布发育在一套“中三叠世中统关岭二段中厚层夹少量薄层状云灰岩”中，位置在翁寨小背斜东翼。黄果树瀑布形成时期的白水河，是一条发育于距今10万~50万年之间，第四纪中、晚更新世时期由“宽谷期”向“峡谷期”演化中的地上河流，后因“喜马拉雅运动”时期地壳多次间歇抬升，引起河流侵蚀基准面下降，导致河流的侵蚀、溶蚀等下切作用加强，在该处形成“裂点”(河床因地壳抬升、侵蚀基准面下降及构造、岩性等因素的影响而发生较大转折处)，这个裂点处的裂隙、溶洞、暗河非常发育。白水河先是形成了一个喀斯特侵蚀裂点型的落水洞型瀑布，后来随着河流侵蚀、溶蚀、侧蚀作用在地壳间歇抬升及晚更新世后期温湿气候中，水动力逐渐加大等因素影响下，落水洞的洞顶逐步坍塌，黄果树大瀑布终于呈现，已经有5万年的历史。

徐霞客描写黄果树瀑布：“透陇隙南顾，则路左一溪悬捣，万练飞空，溪上石如莲叶下覆，中剜三门，水由叶上漫顶而下，如鲛绡万幅，横罩门外，直下者不可以丈数计，捣珠崩玉，飞沫反涌，如烟雾腾空，势甚雄厉；所谓‘珠帘钩不卷，飞练挂遥峰’，俱不足以拟其壮也。”在他所见的瀑布中，“高峻数倍者有之，而从无此阔而大者”。从那时起，黄果树瀑布就逐渐被人们认为是全国第一瀑布。

(2)风味特产

①修文猕猴桃　贵州被业界专家称之为“世界上最适合猕猴桃种植的地区之一”。修文县从1998、1999年开始大面积推广猕猴桃种植。

日前，“修文猕猴桃”获得了由国家工商总局核准的地理标志证明商标，这是继“贵阳折耳根”之后的又一个标志标签。

修文县冬无严寒，夏无酷暑，境内土壤以酸性或微酸性黄壤为主，适宜猕猴桃种植。“修文猕猴桃”在2000年为贵州省优质农产品，它单果重70~100克，果体为长圆柱形，果皮棕褐色，密披细毛，果肉呈翠绿色，富含丰富的维生素，每100克鲜果含维生素C126.5毫克。

②豆腐果　古镇青岩的小吃，别有风味的，要数豆腐果了。摊桌上放个炭火盆，盆上的铁折上烤着满满的豆腐果，摊主一手执扇，扇旺炭火，另一只手则用筷子翻动铁折上的豆腐果。取下烤好的豆腐果，将其撕开，往蘸水中一放，待它浸透，上边沾满葱花辣椒，然后便是尽情地享受了。倘若君好杜康，边烤边吃边喝，这豆腐果下酒真可谓千杯犹嫌少了。

豆腐果在青岩是一种独特的小吃，百余年来经久不衰。倘若到青岩小镇旅游，常会遇到这种情况：一家人围着炉子在津津有味地吃烤豆腐果，炉上的豆腐果供不应求，会吃得“抢”起来！

吃豆腐果要讲究两个条件：一是豆腐果质量好味正；二是蘸水好。

豆腐果的质量如何，主要在于渥制。先将豆腐块切成约三分厚，一寸见方的小块，晾至稍干后上碱，然后放置容器中使期“渥臭”。渥制时间要掌握适当，短了则豆腐臭味不够，吃起来乏味；长了则发酵过度，豆腐朽坏，也不好吃。一般来说，热天二至三天即可，冷天需时稍长。渥制得好的豆腐果，烤起来发泡，用手撕开则呈鸡肉丝状，绵软滋润，且耐咀嚼，香味满口。这样的豆腐果才算得上是上乘货色。

蘸水用料有葱花、盐、醋、糊辣椒。醋过去用的是青岩曾氏三省斋生产的“双花漆醋”。这种醋酸味醇正，酸度适中，独具清香，是做蘸水的佳品。这种醋一般分为三等，上等即双花醋，中等叫头醋，下等叫二醋。小吃摊上用的多是二醋。蘸水中的辣椒，炮制亦须讲究。先将干辣椒置微火上慢加烘焙，到表皮略焦而里面仍保持红色时，就置冷处回脆，再舂成细碎状，但切不可舂成绒面。糊辣椒若是现做现吃，其香味更佳。

有了好的豆腐果和好的蘸水，但如果食之不得其法，仍不能领略到其味之美。在吃法上要能做到“咸、辣、烫”。咸，就是盐味要足；辣，就是所用辣椒既辣且香；烫，就是要趁热吃，边烤边吃。当你拿到一块刚烤好的豆腐果，趁热撕开，立即放进蘸水里，此时会淬发出一股香气，大有食未入口而香先扑鼻。

③永乐艳红桃　永乐艳红桃个大，呈粉红色，色泽鲜丽，果肉细嫩，果汁美味、汁多口感好，芳香诱人。单果平均重220克，特级果重300~350克，一级果重200~250克，二级果小于200克，三级果小于150克。永乐艳红桃主要为一级果和二级果。

永乐艳红桃以甜味适中，富含水分、糖分、维生素。根据贵州省农产品质量安全检测中心分析，总糖11.1%，还原糖10.3%，水分85.9%，总酸度0.22%，可溶性固形物为12.5%，抗坏血酸每百克12.8毫克。

④西山贡米　息烽西山乡鹿窝村。这里富含多种有机肥料的红壤土，山高水高，水源充足。使种植谷子具备了得天独厚的自然条件。在种植过程中，农民保持历史上的耕作方式，不施化肥，不喷农药，旱涝保收，自然生长，是真正的天然绿色食品。在这里种植出的米，就是西山贡米。西山贡米煮粥，香味扑鼻，甜香可口，色味俱佳。过年了，大鱼大肉肯定不少吃，如果再吃一顿西山贡米粥，肯定是别有一番风味。不光口味好贡米扬名四海，且有悠久的历史。早在清朝嘉庆年间，朝廷律定西山贡米“代代耕食，岁岁纳贡”，为贡奉朝廷之珍品。

西山贡米，吸取四季清泉，根植水土特异，营养丰富，味美醇香，爽软可口，且体大粒长，色白如玉，晶莹透明，誉盖五谷之首。经测定，西山贡米蛋白质含量比普通大米高1~2倍，且含丰富的维生素B族和一定数量的微量元素，西山贡米营养全面，含18种氨基酸，其中谷氨酸、丙氨酸、亮氨酸、维生素B族等含量丰富，分布合理，对人体健康十分有益，超过我国大米营养平均值，堪称米中珍品。

⑤开阳富硒茶　开阳南贡茶历史悠久，在清乾隆年间即作为朝廷贡品。多年来，开阳南贡茶，以富硒而闻名，其茶闻之清香自然，饮之沁人心脾，还可以补充人体所需的微量元素硒，达到饮茶补身之效。开阳县，气候温润，年平均气温在十多度左右，湿润的气候，富硒的土地，造就了开阳南贡茶的特殊品质。在高原山腰种植的贡茶，清晨受凉雾滋润，下午受骄阳的温润，这样种植的茶叶，茶芽稚嫩，茶叶清香，饮之难忘。

近年来，开阳县依托独特的自然资源、人文资源优势，实施旅游业、文化业、体育业“三业互动”的战略，立足富硒特色，进行茶产业的基地升级、加工工艺提升、产品提升、品牌提升，将茶产品转化为新型旅游产品。目前，开阳县南龙乡富硒茶叶基地规模已达 8000 余亩。茶产业逐渐发展壮大，名声也越传越远。经过茶叶工艺的革新，开阳贡茶更有“味道”了。

⑥贵阳折耳根　折耳根原名蕺菜，因带有一股鱼腥味，又名鱼腥草。

根据贵阳有关记载，1980 年，花溪区农民开始正式进行折耳根人工栽培。2 年后，乌当区东风镇龙井村也开始人工栽培。1984 年，贵阳全市大面积栽培折耳根。到 2008 年，贵阳市折耳根的人工栽培面积已达 3 万亩，年产新鲜折耳根8 万吨。

贵阳折耳根其实早就跨出深山老林，如今在北京、上海等全国各地的不少餐馆内，折耳根都是口味奇特的“名菜”。它的食用方法很多，可以炒新鲜肉丝、炒腊肉，还可以凉拌生食。

⑦鸭池河酥李　鸭池河酥李是清镇市乃至贵阳市果树种植面积最大、品质最好、产量最具稳定性的水果品种，集中种植在鸭池河河谷一带。栽培历史悠久，当初李子树较少，但地处低凹河谷、热量充足、光照长，加之该品种适应性强，易栽易管，挂果快，很快就被广泛地推广发展起来，而且品质享誉省内外。鸭池河酥李由于树姿优美，早春白花齐开，是优良的绿化树种，适应性很强。

鸭池河酥李果形微扁圆形、果顶平、顶点微凹，果皮淡黄色、皮薄、外披白色果粉、光滑，果肉厚实、淡黄色、近核处着色较深、肉质致密、汁多、酥脆，平均果重 32. 3 克，味甜汁多、肉质致密、酥脆爽口、有清香味、微带苦涩味，富含维生素 C、蛋白质、脂肪、无机盐、钙、铁和多种氨基酸，是降血压、增食欲、抗病、抗辐射、美容、抗衰老的绿色食品。

(3)美食小吃

①肠旺面　主要原料是猪大肠、新鲜的猪血旺和擀制的鸡蛋面条。配料和调料有 20 多种。经 12 道工序，才出成品一份。汤色鲜红，面条淡黄、脆细爽口、食不粘牙，肉哨香脆，肠旺鲜嫩。整体口感辣而不猛、油而不腻，是贵阳人最为钟爱的食物之一。

②牛肉粉　用上等的黄牛，多髓牛骨，熬制成鲜浓的原汤，加上爽滑的蒸汽米粉，配上以醇香的牛肉，添上开胃的泡酸菜，点缀以新鲜芫荽，一碗热气腾腾、色香味俱全的牛肉粉跃然呈现。贵阳有名的花溪牛肉粉名早已扬国内外。如果能吃辣椒，不妨在碗中添上一些糊辣椒，味道更加独特。

③丝娃娃 用米面粉烙成薄纸状小圆饼，将萝卜丝、折耳根、绿豆芽、海带丝、炸黄豆等多种新鲜食材包在面皮内，裹成小卷，再浇上独特的汤汁，口感绵香四溢，极富特色。因面皮包好菜丝后的形状酷似襁褓中婴儿，所以便得名“丝娃娃”。贵阳大街小巷都有特色的丝娃娃店，经过时代的演变，现在已经有了各种口味了，有清汤、酸汤、红汤等，可以根据个人口味选择。

④鸡丝豆花面 鸡丝豆花面结合了贵阳两种小吃肠旺面和豆花面，面用的是前者的面，但里面又有豆花、脆哨、干豆腐、花生、豆芽，关键是加上了鸡丝。口感很独特，吃的时候一定要搁点醋，酱油最好不要加，以保护豆花的原味。威清门老店二十四小时营业，但是每天早上还是要排队。

⑤手撕豆腐 贵阳的手撕豆腐尽管大小各异，口感不一，但吃法总归是相同的。买上十块二十块的，放在铁丝网上。只见豆腐逐渐变了颜色，然后自顾自地膨胀起来，便是口感正当时候。洋芋作为手撕豆腐的铁杆搭档，也被早早地烤在一旁待命。辣椒面是评判手撕豆腐最重要的标准，辣椒是否够香，花椒是否够麻，都是考量的最重要的标准。

⑥燃面 燃面的特色是汤面分食，手工擀制的鸡蛋面，口感到位的哨子，以及一碗鲜香温和的汤，都是燃面的关键。鸡蛋面煮好后夹心不透，细腻爽口，韧劲大。作料可以根据口味做成香辣肉沫，或是脆响回甜的脆哨，撒上辣椒面后，将滚烫的油浇在辣椒上，再撒上青白相见的葱花，一碗色香味俱全的燃面便完美呈现。最后再来一碗待解油的汤，一般是紫菜蛋花汤或者是酸菜豆芽汤。

⑦糯米饭 贵阳人的一特色早餐，通常是在一推车上架一口大铁锅，下面是煤火，锅里的糯米饭蒸得是松软适度，颗粒分明，咸味油辣椒永远是主角。葱花、花生、脆哨是标配，又或加上一勺白糖，这滋味是贵阳人不离不弃的心头爱。

⑧洋芋粑 洋芋粑是贵阳街头最受欢迎的特色小吃之一。做法是将洋芋煮熟后，碾成泥状，然后加盐、味精、葱花，少量的水和面粉，将其捏成饼状，再放到平底锅中煎至两面金黄即可，在食用时可以根据自己的口味选择辣椒面或是辣椒水。煎洋芋粑的火候，辣椒的好吃程度决定了洋芋粑是否够美味。

⑨恋爱豆腐果 切成长方形小块的白豆腐，经适量碱水发酵后，放在有眼铁片上烤制并填料而成，食用时用薄竹片将豆腐当腰刨开，添进由糊辣椒、生姜米、点葱、蒜泥、酱油、醋、味精等调料调制而成的作料，趁热吃下，咸辣爽滑、满口喷香。

⑩素粉/凉面 贵阳的素粉，顾名思义，作料简单，没有肉类参与，完全靠粉质、辣椒、葱花、玫瑰大头菜、绿豆芽、黄豆、花生体现其风味。尤其是特制的辣椒，是素粉的灵魂。而主材是大米发酵而成带着股酸馊味的酸粉，外地人未必吃得惯，而贵阳人要的就是这种滋味。

凉面也是素面，把面先蒸后煮，再用熟菜油拌匀，作料和素粉类似。辣椒同样也是很重要，再加上大蒜、姜蒜水，香辣爽口的红油凉面就可以大快朵颐了。

(五)讨论：自由消费等于幸福吗?

消费观是指人们对消费水平、消费方式等问题的总的态度和总的看法。与生产观、交换观和分配观一样，消费观是经济伦理的重要组成部分。作为一种观念，消费观是社会经济现实在人们头脑中的反映，但它一旦形成又会反作用于社会经济，并对其产生深刻而重大的影响。因此，我们有必要深入研究各种消费观及其特点、作用和变化规律，以确立正确的消费观念，建立合理的生活方式，并以此促进社会经济的健康运行和持续发展。

消费主义文化兴起于20世纪20、30年代，二次大战以后在西方资本主义国家迅速得以蔓延，是当今西方资产阶级道德的重要组成部分。以对物品的绝对占有和追求享乐主义为特征，一种有关消费的价值观念和生活方式，把消费当作唯一目的，为消费而消费，背离了消费是满足人需要、促进人发展的手段，是一种极端的文化现象，但也是资本主义从生产型社会向消费型社会转型时期的一种影响深远的经济与社会文化现象。

它是一种有关消费的价值观念和生活方式，把消费当作唯一目的，为消费而消费。消费主义背离了消费是满足人需要、促进人发展的手段，是一种极端的文化现象。但消费主义文化也是资本主义从生产型社会向消费型社会转型时期的一种影响深远的经济与社会文化现象。

消费主义文化兴起于20世纪20、30年代的美国，50、60年代扩散到西欧、日本等地。主张追求消费的炫耀性、奢侈性和新奇性，追求无节制的物质享受、消遣与享乐主义，以此求得个人的满足，并将它作为生活的目的和人生的终极价值。消费主义文化是西方国家进入消费社会后所出现消费文化最初形态。是资本主义从生产型社会向消费型社会转型时期和阶段所形成的一种能影响深远的经济与社会文化现象。而70年代以后所形成的后现代消费文化则是早期现代消费主义文化的进一步延伸和发展。尽管消费主义文化的出现是诸多经济、社会、文化因素共同作用的结果。但现代媒体在传播与建构消费文化的过程中却发挥着独特而不可替代的作用。

20世纪初美国福特主义的出现带来了大规模的生产和大规模的消费，但30、40年代，资本主义经济危机的爆发和随后出现的第二次世界大战，在给国家和人民带来了经济萧条、饥饿、动荡的同时，也把整个人类带进了战争痛苦的漩涡，为了摆脱危机，以美国为代表的西方国家采用了英国经济学家凯恩斯开出的药方：鼓励消费、增加投资，从而使鼓励消费的经济政策在资本主义国家得到了广泛的重视和实施，经济大萧条与战争给人们带来了痛苦与不安，但寻找快乐，创造快乐，享受快乐的本能追求，使人们并没有在萧条和战争年代只盯住饭碗和枪杆，相反，由于传播媒介本身具有传递信息、监视社会、引导舆论的功能，使它不可避免成为这一时期加速消费主义文化传播，构建消费主义文化，联系现代与后现代的桥梁。

伴随着“二战”后西方资本主义经济的长期稳定和繁荣，人们对消费的态度发生了根本性的变化。消费主义和享乐主义，作为企业借助广告等大众传媒手段而传播的意识形态，成为西方发达国家消费生活中的主流价值观。随着信用或信贷消费的出现，花未来钱，及时行乐和享受，成为二战后西方大众消费者时髦的消费生活方式。而卢卡奇曾指出：消费文化是一种肯定文化，它为社会提供一种补偿性的功能，它提供给异化现实中的人们一种自由和快乐的假象，用来掩盖现实中的真正缺憾。幸福被等同于消费，幸福的“大小”取决于物品的“大小”。但消费果真能给人们带来自由与幸福吗？西方马克思主义者的回答是否定的。他们认为，在当代资本主义社会，人们的消费也是受控制的、被操纵的。从表面上看只要有钱就可以随心所欲的消费。但实际上，人们是按厂商的意图，按广告上的意旨来消费的。在消费领域中如同在劳动中，人们也不是自由的。

然而随着消费主义和享乐主义的生活方式对环境和能源的负面影响日益突出，要求改变消费主义的呼声也日益高涨。绿色主义、环境主义和生态主义的运动兴起，也构成了一股遏制消费主义的社会力量。唯物史观认为，理想的消费文化应该是以人为本，以人的享受和发展需要为中心，不断提高在满足人类需求的消费品、消费环境和消费生活中的文化含量，不断提高消费文化和质促进人的全面发展。

理性消费是指消费者在消费能力允许的条件下，按照追求效用最大化原则进行的消费。从心理学的角度看，理性消费是消费者根据自己的学习和知觉做出合理的购买决策，当物质还不充裕时的理性消费者心理追求的商品是价廉物美经久耐用。

作为青年一代，必须养成正确的消费习惯，培养正常的消费方式，以适应当今社会的经济活动需要。培养科学理性的消费观念，需把握好消费的“度”，明白理性消费对个人、对家庭、对学校、对社会的意义之所在，力戒攀比消费心理以及任性消费倾向，树立适应时代潮流的、正确的、科学的理性消费观。

大学生理性消费对于国家经济发展、民族文化传承、大学生思想教育成效的提升，以及大学生自身素质提高有着重要意义。首先，大学生理性消费会影响到消费的未来发展方向。大学生作为未来社会的主人翁，在国家振兴与民族富强的道路上将发挥重要作用。他们作为社会精英，将活跃在国家经济建设的各个领域并发挥着重要的作用，不但其自身拥有很强的消费能力，而且是未来社会消费的重要主体。同时，其消费特征也对未来社会的生产发展和企业经营以及消费市场变动等有很重要的导向作用。因此大学生能否理性消费，将对国家未来的经济健康发展产生影响。其次，大学生理性消费关系到我国传统美德的继承与发扬。“一粥一饭当思来之不易，半丝半缕恒念物力维艰。”一个民族要富强，离不开艰苦奋斗、自强不息的精神。“静以修身，俭以养德”，勤俭节约历来是中华民族的传统美德。大学生作为国家的栋梁之才，决不能贪图享受，需要不断创造财富，坚持科学、理性消费，继承和发扬勤俭节约、艰苦奋斗的优良民族文化传统，为我国国民经济可持续发展作出应有的贡献。最后，大学生理性消费也可能影响社会的消费风尚。大学生作为一个青年消费群体，他们的消费观念、消费状况、消费模式，不仅影响个人的生活满意度和幸福感，也影响到自身家庭的生活水平，还会让同龄人学习和效仿而影响消费潮流的走向。因此大学生进行消费之时需要认真思考，积极努力完善自身消费结构，反对奢侈浪费、盲目攀比等不良消费风气，崇尚科学理性消费观念，引领健康和谐消费时尚。

如何能够做到理性消费呢？第一，按消费需求结构，即按生存需求、发展需求、享受需求的顺序考虑家庭的消费开支；第二，消费要量力而行，适度消费。消费支出应该与自己的收入相适应。收入既包括当前的收入水平，也包括对未来收入的预期，也就是说人们在消费时要考虑收入能力这个动态因素。适度消费原则就是要求人们的消费与自己的经济承受能力相适应。在自己经济承受能力之内，合理地消费。第三，消费要精打细算，注重效益，不仅要算金钱账、时间账、精力账，还要注重消费每种产品的效用。消费者还应该要发扬勤俭节约的精神。勤俭节约不代表要穿补丁衣服和天天吃草根。时代不同，其具体消费状况不一样。但节约资源，善用资源的精神，不论什么时代都是适用的。所以，勤俭节约与合理消费不是对立的，而是不要浪费。第四，消费要适时。在消费中要注意消费观念、消费习惯的变化，尽量避免在“过时”或即将过时的消费品上花钱而造成浪费。第五，消费要避免盲从。盲目从众是消费中常见的一种消费心理现象，也是对普通消费者影响最大的一种消费心理现象。苏联著名诗人马雅可夫斯基曾说过：“流行的不一定好，比如流行感冒。”消费要根据自己的需要，而且要适合自己的需要，消费时要有主见，不人云亦云，不随大流、追风头，消费要协调，不能只重物质消费而忽视精神消费。树立正确的消费观，有利于经济持续健康快速协调发展；也有助于我们自身的健康成长。希望同学们能真正把所学理论运用到实践中，做个正确理性的消费者。

参考文献

1. 中共中央宣传部．习近平新时代中国特色社会主义思想三十讲[M]．北京：学习出版社，2018.

2. 中共中央宣传部．习近平总书记系列重要讲话读本(2016 年版)[M]．北京：学习出版社．人民出版社，2016.

3. 廖福霖．生态文明学[M]．北京：中国林业出版社，2012.

4. 习近平．决胜全面建成小康社会 夺取新时代中国特色社会主义伟大胜利[M]．北京：人民出版社，2017.

5. 吴贻玉．全球化视域下的生态文化选择[J]．学术论坛，2006(06)：172-175.

6. 谈新敏．中国特色生态文化的本质特征[J]．学习论坛，2014(10)：60-64.

7. 余谋昌．环境哲学的使命：为生态文化提供哲学基础[J]．深圳大学学报(人文社会科学版)，2007(03)：116-122.

8. 卢风．论生态文化与生态价值观[J]．清华大学学报(哲学社会科学版)，

2008(01)：89-98.

9. 周丰．人的行为选择与生态伦理[M]．西安：陕西人民出版社，2007.

10. 罗钢．文化研究读本[M]．北京：中国社会科学出版社，2000.

11. 姜春云．拯救地球生物圈——论人类文明转型[M]．北京：新华出版社，2012.

12. 陈幼君．生态文化的内涵与构建[J]．求索，2007(09)：88-89.

13. 胡延风，姚黎君．生态文明视野中的人与自然关系新论[J]．社会科学辑刊，2011(06)：23-26.

14. 田文富．环境伦理与和谐生态[M]．郑州：郑州大学出版社，2010.

15. 徐士杰．传统文化与生态文明[M]．武汉：武汉出版社，2010.

16. 廖荣华．论生态文化及其若干关系[J]．邵阳学院学报(自然科学版)，2006(04)：64-67.

17. 佘正荣．环境伦理学的价值论依据[J]．科学技术与辩证法，2002(04)：8-12.

18. 周鸿．生态文化建设的理论思考[J]．思想战线，2005(05)：78-82.

19. 许信旺．论环境文化结构与建设[J]．池州师专学报，2003(05)：33-35.

20. 高建明．论生态文化与文化生态[J]．系统辩证学学报，2005(03)：82-85.

21. 李甲亮．大学生绿色教育导论[M]．北京：中国矿业大学出版社，2015.

22. 胡长生．培育生态文化 支撑生态文明[N]．学习时报，2017-09-04.

23. 吕忠梅．习近平新时代中国特色社会主义生态法治思想研究[J]．江汉论坛，2018(01)：18-23.

24. 姜春云．必须坚持建设生态文明[J]．红旗文稿，2012(11)：4-6.

25. 叶平．生态伦理的价值定位及其方法论研究[J]．哲学研究，2012(12)：104-110.

26. 韩喜平，李恩．当代生态文化思想溯源——兼论科学发展观的生态文化意蕴[J]．当代世界与社会主义，2012(03)：76-80.

27.〔东汉〕班固．汉书[M]．北京：中华书局，1962.

28.〔清〕孙诒让．周礼正义[M]．北京：中华书局，1987.

29.〔南宋〕朱熹．孟子集注[M]．济南：齐鲁书社，1992.

30.〔东汉〕郑玄．礼记正义(十三经注疏)[M]．上海：上海古籍出版社，1997.

31.〔西汉〕司马迁．史记[M]．上海：上海古籍出版社，1997.

32.〔西晋〕杜预．春秋经传集解[M]．上海：上海古籍出版社，1997.

33. 郭家骥．生态文化论[J]．云南社会科学，2005(06)：80-84.

34. 陈寿朋，杨立新．论生态文化及其价值观基础[J]．道德与文明，2005(02)：76-79.

35. 高志强，郭丽君．学校生态学引论[M]．北京：经济管理出版社，2015.

第五章
建设生态社会

人类社会在其发展的历史长河中，从生产力发展的角度来看经历了原始社会、农业社会、工业社会等一系列社会形态。在这一发展过程中，人类经历了敬畏自然、依附自然、利用自然、征服自然、掠夺自然的发展历程，尤其是人类社会进入工业社会以后，人类也在不断的奴役自然、破坏自然。从西方发达国家的发展历程来看，当然人类也为此付出了惨重的代价。生态环境恶化，环境污染严重，自然灾害频发，自然资源短缺，资源重复利用率低，能源枯竭等一系列社会问题造成了巨大经济损失，影响了社会稳定和环境安全。因此，在生态文明建设中我们必须建设生态社会，实现科学发展。

一、生态社会的内涵及由来

(一)生态社会的内涵

生态社会是一个全新概念，是现代生态学理论与人文社会科学交叉而产生的。

1. 社会的内涵

什么是社会？我们每个人都生活在社会之中，社会作为不可或缺的一个词语，是构成其他词组的一个基本词语，不同时代的人对社会有不同的理解。人们所持有的社会观念不是一成不变的，纵观人类历史长河中各种社会观，有古代和现代社会观之分。

中国古代“社会”概念解析据史书记载，中国古代“社会”概念的产生源于“祀神”，人类通过祀神结为社会。我国古代汉语中的“社会”是“社”与“会”的合称，我国古人先有“社”的概念，如“周礼二十五家为社”(《说文》)，“方六里，名之曰社”(《管子·乘马》)。“社”的本义是“土地神”，后几经转义，成为“祀神之所”“祀神的节日和活动”“祀神的单位”。另据张哲郎的考证，隋代时有社之设立，有户所组成，作为土、谷神之祭祀单位，最后衍生为公共活动场所或组织，直至泛指社会、国家。“会”是后来才有的词，“会，合也”，指聚会、集会，后来也有聚而共事之意。社会两字连用，最早出现于唐代的古籍中，《旧唐书·玄宗本记》中就有“村间社会”之说，这是所见到的“社”与“会”的最早连用。此后，历代著述中多次出现“社会”一词，常常指志趣相同者结成的团体或为了某一共同目的而聚集在一个地方进行活动。

从社会概念的产生来看，社是祭祀神灵的场所，是祭祀神灵的节日与活动，人类最初的聚集就是在祭祀神灵中的聚集。在中国丰富多样的民间宗教中，自然信仰和自然崇拜是他们共同的主题，祭祀的神灵包括自然神。何星亮在《中国自然神和自然崇拜》一书中指出：“中国各民族的自然崇拜自新石器时代，延续至20世纪的今天，是历史上各种宗教形式中存在时间最长的。不仅如此，它还是历史上最普遍的宗教形式，它覆盖面广，每一个民族，每一个地区都曾存在着自然崇拜。它的崇拜者也最多，历史上大多数人都崇拜自然神，相信它们主宰万事万物，主司人间的吉凶祸福。”在人类社会早期，自然并不是现代人所理解的物质资料的来源或者是我们所征服的对象，古代的自然是充满神性且令人敬畏的至高存在。古代人们认识的自然是一种“神化的自然界”，是受“上帝”主宰的，是至高无上的“天”，神化的自然界是高深莫测的，人们对神化的自然界只能顶礼膜拜，充满敬畏之情。自然界起初是作为一种完全异已的、有无限威力和不可制服的力量与人们对立的，人们同它的关系完全像动物同它的关系一样，人们就像牲畜一样服从它的权力。因而这是对自然界的一种纯粹动物式的意识。自然宗教，从词源上来分析，社会概念是与祭神联系在一起的，人类聚集在一起结成社会是为了祭祀神灵，社会是在祭祀中生成出来的。因此，中国古代社会概念产生的本身就内隐着与外在自然一致的蕴涵。随着生产力水平的逐步提高，人类对自然的认识开始从“神化”向“人化”转变。在中国长达2000多年的封建社会，流传着关于“真龙天子”的神话传说，皇帝被称为天子，是天的儿子，皇帝拥有至高无上的权力，掌有生杀予夺的大权，他是代表天来管理人间事务的。“天不是上帝，也不是绝对超越的精神实体，天是自然界的总称。”其“形而上者”即天道、天德，是天的超越层面其“形而下者”即有形天空和大地，是天的物质层面。在中国哲学中，其“形而上者”与“形而下者”不是分离的两个世界，而是统一的一个世界。这样，中国古代社会是由皇帝来统治，而皇帝是真龙天子，因此他对当下所在社会的统治是“天”对人类社会的统治，而这种天既是形而上学的道德之天，也是无须神秘的自然之天。由此可以说，中国古代人关于社会的观念中隐喻着人类社会受自然所支配、所统治。人们对皇帝的敬畏间接地表达着人类对自然的敬畏。

2. 生态社会的内涵

现代意义上的社会是建立在奢侈和欲望基础上的社会。如果人类按照目前的生产方式、分配方式、消费方式和生活方式继续发展下去，社会与自然的对抗和分裂将会更加严重，地球生态圈将会遭到毁灭性的破坏，人类的生存可能无法继续持续下去，即使有科学和技术的帮助也是如此。为了使我们人类能够在这个贫病交加的地球上可持续地生存下去，我们的社会概念应该有一个根本性的转变。塞尔日·莫斯科维奇在《反自然的社会》中还指出，现代性的社会如果要继续发展，自然就应该后退要使我们返璞归真，社会就应该衡量自己所发挥的效应或使之逐步消失。在此，社会的发展走向是摆在我们面前的一个迫切需要解决的问题。今天，我们主张自然与人类之间的和谐不是以完全服从自然为前提，而是要在正确地认识自然、合理地改造自然、恰当地利用自然、更好地保护和美化自然的基础上实现的。走向生态社会是历史的必然。目前北欧的很多国家，比如丹麦、瑞典等国家已经开始呈现出生态社会的雏形。然而西方发达国家近百年的工业化过程，分阶段出现了不同程度的环境问题，在我国近 30 年来集中出现。我们不能再走西方发达国家先污染后治理的老路，而是要走边发展边治理的路线。

生态社会作为人类文明发展的高级阶段，是人类认识史上的一个质的飞跃。人类社会在朝向共产主义迈进的过程中，首先要步入生态社会，实现生态社会也是我们迈向和谐社会，最终实现共产主义的必经阶段。正如塞尔日·莫斯科维奇在《反自然的社会》一书中提出："我们建设我们的社会，不是反自然、与之决断而为之，而是利于创造我们共同选择的自然的方方面面而为之。这样的社会与自然是内在的统一，是一种生态社会。"佩伯也曾指出："真正共产主义的部分定义是，人们不再通过它体验一种环境危机非人的自然将被改变而不是被破坏，并且，更加使人愉快的环境将被创造而不是被破坏。"可以说，走向生态社会是人类社会可持续发展的迫切要求，是走出生态危机的必由之路。

关于生态社会的内涵，美国学者默里·布克金和罗伊·莫里森有过论述。美国社会生态学家默里·布克金从社会生态学构建的角度提出了生态社会观。默里·布克金在《自由生态学——等级制的出现与消解》一文中指出："文化与个性的改变与我们实现一个生态社会的努力同步——一个基于用益权、互补性和不可简约的最低保障的社会，同时承认一种普遍人性的存在和个体的权利要求。在一种不平等中的平等原则指导下，我们在实现社会内部和谐和社会与自然和谐的过程中，将做到既不忽视个性的领域，也不忽视社会的领域，既不忽视家庭的领域，也不忽视公共的领域。"在这段话中布克金已经提到了生态社会，这个概念已表达了非等级的社会制度与生态文化观。美国新罕布什尔南方大学可持续发展办公室主任罗伊·莫里森在他最新的论著《走向生态社会》中从价值构建的角度浅析了生态社会。他认为"生态社会是从生态学的角度去理解自然""生态表明一个事物对环境是良性的、积极的"。这个概念从制度、文化等价值层面的角度去强调生态社会。

那么，什么是生态社会呢？在全球性生态危机的日益深重的今天，人们开始重新审视自己的社会观，对社会的认识开始向生态社会转向。比如有学者借用马克思早年的一个提法，未来社会将是"人同自然界完成了的本质统一"，将社会这一概念界定为"人与自然的统一"。在这样的社会概念中，自然的地位得到了尊重和体现。也有学者从另一个角度给社会下了一个定义：社会是价值联结的生存单位。在此，社会包含了生理型、血缘型、社会型等不同层次的生存单位，并预测，人类一旦进入智能时代，就会形成一种生态型的生存单位，即“以人为中心，包括所有生物与非生物在内的和谐存在的整体，这个整体至少是全球性的”。比较起来，主客体关系学关于社会的定义的外延更广，囊括了人类社会和非人类社会，这个定义也更贴近现实。俄国的达维多夫从一般系统论的视角将社会定义为“由各种相互联系的元素及子系统、属性及关系组成的系统的一种类型，其个体建立在反馈机制之上，其目的在于借助于一定界限内起作用的规律实现个体活力的极值原则。”我国也有学者关于生态社会的内涵进行了不同的论述，中国人民大学姚裕群教授认为，生态社会不仅是人与自然之间良性循环的社会，而且是具有社会性，强调人类社会的稳定、公平、和谐与可持续发展的社会，生态社会必然要有绿色的劳动。生态社会的范畴有两层含义：一是人类社会处于大自然生态系统之中，二是人类社会的本身也是一种生态性的组织。从改善具体的自然环境，到主动调节庞大的自然生态系统，体现了人类的理性，进而应当是力求人与人之间社会关系和谐的生态平衡。在这里，他所理解的生态社会是具有多样性、存在竞争关系又形成人与人和谐的理性特性的生态社会。李雪玲从循环经济的载体的角度提出了生态社会的概念，指出“生态社会是指在生态系统承载能力范围内运用生态经济学原理和系统工程方法改变生产方式和消费方式，挖掘整个社会一切可以利用的资源潜力，建设经济发达、生态高效的产业，生态健康、景观适宜的环境及体制合理、社会和谐的文明，实现自然生态与人类生态的高度统一和持续发展”。白志礼在《生态和谐社会：社会观的创新》一文中指出“生态社会是指人类社会关系和谐化、生态化。它是从生态哲学的角度定义的人际社会关系的基础。市场经济除了竞争法则之外，还要有生态社会法则”。白志礼从生态哲学的角度提出了生态社会的概念。

综合总结专家们的观点，生态社会就是：以经济学理论为基础，以生态学原理为指导，以社会学理论为依据，以人类经济活动为中心，运用系统论的方法，研究生态、经济和社会的结合，旨在改变生产和消费方式，高效合理的利用一切可再生的资源，由以碳为主的经济转变为以氢为主的经济，实现生态效益、社会效益、经济效益的综合，这种理想的社会状态就是生态社会。它不仅包含了自然生态，还包含了社会生态。自然生态在循环经济中有很多论述，社会生态蕴含了人口零增长、经济零增长、稳定的社会福利和社会保障体系、医疗、教育、民生、文体等社会各层次的和谐发展。

能够看出生态社会是指以社会与自然融合一致为基本理念，以尊重、保持和发展多样性为基础，以生态、经济和社会的可持续发展为准则，以切实可行的政策、制度和法律为保障，致力于倡导人与人和谐共处、社会与自然可持续发展的社会形态。就中国而言，生态社会的基本目标就是建立一种生态生产、生态消费、生态保护的体系，推动和谐社会的早日实现。因此，生态社会的基本内涵包括三个方面：

第一，生态生产。生态生产是指人类从自然界获取财富的“生产”要达到生态化。也就是说，通过发展资源节约型的生态经济，提倡经济和环境双赢，实现社会经济活动对环境的负荷最小化，并将这种负荷和影响控制在资源供给能力和环境自净容量之内，形成良性循环。

第二，生态消费。生态消费是指人类耗用自然资源的“消费”要达到生态化。即要求人类摒弃现代性社会的奢侈性消费方式，树立科学的消费观，建立生态化的消费模式。生产和消费相互依存，消费生活的方式极大地依赖于生产的方式，大量的生产导致大量的消费，大量的废弃。生态生产和生态消费是紧密联系、相互促进的。

第三，生态保护。生态保护是指保护和建设适宜于人类健康生存的生态环境。人口的激增、环境的污染和生态的失衡正严重威胁着全人类的生存，这就迫切需要我们从伦理、政策、制度和法律等不同层面来加强对自然资源和生态环境的保护，共建生态家园。

(二)生态社会的特征

生态社会与以往的社会相比，具有自己的特征，具体表现在以下三个方面：

第一，生态社会以自然和社会的融合一致为基本理念，这是对人类“社会”概念的反思和重构。古代的社会观把自然凌驾于社会之上，对自然充满敬畏，近现代的社会观把社会置于自然之上，对自然进行盘剥和掠夺，造成了严重的生态危机。凡此种种，自然和社会的关系都是外在性的关系，自然是被排斥在社会之外的，社会是反自然的。人类要走出困境，必须摒弃传统的社会观，确立一种新的生态社会观。“生态”作为一个含义广泛的概念，主要是指生物与其环境的关系，对这一关系进行专门研究的学科就是生态学。生态社会是人与自然的和谐发展。1972 年，以美国生态经济学家丹尼斯·米都斯为代表的 17 人研究小组发表了罗马俱乐部第一份全球问题研究报告——《增长的极限》，作者通过统计模型计算并预言：在 21 世纪，人口和经济需求的极度增长将导致地球资源耗竭、生态破坏和环境污染。这个理论虽然有悲观的论调在其中，但是也给我们提出了一个警示，如果人和自然不能协调发展，我们的未来将会非常悲惨。工业文明发展百余年的历史教训告诉我们，如果人类以破坏自然求发展为目的，终将受到自然的惩罚。正如恩格斯所说：“我们不要过分陶醉于我们对自然界的胜利，对于每一次这样的胜利，自然界都报复了我们。”生态问题不仅是自然问题，也是人的问题。保护环境，维护生态平衡，让人类有一个自由和谐的发展空间。人和自然都是生物性存在，具有共同的自然本质和社会本质，人是自然界的一部分，自然是人化的自然，自然界和人类社会相互作用才构成了人类社会的历史，在人与自然的交往过程中需要保持人与自然的一个有序的、和谐的关系。自然环境是人类发展生产的物质基础，人与自然和谐了，生态系统保持在良性循环水平，生产的发展才能获得永续的空间。

20 世纪 60 年代以前，生态学只能为少数专门从事学术和应用研究的生物学家和牧场、林业、渔业和狩猎区的管理人员所熟悉。这些人关注着以种群和群落形式出现的生物组织与他们环境的关系。20 世纪 60 年代以后，随着人类对环境危机的广泛体认，生态学被赋予指导人类环境实践、维护生态平衡的重任，成为世界显学。生态世界观认为，生态系作为一个整体，具有相互依赖和统一的特性。世界上的任何一个事物都有其自身的存在价值，所有的生物具有平等的内在价值，人类作为物质联合体中的一个平等成员，与世间万物没有差别。生态社会理念正是在抛弃了古人“敬畏自然”中的神秘性，吸取了人与自然和谐的合理内核的同时也扬弃了工业文明“征服自然”的人类中心主义的盲目自信，吸取了改造自然的积极因素，强调社会与自然作为一个整体，是内在的统一，社会既不在自然之上，自然也不在社会之上，社会与自然是融为一体的。社会作为一个共同体，应该是人类与自然共同组成的共同体，是社会与自然融合为一个整体的生态共同体，社会在自然之中，关爱社会亦即关爱自然，自然也在社会之中，关爱自然就是关爱社会，这种社会就是一种生态社会。由此，我们所理解的社会必然是合乎自然规律、与自然合为一体的生态社会，我们所看到的自然也必然是有人类生活于其中的生机盎然的自然。“社会如果不是人与自然的统一体，社会就会成为人的樊笼。”其实，生态社会主义也认为社会与自然不是对立的，而是相互依存和相互作用的。因为他们提出整个生态系统都是由无数个相互联系的“生命网络”系统构成的，人、自然和社会都是“生命网络”系统，都包含在生态系统的循环之中。社会是自然的一部分，自然制约和改变着社会，反过来自然又是社会化的自然，社会也不断地对自然进行改变。正是由于社会与自然的相互依存和相互作用，笔者提出生态社会要实现自然和社会的融合一致，不应把社会置于生态系统之外，生态社会是人同自然界完成了的本质统一。

第二，生态社会是人类社会的高级阶段，这有别于农业社会、工业社会和信息社会。重庆工商大学白志礼从产业技术形态和经济发展的角度提出了经济形态的社会五阶段说，认为人类社会先后经历了自然社会、农业社会、工业社会、信息社会，必将向生态社会迈进。在自然社会，人类以采集和渔猎为生，过着听天由命的生活。此时，人类对自然充满恐惧，人们认为大自然无所不能。随着社会生产力的不断发展，人类进入农业社会，土地和劳动力成为农业社会的重要资源。人们开始学会饲养动物和种植植物，并逐步学会了制造生产工具。农业社会经历了从原始农业到传统农业，从传统农业再到现代农业的转变。18 世纪中叶以后，人类又步入工业社会，机械、石油等矿产资源成为工业社会的重要资源，由于蒸汽机的发明和广泛使用，工场手工业逐步为机器大生产所取代，社会生产力得到空前的发展。马克思和恩格斯在《共产党宣言》中指出：“资产阶级在它的不到一百年的阶级统治中所创造的生产力，比过去一切世代创造的全部生产力还要多，还要大。”然而，由于土地、石油等矿产资源的稀缺性和不可再生性，农业社会和工业社会收益呈递减趋势，社会越是往前发展，人类对自然的破坏越是严重，人与自然的关系由依赖走向对抗。进入 21 世纪，人类开始走进信息时代，这是由电子信息技术革命所引起的以信息生产和信息消费为主体的社会，它用网络技术、信息手段把人类文明推进到一个新的高度。信息社会在加强人类的广泛联系，推动世界经济的全球化和信息资源的传递与共享方面发挥了重要作用。在信自、社会到来的时候，人民开始逐步关注生态问题，但信息社会不以建设生态社会为根本目标。生态社会谋求的是人与人、社会与自然的和谐共处和可持续发展，建设生态社会是人类追求的一个更高层次的目标，既是一项功在当代的伟大事业，更是一座利在千秋的历史丰碑。

第三，生态社会的准则是生态、经济和社会的可持续发展。可持续发展思想的提出源于人类对全球性生态危机的深刻认识。生态社会应当是整体的和谐、全面的和谐，这就能不离开公平和正义。就是要做到在经济、法律、道德等层面，维护不同利益阶层的利益，协调不同利益阶层之间的关系，从而使人们和谐共存、共同发展得到保障。

20 世纪下半叶，人类开始对自己的所作所为进行反思，以期寻求一条人与自然和谐发展的可持续发展之路。1962 年美国生物学家卡逊出版了《寂静的春天》。1972 年以美国丹尼斯米都斯的罗马俱乐部发表了关于人类困境的报告《增长的极限》。美国的马文 · 贝克评价这本专著说："这本书给了我强烈的印象，促使我思考地球的有限性以及以现有速度开发资源的不可持续性。"同年，联合国在瑞典首都斯德哥尔摩召开第一次"人类与环境会议"，通过了《人类环境宣言》，要求人们采取大规模的行动保护环境，使地球成为不仅适合现在的人类生活，而且也适合将来子孙后代居住的场所。1980 年联合国向全世界呼吁："必须研究自然的，社会的，生态的，经济的以及利用自然资源过程中的基本关系，确保全球的可持续发展。"1987 年布伦特兰领导的世界环境与发展委员会发表了《我们共同的未来》，报告中首次对可持续发展的概念进行界定，提出"可持续发展是既满足当代人的需要，又不对后代满足其需要的能力构成危害的发展"。1992 年在联合国环境与发展大会上通过的《里约宣言》中明确指出"人类应该享有以与自然和谐的方式过健康而富有生产成果的生活的权利，并公平地满足今世后代在发展与环境方面的需要"。由此，可持续发展思想在全世界范围内得到人们的普遍重视，并成为人们必须遵守的行为准则。

可持续发展包含两个关键概念：一是满足当代人的需要。基于公正性原理，人类必须满足地球上贫困地区人们的最基本的生活需要。二是满足后代人的需要。为了我们的子孙后代，要保全地球的生态环境。可持续发展说到底就是协调好满足人类基本需要的经济开发与环境保护之间的发展，促进经济和生态的可持续发展。笔者提出，生态社会要以生态、经济和社会的可持续发展为准则，也就是说，实现生态社会必须要促进生态的可持续发展、经济的可持续发展和社会的可持续发展，并且要优先考虑环境保护，在实现生态可持续发展的前提下，通过发展资源节约型经济促进经济的可持续发展，建立可持续社会。所谓可持续社会是指"旨在实现可持续开发或者环境保全型生产体制的社会。建立可持续社会有 3 个条件，即"环境优先的条件""决策过程民主化的条件"和"人类环境有限的条件"。"环境优先的条件"是指开发是把环境保全放在第一位；"决策过程民主化的条件"是指决策过程中真正贯彻民主主义，要实现与此相关的实质性的环境影响评价；“人类环境有限的条件”是指基于环境容量的有限性，人类必须在环境所能承受的极限范围内进行开发。生态社会的构建必须以可持续发展为基本准则，只有与以追求利润为最高目的的资本的逻辑彻底决裂，生态社会方能实现。这一特征将生态社会与资本主义社会相区别开来。

第四，生态社会是人与文化的和谐发展。人与生态和谐的文化也是生态社会的重要组成部分。生态文明，是指人类遵循人、自然、社会和谐发展这一客观规律而取得的物质与精神成果的总和；是指人与自然、人与人、人与社会和谐共生、良性循环、全面发展、持续繁荣为基本宗旨的文化伦理形态。先进文化是人类前进的方向，不断丰富人们的精神世界，增强人们的精神力量是生态社会应有之意。只有人的素质不断提高，文明水平不断上升，也只有生态文明的理念深入人心，人类社会才有可能真正步入生态社会。生态社会客观上也要求大力发展教育文化产业，加强公民思想道德建设和科学文化建设，培养公民的生态意识、环境意识和社会意识，促进生态和文化的和谐发展。才能使我国真正走上生产发展、生活富裕、生态良好的和谐发展道路。这也和我国“建设资源节约型、环境友好型社会”的目标相吻合。

(三)生态社会的由来

20 世纪 20 年代中期，经济生态学这个概念首先由美国科学家麦肯齐提出，他认为不能单纯地思考经济问题，而要加入生态的因素。美国海洋生物学家雷切尔·卡逊真正开始将经济和社会问题与生态问题结合起来研究，试图从生态学的角度解释经济社会问题。1962 年她的名著《寂静的春天》问世，开启了人类从生态学的角度对经济社会问题的研究之路。20 世纪 60 年代后期，美国经济学家肯尼斯·鲍尔丁发表了论文《一门科学——生态经济学》，文中首次中正式提出了“生态经济学”的概念，此后经济学界、生态学界对生态经济展开了广泛的研究，并形成了空前的生态学和经济学理论融合。鲍尔丁还提出了著名的“太空船”经济理论，为生态社会提供了依据。还在环境运动兴起的初期，波尔丁就敏锐地意识到必须进入经济过程思考环境问题产生的根源。在此期间，一些著名的生态经济学著作诞生了，包括美国莱斯特.布朗的《生态经济：有利于地球的经济构想》《B 模式：拯救地球，延续文明》和艾瑞克·戴维森的《生态经济大未来》等。在丹麦的卡伦堡市，埃伦费尔德和尼古拉斯埃·特勒提出产业共生理论。他们通过对企业间共生与合作关系的研究，认为企业间可以彼此利用废物降低成本，从而实现产业共生。这是生态工业园区理论的雏形。在政府政策的推动下，卡伦堡市建立了生态城市的雏形。20 世纪 70 年代，当时世界各国关心的问题是污染物产生之后如何治理以减少其危害，即所谓环境保护的末端治理方式。1972 年，“罗马俱乐部”发表了题为《增长的极限》的报告。这个报告是生态悲观论的典型代表。作者通过统计模型计算并预言：在 21 世纪，人口膨胀、消费过度将导致地球生态破坏、资源耗竭和环境污染等一系列问题。由此他们提出了经济零增长的主张。这项报告虽然对人类社会的未来有点悲观消极，但却给人们发出了警告。20 世纪 80 年代，西方学者在反思传统发展模式的过程中，提出了“可持续发展”理念，并在理论和实践中探寻方法和路径。1987 年，世界环境与发展委员会在题为《我们共同的未来》的报告中，第一次阐述了“可持续发展”的概念。报告指出，所谓可持续发展，就是要在“不损害未来一代需求的前提下，满足当前一代人的需求”。也就是既满足当代人的利益，又不损害后代人利益的发展，因为只有这种发展，才能持续永久，才能使人类在地球上世世代代，繁衍生息。在这里，强调的是当代人和后代人需求的持续满足，强调的是代际公平。1992 年 6 月，在巴西里约热内卢举行的联合国环境与发展大会上，来自世界 178 个国家和地区的领导人通过了《21 世纪议程》《气候变化框架公约》等一系列文件，明确把发展与环境密切联系在一起，响亮地提出可持续发展的战略，并将之付诸全球的行动。2002 年 9 月，联合国在南非的约翰内斯堡召开世界可持续发展大会，发表了《约翰内斯堡可持续发展宣言》，指出了我们人类所面临的挑战资源耗竭；荒漠化吞噬良田、气候变暖、污染严重、自然灾害频繁等一系列问题。同时承诺执行《可持续发展问题世界首脑会议执行计划》及加速实现其中所列规定时限的社会经济和环境指标。在 20 世纪的最后 10 年中又引发了世界各国对发展与环境的深度思考，美国、德国、英国等发达国家和中国、巴西这样的发展中国家都先后提出了自己的 21 世纪议程或行动纲领。各国强调要在经济和社会发展的同时注重保护自然环境。近现代社会概念把自然排斥在社会之外，自然仅仅被看作是为人类服务的工具，人是自然界的主人，自然则沦为人的奴仆，自然被人消解，导致了人对自然的占有和掠夺，生态危机由此产生，严重的环境问题对社会的经济发展造成严重制约、影响了社会稳定，并引发了强大的国际压力。

改革开放以来，我国经济发展迅猛，但经济模式依然是传统的“高消耗、高排放、低效率”。50 年来，中国 GDP 增长了 10 多倍，但矿产资源的消耗却增长了 40 多倍。有人预测，到 2020 年，45 种主要矿产资源国内将仅剩 6 种，70%的石油需要进口，1972 年联合国人类环境会议指出“石油危机之后，下一个是水危机。”1996 年联合国《对世界淡水资源的全面评估报告》指出，缺水将严重制约下世纪的经济和社会发展，并可能导致国家间的冲突。据有关资料表明，世界上有 80 个国家面临淡水不足，我国也属于世界淡水短缺的国家。中国北方水资源已接近枯竭，而南方水资源又遭到严重污染。可以说，全国主要江河湖海和近海海域都受到不同程度的污染。全国土地资源也遭遇酸雨或沙漠化的严重侵袭。酸雨是被排放到大气中的二氧化硫，由于光化学作用而产生了硫酸雾，硫酸雾在空气中遇到水汽降下的 pH 值小于 5. 7 的雨。酸雨对生态系统的破坏很大，它降到地面，能使土壤变成酸性土或强酸性土，可以使整片森林、草原和农田变成一片荒芜，全国 30%的土地被酸雨污染。沙漠化是指发生在干旱和半干旱地区的向沙漠演变的进程，全球沙漠化的土地每年正以600万平方千米的速度在扩展，中国17%的土地已经彻底沙漠化，沙漠是不毛之地，意味着死亡。这些危机都将严重制约我国经济的发展，严重的环境污染还给公众的健康带来威胁。由于环境污染，我们生活的世界已经被毒化，我们血液里正常的白细胞数已经由20世纪70年代的7000~8000降到80年代的5000左右，再降到90年代的4000左右。我国70%死亡的癌症患者与污染有关，20%的儿童铅中毒，由于环境污染引发的恶性事件越来越多。同时，我国的严重的环境污染已经影响到我们的国际形象。中国化学需氧量、二氧化硫排放量和二氧化碳排放量均为世界第一。西方国家非常关注中国的环境问题，并将环境问题作为对华外交的主题之一。比如在国际贸易中，欧美已经开始对我国设置绿色贸易壁垒，仅最近欧盟对机电产品的两项环保指令，就使我国机电出口每年损失317亿美元，占出口欧盟机电产品的71%。生态危机的严重性迫使人们不得不对传统的社会概念进行反思，寻求一条能够使我们走出困境，走向光明的发展道路。为了消除人与自然的对抗，促进社会经济的可持续发展，维护社会的稳定和营造良好的国际环境，构建生态社会，已经是一个不容回避的现实问题，同时也是一个回避不了的历史责任。

二、生态城市的内涵及由来

(一)生态城市的内涵

20世纪70年代，联合国教科文组织发起了一场关于地球生物圈与人的科学研究——“人与生物圈(MAB)计划”。在这一研究过程中，教科文组织提出城市生态问题研究项目，这是“生态城市”概念的首次提出。在“生态城市”的发展过程中，学术界关于其概念的讨论层出不穷。苏联生态学家亚尼科斯基提出生态城市概念，认为：“生态城市作为城市发展的一种理想模式，技术和自然在这一模式中得以充分融合，创造力和生产力得以最大限度的发挥，而居民的身心健康与环境质量则得到了最大限度的保护，物质、信息、能量得以高效利用，其中的生态要素得到了良性循环”。美国生态学家雷吉斯特则认为：“生态城市就是生态健康的城市，在这一城市中，人类生活紧凑、活力、绿色节能，是人与自然和谐共存的栖息地。”澳大利亚学者唐顿认为：“生态城市指的就是人类与自然环境及人类内部自身达到生态平衡的城市，主要包括道德伦理和一系列城市生态修复计划。”

能够看出，生态城市注重社会—自然—经济和谐统一、人与自然和谐统一的人类居住地，是一个环境优美和谐，社会发展平稳，资源充分高效利用，人们生活和谐，发展生态可持续。生态城市的发展不仅要求速度上的持续增长，还要求质量上的高标准；不仅是满足了城市发展对资源环境的需求，同时也满足了居民基本的生活需求。生态城市中，我们可以看到不仅环境达到清洁优美，生活处于健康舒适状态下，而且能够实现对人力、物力的充分利用，人与自然协调发展，生态循环良性。在城市发展模式中，属于最高层次的可持续模式。

生态城市，从广义上讲，是建立在人类对人与自然关系更深刻认识的基础上的新的文化观，是按照生态学原则建立起来的社会、经济、自然协调发展的新型社会关系，是有效地利用环境资源实现可持续发展的新的生产和生活方式。狭义地讲，就是按照生态学原理进行城市设计，建立高效、和谐、健康、可持续发展的人类聚居环境。

从生态学的观点，城市是以人为主体的生态系统，是一个由社会、经济和自然三个子系统构成的复合生态系统。一个符合生态规律的生态城市应该是结构合理、功能高效、关系协调的城市生态系统。这里所谓结构合理是指适度的人口密度，合理的土地利用，良好的环境质量，充足的绿地系统，完善的基础设施，有效的自然保护；功能高效是指资源的优化配置、物力的经济投入、人力的充分发挥、物流的畅通有序、信息流的快速便捷；关系协调是指人和自然协调、社会关系协调、城乡协调、资源利用和资源更新协调、环境胁迫和环境承载力协调。

概括来说，生态城市应该是环境清洁优美，生活健康舒适，人尽其才，物尽其用，地尽其利，人和自然协调发展，生态良性循环的城市。“生态城市”作为对传统的以工业文明为核心的城市化运动的反思、扬弃，体现了工业化、城市化与现代文明的交融与协调，是人类自觉克服“城市病”、从灰色文明走向绿色文明的伟大创新。它在本质上适应了城市可持续发展的内在要求，标志着城市由传统的唯经济增长模式向经济、社会、生态有机融合的复合发展模式的转变。它体现了城市发展理念中传统的人本主义向理性的人本主义的转变，反映出城市发展在认识与处理人与自然、人与人关系上取得新的突破，使城市发展不仅仅追求物质形态的发展，更追求文化上、精神上的进步，即更加注重人与人、人与社会、人与自然之间的紧密联系。

生态城市与普通意义上的现代城市相比，有着本质的不同。生态城市中的“生态”，已不再是单纯生物学的含义，而是综合的、整体的概念，蕴涵社会、经济、自然的复合内容，已经远远超出了过去所讲的纯自然生态，而已成为自然、经济、文化、政治的载体。生态城市中“生态”二字实际上就包含了生态产业、生态环境和生态文化三个方面的内容。生态城市建设不再仅仅是单纯的环境保护和生态建设，生态城市建设内容涵盖了环境污染防治、生态保护与建设、生态产业的发展(包括生态工业、生态农业、生态旅游)，人居环境建设、生态文化等方面，涉及各部门各行业；这正是可持续发展战略的要求。因此在本质上，生态城市建设是在区域水平上实施可持续发展战略的一个平台和切入点。生态城市建设是全面提升城市生态环境保护工作的重要载体，是全民参运动，通过生态城市建设才能最大限度地推动城市的可持续发展，改善城市的生态环境质量，为实现全面小康的目标打下坚实的基础。西方发达国家的生态环境在经过两个世纪的工业发展，于20世纪60年代集中爆发了一些问题，这在东西方社会都引起了普遍关注，同时学术界也掀起了一股对环境与生态问题的研究热潮。

(二)生态城市的特征

作为社会-自然-经济复合生态系统，生态城市建立在生态文明基础上，是现代经济、文化和区域发展中心，是人类理想的人居环境。与传统城市相比，生态城市有着本质不同，在社会组织形式、发展运行模式、结构关系等方面都存在差异。生活在其中，不仅可以看到人与自然的和谐相处，而且可以看到人与人之间的友好相处。

生态城市的特征主要呈现出以下几方面：

1. 和谐

和谐指的是在生态城市发展中，在保证城市的经济社会和发展的和谐的同时，还应该考虑自然的要素，生态城市的发展需要考虑到人与自然的和谐统一，这也是生态城市中最重要的一个科学内涵和需求。传统的生态城市的建设中表现出了很多人自然、人际关系等方面的不和谐，而生态城市建设中必须摒弃生态和自然的不和谐，在生态城市发展中，时刻保持人与自然的和谐相处，这样才能够长久满足人的物质文化需求与生产发展的平衡。人类在促进和谐生态城市建设方面作用非常大，人类不仅要促使生态城市的和谐发展，还应该满足生态城市对于文化的需求，人类通过科技的提高促进生产力的提升，使得人与自然和谐相处。在人与自然和谐相处中，人类必须高效地利用有限的资源，时刻认识到自然资源并不能无限地被索取，需要在自然能够承受的限度内进行开发，促进人类社会中的经济发展与生态各方面的和谐。这里的和谐性体现在以下三方面：一是经济与社会以及自然的和谐。经济发展是社会稳定的关键，但是关于经济如何发展却是要认真考量的，我们拒绝以牺牲环境为代价的经济发展。经济的发展要考虑到自然环境的承载力，不能只是一味地发展第二产业，要大力发展第三产业，协调三大产业在经济发展中的比例，维护自然生态平衡。二是人与自然的和谐。在生态城市中，人类回归自然、贴近自然，自然也融入于城市，城市建设的目标是建设花园城市、森林城市，为的是保证居民在城市中能够幸福、快乐，打造宜居、利居、乐居的居住环境。三是人类社会内部的和谐。人与人之间的关系、人与社会的关系，在生态城市中呈现的都是一种和谐状态。传统城市中，人们的生活节奏快、邻里之间缺乏交流，社会关系疏远，人际关系淡薄，缺乏人际交流，人的内心是孤独、苦闷的。再加上社会生活中，存在的一些不公平现象，人与人之间往往压抑着仇视和怨恨，仇富、仇视社会的现象时有发生。生态城市的建设为的就是消除人与人、人与社会之间的这些不和谐，促进人与人之间的交流，解决社会的不公平、不公正，构建和谐社会。

2. 高效

传统城市的生产方式则是直链式的，不可循环，在生产过程中大量的“废料”被直接排放到自然界中，不仅造成了资源的浪费，还污染了我们的生存环境。

生态城市改变以往传统的经济发展模式，旨在提高资源的利用效率，提高人和自然的和谐度。生态城市的生产方式利用高新技术，形成了开发人的智力的“内在化”生产，摆脱了高度依赖的“外在化”生产。自然资源的消耗得以降低，经济增长的主要点变成非物质财富的增长；同时，也不忘提高知识生产和基本物质生产中的资源利用效率。从资源利用的角度，生态城市就是“循环城市”，指的就是高效、循环、多层次利用资源、能源的城市；从生产高效的角度，生态城市就是“清洁生产城市”，就是指在城市经济的运行中，企业要实现高产出、低排放，对资源和能源的利用要实现高效、循环。在生态城市中，它的产业结构是合理的，它的资源和能源生产采取的是节约式的。

3. 可持续

生态城市的发展是以可持续发展的理念为指导，对资源进行合理配置，杜绝为了眼前利益而进行的掠夺式发展和破坏生态环境的行为，为现在和未来在发展及环境方面需求的满足留足时间、空间和资源，保证城市发展的健康、可持续。生态城市的可持续不仅考虑到当代人的需求，同时兼顾后人的需要。生态城市可持续性不仅体现在城市发展中保护自然环境，还体现在对可再生资源和能源的使用上，利用并保持可再生资源和能源的自我更新能力，维护生态系统的多样性，不断提高环境和生活质量。此外，生态城市可持续性还体现在社会的良性运行和经济的可持续发展。城市发展除了要实现自然环境的可持续发展，经济发展和社会和谐也是其追求。

生态城市的发展指的是自然-经济-社会这一复合生态系统的发展，生态城市的可持续发展，也是社会、经济、和自然的可持续发展。第一，经济发展是生态城市发展的核心内容，它对于生态城市的发展起到主导作用，直接奠定了生态城市发展的基础。生态经济学家巴比耶在研究中对可持续发展的解释是：可持续发展是在自然界的资源量允许的前提下，充分发挥经济发展的潜力，做到经济发展所带来的收益达到最大。根据巴比耶的解释，传统城市的发展模式则显而易见，传统城市在经济增长方面最明显的表现是追求量的提高，其他方面的影响忽略，这显然与生态城市的发展不一致，生态城市发展注重可持续，必须统筹质和量的可持续发展。第二，生态城市发展的载体是环境的承载能力，环境承载能力并不以人的意志为转移，这是其内在固有的属性。资源是人类所能生存的要素，也决定了人类社会发展中所得到和利用的物质基础，但是资源的分布是不均匀的，不同空间范围内的资源需要通过科学技术来得到利用。人类利用自然资源实现了沟通、信息共享、达到了想要的需求和服务。在学者戴利的研究中，在生产不断增长的过程中，地球能容纳的人口是有限度的，在这个过程中，应该树立在环境所能承载的前提下进行发展的红线，不应该无限制地使用资源，索取自然，最终导致人与自然失调。第三，社会属性是城市发展中需要考虑的一个重要属性，城市的发展应时刻体现在社会属性的各个方面，社会属性的包含范围也非常多，诸如社会发展中的政治经济文化娱乐等各方面。城市建设的可持续发展，应该保证城市人民的生活极大富裕，生活水平极大提高，城市服务水平满足人民的需求，文化生活充满社会各个角落。

(三)生态城市的由来

生态城市尽管是1980年代以来迅速发展起来的，但其理念渊源却很长。无论是中国古代的人居环境，还是古代欧洲城市和美国西南部印第安人的村庄，都可以看出生态城市的雏形。

1. 国外生态城市的由来

现代生态城市思想直接起源于爱德华的田园城市。田园城市理论为我们展示了城市与自然平衡的生态魅力。英格兰莱契沃斯这座城市是由霍华德设计并于1903年建成的田园城市。历经几乎一个世纪后，该镇仍然是最宜人的人居环境之一：莱契沃斯得到国家的资助远低于一般的英格兰城镇；公共健康指标——婴儿死亡率、平均寿命等仅次于英格兰的另一个小镇韦林。而韦林则是由霍华德设计的另一个英格兰田园城市。21世纪以来出现的城市生态学两次高潮极大地推动了人们环境意识的提高和城市生态研究的发展。人与自然的关系问题在现代社会背景下得到重新认识和反思。早在20世纪40年代，塞尔特把30年代一次会议的文件总结成一本书——《我们的城市能否生存》，已经警示了环境破坏的后果。刘易斯也是最早认识到城市发展带来人与自然关系失衡的觉醒者之一，他敲响了反对小汽车和城市无序蔓延的警钟。1962年生态学家理查德·雷吉斯特发表了科普著作《寂静的春天》，此后以《增长的极限》和《生存蓝图》为代表的许多力作反映了人们对生态环境的普遍关注，对已有经济增长模式提出了疑问。1972年6月5日至16日在斯德哥尔摩召开了联合国人类环境会议。会议发表了《人类环境宣言》宣言明确提出“人类的定居和城市化工作必须加以规划，以避免对环境的不良影响，并为大家取得社会、经济和环境三方面的最大利益”。1975年，理查德·雷吉斯特和几个朋友成立了城市生态组织，这是一个以“重建城市与自然的平衡”为宗旨的非营利性组织。从那以后，该组织在伯克利参与了一系列的生态建设活动，并产生了国际性影响。同期，国际上城市生态的研究得到蓬勃发展，生态城市的内涵不断得到丰富。理查德认为，除了伯克利的“城市生态”组织之外，还有许多其他人对生态城市基本概念贡献了关键性的思想。如伊恩的《自然设计》，保罗的《生态建筑：按人的形象设计的城市》，和舒马赫的《小即是美》。此外，《另一个开端》一书和肯尼思·施奈德的《社区空间框架》对生态城市作了更直接的阐述。由于许多研究组织的努力和一些论著的出版，生态城市概念变得有血有肉了，如理查德的《食用城市》以及保罗所做的工作、比特对生态城市区域生物性质的研究，欧洲绿色组织对生态城市政治结构的设计等。其中，保罗一直在实践其所提倡的城市理念，从1970

年7月开始，在亚利桑那州的阿尔库桑蒂开始建设其实验城。其中罗斯兰认为生态城市的概念之间并不是独立存在的，而是与其他相关理念并存和包含了其他理念的。说明他们并不是相互包含和上下递进的关系，他们同在一个范围内，但又相互独立，互相依存，既存在联系又不具有直接关系，他们同属于一个层级，是同一等级上的概念。生态城市的本质其实就是处理协调环境与城市之间问题矛盾的综合学科。生态城市的蕴涵范围较广，其相关学课的理论研究对生态城市的理论研究发展产生了积极的影响。前苏联城市生态学家扬尼茨基阐述了生态城市的概念。同年，理查德出版了《为健康的未来建设城市》一书。理查德在书中论述了建设生态城市的意义、原则，并提出了今后几十年如何把伯克利建设成为生态城市的设想。同时理查德领导的城市生态组织出版了一本新的生态城市刊物《城市生态学家》。

总体来看，国外对生态城市的研究可以分为三个主要阶段。

第一个阶段为生态城市思想的萌芽阶段。生态的思想最早可以追溯到16世纪英国人托马斯·摩尔所设想的“乌托邦”城市和17世纪意大利人康柏内拉的“太阳城”的城市理念，这些都是人们所追求的“人与自然和谐”的朴素的生态思想在城市建设的过程中的体现。在经历产业革命之后，城市的环境恶化使得大量的社会学家开始积极研究城市问题。在1898年英国社会家霍华德提出了城乡结合的“田园城市”理论，这也被称为现代生态城市理论最早的来源，是城市发展理论研究的一个重要里程碑。

第二个阶段为生态城市思想的初步形成阶段。在田园城市理论的启示下，美国的恩温于1922年提出了“卫星城镇”理论，提出在中心城市的周围建立卫星城镇，分散中心城市的人口和工业面临的压力，实现城市功能的“有机疏散”。同年法国的著名建筑大师勒·柯布西埃在《明天的城市》一书中提出了“现代城市”的设想，主张提供充足的绿地、空间和阳光，全面改造城区，该设想体现了对生态环境的重视。随着对城市问题研究的深入，大量的学者逐步将生态学思想应用于现代城市规划中。1945年，芝加哥的人类生态学派将城市作为研究对象，倡导创建了城市生态学。1952年，生态学派奠基人帕克提出将自然环境中动植物群落的某些规律应用于城市人类社会，生物学家格迪斯提出将生态学的原理用于研究解决城市问题，提出应分析地域环境对地方经济及居住布局的影响。这些为生态城市思想的形成奠定了理论基础。1962年，美国学者蕾切尔·卡逊在《寂静的春天》一书中首次提到了环境保护的问题，该著作被称为现代环境运动的肇始，在世界范围内唤起了人们对环境问题的关注。1971年联合国教科文组织制订的“人与生物圈”(MAB)研究计划，在全球范围内首次开展了城市与人类生态的研究课题。1977年，美国的著名学者贝瑞发表了《当代城市生态学》，奠定了城市生态学研究基础，至此生态城市学的理论框架已初步形成。

第三个阶段为生态城市研究的快速发展阶段。随着城市生态学的发展，特别是进入20世纪80年代以来，对生态城市的研究异军突起。1980年，第二届欧洲生态学学术会议以城市生态系统为主题，从理论、方法、实践和应用等方面对城市生态进行了研究和探讨。1984 年，在 MAB 报告中提出的生态城市规划的 5 项原则。同年，美国生态学家雷基斯特初步提出了生态城市的建设原则等，并于 1987 年给生态城市一个概括的定义，他认为生态城市追求的是人类与自然的健康与活力。1990 年，城市生态组织在伯克利组织了第一届生态城市国际会议，与会的国家代表分别阐述了包括"旧金山绿色城计划""丹麦生态村计划"等在内的生态城市建设实践，这在一定程度上推动了生态城市实践的开展。1992 年，第二次生态城市国际会议在澳大利亚的阿德雷德召开，此次会议对生态城市的建设理念、建设技术及方法等展开了深入的探讨。随着 1996 年塞内加尔第三届国际生态城市研讨会、2000 年巴西库里蒂巴第四届国际生态城市会议、2002 年中国深圳第五届国际生态城市研讨会、2006 年印度班加罗尔第六届国际生态会议的召开，有关探讨"生态城市"的研究和实践在世界范围内掀起了浪潮。

国外对生态城市理论的研究非常注重实用性和可操作性，结合了各国城市社会的现实问题，注重理论联系实际，并制定了长期和短期的发展目标。他们实施的一些措施只是围绕城市生态建设的某一个或几个方面，因此能够很好地解决现实当中的许多问题。其规划与建设理论研究为控制城市的无序蔓延，大都提倡可持续的城市规划及控制小汽车发展、鼓励公共交通和步行等出行方式。如雷基斯特提出的建立生态城市的十项原则强调优先开发靠近公交车站和交通设施的土地，修改交通建设的优先权，把步行、自行车、马车和公共交通出行方式置于比小汽车方式优先的位置，强调"就近出行"。第二届和第三届生态城市国际会议都通过的国际生态城市重建计划提出应建立以步行、自行车和公共交通为导向的交通体系，并停止对小汽车交通的各种补贴政策。欧盟提出的可持续发展人类住区十项关键原则也指出住宅和工作地应彼此邻近，同时发展高效的公共交通系统。

从生态城市的概念提出至今，世界上已有不少国家的城市生态化建设在不同程度上取得了成功。一是以"绿色城市"为目标，增加绿色要素和绿色空间，如英国的密尔顿·凯恩斯市。二是制定生态城市的标准，构建新型的生态城市，美国、澳大利亚、印度、巴西、丹麦、瑞典、日本等国家对生态城市建设计划提出了基本要求和具体标准。例如巴西的库里蒂巴和桑托斯、澳大利亚的怀阿拉和阿德莱德市、印度的班加罗尔、丹麦的哥本哈根以及美国的伯克利、克里夫兰、波特兰大都市区都启动了生态城市建设计划，取得了令人鼓舞的成绩和可用于实际操作的成功经验。目前全球仍有许多城市正在按照生态城市的目标进行规划和建设，例如美国的克里夫兰和伯克利市、德国的埃尔兰根和弗赖堡、印度的班加罗尔、巴西的库里蒂巴、澳大利亚的怀阿拉和阿德莱德、新西兰的怀塔基尔、丹麦的哥本哈根、日本的大阪和千叶新城等，可以说这些案例代表了当今世界生态城市的发展趋势。都开展了生态城市建设的研究与实践，生态城市建设已在国外展开了广泛的实践。

2. 国内生态城市的由来

在我国生态城市的起源，可以追溯到古代"天人合一"的哲学思想。我国介入生态城市领域相对较晚。我国于1972年成为MAB计划的理事国之一，1978年成立“中国MAB研究委员会”，1979年成立了“中国生态学会”。1982年8月在第一次城市发展战略思想座谈会上，提出了“重视城市生态，发展城市科学”的重要主张，城市生态学正式列题。1984年上海成功举办了首届全国生态科学研讨会，会上成立了我国第一个以城市生态为研究目的中国生态学会城市生态学专业委员会，这象征着我国生态研究工作的开始。江西省宜春市于1986年提出了建设生态城市的目标，并随后展开试点工作，这标志着我国生态城市建设迈出了第一步。天津、深圳分别于1986年、1997年举办了全国城市生态研讨会，会上讨论了城市规划、城市生态系统及其影响和评价等问题，这极大地推动了我国生态城市研究及实践工作的开展。以著名生态环境学家马世骏、王如松等为代表的一批学者在城市生态值的概念、生态库的概念和城市生态系统方面做了卓有成效的研究。马世骏结合中国实际，提出了人类与环境关系为主导的“社会-经济-自然”复合生态系统理论。1988年王如松进一步研究了城市生态系统的生产、消费、还原等功能与城市复合生态系统之间的关系，提出用生态系统优化的原理、控制论的相关方法等来研究城市的生态问题，这也奠定了我国城市环境问题研究的理论基础。1990年著名科学家钱学森结合中外文化差异从生态学的角度提出了“山水城市”的设想，主张将自然环境融入城市建设中，建设具有中国特色的生态城市。此后，在全国范围内掀起了生态城市研究的浪潮。在国家层面，随着对城市环境、资源问题的关注，城市生态建设已逐步纳入日程，提到一定的政策高度。我国1993年编制了《中国21世纪议程》白皮书，明确提出了走可持续发展道路的整体战略。国家环保总局于1995年开始在全国开展生态示范区建设的试点工作，并进行了生态住宅、绿色社区、生态村等不同层次的探索，对新世纪我国城市建设的转型起到了积极的推动作用。1996年我国制定了《全国生态示范区建设规划纲要》，2002年制订了《全国生态环境建设规划纲要》。这些政策及纲要的颁布、实施极大地推动了生态城市建设实践的开展。随着国家对城市生态问题的重视及生态规划建设政策导向的逐步完善，生态城市的建设实践在全国各地如火如荼地进行，南宁市、昆明市、北京市、长春市、扬州市、威海市、深圳市等都提出建设生态城市的发展目标。

目前我国生态城市在建设过程中也有很多是以整体来进行生态规划的城市称为生态示范市。这种生态城市多是有国家部门牵头建设的，具有一定的示范意义，如环保部颁布的生态示范区，国家级生态市等。1995年，国家环保部发布了“全国生态示范区建设规划纲要(1996—2050年)”，组织开展了生态示范区的建设工作，处理日益严重的自然资源和生态环境破坏问题。生态示范区是以生态学和生态经济学原理为指导，以协调经济、社会发展和环境保护为主要对象，统一规划，综合建设，生态良性循环，社会经济全面、健康持续发展的以市域为基本单位组织实施建设的城市。到2012年，共有7批528个生态示范区通过了环保部组织的验收，被命名为国家生态示范区。为进一步深化生态示范区建设，国家环境保护总局制订了《生态市建设指标(试行)》，启动了生态市建设。生态市建设是生态示范区建设的继续和发展，是生态示范区建设的最终目标。国家级生态示范区是最初阶段的建设目标，目前已不再建设。生态示范区与生态市没有必然的联系，可以不建设生态示范区而直接建设生态市，只要满足具体建设指标，进行申报通过审核即可。截至目前，共有 154 个市通过了环境保护部的验收，被命名为国家生态市。到目前为止，全国已经有数百个城市展开生态城市建设实践，比较有代表性的中国唐山曹妃甸国际生态城、中新天津生态城、无锡太湖新城生态城、中瑞低碳生态城、潍坊滨海生态城、上海东滩生态城、深圳光明新区绿色新城等。试点已取得显著的成绩，生态城市建设已俨然成为如今我国城市发展的主流方向。

(四)生态城市建设经验

1. 国内生态城市建设经验

自党的十八大以来，我国很多城市纷纷响应党中央的号召，先后开展了生态城市建设，取得了明显成效。其中，大连市的生态城市建设算是国内比较成功的典型。

大连市作为我国的滨海城市，曾因为人口多、资源匮乏、经济发展方式粗放、结构不合理等因素造成生态环境严重破坏。在意识到生态环境的重要性后，市委、市政府把生态环境建设放到了前所未有的重要位置，创造性地开展工作，在生态城市建设方面取得了显著成效。政府高度重视基础设施建设，不断加大资金投入改善基础设施建设，实施了引英入连二期供水工程，缓解水资源短缺的状况。通过扩建新建污水处理厂等方式来保护水源。地方政府集中资金改进建设了多座垃圾处理厂，提高净化城市生态环境质量的能力。全面改善了城市的供热、供气、照明、公交等基础设施，为生态城市建设创造了好的条件。不断进行产业结构的调整，转变经济发展方式。科学规划构筑城市框架与功能，对原有的工业布局进行重新整合，针对污染比较严重的企业进行全面搬迁改造。在产业结构调整改革中，积极引导企业采用先进技术，减少废物排放量，实现资源利用最大化；在工业园区建设中，配套建设生态绿化区，能够集中处理污水、固废物等设施；支持企业发展经济高、效益好、无污染、能耗低、新能源的新型技术产业；提倡节能减排，对能源消耗的增长速度进行严格控制，推进商业、商务等各个经济领域的节能。针对自身实际情况还专门建立了生态城市研发机构，加强与国际技术在生态环境领域的交流和合作，不断改进创新生态环境的保护方式。逐步推进环境治理常态化，提高集中供热率、推广尾气净化技术，搬迁改造污染企业，消减工业污染物总量，有效地控制了污染源，净化了大气环境。加快建设各污水处理厂及配套工程，严格按照程序引进项目，并提高新建项目准入“绿色门槛”标准，实行生态环境一票否决制。对城市建筑垃圾、居民的生活垃圾等污染环境的固废物实行定时清理、日产日清，并将此形成制度纳入日常管理。

2. 国外生态城市建设经验

国外生态城市建设起步较早，生态理念推广的较为普遍，一些欧美国家先后进行了生态城市建设，并取得了大量宝贵的成功经验。英国伦敦曾是世界上有名的“雾都”，60 年前的烟雾事件惊醒了执政者，政府意识到城市生态环境的重要性后，研究制定了系统的城市发展规划，进行了各种生态城市项目的建设，并取得了斐然的成绩，让伦敦由“雾都”变成了如今的“绿色城市”。一是提高生态城市规划水平。在启动生态城市建设前期，首先对真正意义上的生态城市建设进行了深入了解，保证规划的可靠性。制定总体规划及实施细则时充分考虑了经济、文化和生态环境等各个领域、各个层面。伦敦传统的城市发展是同心圆式的发展模式，在生态城市建设的规划中考虑到空间发展问题并结合地域特征，确定带状城市发展模式更适合伦敦的长期发展。按照新规划的带状发展模式，不仅有利于充分利用城市空间，而且还有利于统筹周边地区的人口、经济、文化的发展。二是构建城市绿色网络系统。伦敦在生态城市建设过程中，建设了多种连接人群密集区与城市开放空间的绿色通道，不仅美化了城市环境，还提升了城市开放空间。依托现有的城市绿地、森林、河流、道路等，建设了步行绿色道路网络、自行车绿色道路网络和生态绿色通道网络三种绿色网络，全面打造了城市绿色网络系统。注重城市的绿化，在河流与主要道路两侧都增加了绿色植被，并将社区绿地、城市公园等各种城市绿地连接起来，形成了一个城市绿色骨架。这种绿色网络的形成既有利于保护动植物，又有利于美化环境，提升城市生态环境质量。三是分级管理，全民参与。生态城市建设不能单一的依靠政府力量，而是需要企业、个人等共同参与。伦敦的城市管理体系分三级，各级部口分工明确，各尽其责。市级管理部门作为生态城市建设的主导机构，负责规划方案的整体设计、决策与实施方案的发布工作；区级管理部门严格执行落实上级部门确定的规划方案，负责组织一些基础资料的收集，并及时对实施过程中的信息反馈进行总结。非政府组织及群众等第三方力量则是生态城市建设的重要参与者，大众力量的加入既提高了政府决策的公平性与科学性，也使生态城市建设具备了广泛的群众基础。

3. 美丽乡村的内涵及由来

(1)美丽乡村的内涵

乡村又称非城市化地区。通常指“社会生产力发展到一定阶段上产生的、相对独立的、具有特定的经济、社会和自然景观特点的地区综合体”。“乡村”在《辞源》中被定义为主要从事农业、人口分布较城镇分散的地方。目前，国内外学者及不同学科间对乡村概念的理解不尽相同，一般认为乡村是相对城市而言的，以农业生产为主要经济基础，人口数量少，聚居规模小，社会结构相对简单，居民生活方式及景观与城市有着明显的不同等。

美丽乡村的含义显而易见，就是美丽的农村，只是这里的“美丽”既指外表的干净、美观，又指生态环境的可持续、人民生活的舒适健康、社会氛围的和谐文明。同时，建设的目标也不是个别的农村个体，而是整个乡村整体，其建设范围是全国性的。“美丽乡村的建设作为现代社会的一个重要组成部分，是以政治、经济、文化、社会等方面的建设步调相一致的，是以科学发展观为目标的，以创造性思维为指导的，其包含的内容与社会主义的生态文明建设高度一致，即村貌整洁、经济增长，风气文明、社会和谐等。”

首先，注重生态文明建设。要想彻底地改善农村地区生态破坏和环境污染的问题，就要着眼于农村环境中的水土利用状况、生活垃圾的处理以及生产带来的附属问题的解决。在整体的治理中，要坚持始终以科学的理论为指导，建立健全生态治理机制，坚持以整体的眼光看问题，同时又要兼顾重点和难点。

其次，注重居住环境的优化。农村环境与城市环境大有不同，虽然没有现代化的布置空间，但是在个体房屋和土地的格局上存在着很大的改善空间。因此，要对农村地区的土地使用进行整体的规划和建设，提升居住质量，健全基础设施。再次，注重环境效益的提高。从宏观上来讲，农村地区的经济发展方式比较落后，但是农业是国民经济的基础产业，是关系到国计民生的基础性事业。鉴于农业的重要地位，就必须改善农业经济的结构，同时发展相关产业，如旅游业，使整个农村地区的产业形成一个有机的产业链。

然后，注重生态服务的优化。政府作为服务型的机构，必须将其职责落到实处，在加强农村地区的生态环境建设的工作中，发挥好自身的引领和监督管理的作用，使各项工作能够有条不紊地进行，切实保证生态文明建设工作的质量和效益。

最后，注重生态文化的营造。我国农村地区的经济落后所带来的直接后果就是思想文化发展程度的低下。反过来，文化的保守又成为农村发展的严重阻碍。所以，要大力加强农村地区的生态文化建设。具体来说，要对农民进行思想宣传，举办各种活动增强人们的文明意识，发挥农民在农村建设中的主体性，充分调动农民建设农村的积极性。综上所述，建设社会主义美丽乡村，要同时注重物质文明和精神素质两方面的提升，使农村居民树立起主人翁精神，主动承担建设农村的责任和义务。在科学的生态文明观念的指导下，进行农村经济和社会的建设和改革，实现经济社会发展水平和生态环境建设水平的同步提升。

“美丽乡村”建设强调生态、文化和产业的融合，注重人与自然的和谐相处，是升级版的新农村建设。“美丽乡村”之“美丽”不光体现在外表上，更体现在提升村民的幸福感上。我们要建设的美丽乡村，是“农村经济、政治、文化、社会、生态文明建设和党的建设有机结合、协调发展的统一体，是农村精神文明建设的龙头工程”。“美丽乡村”既有自然层面的美，也有社会层面的美，具体体现在以下几方面：

第一，环境优美。通过村庄整治，使乡村自然生态得到有效保护、基础设施得到完善与提升、人居环境得到功能化改造，实现乡村整体环境的美化，为村民提供良好的居住环境，努力实现乡村面貌的新变化。

第二，经济富美。建设“美丽乡村”，必须以发展乡村经济为中心，坚持把生产发展放在首位，通过乡村自然资源的整合和产业结构的调整，积极发展乡村旅游、休闲、生态、文化等特色经济，实现一、二、三产业的联动发展，多渠道拓宽村民的收入来源，使村民的生活得到比较明显的改善。

第三，社会和美。乡村的美还体现在它的和谐上，人与自然的和谐、人与人的和谐、人与社会的和谐。在良好的人居环境和高品质生活保证下，做到家庭和睦、民风淳朴、文化繁荣、底蕴深厚、民主法制、城乡社会统筹发展等，实现乡村精神文明的长期繁荣。

第四，服务完美。通过建立新型农村社区、完善基层组织、建立健全社会保障体系、提供劳动保障服务平台等，进一步统筹城乡发展，健全乡村公共服务体系，繁荣乡村社会事业，逐步实现城乡教育、医疗、文化设施一体化，使乡村居民也能享受到像城市居民一样的现代文明生活。

第五，生活甜美。在人居环境优美、村民生活富裕、公共服务完善和人际关系和谐的基础上，通过培育乡村特色文化和提升农民现代素质来丰富农民的精神生活，提升农民的幸福感，为农民提供一个丰富充实的人文环境，让农民的生活甜甜美美。

(2)美丽乡村的由来

中国在历史上以农民耕种为主，乡村建设在中国并不陌生，但在各个历史时期由于社会的局限性而难以发展。虽然近代也学习了西方国家的先进经验，但是总体建设发展还是非常缓慢。晏阳初和梁溯溟，在20世纪初期，就开始对乡村建设发展进行研究，他们认为：人类的文明跟劳动有关系，大多从乡村建设中发展起来的，所以说乡村在中国的重要地位是不可否认的。中国社会的发展，根在农村，要想社会取得全面发展，首先要重视农村的发展。他们还认为：进行乡村发展，要通过家庭、社会和学校方面共同努力，要加强村民的公民、文艺和卫生等各个方面的教育，这样才能达到改造农民的目的。中华人民共和国成立后，中央在提出了过渡时期农村建设的总路线，从此农村建设向社会主义社会过渡。可是“文化大革命”后，乡村建设又进入了低迷期。中央自从改革开放以来，便制定了好几个“一号文件”，才促使农村建设的进展。“建设社会主义新农村”在2005年被中央提出，从此农村建设才受到关注，并进入一个全新时期。

美丽乡村，是对中国共产党提出的建设社会主义新农村目标的继承与发展。一提及乡村，人们脑海总是浮现出青山绿水、淳朴民风、良田美景、安静舒适等美的画面。2005年10月，中国共产党第十六届五中全会提出了建设社会主义新农村的重大战略任务，“生产发展、生活宽裕、乡风文明、村容整洁、管理民主”是其具体要求和重要发展方向。自2005年建设社会主义新农村目标后，在“十一五”“十二五”期间，全国很多省市根据十六届五中全会要求，加快农村建设，制定了建设美丽乡村的行动计划并付诸建设，并从中涌现出许多成功案例。2007年10月，“十七大”提出“要统筹城乡发展，推进社会主义新农村建设”。可以说，“美丽乡村”是“社会主义新农村建设”的“升级版”，其要求和标准应比“社会主义新农村”更高、更优。因此，有研究认为，“美丽乡村”应是“山美水美环境美、吃美住美生活美、穿美话美心灵美”，或简要概括内涵为“产业美、环境美、生活美、人文美”。“绿水青山，就是金山银山”。2008 年，浙江省安吉县在社会主义新农村建设中，以“村村优美、家家创业、处处和谐、人人幸福”为总目标，开始创建实施“中国美丽乡村”行动，并取得显著成绩，迅速成为全国焦点。“十二五”期间，受安吉县的成功影响，我国许多省市也先后展开了美丽乡村创建活动。2012 年 11 月，党的十八大首次将生态文明引入“五位一体”的社会主义建设总布局，提出要“努为建设美丽中国，实现中华民族永续发展”。建设“美丽中国”，关键在农村、难点在农村、亮点也农村，农村建设是“美丽中国”建设不可或缺的一部分。在随后的 2013 年中央一号文件中，首次提出了要建设“美丽乡村”的奋斗目标，要“进一步加强农村生态建设、环境保护和综合整治工作”。将美丽乡村建设作为实现美丽中国梦想的重要组成部分。“美丽乡村”建设成为中国社会主义新农村建设的代名词。同年 5 月，农业部办公厅发布《农业部“美丽乡村”创建目标体系》，之后各省市也相应制定了美丽乡村建设标准。为贯彻落实十八大和中央一号文件精神，“中央财政部决定将美丽乡村建设作为一事一议财政奖补工作的主攻方向，并选取了浙江、重庆、福建、安徽、贵州、广西、海南等省市作为首批重点建设省份”。由此，全国各地掀起美丽乡村建设新热潮。

2014 年 3 月出台的《国家新型城镇化规划(2014—2020 年)》明确提出：要建设各具特色的美丽乡村。美丽乡村建设既秉承和发展了新农村建设“生产发展、生活宽裕、村容整洁、乡风文明、管理民主”的宗旨思路，延续和完善了相关的方针政策，又丰富和充实了其内涵实质，集中体现在着力保障和改善民生，提高农民生活品质，发展社会主义生态文明，实现可持续发展等方面，尤其对生态环境与人居环境提出更高要求。

国家“十三五”提出发展6000个宜居宜业宜游美丽乡村，重点发展休闲农业和乡村旅游产业。同时，“十三五”期间，要实现全国农村贫困人口全部脱贫。“十三五”期间我国农村贫困人口 7017 万人(2015 年中央经济工作会议统计报导)，2016 年完成脱贫 1442 万人。至 2020 年要完成 5575 万人口全部脱贫工作。

(3)国内美丽乡村的实践

国家农业部于 2013 年启动了“美丽乡村”创建活动，于 2014 年 2 月正式对外发布美丽乡村建设十大模式，为全国的美丽乡村建设提供范本和借鉴。

具体而言这十大模式分别为：产业发展型、生态保护型、城郊集约型、社会综治型、文化传承型、渔业开发型、草原牧场型、环境整治型、休闲旅游型、高效农业型。

①产业发展型模式　主要在东部沿海等经济相对发达地区，其特点是产业优势和特色明显，农民专业合作社、龙头企业发展基础好，产业化水平高，初步形成“一村一品”“一乡一业”，实现了农业生产聚集、农业规模经营，农业产业链条不断延伸，产业带动效果明显。

典型：江苏省张家港市南丰镇永联村。

②生态保护型模式　主要是在生态优美、环境污染少的地区，其特点是自然

条件优越，水资源和森林资源丰富，具有传统的田园风光和乡村特色，生态环境优势明显，把生态环境优势变为经济优势的潜力大，适宜发展生态旅游。

典型：浙江省安吉县山川乡高家堂村。

③城郊集约型模式　主要是在大中城市郊区，其特点是经济条件较好，公共设施和基础设施较为完善，交通便捷，农业集约化、规模化经营水平高，土地产出率高，农民收入水平相对较高，是大中城市重要的"菜篮子"基地。

典型：上海市松江区泖港镇。

④社会综治型模式　主要在人数较多，规模较大，居住较集中的村镇，其特点是区位条件好，经济基础强，带动作用大，基础设施相对完善。

典型：吉林省松原市扶余市弓棚子镇广发村。

⑤文化传承型模式　在具有特殊人文景观，包括古村落、古建筑、古民居以及传统文化的地区，其特点是乡村文化资源丰富，具有优秀民俗文化以及非物质文化，文化展示和传承的潜力大。

典型：河南省洛阳市孟津县平乐镇平乐村。

⑥渔业开发型模式　主要在沿海和水网地区的传统渔区，其特点是产业以渔业为主，通过发展渔业促进就业，增加渔民收入，繁荣农村经济，渔业在农业产业中占主导地位。

典型：广东省广州市南沙区横沥镇冯马三村。

⑦草原牧场型模式　主要在我国牧区半牧区县（旗、市），占全国国土面积的40%以上。其特点是草原畜牧业是牧区经济发展的基础产业，是牧民收入的主要来源。

典型：内蒙古锡林郭勒盟西乌珠穆沁旗浩勒图高勒镇脑干宝力格嘎查。

⑧环境整治型模式　主要在农村脏乱差问题突出的地区，其特点是农村环境基础设施建设滞后，环境污染问题，当地农民群众对环境整治的呼声高、反应强烈。

典型：广西壮族自治区恭城瑶族自治县莲花镇红岩村。

⑨休闲旅游型模式　休闲旅游型美丽乡村模式主要是在适宜发展乡村旅游的地区，其特点是旅游资源丰富，住宿、餐饮、休闲娱乐设施完善齐备，交通便捷，距离城市较近，适合休闲度假，发展乡村旅游潜力大。

典型：江西省婺源县江湾镇。

⑩高效农业型模式　主要在我国的农业主产区，其特点是以发展农业作物生产为主，农田水利等农业基础设施相对完善，农产品商品化率和农业机械化水平高，人均耕地资源丰富，农作物秸秆产量大。

典型：福建省漳州市平和县三坪村。

我国美丽乡村生态建设是美丽中国的基础组成。是利用乡村青山绿水资源，发展"三农"产业，缩小城乡差别，推进现代化农业可持续发展的新战略工程。我国美丽乡村生态建设起步晚，但发展快、势头猛。目前，美丽乡村建设正处于全国试验示范阶段。经过近几年努力，我国美丽乡村建设取得了令世人瞩目的成就。2016 年全国休闲农业和乡村旅游接待游客近 21 亿人次，营业收入超过 5700 亿元，占国内旅游总收入 14.6%，并以年 30%速度递增。2017 年全国休闲农业和乡村旅游经营主体 33 万家，比上年增加了 3 万多家，从经营规模及效益上，呈现出“井喷式”发展态势，展示了中国美丽乡村生态建设的发展前景。

浙江安吉美丽乡村模式。安吉地理位置处于长三角中心地带，县人口 45 万，是杭州经济圈十分重要的节点之一。该县森林覆盖率高达 70%，素有中国竹乡、白茶之乡的美誉。同时也是我国最早的文明生态示范点，全国首批生态文明建设试点县、国家园林县城、国家卫生城市等美称于一身的旅游经济强县。近些年，该县坚持科学发展为理念，并以“宜居、宜业、宜游”为中心，强化生态立县、工业强县、开放兴县的三县发展战略，落实“一地四区”的发展要求，以建成新农村示范区。旅游休闲区为主要目标，进而发展城乡一体化建设，促进中国美丽乡村建设。安吉借自身地理位置优越，结合当地风土人情，换位思考，对该县村庄建设依托生态建设的优势，采取错位式和差异化发展模式。自从党中央和国务院提出建设美丽乡村至今，已完成精品村庄建设 60 余个，重点建设村庄 30 个，进而达到形成中国竹海、白茶飘香等观光带。其建设的主要经验如下：①科学规划。将科学规划的思想理念，完全融入建设过程中，结合当地发展需要和实际情况，出台一系列建设的方案，如《安吉县新农村示范区建设规划纲要》与《“中国美丽乡村”建设总体规划》等。此外，为了达到向外界宣传安吉地方文化的目的，还通过一村一景或村一行业等方式，将生态环境和文化及产业相结合，从而实现文化与产业相互协调发展。②建设活力的要素。充分发挥基层群众和干部的主体作用，根据当地实际情况出来一系列推动美丽乡村建设的政策和措施，促进生态农业体系发展，强化农村文明建设，加大对贫穷的群众的扶持力度，并配以严格审查制度，来支持生态农业申报、立项及最后考核体系，防止资金不到位或滥用的情况出现。③推动乡村产业转型。以生态乡村建设为目标，严抓产业转型，大力发展生态旅游和当地工业产群建设，发挥当地工业龙头的带头作用，进而达到建设新农村和美丽农村的目的。④公共服务有效覆盖。以城乡建设一体化的建设为主要目标，不断完善当地基础建设，加大当地公共服务产业稳步的发展。一方面努力实现以美丽乡村建设为目的，加强城乡公共服务一体化的建设，加快生态保护的改革力度，防止因生态污染而带来的各种不必要的麻烦，如对污水、垃圾等问题的有效处置。另一方面提升农村社会保障覆盖，努力实现城乡卫生、教育一体化，从而推进城乡公共服务一体建设的目标实现。

江苏高淳模式。江苏高淳美丽乡村建设的口号为“长江之畔最优美的乡村”，其建设方向为“强村富民美生活、整洁村容美环境、文明村风美大家”。①大力推动乡村特有产业向前发展，真正完成强村富民美生活的任务。高淳把“一村有一品、一景、一业”当成乡村的建设方向，就乡村产业与自然环境展开个性化整改与特色化完善，慢慢形成古村景观型、山水靓丽型、度假旅游型等各种特点的乡村，真正完成乡村公园化的目标。并且按照跨地区共同开发、土地资源再分配、股份制集体开发等多种措施，贯彻落实种植养、产供销一体化等方案；利用开展村企结对的方式，像进行先进农业、商贸服务业等多项方案施工，让大众能够更快实现就地就近就业。②大力整改乡村环境状况，完成整洁村容美环境的任务。2010 年以来，高淳区美丽乡村建设，通过开展“靓村、清水、丰田、畅路、绿林”五位一体活动，达到“绿色、生态、人文、宜居”的目标。并且坚持进行拆违整破等工作，使当地环境得到整改。③建立且完善乡村社会服务，完成文明村风美大家的任务。高淳注重开展健全公共服务机制的工作，加快建设综合住房与服务中心，将公共设施当作中心，特色设施当作填补，完善乡村的通信设施，建设好相关服务平台，逐渐提升服务水平。为了促进农民科学文明健康发展，依据农村实际，通过农民群众喜闻乐见的形式，开展多种形式的农村文明创建活动。

当地建设工作需要充分考虑现实情况，将“创建区域最美乡村、建造人民美满乐园”当作建设方向，主动摸索工业和自然、大众生活和环境相协调的绿色发展道路，完成环保和生态文明彼此完善、不动和转变形式彼此推动、和建设美好城镇彼此结合的建设目标，产生具有一定特色的建设形式。

江西婺源中国最美乡村。江西婺源县共有 34 万居民，其被称作“我国最美农村”，存在大量的古村落建筑，拥有悠久的徽文化历史。此县自然环境良好，县内更是有着远近闻名的“鸳鸯湖”。此县完美地将人文内涵和优美生态二者进行了融合，自然风光十分靓丽，为国内最闻名的观鸟胜地。在此县的建设过程中，其一直完好地保存着庙堂、府邸、高塔等大量的古村落建筑，很好地保护且传承着文化遗产。现如今，婺源县被评为“全国文物工作先进县”，12 个村达到国家级民俗文化村的标准，多个农村得到了“我国历史文化村”的殊荣。此地区在建设美丽农村过程中注重了下列几点内容：①加大了宣传力度。成立了县委党校等的研究部门，确立了许许多多的宣传方案；加快建设服务中心的工作，做好对来自别村学习参观团的接待、课程制定以及生活管理等工作；成立培训机构，由各个具有一定水平人士形成的专业团队，完成进步企业、景点景区、产业园与博物馆的准确对接任务，在内部加强培训力度，在外部努力拓宽市场，坚持进行横向宣传，给予纵向体系保障，做好对我国最美农村的广告推广工作。②注重合理规划布局。将工作目标定为建设国内旅游领头县，根据当地的实际情况，就产业展开合理的规划，基于人文特色来考虑，开展相关的规划工作，坚持推广“农村经营”思想，将建设特色生态文化当作基本点，建设生态优美、文化底蕴丰富、经济发展水平较高、农民收入较好以及社会和谐的最美农村。第一，重新规划产业。基于本地区的优势，规划好合理的产业结构，尽快转变以往的考评模式。第二，注重规划布局工作的进行，依次对生态公园、观鸟区等展开合理的重新规划。本着“富裕、秀美、和谐”的理念进行建设工作，按照发展产业、优化环境的准则，给出了“村村优美、处处和谐、户户富裕、人人淳朴”的工作理念。③完善资金保障体制。国家财政扶持、社会融资以及项目资金确保了建设工作的有序开展。当地政府一直在对资金保障体制进行完善，持续加强财政的投入，大力宣传推广项目已得到重点扶持项目的名额，探究且实行优惠政策，吸引外来资金，鼓励大众通过自己进行融资，将招商引资放在工作的首位。④不断探索富民道路。当地在乡村建设上，一直秉持着文化、生态立县以及旅游强县的思想，一直将产业提升、发展提速以及经济提量作为工作中心，完成生态环境建设和经济发展二者的有机融合。利用开展产品精加工、建成优美景园、充分利用村资源、大力发展旅游业等方式使人民收入不断增加。

以保护农村生态，整合农村自然资源、民俗文化、历史人文等资源为前提，通过美丽乡村建设，完善基础设施，建立休闲生活系统与公共服务设施，培育精神文明建设等策略，实施生态共享、文化共享、发展共享等理念建设富有诗情画意的田园综合体，发展乡村旅游，走农业结合旅游业转型之路，通过旅游带动高品质有机农业和畜牧业的发展，逐步做到深加工，文化创意 IP 等深度和广度发展，最终实现现代化农业产业化。

美丽乡村生态建设新常态下，在广袤的农村，涌现了一批美丽乡村建设先进典型。在土地制度改革、发展乡村旅游产业、新型经营主体培养，包括产业化龙头企业的塑造等，为农村一、二、三产业融合发展，提供了强大的案例和模式支撑。展示了基层实践，夯实现代农业和美丽乡村建设的基础。

(4) 国外美丽乡村的实践

西方现代社会发展远快于发展中国家，早在 1930 年，西方国家开始采用一些技术措施来改造当地的传统农业，使农业实现了现代化发展。各国在进行该项建设工作时，形成了不同的模式。德国在发展现代农业时利用了当地丰富的自然资源；日本在发展现代农业时，因为缺少自然资源，所以投入的资金较多；荷兰在发展现代农业时，虽然缺少自然资源，但却创造了较好的效益；韩国在吸收日本的经验的基础上，后来居上取得不错的成果。接下来将对西欧国家和东亚国家乡村建设情况进行简要分析。

①德国的“村庄更新”　德国有着广阔的国土，在世界上，德国的农业有着较高的发展水平。1950 年后，德国开展了“村庄更新”运动，这使德国的乡村实现了快速发展，德国城镇化水平也得到了提高。乡村更新的目的是要调整和改变乡村土地的分散结构，使农业实现现代化发展，德国采用农地整理的办法实现了该目的。1970 年到 1980 年，德国农业实现了现代化，此时德国在发展和建设农村时，对乡村的建筑和原有形态投入了较多的关注，并且在乡村建立了完善的基础设施，同时科学规划乡村的交通，使乡村文化和生态环境有了明显的改善，德国在发展农村时并没有模仿城市发展模式，德国强调乡村应该有自己的特色。1990 年后，德国在进行乡村建设工作时，将可持续发展理念融入到工作中，积极在乡村发展旅游产业、文化产业，充分挖掘乡村资源的特有价值。村庄更新的目的是为了发展区域特色，建立完善的基础设施；遵循生态系统的发展规律，使乡村发展和自然环境相统一，结合当地实际情况来发展农业经济，使农村实现健康发展。

②日本的“造村运动”　日本是一个岛国，在日本国土中，有 71% 的丘陵和山地，日本耕地面积在国土总面积中所占比重不到 14%。日本在 50 年代时实现了快速发展。一些农村劳动力也转入到城市当中，农村劳动力的减少阻碍了日本

农业的健康发展，农村在发展中遇到巨大的危机。为了避免城市和乡村的差距过大，使农村的经济实现健康发展，日本制定了许多发展农村的计划。1955 年到 1965 年，日本对乡村物质环境进行了改造，通过一系列改造活动，使当地的生产环境得到了改善，农民的生产热情也被激发出来。从 1966 年到 1975 年，日本的农业逐渐实现了现代化，在该阶段，日本对农业生产结构进行了调整和优化，使城市的农产品需求获得了满足。在 1978 年后，日本开始实施"造村行动"，许多乡村资源得到了合理开发和利用，这使乡村获得了较多的经济效益，推动了乡村的快速发展。在该阶段，日本转变了调整农业结构的重心，在"造村行动"中，日本引导乡村发展特色产业，从而形成内源性动力，此时日本的乡村企业不断增多，乡村的产业结构得到了优化，各类产品具有了较强的竞争力。1979 年，在平松守彦的带领下，一些乡村开展了"一村一品"运动，在开发乡村资源时，各乡村结合当地的实际情况，开发具有当地特色的产业，使更多城市人的需求获得了满足。在经过多年的发展后，日本形成了一套建设乡村和发展乡村的逻辑，日本认为要想让乡村实现健康发展，一定要利用好当地的资源，要集中业务重点开发当地的特色资源，这样才能为区域经济发展提供长期动力。

③荷兰的"农地整理"　荷兰国土面积中有五分之一的土地是通过围海造田获得的。1950 年，该国城镇化水平达到了 80%，城市和乡村之间并没有巨大的人口矛盾。1960 年后，荷兰经济实现了快速发展，城市发展步伐不断加快，一些城镇居民开始向大城市郊区迁移，此时出现了都市乡村。荷兰在加快城镇化建设步伐时考虑的问题是如何使乡村农地得到保护，如何调整和转变农业结构。所以，荷兰在推动农村和农业发展时，一直采用"农地整理"这一有效工具。"农地整理"指的是通过整理土地，实现复垦，同时做好水资源管理工作，并使土地资源得到充分利用。荷兰利用这一方法对国内所有的农村进行了改造和建设。荷兰在发展农村和农业时，不再采用单一的方式，在推动乡村发展时，制定了许多目标。既要让农业实现可持续发展，也要让生态环境得到保护，还要提高水资源的利用效率，在发展农村经济时，推动多元化产业的发展，例如服务业、旅游业等，使农民获得较多的收益，满足农民的物质和精神文化需求。

④韩国的"新村运动"　韩国拥有的国土面积只有 99 000 多平方千米，该国耕地面积在国土总面积中所占比重超过 20%。在 1960 年之前，韩国的农业非常落后，农村居民的收入较少，城市和乡镇的贫富差距较大。为了使农村经济实现发展，韩国政府在 1970 年后领导了"新村运动"，在发展国民经济时，提出要让工业和农业实现均衡发展。观察韩国农村的发展情况可知，该国的新村运动可分为几个时期。1970 年到 1980 年是启动阶段，在该阶段，韩国大力开展农村基础设施建设工作，同时也提高了农村生产力水平，这与日本进行的新村建设相似。1981 年到 1990 年是提高阶段，在该阶段重点解决农民收入问题，并对农业生产结构进行调整，使城市和乡村的差距逐渐缩小。1991 年到目前，韩国的农村一直处在稳定发展时期，韩国在该阶段制定了城乡一体化发展目标，这和日本在 1980 年实施的造村运动具有相似性。韩国在发展"新村运动"时，在农村地区建

设了许多基础设施，包括桥梁的架设，道路的修建等，同时政府也起到引导和支持作用，让农民积极开展各类农业生产，包括池塘养殖、养蚕、养蜂等，各地纷纷结合当地的实际情况，发展了一批现代化农业，在推动特色农业发展时，也推动了旅游产业的发展，使农民的收入不断增加，改善了农民的生活质量。农民收入增加后，积极参与到新农村建设工作中。韩国开展的“新村运动”虽然和日本存在一些相似之处，但韩国政府投入的资金较少，主要是引导农民积极开展建设工作，进而推动现代化农村的建设。

三、实践过程

(一)观：视频《共生理念与生态城市》

众所周知，远在人类出现之前，地球上的万物生长无处不在发生着共生现象，无数的生物之间构成紧密无间的共生系统，物种之间相互频繁地交换能量、信息和一切可利用的资源，从而形成高效利用有限的资源来获取生存和壮大自身的共生系统。“共生”是大自然最普遍的现象，也是大自然演进和多样化的摇篮。但是对这种普遍存在的现象却长期被忽视，实际上，人类身体的肠道就是一个与千千万万的微生物共生的系统。科学已经证明：人体内肠道的微生物不仅决定着此时此刻人的生理健康，而且会影响人的基因的变异，从而影响下一代。无比复杂、丰富多彩的共生现象无时无刻不在我们的身边和身体内部展现其奇特的效应，但许多人并没有感觉到。

中西方历史上的理想城市观。中西方历史上有不同的理想城市观。我国作为农耕文明历史最悠久的文明古国，中华民族理想的人居环境就在持续不断的“桃花源记”这类图景中反复展现，这就是中国人的理想城市梦。而以古希腊、古罗马为主的西方文明由于狩猎文明与商业的发展，较早形成挑战自然的理念，进而促进自然科学技术的创新，发展出一套能够快速建设城市，快速占领一个地方来普及自己的文明的理念。因此，2000 多年前，快速扩张的古罗马军队到处建设方格型的城市，千城一面，这种基本的城市建设格局至今还在沿用。而基于文艺复兴的现代科技进步和工业文明的兴起，又放大了人类轻视自然的雄心壮志，这种藐视自然、逢山开山、遇海填海的方式，尽管挑战和“战胜”了自然，但最终却遭到了自然的报复，也把地球的生态环境破坏得濒临崩溃，资源濒临枯竭，连大气层中的二氧化碳浓度也濒临极限了。所以，人类文明需要转型，城市更需要转型。我国古代的风水理论，其科学合理的部分是古人类通过观察自然现象和生活经验，研究城市和建筑的人居环境如何与自然共生。

大到城市、小到村庄的规划，人们都在追求一种共同的理想环境，那就是“枕山、环水、面屏”“洞天福地”和“藏风聚气”的图景，这是人类在长期的农耕文明生活经验积累中发现能够繁育后代、保障安全、风调雨顺的微环境。经验表明，凡是生物多样性越好的环境，人类就越容易满足自身的繁育需求，生活舒适度也更好，并由此形成尊重自然、顺应自然、师法自然等“天人合一”的理念。

19 世纪末，英国规划师霍华德提出人类要抛弃那种乌烟瘴气的城市建设模式，而应追求一种自然乡村共生的田园城市。他认为城市规模不必太大，中心城市应该由若干的卫星城围绕，卫星城之间以农田绿地分隔，并通过快捷的交通连接起来，而且把人的生活和就业岗位的安排紧密结合在一起，在城市的土地利用上要追求公有、公平等，在他撰写的《明日的田园城市》一书中展现了他对工业文明以及相应的城市发展观的全面深刻反思。中华民族在数万年的农耕文明和几千年的文明史中，学会了城市怎样与周边山水和谐共处。明末清初的杰出剧作家李渔就提出过："何为山水？山水者，才情也，才情者，心中之山水也。"正因为受"天人合一"思维的影响，我国许多历史文化名城在过去几千年建城史中，没有改变城市与周边环境和谐共处的格局，山、水、城依然是这样的协调。但是西方国家在进入工业文明时代之后，不断膨胀的"人类中心论"和"挑战自然"的偏见所致的工业暴力却力求将城市变成机械式的居住机器。比如巴西的首都巴西利亚，第一眼往往让人感觉到这是一个令人震撼的充满机械美的城市，但是很快就会让人感到视觉疲惫，这是因为在这里人与自然关系被分割，城市不是一个连续流动的空间。所以，古人说，什么叫山？什么叫水？山者，万物之瞻仰也，草木生焉，万物殖焉，飞鸟集焉，吐生万物而不私焉；水者，万物之本原也，诸生之宗室也，美恶贤不肖愚俊之所产也。在这样的思维模式基础上，中国古代规划师把城市与山水之间的共生模式，至少分为九种："山环城、水抱城；山环城、水穿城；山环城、水含于城；城包山、水抱城；城包山、水穿城；城包山、水含于城；山是城、水抱城。山是城、水穿城；山是城、水含于城。"这么丰富多彩的分类在 1500 年前就已经奠定，这是一种何等丰富的文化遗产啊！我们应该向古人学习，只有传承和弘扬这种与大自然休戚与共持续数千年的文明，体会到天人合一理念的精妙，才是创建现代生态文明可贵的精神良药。

（二）听：讲座《资源与能源危机报告》

世界资源面临不断增加的危机。根据 1990 年对全球土壤退化评估资料，在过去 45 年，由于人类活动，有 12 亿公顷土地（占地球可耕地的 11%）遭受很大程度的退化。人类维持生存需要现存土地产量在未来 30 年翻番，而土地越来越少，新开垦的耕地微不足道。在非洲，森林面积以每年大约 400 万公顷的速度减少，在东亚，每年采伐的林木达到森林面积的 4%，仅印度尼西亚一年就失掉 70 公顷森林。世界范围情况也不容忽视，1960 年以来超过 1/5 的热带森林消失，全球森林呈快速减少趋势，20 世纪 70 年代每年减少 1200 万公顷；80 年代每年减少 1500 万公顷。20 世纪 90 年代，尽管在世界范围许多保护森林的措施已经付诸实施，森林仍以每年 1300 万公顷的速度递减。水是最重要的自然资源之一。1990 年，有 28 个国家共计 3.35 亿人口面临水资源紧张，预计到 2025 年，约增加到 50 个国家的 30 亿人口。除水缺乏外，水源安全和卫生问题也变得十分严峻。据世界卫生组织估算，每年将有 500 万人口因饮用不安全用水和缺乏卫生保障的用水而死亡。世界上许多生物种类面临绝迹的危险，据不同资料显示，从 1975—

2015年的40年时间，每10年有1%~11%的物种在世界上消失。如果目前的森林递减率(每年约1%)在未来30年得不到控制，到时剩余森林所能支持的物种将减少5%~10%。世界上约有34%和17%的海洋正在分别处于高风险和中等风险退化状态。58%的海礁由于人类活动而面临危险。

长期以来，中国人都以地大物博而自豪。然而，中国地质科学院2003年发表的报告指出，除了煤之外，中国所有的矿产资源目前都处于紧张之中，将在两三年内面临包括石油和天然气在内的各种资源短缺，增加对进口的依赖程度，这可能危及国家安全。近20多年来，中国工业化进程突飞猛进，从1990年到2001年，中国石油消费量就增长100%，天然气增长92%，10种有色金属增长276%。这样的消费速度，迅速消耗的也是资源。50多年来，GDP增长了10多倍，而矿产资源消耗增加了40多倍，高消耗导致废弃物排放增多，环境污染严重，我国单位GDP的废水、固体废弃物排放的水平大大高于发达国家。有关资料还显示，中国耕地在1957—1986年间，每年减少535万公顷；1993年和1994年每年平均减少40万公顷。1994年全国耕地总面积为9467万公顷，人均耕地已不足0.08公顷，大大低于世界人均占有耕地0.37公顷的水平。我国经济正处于高速增长期，人与自然的矛盾从未像今天这样紧迫。

能源方面，中国能源需求结构发生了新的变化，优质替代能源增长很快，煤炭在能源结构中的比例逐渐下降。我国在世界石油消费量中占的比例逐步提高，在世界石油贸易量上的比例也在提高。自1993年开始我国就已成为石油净进口国，2000年全国进口原油更是突破了7000万吨，而大庆、胜利油田储量下降，西部虽然发现大油田，但由于交通等因素开采成本很高，受技术条件制约海洋石油开采近期也不可能大幅增长，因此国内原油产量近几年不可能大增，而需求则正逐年增加，从能源供需预测可见，石油和天然气的进口必将会大幅度增加。由于石油产品的关联度很高，油价涉及的不仅仅是石油、石化企业和石油用户的利益，还包括化工、公路、铁路、交通、运输产品，因此石油进口价格的波动对中国经济的影响越来越深刻。能源安全已成为21世纪我国一个十分紧迫和现实的问题。能源安全在我国是近几年才提出来的新观念，它指能源可靠供应的保障，是国际政治和经济发展到新时期的产物。由于世界石油资源分布的不均衡性，石油的产地与消费地点分离，由此造成多数石油消费国对国外石油的依赖。现在世界常规油气资源发现的高峰期已过(石油探明率已达80%，天然气达60%)，预计在2010年后有可能出现供不应求的局面，世界油气资源的争夺会愈发激烈。开采石油作为燃料究竟还能供人类使用多长时间是一个有争议的问题，有专家认为地球上的石油仅够三四十年，有专家则认为可使用一百多年。据美国石油业协会估计，地球上尚未开采的原油储藏量已不足2万亿桶，可供人类开采时间不超过95年，在2050年到来之前，世界经济的发展将越来越多地依赖煤炭，其后在2250年左右，煤炭也将消耗殆尽，矿物燃料供应枯竭。而美国《洛杉矶时报》发表题为《即将来临的石油危机——真正的危机》的文章认为石油危机的到来可能比一般人的设想早得多，今后10年左右世界石油供应似乎是充足的，今后20年左右的时间内全球石油产量可能开始持续下降。面对即将到来的能源危机，我国必须未雨绸缪，采取开源节流的战略，即一方面节约能源，另一方面开发新能源。

（三）读：《多少算够——消费社会与地球的未来》

1. 作品简介

《多少算够——消费社会与地球的未来》一书，通过解释需求去打破这个恶性循环。艾伦·西恩·杜宁论证说，消费者社会只是一个短暂的阶段——由于它自己和它的星球的未来可居住性的原因，所有的父母都想给他们的孩子一个较好的生活，但是，我们现在必须认识到这样一种生活不可能由更多的小汽车、更多的空调、更多的预先包装好的冷冻食品以及更多的购物街组成。如果交给我们的孩子一个这样的世界，在这个世界里，为了满足个人的食物、教育、充实的工作、居所和良好的健康状况的需要，他们的选择扩大了，而不是缩小了，这将是多么的美好。这种情况只要我们消费者社会中的那些人转变我们的生活方式就有可能发生。

一些微弱的迹象表明这样一种转变是可能的，20 世纪 80 年代的炫耀性消费已经让位于一个对消费有较低期望的时代。另外，这也反映了许多国家所陷入的衰退，各地的民意测验显示的现状远远不尽如人意，现在是走出消费误区、走向艾伦所说的持久文化运动的时候了。持久文化就是一个量入为出的社会；提取地球资源的利息而不是本金的社会；在友谊、家庭和有意义的工作之网中寻求充实的社会。正如艾伦在本书最后一章所指出的那样，联系人类和自然王国的命运掌握在我们——消费者的手中。

此书分为三部分："评价消费""寻求充裕"和"驯服消费主义"。

艾伦·杜宁首先对消费的回报提出了质疑，论述了消费与幸福之间的关系。他引用心理学家迈克尔·阿盖尔的话："在富裕和极端贫困的国家中得到的关于幸福水平的记录并没有什么差别。"高收入阶层倾向于比中等收入阶层略幸福一点，并且最低收入阶层倾向于最不幸福。任何社会的上等阶层都比下等阶层对他们的生活更满意，但是他们并不比更贫穷国中的上等阶层更满意，消费就是这样一个踏轮，每个人都用谁在前面和谁在后面来判断他们自己的位置。个人幸福更多的是提高消费的一个函数而不是高消费本身的函数。

艾伦·杜宁指出，消费主义的生活方式闪电般地遍布全球，仅仅一代人的时间，人类中的绝大多数已经成了汽车驾驶员、电视观众和受广告支配的消费者。消费者阶层的成员自己享有人类历史上前所未有的个人独立，然后接踵而至的便是彼此依恋的下降。而当代美国年轻人认为做一个好父母等同于提供许多物品，与他们的孩子共度时光却不再是生活的目标。"不消费就衰退"的论据包含一个真理，全球经济的建立确实主要是为了供应世界上最富裕的 1/5 人口的消费生活方式，而从高消费到低消费的转变将彻底地动摇这种结构，但是人们往往忽视了继续掠夺和毒害地球不仅同样的不幸，甚至更糟糕。

艾伦·杜宁说，可悲的是消费主义让我们暴殄天物，却不能给人类以充实和富足感，因为我们仍然是社会、心理和精神上的饥饿者。相反的极端——贫困，对于人类的精神也许更糟，它同样毁灭环境。如果人类拥有太多或拥有太少，地球都将受难，问题是多少算够？怎样的消费是这个行星可以支撑的？如果不重新调整我们消费主义的生活方式，我们只有将地球毁灭了事。最后，他提出"持久文化运动"构想，认为应当构建一个量入为出、提取地球资源的利息而不是本金的社会，一个在友谊、家庭和有意思的工作之网中寻求充实的社会。

这本书揭示了消费主义与环境问题的内在关联，反省人类的生活方式。呼唤人类与自然的协调发展。

2. 作者简介

1997 年 12 月第一版的《多少算够——消费社会与地球的未来》一书，作者是美国艾伦·杜宁。艾伦·杜宁是著名的美国纽约世界观察研究所资深研究员，曾获得奥伯林学院哲学和环境政策硕士学位、奥伯林学院音乐学士学位。在《多少算够——消费社会与地球的未来》之前，独立撰写或合作发表有世界观察论文 7 篇，论及贫困、种族隔离、土著人、森林和动物农场的环境后果。

3. 作品评论

读了这本书后，引起人们思考的一个主要问题就是，在当代这个充斥着消费主义冲动的社会，我们人类，怎样认真地思考和平衡我们与自然的关系，当我们人类依赖自然界求得自身的存在与发展的同时，又怎样以自身的实践能动地变革自然，达到人与自然的协调发展。

(1)消费主义的后果

消费主义加剧了人类对自然的掠夺和破坏，达到史无前例、行将崩溃的地步。人类自身发展的历史就是人类与自然交往、对自然进行改造、利用的历史，而人类对自然的掠夺与破坏也就由来已久，当然尤以进入工业社会为甚；而消费主义的加入，使人类对自然的掠夺与破坏迅速突破地球所能承受的极限，集中表现为资源枯竭、物种枯竭、环境污染等一系列的生态危机。从全球变暖到物种灭绝，我们消费者应对地球的不幸承担巨大的责任。然而我们的消费却很少受到那些关心地球命运的人们的注意，这些人注意的是环境恶化的其他因素。消费是在全球环境平衡中被忽略的一个量度。在高消费、提前消费等观念的驱使下，人类对各种资源的掠夺呈现出一种非理性的疯狂和贪婪。不但各种不可再生资源如矿物、石油等遭到毁灭性的破坏、掠夺，同时因为掠夺、破坏的速度、程度远远超出其自我调节的限度，各种可再生资源，如土地、森林等，也变得不可再生和不可逆转。不断有大片耕地沙漠化或成为建设用地，热带雨林的锐减，众多生物种类灭绝……这背后无疑就是消费主义支配下的人类的饕餮物欲。艾伦·杜宁认为现代"消费"实质上意味着："摧毁或毁掉；浪费或滥用；用光，用尽。"并批评

"迎合全球消费者社会的经济学对于人类共同的地球资源遭受损害应负最大份额的责任"。更为可怕的是，尽管不少有识之士已经意识到今天的生态危机前所未有，但消费主义仍然方兴未艾，美国式的生活模式仍然是众多人的梦想，美国式的现代化仍然是很多国家现代化建设的楷模。作为典型的消费主义大国，美国不到世界5%的人口却消耗着世界40%的资源。如果按此比例，随着一系列发展中国家逐渐进入现代化，地球资源远远不能满足人类发展的需要。消费主义的背后是人类自己制造的灭顶之灾。

消费主义导致前所未有的生态危机、社会危机与人性危机，标志着通过刺激人的消费欲望刺激生产，以此实现社会发展、进步的目的所产生的灾难性后果。具体而言，消费主义时代人类的整个生存活动被简化、抽象为商品消费活动，人与世界(人、自然)全面、复杂、具有无限可能的关系被简化为独一无二的商品逻辑，人变成了单一的存在——一种"消费"的动物、机器或符号。消费主义在实践中导致的一系列人类生存危机空前严重，造成人与自身、人与人、人与自然等人类生存的全面失衡。然而，人类理性的最高价值就在于能够对自身的生存进行反思、批判。在消费主义弥漫的今天，我们并非无能为力，而是有机会找到一个平衡点，把现代人从消费主义的压迫下解放出来。这就必须诉诸价值世界的重建，并谋求一种新的发展智慧——和谐发展观无疑是一条正确的道路。

(2)人与自然的协调发展

所谓人与自然的协调发展，是指人与自然关系发展的一种理想状态，即自然界的演化与人类社会的发展达到同步的状态。自然界的演化必然有利于人类社会的发展，而人类社会的发展也同时带动自然界向有利于人类社会进一步发展的方向演化，整个人与自然关系达到一种相互促进的良性循环。但是协调发展并不等同于简单维持或恢复平衡，而是万物和谐相处、生生不息的和谐伦理。这就要求我们在人与自然相处的过程中，限制人类对自然的掠夺性消费，恢复人与自然的全面健康、和谐共生的关系。消费主义之所以会如此普遍的存在于人类社会，一个不言而喻的前提就是，世界的自然资源无穷无尽，人类对其索取和掠夺也不会有限度。但同时他们却忘记了，我们只有一个地球，而地球的承受能力是有限度的。所以，要建立人与自然和谐共生的健康关系，必须限制人类对自然的贪欲、占有欲，减弱人类与自然交往时的功利心，让人们明确意识到，自然万物除了作为我们生存的资源、消费的商品，还可以而且本应成为人类生存意义上的朋友、同类。具体来说，应做到以下几点：

①首先就必须从根本上改变对人与自然关系的认识，牢固树立"只有一个地球"的观念。

②努力发展自然科学，提高人类认识自然的能力。

③提高技术水平，合理拓展人工自然范围，增强人类控制自然的能力。

④发展社会科学，调整社会关系，建立合理的社会制度。

⑤发展人文科学，实现"人的革命"。

今天日益严重的种种生存危机表明，消费主义和与之相应的文化形态、生活方式并不是人类的正确选择，我们需要认真总结这种西式现代化的经验教训，倡导和谐发展理念，构建一种新的文化和新的生活方式，过一种简约、真实，有节制、有希望的幸福生活，真正地实现人类与自然的协调发展。当然，这就需要我们科学地、系统地认识我们人类自身的处境，反思我们所做错的一切，提高我们人类自身的认识能力和技术水平，调整社会关系和发展观念，实现人与自然的可持续发展。

(四)游：来一次说走就走的旅行，游览祖国大好河山

大连环境绝佳，气候冬无严寒，夏无酷暑，有"东北之窗""北方明珠""浪漫之都"之称，是中国东北对外开放的窗口和最大的港口城市；先后获得"国际花园城市""中国最佳旅游城市""国家环保模范城市"等荣誉。2017 年 12 月，大连被誉为"2017 美丽山水城市"。2009 年，大连创建生态科技创新城，位于大连主城区的西北部，重点推进生产性服务业，发展科技研发、高新技术、信息服务、文化创意等创新型产业。规划区北临渤海，南接 2 个国家级森林公园，环境优美，是中央批准的第 4 个国家自主创新示范区，是一个融合生态责任、推动科技创新及保持人居活力的国际一流的新城区。

大连是辽宁省副省级市、计划单列市。位于辽宁省辽东半岛南端，地处黄渤海之滨，背依中国东北腹地，与山东半岛隔海相望，是中国东部沿海重要的经济、贸易、港口、工业、旅游城市。

1. 名称

中文名称：大连；英文名称：Dalian；别名：滨城。

2. 历史沿革

战国时期，今大连地区隶属燕国辽东郡(今辽阳市旧城址)。秦朝时亦属辽东郡。

西汉，今大连地区南部属辽东郡沓氏县(今普兰店市张店汉城址)，北部属辽东郡平郭县(今盖州市汉代古城址)和武次县(今凤城市刘家堡汉城址)。

东汉，今大连地区南部仍属辽东郡沓氏县，北部属辽东郡平郭县和西安平县。东汉末公孙氏政权割据辽东时，今大连地区属平州辽东郡沓氏县、平郭县和西安平县。三国时期，今大连地区南部属魏国幽州辽东郡东沓县(今大连市金州区大岭前汉城址)，北部属平郭县和西安平县。西晋时，今大连地区南部属平州辽东国(后改辽东郡)平郭县，北部属西安平县。东晋时，今大连地区南部属平州辽东郡平郭县，北部属西安平县。

十六国，今大连地区南部属前燕、前秦的平州辽东郡平郭县，北部属安平县(西安平改安平)。

后燕，今大连地区属平州辽东郡平郭县。后燕光始四年(404 年)，高句丽割

据辽东郡，今大连地区属辽东郡(城)卑沙城(今金州区大黑山山城)、得利寺山城(今瓦房店市境内)和城山山城(今庄河市城山山城)。

唐代，总章元年(668 年)，唐收复辽东。今大连地区属安东都护府积利州。

辽代，今大连地区南部属东京道苏州(驻今金州区旧城)安复军节度所辖来苏县(今金州区旧城区)和怀化县，北部属复州怀德军节度所辖永宁县(今复州城)和德胜县，今庄河市属东京道穆州。

金代，今大连地区南部属东京路辽阳府金州(初称化成县，隶复州)，北部属复州永康县和归胜镇，今庄河市属岫岩县。

元代，今大连地区属辽阳等处行中书省辽阳路金复州万户府，南部属金州千户所和哈斯罕千户所，北部属复州千户所，今庄河市属庄河沿海巡防百户。

明代，今大连地区南部初属山东布政使司金州，北部属复州，今庄河市属盖州。洪武二十年(1395 年)，废金、复、盖州，专行卫制。今大连地区南部属辽东都指挥使司(初建于金州，时称定辽都卫)金州卫，北部属复州卫，今庄河市属盖州卫。

清代，清初今大连地区南部属奉天府宁海县，北部属复州，今庄河市属岫岩通判。清末，今大连地区南部和北部分属奉天省奉天府金州厅和复州，东北部属兴凤道庄河厅。

民国初期，今大连地区属奉天省东边道庄河县、辽沈道复县、金县(日据)。

东北沦陷时期，今大连地区北部分属奉天省复县和安东省庄河县。

全国解放战争时期，新金、庄河、复县初属安东省，后改隶辽宁省、辽东省。石河驿以南的旅大金地区为苏军军管和中国共产党领导下的特殊解放区。置旅大行政公署，下辖大连市、旅顺市、金县、大连县。

1949 年 8 月，隶属东北人民政府领导。中华人民共和国成立后，旅大市为东北行政大区直辖市。

1953 年 3 月，改中央直辖市。

1954 年 8 月，改为辽宁省辖市。

1981 年 2 月，国务院(国函〔1981〕13 号)批准同意旅大市改称大连市；3 月 5 日，大连市政府正式挂牌办公。

1984 年 4 月，国家计委批准大连市从 1985 年起实行计划单列。

1984 年 7 月，国务院同意赋予大连市省级经济管理权限。

1994 年 5 月，大连市由地级市升为副省级市。

1985 年 1 月，国务院批复同意撤销复县，设立瓦房店市(县级，4 月 1 日正式挂牌成立)。1987 年 4 月，国务院批复同意撤销金县，设立大连市金州区(5 月 20 日正式挂牌成立)。

1991 年 11 月，民政部批复，经国务院批准，撤销新金县，设立普兰店市(县级，1992 年 2 月 28 日正式挂牌成立)。

1992 年 9 月，国务院批复同意撤销庄河县，设立庄河市(县级，10 月 28 日正式挂牌成立)。

2014年6月，《国务院关于同意设立大连金普新区的批复》(国函〔2014〕76号)同意设立大连金普新区。大连金普新区位于辽宁省大连市中南部，范围包括大连市金州区全部行政区域和普兰店市部分地区，总面积约2299平方千米。

2015年10月，《国务院关于同意辽宁省调整大连市部分行政区划的批复》(国函〔2015〕187号)：同意撤销县级普兰店市，设立大连市普兰店区，以原普兰店市的行政区域为普兰店区的行政区域，普兰店区人民政府驻南山街道府前路12号。

3. 行政区划

大连市共辖7个涉农区市县，包括庄河、普兰店、瓦房店市、金州、甘井子、旅顺口区和长海县，还有高新园区、保税区、长兴岛开发区、花园口经济区4个国家级对外开放先导区。全市设114个乡镇，(涉农街道办事处)，其中有66个乡镇，48个涉农街道办事处，917个行政村。

4. 地理环境

(1)位置境域

大连是京津的门户，北依营口市，南与山东半岛隔海相望，与日本、韩国、朝鲜和俄罗斯远东地区相邻，位置在120°58′~123°31′，北纬38°43′~40°10′。

(2)地形地貌

全市总面积12 574平方千米，其中老市区面积2415平方千米。区内山地丘陵多，平原低地少，整个地形为北高南低，北宽南窄；地势由中央轴部向东南和西北两侧的黄、渤海倾斜，面向黄海一侧长而缓。长白山系千山山脉余脉纵贯本区，绝大部分为山地及久经剥蚀而成的低缓丘陵，平原低地仅零星分布在河流入海处及一些山间谷地；岩溶地形随处可见，喀斯特地貌和海蚀地貌比较发育。

(3)气候特征

大连市位于北半球的暖温带地区，具有海洋性特点的暖温带大陆性季风气候，是东北地区最温暖的地方，冬无严寒，夏无酷暑，四季分明。年平均气温10.5℃，极端气温最高37.8℃，最低-19.13℃。年降水量550~950毫米，2013年日照总时数为2500~2800小时。其中8月最热，平均气温24℃，日最高气温超过30℃的天数只有10~12天。1月最冷，平均气温-5℃，极端最低气温可达-21℃左右。60%~70%的降水集中于夏季，多暴雨，且夜雨多于日雨。

5. 自然资源

(1)土地

1993年，全市耕地面积为28.7万公顷，占土地总面积的22.8%，其中水田3.3万公顷，旱田25.4万公顷。全地区林业用地42.4万公顷(据1985年大连市农业资源区划调查统计)，占土地总面积的33.1%，其中有林地34.4万公顷，未成林造林地 3 万公顷，宜林荒山 3. 3 万公顷。可利用草地面积 26. 7 万公顷(据 1985 年大连市农业资源区划调查统计)，土壤共有 6 个土类，地带性土壤为棕壤，约 90. 7 万公顷，占土壤总面积的 81. 5%；草甸土、水稻土、风沙土、盐土和沼泽土合计占 18. 5%。有滩涂资源 6. 6 万公顷，占土地总面积的 5. 2%，其中黄海海岸 4. 2 万公顷，渤海海岸 2. 4 万公顷。

(2)水资源

大连地区主要有黄海流域和渤海流域两大水系。注入黄海的较大河流有碧流河、英那河、庄河、赞子河、大沙河、登沙河、清水河、马栏河等；注入渤海的主要河流有复州河、李官村河、三十里堡河等。其中，最大的河流为碧流河，是市区跨流域引水的水源河流。另外，还有 200 多条小河。大连地区淡水资源总量为每年 37. 86 亿立方米，其中地表水资源 34. 2 为亿立方米、地下水资源为 8. 84 亿立方米，两者重复水资源量 5. 8 亿立方米。

(3)生物

大连地区气候温和，自然生态环境优越，适宜动植物的生长发育，生物资源较为丰富。陆生野生维管素植物共 152 科 666 属 1747 种，其中油脂植物 110 种，药用植物 120 多种，土农药类植物 50 多种，可提取淀粉或做酿酒原料的植物 50 多种。全地区盛产苹果，山楂、葡萄和黄桃的产量也较大，开展了草莓种植。沿海藻类共 150 多种，分属绿藻、褐藻和红藻门，其中 50 多种具有经济价值，海带、裙带菜人工养殖大面积开展。沿海有机碳的年生产能力平均每公顷 1. 4 吨。全地区有无脊椎动物约 4850 种，野生脊椎动物约 765 种。其中，具有经济价值或常见的无脊椎动物有 132 种，野生脊椎动物有 442 种。

大连地区的水产品资源比较丰富，盛产多种鱼、虾、蟹、贝、藻是全国重点水产基地之一。大连沿海约有鱼类 280 种，主要有小黄鱼、带鱼、墨鱼、皮匠鱼、六线鱼等。海洋无脊椎动物约有 400 多种，其中经济价值较高的有对虾、毛虾、海蜇、海螺、海红、牡蛎等。大连的沿海海城产 150 多种藻类，其中海带、裙带菜、紫菜、石花菜等经济价值最高。大连地区沿海海水氯化钠含量较高，有丰富的盐资源，加上适宜晒盐的滩涂较多，使大连成为全国主要的海盐产区之一。

沿海盛产鱼虾，鲍鱼、刺参、扇贝、紫海胆、螺类等，海珍品资源丰富，海湾大面积放养贻贝、扇贝等。

(4)矿产

大连地区已发现金属、非金属矿产及地热矿泉水资源等近 30 种、500 余处。其中非金属矿产中的石灰石、硅石、金刚石、石棉、菱镁矿、滑石等价值较大。金刚石探明储量为全国总储量的 54%左右，在瓦房店市境内发现 4 个大型原生矿和 1 个砂矿。石灰石矿集中分布于甘井子区和瓦房店市一带，探明储量为全省的 1/3 左右，已发现大型矿床十几个，矿点百余处。金属矿产资源储量不大，矿体小，主要分布于庄河、普兰店二市，已发现铁矿点 70 处、铜矿点 40 多处、铅锌矿点 20 余处和少量的铂(镍)、金、钼等贵重金属矿点。

6. 面积人口

2017 年年末，大连全市户籍人口 594. 9 万人。全年出生人口 5. 7 万人，出生率为 9. 6‰；死亡人口 7 万人，死亡率为 11. 82‰；自然增长率为-2. 22‰。

7. 经济

2017 年，全年地区生产总值 7363. 9 亿元，比上年增长 7. 1%。其中，第一产业增加值 477. 1 亿元，增长 4. 4%；第二产业增加值 3052. 6 亿元，增长 8. 3%；第三产业增加值 3834. 3 亿元，增长 6. 4%。三次产业结构为 6. 4∶41. 5∶52. 1，对经济增长的贡献率分别为 4. 2%、49. 7%和 46. 1%。按常住人口计算，人均地区生产总值 105 387 元，比上年增长 7. 1%。

全年地方一般公共预算收入 657. 6 亿元，比上年增长 7. 5%，其中税收收入 515. 3 亿元，增长 5. 9%。一般公共预算支出 919. 8 亿元，比上年增长 5. 7%，其中用于教育、社会保障、医疗卫生、住房保障等民生方面的支出 679. 3 亿元，占全部支出的 73. 8%。

全年新注册登记各类企业 38 728 户，比上年增长 8. 7%。新登记个体工商户 75 262 户，增长 25. 6%。

全年城镇新增就业 10. 08 万人。创业就业 2. 16 万人；扶持创业带头人 2449 人，带动就业 1. 03 万人。城镇登记失业率为 2. 43%。

全年居民消费价格比上年上涨 2. 1%，其中消费品价格上涨 1. 3%，服务价格上涨 3. 6%。工业生产者出厂价格比上年上涨 4. 6%。工业生产者购进价格比上年上涨 9. 8%。

8. 社会

(1)科技

2017 年年末，全市拥有国家级重点实验室 5 个、工程技术研究中心 4 个；省级重点实验室 114 个、工程技术研究中心 112 个；市级重点实验室 95 个、工程技术研究中心 97 个。拥有科技企业孵化器 49 个，备案众创空间 62 家。全年专利申请量 13 784 件，其中发明专利申请量 6103 件；每万人有效发明专利申请量 16. 27 件。专利授权量 7768 件，其中发明专利授权量 2604 件。技术合同登记额 124 亿元，比上年增长 29%。

年末全市共有检验检测机构 200 个，获得质量管理体系认证证书 4351 张。共有法定计量技术机构 7 个，全年强制检定计量器具 25. 07 万台件。全年制定、修订地方标准 11 项。年末全市拥有辽宁名牌产品 116 个、大连名牌产品 261 个。

(2)文化

2017 年年末，全市共有公共图书馆 13 个，文化艺术馆 13 个，国有博物馆 11 个，纪念馆 2 个，美术馆 1 个，市直专业艺术表演团体 4 个。全年专业艺术院团演出 1321

场，其中国外演出 400 场次。年末共有报纸 4 种，期刊 54 种，出版社(含音像出版社)6 家。年末有线电视用户总规模 227 万户，其中有线数字电视用户 191.5 万户。全年放映电影 70.4 万场(次)，观众 1726 万人次，电影票房 5.31 亿元。

(3)卫生

2017 年年末，全市共有各类卫生机构(不含村卫生室)2944 个，其中医院 153 个，卫生院 85 个，社区卫生服务中心(站)130 个。实有床位 45 916 张。卫生工作人员 63 597 人，其中卫生技术人员 51 842 人。每千户籍人口医疗机构床位数 7.71 张、执业(助理)医师 3.37 人、注册护士 4 人。全年总诊疗量 3664.61 万人次。医疗机构平均床位使用率 79.6%。人均期望寿命 80.89 岁。孕产妇死亡率为 7.87/10 万，婴儿死亡率为 2.49‰。年末全市新型农村合作医疗参合农民 188.38 万人，比上年末减少 8.45 万人。

(4)体育

2017 年年末，全市共有体育场馆 6481 个。全年举办全民健身活动 500 余场，参加人数 500 余万人次。大连籍运动员参加国际大赛获奖牌 4 枚，参加辽宁省年度比赛获金牌 275.5 枚。销售体育彩票 17.46 亿元，比上年增长 2.9%。

(5)社保

2017 年年末，全市基本养老保险在职职工参保人数 205.4 万人，比上年末增加 7.3 万人。医疗保险参保人数 515 万人，增加 5 万人。失业保险参保人数 152.4 万人，增加 6.9 万人。工伤保险参保人数 263.2 万人，增加 0.5 万人。生育保险参保人数 165.7 万人，增加 5.6 万人。城乡居民社会养老保险参保人数 124.1 万人，减少 2.3 万人。

全年归集住房公积金 218.9 亿元，比上年增长 7.4%。运用住房公积金 292 亿元，其中发放住房公积金贷款 3.3 万户、116.7 亿元，提取使用住房公积金 61.4 万人、175.4 亿元。

2017 年年末全市共有城乡社区养老服务中心 320 个。各类收养性社会服务机构 300 个，提供收养服务床位 4.5 万张，收养各类人员 2.6 万人。3.33 万名城镇居民和 4.41 万名农村居民得到政府最低生活保障。全年投入临时救助、医疗救助等专项救助资金 0.94 亿元，保障各类困难群众 11.2 万人次。全年销售社会福利彩票 16.43 亿元，筹集福彩公益金 4.92 亿元。

(6)人民生活

全年城镇常住居民年人均可支配收入 40 587 元，比上年增长 6.7%；年人均消费支出 27 191 元，增长 0.3%。农村常住居民年人均可支配收入 16 865 元，比上年增长 7.7%；年人均消费支出 10 370 元，增长 3.3%。

(7)教育

大连科教文体事业发达，有普通高校 22 所，有多所国家重点大学，大连理工大学为“211 工程”“985 工程”大学，大连海事大学为“211 工程”大学。各类科研开发机构 200 多个，每年向社会提供大量的高层次人才和科技成果。大连京剧团、大连杂技团的节目曾多次获国际大奖。

2017 年，全市共有普通高等学校 30 所，本、专科在校生 28.5 万人；成人高等院校 7 所，在校生 4.2 万人；中等职业学校 79 所，在校生 6.8 万人；普通高中 75 所，在校生 9.1 万人；九年义务教育阶段学校 713 所，在校生 44.9 万人；幼儿园 1326 所，在园幼儿 16.9 万人。全市学前 3 年幼儿入园率 98%，小学入学率 99.8%，初中入学率 99.9%，高中阶段教育入学率 99%。

(8)能源

2017 年，全年规模以上工业综合能源消费量 0.16 亿吨标准煤，比上年下降 6.35%，其中六大高耗能行业综合能源消费量下降 7.11%。在 41 个大类行业中，18 个行业的综合能源消费量比上年下降，其中 7 个行业降幅超过 10%。

(9)环境保护

2017 年，全年市区空气中二氧化硫(SO_2)、二氧化氮(NO_2)、可吸入颗粒物(PM10)和细颗粒物(PM2.5)浓度均符合国家二级标准(GB 3095—2012 年平均，下同)，空气质量指数(AQI)二级以上(优良)天数 300 天，其中一级(优)天数 93 天。

全年城市水源地碧流河水库、英那河水库、转角楼水库各评价指标年均值均符合地表水Ⅲ类标准；碧流河和英那河各断面水质均符合相应功能区标准。近岸海域功能区个数达标率为 95.6%。全市区域声环境昼间平均等效声级为 53.1 分贝，功能区声环境监测点次达标率昼间为 92.1%、夜间为 73.2%。

年末城市污水处理厂日处理能力 104 万立方米。城市污水处理率为 96%，城市生活垃圾无害化处理率为 100%。全市集中供热面积 14 975 万平方米，增长 2.3%。城市建成区绿地面积 17 355 公顷，建成区绿地率为 43.9%，人均公园绿地面积 11.3 平方米。

(10)邮电

2017 年，全年邮政业务总量 28.9 亿元，比上年增长 27.3%。快递业务量 11 527.6万件，增长 30.9%。电信业务总量 189.2 亿元，增长 72.2%。年末移动电话用户 888.2 万户，增长 6.6%。年末固定互联网宽带接入用户 167.5 万户，增长 12%。

9. 交通

(1)综合

2017 年，全年各种运输方式客货换算周转量 9096.5 亿吨千米，比上年增长 4.3%。其中，货物周转量 9007.5 亿吨千米，增长 4.3%；旅客周转量 234.8 亿人千米，增长 5.9%。

全年沿海港口货物吞吐量 4.6 亿吨，比上年增长 4.3%；集装箱吞吐量 970.7 万标箱，增长 1.3%。全市拥有集装箱班轮航线 108 条，其中外贸航线 86 条，内贸航线 22 条。全年空港旅客吞吐量 1749.9 万人次，增长 14.7%；纯货邮吞吐量 16.5 万吨，增长 10.7%。大连周水子国际机场全年航班起降 14.1 万架次；航线总数达到 210 条，其中国内航线 174 条，国际和地区航线 36 条，与 116 个国内外城市通航。

(2)航空物流

大连港航固定资产投资 145.1 亿元。大窑湾北岸港区建设进展顺利，太平湾临港经济区港城一体化建设工程有序推进。大连临空产业园填海工程完成围填海面积约 15 平方千米。国际物流园区建设加快，香炉礁物流园区四大功能区划基本实现；大连港冷链物流园完成 70 万平方米布局，成为中国唯一集保税港、专业冷藏船泊位、集装箱码头以及港口后方冷库群于一域的专业化冷链物流中心。有海运航线 108 条，其中外贸航线 84 条，内贸航线 24 条，基本覆盖全球主要航区。大连周水子国际机场 2013 年航班起降 10.7 万架次；航线总数达到 163 条，其中国内航线 141 条，国际和地区航线 22 条，与 8 个国家、2 个地区的 89 个国内外城市通航(数据截至 2013 年)。

(3)机场

大连周水子国际机场、大连金州湾国际机场(在建)。

(4)铁路

哈大高铁：于 2012 年 12 月 1 日正式通车，大连到哈尔滨只需 3 个半小时。哈大高铁北起哈尔滨，南抵大连，线路全长 904 千米。总投资为 900 多亿元，采用复线电气化铁路，时速 350 千米以上。在大连境内设有大连站、大连北站、普湾站、瓦房店西站。

沈大铁路：原为沙皇俄国在中国修建的东清铁路的一部分，是中东铁路南满支线的南段。建于 1898—1903 年。1904 年日俄战争后，日本帝国主义者接管后改叫“南满铁路”，并将终点站由旅顺口改为大连。1945 年日本投降后，曾一度由我国与原苏联共管。1952 年才全部移交给中国。沈大线是我国六大主要干线之一，在大连境内设有的主要车站有大连站(一等站)、大连北站(一等站)、金州站(一等站)、普兰店站(三等站)、瓦房店站(二等站)等，市内还设有沙河口站、周水子站、南关岭站和营城子站办理客运业务，甘井子站办理售客票业务。

(5)海运

大连港水域面积 346 平方千米，陆域面积 15 平方千米，保税港面积 6.88 平方千米，集装箱吞吐能力 1600 万标箱，港区铁路总长 160 余千米。大连港位于辽东半岛南部、东北亚经济圈中心位置。核心港区陆域面积约 18 平方千米，主要分布在大港、黑嘴子、甘井子、大连湾、鲇鱼湾、大窑湾等港区。现有集装箱、原油、成品油、粮食、煤炭、散矿、化工产品、客货滚装等 84 个现代化专业泊位，其中万吨级以上泊位 54 个。

2010 年 3 月 8 日，“全球国际航运中心竞争力指数”发布，中国有 10 个港口进入最终排名的前 50 强，大连港排名第 18 位，在入围的中国港口中位列第四，仅次于香港、上海、天津。

(6)公路

中国大陆开工建设的第一条高标准高速公路——沈大高速纵贯辽东半岛，把沈阳、辽阳、鞍山、营口、大连五大城市紧密相连。丹大高速经庄河直通丹东。东北沿边大通道“鹤大线”(201国道到鹤岗)和纵贯大通道“黑大线”(202国道到黑河)都以大连(旅顺)为起点。大连市区有5个主要长途汽车站。

10. 旅游

(1)风景名胜

大连是中国著名的避暑胜地和旅游热点城市，依山傍海，气候宜人，环境优美，适于居住，夏无酷暑，冬无严寒，年平均气温为10℃，年降雨量700毫米左右，无霜期6个月。

大连是中国首批“优秀旅游城市”，不仅有丰富的中国近代人文历史旅游资源，还有许多风景奇秀的自然旅游资源。旅游业已发展成为大连的新兴产业。2013年接待国内游客5230.9万人次，比上年增长8.7%；接待海外游客119万人次，下降7.6%。旅游总收入900.8亿元，增长17.4%。其中，国内旅游收入850.4亿元，增长19.6%；旅游外汇收入8.13亿美元，下降8.2%。截至2013年年末，全市拥有旅游宾馆(饭店)253家，比上年增加11家，其中星级宾馆(饭店)163家；旅行社398家，其中出境旅行社41家；国家A级旅游景区(点)45个，增加1个，其中AAAAA级2个，AAAA级12个。

①著名景点　金石滩、旅顺、冰峪沟、星海湾、老虎滩极地海洋动物馆、老虎滩四维影院、圣亚海洋世界、森林动物园、滨海路、大连紫檀阁、现代博物馆、自然博物馆等。

②最佳旅游时间　冬季(11月底~3月初)，当地最低温度-14.0~-17℃，前来旅游应准备羽绒服、毛衣、手套、牛仔裤、棉毛裤、保暖性好、便于旅行的鞋；春季(3~5月)，当地平均温度约15℃，应准备夹克衫、毛衣、长袖衬衫、牛仔裤；夏季(6~9月初)，当地最高温度30~32℃，应准备T恤衫、短袖衬衫、短裤、裙子、凉鞋、太阳帽、太阳镜；秋季(9月底~11月初)，当地平均温度约16~20℃，应准备夹克衫、薄毛衣、牛仔裤。

(2)特产

①贝雕工艺品　大连依山傍海，气候宜人，自然少不了出色的贝雕作品。可以买到用几个普普通通的扇贝，海螺做成的精美漂亮的工艺品，回家把它放到桌面上当成装饰物或者馈赠亲朋好友。也可以买到用珍奇名贵的稀有贝壳精心制作的贝雕作为家中的收藏品，完全根据个人喜好。大连的贝雕千姿百态，琳琅满目。有巧夺天工的珍贵大型贝雕，也有用几个精巧贝壳穿在一起的小型饰、物，但不管是大是小，是贵是贱，每个贝雕都有一份情趣。

②鲍鱼　素称“海味之冠”的鲍鱼，自古以来就是海产“八珍”之一，鲍鱼名为鱼，实则不是鱼，它是属于腹足纲，鲍科的单壳海生贝类，因其形如人耳，也称“海耳”，辽宁大连沿海岛屿众多。所产鲍鱼占全国产量70%。鲍鱼是名贵的海珍品之一，肉质细嫩，鲜而不腻；营养丰富，烧菜，调汤，妙味无穷。鲍鱼的壳，中药称石决明，因其有明目退翳之功效，古书又称之为“千里光”。石决明

还有清热平肝、滋阴壮阳的作用，可用于医治头晕眼花，高血压及其他类症。鲍壳那色彩绚丽的珍珠层还能作为装饰品和贝雕工艺的原料。

③海参　大连人有个说法：一天一根参，赛过活神仙。大连人冬至开始吃海参的历史，传统悠远。因此，冬至的到来，预示着海参饕餮季节的来临，特别是野生的大连海参，食客已经等得不耐烦。大连人因为吃海参吃出了一个名气远播的海参产业，名牌海参应运而生，名气最盛的当属中国第一个海产品驰名商标的獐子岛海参，一直吃成了中国第一牛股，创造了深圳股市第一高价股神话。獐子岛的海参在北纬 39°黄海深处的原生态海底生长 3 年以上，没有吃过任何人工饵料，身体极其强壮，皮厚肉鲜，安全营养，直供北京高档餐桌。

④庄河大骨鸡　踏绿草坡、饮山泉水、吃百草昆虫、食五谷杂粮和补鱼食贝粉，从而形成了庄河大骨鸡体大、蛋大、肉质鲜美、营养丰富。2003 年和 2004 年庄河大骨鸡和庄河大骨鸡蛋先后被认定为绿色食品。2006 年，庄河大骨鸡被注册为地理证明商标。2008 年，国家授予大骨鸡国家级标准化示范区称号。地域范围在辽宁省庄河市。东至栗子房镇砬腰村火石岭屯，西至明阳镇永胜村沙包屯，南至王家镇前庙村限子屯，北至塔岭镇限子村限子屯。

(五)做：你来设计一下：未来我国生态社会发展的愿景

1. 活动目的

通过对生态社会发展愿景的设计，推动大学生共同参与生态文明建设，努力形成人人关心、人人珍惜、人人保护生态环境的良好氛围。借助对愿景的亲自设计，倡导生态文明教育，使大学生以生态价值指导和评价自己的行为，使他们把生态环境的保护转化为自觉的行动，解决生态保护的根本问题，为生态文明的发展奠定坚实的基础。

2. 活动形式

以小组为单位进行畅谈我国生态社会发展愿景。

3. 活动内容

未来我国的社会是要基本形成人与自然和谐发展现代化建设新格局，生态环境根本好转，美丽中国目标基本实现。我们的社会是绿色的、生态的、美丽的社会。那时，我国成为世界上的自然资本强国、生态资本强国和引领世界生态文明建设的国家，全体人民在基本实现生产发展、生活富裕、生态良好的基础上实现共同富裕，共享优质的生态环境产品，在优美的生态环境中更加幸福安康地生活。那时，我国将以经济发达、政治清明、文化繁荣、社会和谐、民族团结、山河秀美的东方大国形象屹立于世界先进民族之林。

在此基础上，将有条件和有能力去逐步实现恩格斯提出的共产主义是人与自然和解、人与自身和解的远大理想，去实现马克思提出的共产主义是人道主义和自然主义相统一的崇高理想。最终，我们将会以联合起来的生产者的身份和姿态，科学地、合理地、人道地调节人与自然之间的物质变换，建设高度发达的生态文明。

参考文献

1. 马克思恩格斯文集：第8卷[M]. 北京：人民出版社，2009.

2. 马克思恩格斯文集：第9卷[M]. 北京：人民出版社，2009.

3. 马克思.1844年经济学哲学手稿[M]. 北京：人民出版社，2000.

4. 习近平. 习近平谈治国理政(中文版)[M]. 北京：外文出版社，2014.

5. 中共中央文献研究室. 习近平关于社会主义生态文明建设论述摘编[M]. 北京：中央文献出版社，2017.

6. 习近平. 决胜全面建成小康社会 夺取新时代中国特色社会主义伟大胜利——在中国共产党第十九次全国代表大会上的报告[M]. 北京：人民出版社，2017.

7. 全国环境宣传教育工作纲要(2016—2020年)[N]. 中国环境报，2016-04-19(004).

8. 韩立新. 环境价值论[M]. 昆明：云南人民出版社，2005.

9. 杨通进，高予远. 现代文明的生态转向[M]. 重庆：重庆出版社，2007.

10. 唐小平，黄桂林，张玉钧. 生态文明建设规划[M]. 北京：科学出版社，2012.

11. 胡鞍钢. 中国创新绿色发展[M]. 北京：中国人民大学出版社，2012.

12. 俞可平. 生态文明与社会主义[M]. 北京：中央编译出版社，2011.

13. 马骁. 城市生态文明建设[M]. 北京：红旗出版社，2012.

14. 诸大建. 生态文明与绿色发展[M]. 上海：上海人民出版社，2008.

15. 席北斗，魏自民，夏训峰. 农村生态环境保护与综合治理[M]. 北京：新时代出版社，2012.

16. 花明. 新农村建设：环境保护的挑战与对策[M]. 北京：中国环境出版社，2014.

17. 郑大玮. 新农村环境治理典型案例[M]. 北京：中国劳动社会保障出版社，2011.

18. 杨英姿. 伦理的生态向度——罗尔斯顿环境伦理思想研究[M]. 北京：中国社会科学出版社，2010.

19. [美]霍尔姆斯·罗尔斯顿. 环境伦理学[M]. 杨通进，译. 北京：中国社会科学出版社，2000.

20. [美]尤金·哈格洛夫. 环境伦理学基础[M]. 杨通进，江娅，郭辉，译. 重庆：重庆出版社，2007.

21. [美]约翰·贝拉米·福斯特. 生态危机与资本主义[M]. 耿建新，译. 上海：上海译文出版社，2006.

22. [美]约翰·贝拉米·福斯特. 马克思的生态学：唯物主义与自然[M]. 刘仁胜，肖峰，译. 北京：高等教育出版社，2006.

23. 卢风. 论生态文化与生态价值观[J]. 清华大学学报(哲学社会科学版)，2008(1)：89-98.

24. 王卫星. 美丽乡村建设：现状与对策[J]. 华中师范大学学报：人文社会科学版，2014(1)：1-6.

25. 王素斋. “五位一体”战略布局下的农村生态文明研究[J]. 社科纵横，2014(1)：4-6.

26. 赵明霞，包景岭，常文韬. 农村生态文明制度建设的效能、现实困境与对策探讨[J]. 理论导刊，2014(7)：61-64.

27. 王素斋. 基于农村生态文明视角的美丽乡村建设研究[J]. 全国流通经济，2013(15)：66-67.

28. 刘魏文. 推进新农村建设应注重生态文明[J]. 经济研究导刊，2013(7)：48-50.

29. 江泽慧. 弘扬生态文化推进生态文明建设“美丽中国”[J]. 今日国土，2013(1)：8-9.

30. 房安文. 生态文明评价指标体系框架研究[D]. 北京：中国林业科学研究院，2009.

第六章
生态文明制度创新

党的十八大报告明确指出：“建设生态文明，是关系人民福祉、关乎民族未来的长远大计。面对资源约束趋紧、环境污染严重、生态系统退化的严峻形势，必须树立尊重自然、顺应自然、保护自然的生态文明理念，把生态文明建设放在突出地位，融入经济建设、政治建设、文化建设、社会建设各方面和全过程，努力建设美丽中国，实现中华民族永续发展。”党的十九大报告中进一步指出：“建设生态文明是中华民族永续发展的千年大计。必须树立和践行绿水青山就是金山银山的理念，坚持节约资源和保护环境的基本国策，像对待生命一样对待生态环境，统筹山水林田湖草系统治理，实行最严格的生态环境保护制度，形成绿色发展方式和生活方式，坚定走生产发展、生活富裕、生态良好的文明发展道路，建设美丽中国，为人民创造良好生产生活环境，为全球生态安全作出贡献。”这标志着以习近平总书记为核心的党中央把生态文明建设的地位提高到前所未有的高度，把生态文明建设与经济建设、政治建设、文化建设、社会建设并列为中国特色社会主义的“五位一体”总布局，全面推进生态文明建设融入其他四大建设的全过程和各方面，阐述了生态文明制度建设的必要性、紧迫性和具体路径，并提到了生态文明制度创新的重要性。中国共产党人站在人类文明演进的广阔视野，着眼实现“中国梦”的理想维度，积极回应了人民群众对于美好环境的真心向往。

制度化、规范化是保障我国生态文明建设科学、顺利、有效进行的根本条件和关键环节，如果制度建设僵化、死板、不到位，生态文明制度创新就会失去活力和持久性，进而影响生态文明建设和实施的效果。因此，我国生态文明建设的推进必须出台一套与之相对应的环境管理制度。而制度的创新与进步又是生态文明建设水平提高的重要标志之一，加快生态文明制度建设，是党的十八届三中全会提出的全面深化改革的重要举措，也是党的十九大部署的建设“美丽中国”的重要内容之一。因为在建设生态文明的过程中，制度的不断完善具有最本源的意义，而生态文明制度创新是战略性指引，是根本性保障，是推动性力量。因此，推进生态文明建设，必须要建立系统、完善、科学的生态文明制度。正如习近平总书记曾强调的："建设美丽中国，要加强生态环境保护，推进制度创新，努力从根本上扭转环境质量恶化趋势。"足见，生态文明制度创新在整个生态文明建设过程中的核心价值和重要意义。

一、生态文明制度创新相关理论

生态文明制度和生态文明制度创新是生态文明建设取得成功的基础和保证。

（一）制度

制度（Institution）是一个很宽泛的概念，常与"机制""体制"等概念交替混用，仔细辨析起来，"机制"是指"在特定体制下，保障和推动制度实施、协调机构有效运转的方式和方法。"体制"是指事物的组织体系和结构形态。而"制度"是指在在一定历史条件下形成的特定的社会范围内要求大家共同遵守的规范体制的有机构成和各种工作规程、行为准则内容，通常以一定规范化形式运行的一系列统一习惯、道德、法律（包括各种宪法和其他具体法律）、戒律、规章（包括政府制定的条例）等展示出来的总称。简单来说，制度也可以解释为要求特定群体成员共同遵守的办事规程或行动准则。

第一，在我国的传统文化中，制度一词的解释有如下几类：

（1）在一定历史条件下形成的法令、礼俗等规范

《易·节》中提到"天地节，而四时成。节以制度，不伤财，不害民。"宋代的王安石也在《取材》中写道："所谓诸生者，不独取训习句读而已，必也习典礼，明制度。"魏巍在《壮行集·春天漫笔》指出："他没有看到，存在几千年的剥削制度的消灭，就是大公平。"

（2）制定法规

《左传·襄公二十八年》："且夫富，如布锦之幅焉，为之制度，使无迁也。"《汉书·严安传》："臣愿为民制度以防其淫。"《汉书·严安传》："臣愿为民制度以防其淫。"孙中山《军人精神教育》第三章也提到："创制权，由人民以公意创制一种法律，此则异於专制时代，非天子不议礼，不制度也。"

（3）具体的规定

唐朝元结在《与何院外书》中写道："昔年在山野，曾作愚巾凡裘，异於制度。"《续资治通鉴·宋孝宗隆兴元年》："尚书省奏：'永固自执政为真定尹，其缴盖当用何制度？'金主曰：'用执政制度。'"

（4）规定品级的服饰

丝弦戏《空印盒》第十场："与他去了制度！"

（5）制作

唐朝赵元一在《奉天录》卷一写道："臣望奉天有天子气，宜制度为垒，以备非常。"元朝王实甫《西厢记》第三本第四折写道："桂花性温，当归活血，怎生制度？"

（6）制作方法

宋朱彧在《萍洲可谈》卷二写道："东坡在黄州，手作菜羹，号为东坡羹，自

叙其制度。”

(7)规模，样式

《史记·孝武本纪》：“上欲治明堂奉高旁，未晓其制度。济南人公王带上黄帝时明堂图。”《东周列国志》第三回：“洛邑为天下之中，四方入贡，道里适均，所以成王命召公相宅，周公兴筑，号曰东都，宫室制度，与镐京同。”清朝韩泰华《无事为福斋随笔》卷上有：“此铃金质坚鍊，制度浑朴。”范文澜蔡美彪等《中国通史》第三编第一章第三节：“他自己乘坐高四层的龙舟，萧皇后乘坐制度较小的翔螭舟。”

(8)制作形状

唐朝苏鹗《杜阳杂编》卷上：“遇新罗国献五彩氍毹，制度巧丽，亦冠绝一时。”宋朝张洎《贾氏谈录·李氏琴制》：“贾君云，嵩山僧如寂，尝收得李汧公百衲琴，制度甚古拙，而音韵清越。”《封神演义》第四八回：“子牙后随军至岐山，南宫适筑起将台，安排停当，扎一草人，依方制度。”司农卿韦弘机作宿羽、高山、上阳等宫，制度壮丽。

(9)一定的规格或法令礼俗

清朝的吴伟业曾在《遇南厢园叟感赋八十韵》中写道：“改葬施金棺，手诏追褒扬，袈裟寄灵谷，制度由萧梁。”

第二，在当今西方文化中，制度概念的主流观点是从博弈理论角度阐述其内涵，这无疑是受到亚当·斯密的深刻影响。

他在《国富论》中说道：“在人类社会的大棋盘上，每个个体都有其自身的行动规律，和立法者试图施加的规则不是一回事。如果它们能够相互一致，按同一方向作用，人类社会的博弈就会如行云流水，结局圆满。但如果两者相互抵牾，那博弈的结果将苦不堪言，社会在任何时候都会陷入高度混乱之中。”最早从博弈论的角度去阐述和研究制度概念的是美国经济学家安德鲁·肖特，他认为制度是被社会成员所赞同的、由自我维持或某个权威所维持的一种社会行为规则，规定了特定或反复出现情况下的行为。肖特的这种观点被称为“内生博弈均衡制度说”，他所阐述的是一种自生自发的社会秩序演化而成的制度。

政治学领域的制度是一个内涵非常宽泛的概念，包括实体性的组织机构、比较正式的法律规章与规范和相对不太正式的规则、共识或风俗惯例等，并因而划分为社会制度主义、历史制度主义、理性选择制度主义和规范制度主义等不同理论派别。概括地说，制度可以大致界定为关涉某一政策议题或领域的实体性组织机构、正式性法律规章和不太正式的规则、共识或风俗惯例的总称。而我们经常听说和使用的制度化可以理解为对某一政策议题或领域进行管制的某种制度形态体现，以及这种制度形态的不断实体化、权威化“升格”。换句话说，某一政策议题或领域的制度化是一个“从无(形) 到有(形) ”和“从弱(权) 到强(权) ”的不断发展过程。相应地，“去制度化”或“去规制化”是一个大致相反的制度形态演进过程，尤其用于描述国家对社会及其个体成员以及政治对经济、社会或生态等方面的趋于减少或弱化的强制性干预。

综合中外学界关于制度的主要观点，我们可以知道，制度的概念来源于研究的视角，它不是的内涵可以根据所在的领域有所侧重。作为要求一定社会成员同意遵守的行为准则，制度属于意识形态范畴，并具有鲜明的特点。

(1)指导性

社会制度是由统治阶级规定的，用以保障社会按特定意识形态轨道运行的有效工具。其制定、颁布、实施、反馈、修订的全过程都打上了意识形态的深刻烙印，对社会成员有着明确的指导意义和导向作用。

(2)约束性

特定制度不但对相关人员应该做些什么工作、如何开展工作都有一定的提示和指导，同时也明确相关人员不能做什么，以及违背了会受到什么样的惩罚，具有明显约束力。

(3)激励性

科学有效的制度制定了明确的规程和要求，对于参与制度运行的每个成员都有具体的奖惩规则，如果能够得到全面的宣传，被成员熟识和掌握，就能起到随时鞭策和激励成员遵守制度的作用。

(4)规范性

制度的存在形态多样，但即便是非正式的制度，也是在一定历史条件下产生的，被绝大部分成员接收和认可，并且较为稳固清晰的文化或习俗规范，与正式制度有着极为相似的规范性，能够对社会化行为实现提供规范作用。

(5)程序性

制度对实现社会化行为的程序规范化，岗位责任的法规化，管理方法的科学化，起着重大作用。制度的制定必须以有关政策、法律、法令为依据。制度本身要有程序性，为人们的工作和活动提供可供遵循的依据。

(二)生态文明制度

党的十九大报告中提到："人与自然是生命共同体，人类必须尊重自然、顺应自然、保护自然。人类只有遵循自然规律才能有效防止在开发利用自然上走弯路，人类对大自然的伤害最终会伤及人类自身，这是无法抗拒的规律。"生命共同体理念提醒我们反思人类社会与自然环境之间的基本关系，也让我们认识到在社会经济飞速发展的过程中，工业化进程的加速，资源取用速度的提高，环境保护的滞后都给现代社会的发展埋下深深的隐患，以消耗能源、破坏环境的方式发展经济，会破坏可持续发展，进而破坏代际公平，影响到子孙后代的幸福。我国近年来的经济高速发展中伴随着越来越多的生态环境恶化问题，不但破坏环境，影响生产，以大气和水污染为例的环境问题甚至已经威胁到了人们的健康。生态问题的复杂多变也对我们党的执政能力提出了更高的要求，催生了一系列相关政策的出台，而广大群众的生态文明意识也在迅速发展，大力开展生态文明建设成为我国当前和未来的一项重大发展任务。生态文明建设涉及生产方式、消费方式、生活方式、思维方式和价值观念的革命性变革，具有高度的多样性和复杂性，建设生态文明需要构建系统完整的生态文明制度体系，并不断进行制度创新性发展。

生态文明制度既可以指与我们党和国家致力于推动的生态文明建设这一政策议题或领域相关的各种制度形态和形式的总和，也可以指与我们党和国家所信奉强调的尤其是党的十八大以来所阐述的社会主义生态文明总目标与战略决策相吻合的社会基本制度革新或重构。具体来说，生态文明制度的定义可以从宏观和微观两个维度来理解。在宏观维度中，生态文明制度一方面是生态文明建设过程里各种制度形态和形式的总和，另一方面是社会主义基本制度在生态文明领域的革新或重构。在微观维度中，我们还可以从规则层面理解生态文明制度。生态文明制度是生态文明建设中的各种引导性、规范性和约束性规定和准则的集合。生态文明制度内容多样、形式不一，具有多样的显著特征。

在其表现形式上，生态文明制度可以分为正式制度和非正式制度两种。正式制度除立法制定的生态环境法律规范之外，还包括不以法律法规形式出现的由官方机构制定的生态环境行动计划、政策、宣言、协议等规范性文件，以及由环保组织和其他社会组织制定的自治规范和自律规范，这些法律规范和软法规范都属于正式制度的范畴。非正式制度是社会实践中自生自发的有关生态的理念、价值观、伦理观以及习俗、习惯等，这些价值理念和习俗习惯虽没有正式的组织制定，但都与生态文明制度紧密关联，其中很大一部分是生态文明制度的重要理念和指导思想，有的可以由国家认可而上升为法律规范，有的可以成为生态文明建设中的重要政策和软法规范，这些习俗规范和文化规范都属于非正式制度的范畴。从我国生态文明制度建设的理论和实践来看，国家大力推进的生态文明制度主要由法律规范和官方机构制定的软法规范组成的正式制度。生态文明制度中政府正式颁布的法律规范，软法规范以及官方机构制定的生态环境行动计划、政策、宣言、协议等规范性文件是经过国家相关会议审议并最终生效的法律发件，具有很高的社会效力，为了保证法律法条的延续性和稳定性，不会随意发生巨大变更。社会文化规范和习俗规范此外，非正式制度是社会实践中自觉产生的，其产生经历了特定的历史过程，是社会绝大部分成员能够接受和认可并进行积极传播和主动遵守的有关生态的理念、价值观、伦理观以及习俗、习惯等，一旦生成，比正式制度更加稳固且不易更改。生态文明制度中的非正式制度具有一定黏性，变化过程比正式制度缓慢。

在其操作角度，生态文明制度可以分为强制性制度、选择性制度和引导性制度；在其具体实施领域中还可以划分为基本制度、管理制度和文化制度；在其制定层次上还可以分为根本制度、基本制度和具体制度等。

（三）生态文明制度创新

党的十九大报告指出：在过去的 5 年中，我国生态文明建设成效显著。大力度推进生态文明建设，全党全国贯彻绿色发展理念的自觉性和主动性显著增强，忽视生态环境保护的状况明显改变。生态文明制度体系加快形成，主体功能区制度逐步健全，国家公园体制试点积极推进。全面节约资源有效推进，能源资源消耗强度大幅下降。重大生态保护和修复工程进展顺利，森林覆盖率持续提高。生态环境治理明显加强，环境状况得到改善。引导应对气候变化国际合作，成为全球生态文明建设的重要参与者、贡献者、引领者。目前，我国的生态文明建设已经取得了初步成效，应该抓住时代机遇，积极主动地对生态文明制度进行创新，不断探索研究出更加高效可行的生态文明建设方案。这意味着在制度层面上，我们需要同时依照生态文明所彰显的新理念和总体目标，全面反思与审视当前生态文明制度及与政治、经济、文化、社会的组合架构。最终指向则是在经过一个漫长的不断创新和演进过程之后，能够建立起一整套崭新的，合乎生态文明需要的生态文明制度体系。

生态文明制度创新既是制度内在革新的必然要求，也是适应我国生态环境变化的动态需要。在现阶段，我国的生态文明实践中存在诸多深层次的制度问题亟待解决，制度理论的不断更新和调整，制度与实践的有效衔接和兼容，不仅是理论层面的推论，更需要生态文明实践中每个参与者个体理念的更新，需要生态文明制度在革新中自我完善，形成具有理念性的尊重生态、理解生态的体系完整、运行顺畅、反馈及时、自我完善、不断更新的创新型制度体系。

一种僵化的制度难以散发持久理论魅力，更难以融入实践之中，党的十九大报告明确提出要加快建设创新型国家，并解释了创新的深刻内涵："创新是引领发展的第一动力，是建设现代化经济体系的战略支撑。要瞄准世界科技前沿，强化基础研究，实现前瞻性基础研究、引领性原创成果重大突破。加强应用基础研究，拓展实施国家重大科技项目，突出关键共性技术、前沿引领技术、现代工程技术、颠覆性技术创新，为建设科技强国、质量强国、航天强国、网络强国、交通强国、数字中国、智慧社会提供有力支撑。加强国家创新体系建设，强化战略科技力量。深化科技体制改革，建立以企业为主体、市场为导向、产学研深度融合的技术创新体系，加强对中小企业创新的支持，促进科技成果转化。倡导创新文化，强化知识产权创造、保护、运用。培养造就一大批具有国际水平的战略科技人才、科技领军人才、青年科技人才和高水平创新团队。"因此，生态文明制度在发展过程中，也必然需要以不断创新的理论思维去革新旧有制度，不断自我调整和升级，以适应生态文明建设的实际需要。

生态文明制度创新的特点。每一种制度的产生、发展、完善和创新都是一个不断螺旋上升的过程。生态文明制度的创新不仅是制度本身在理论和操作层面的进步，更体现出政府决策理论的先进，执行能力的提升，民众参与程度的提高，社会整体生态文明理论的发展。在生态文明制度创新的过程中，体现出以下特点：

1. 理论层面的提升

一种科学合理的制度构建，必须有强有力的理论作为指导和支撑，为制度创新提供科学指导，理论保障。所以，我国的生态文明制度创新，需要不断进行理论上的深化与探索，在马克思恩格斯经典思想理论的基础上，结合我国生态文明制度建设过程中的科学理论，并将已有的理论与现实结合的成功理论进行改进和升华，在实践中不断完善理论，在理论指导下不断进行新的实践，确保理论层面的生机与活力，为生态文明制度创新提供明确的方向，创造新型、合理、科学、高效的生态文明制度理论与实践思路。

2. 运行层面的顺畅

已有的生态文明制度在实践层面可能会面临理论与实际不相符合的情况。改革开放以来，我国环保制度建设由点到面全面发展，在政策布局、法律法规、机构整合方面取得很多成效，但是仍不能适应中国生态环境建设的时代要求。因此，在生态文明制度创新过程中，要将生态文明制度视为一个动态发展、不断优化的过程，而不是僵硬刻板、一成不变的条文，只有在实际中不断对生态文明制度相关各因素进行动态调整，才能保障其运行高效、有序、顺畅。

3. 参与层面的扩大

习近平总书记的生态文明思想中最大的理论创新与实践亮点是其包容性的构建原则。所谓包容性制度的主要特征是人人都能够平等参与的社会制度，而与之相反的汲取性制度则是从当前到未来都是牺牲大多数人的利益而保证一些利益集团不受侵害的制度。党的十八大以来习近平总书记关于生态文明建设的论述有很多，集中体现了新时代背景下推进生态文明建设的新理念新思想新战略，涉及制度体系建设部分，也充分反映出了制度的设计理念维度具有包容性，制度的实践维度具有包容性，未来的制度演进维度具有包容性。从生态文明制度建设的角度来看，其包容性主要体现在以下几点：一是在价值取向上，与以人民为中心的发展理念相融合，始终重视民众的根本利益和未来生活质量；二是在时间维度上，制度体系与经济社会发展阶段相融合，充分实现制度理论与制度实践的有机结合和双向影响；三是在层级维度上，将各地区生态文明制度发展的具体情况与国家整体发展战略相融合，做到统筹兼顾，系统有效；四是在具体政策制定上，重视群众参与的重要性，将传统制度建设中强调政府制定方针政策，民众遵守相应规则进行转变和创新，提出与最广大人民群众的根本利益相融合的生态文明制度原则。从生态文明制度制定的程序和操作的角度来看，生态文明制度创新应该是顶层设计体现出政府决策与民众意愿的有机统一，只有这样，才能最大地激发起群众的参与热情，将生态文明制度中的正式制度和非正式制度统一起来，达到正向激励、有效约束的目的，在现实维度中有效增强国家治理现代化水平，真正实现我国生态文明制度的创新发展。

二、生态文明制度创新的发展

在我国生态文明制度创新发展的过程中，习近平总书记对生态文明制度建设给予高度重视，发表了一系列的重要讲话和重要论述，提出了一系列新理念、新思想、新战略，思想性、实践性极强，为我国生态文明制度体系建设取得历史性成就和发生历史性变革奠定了基础。任何一种制度都是在一定历史条件下形成和发展的，并随着社会实际不断完善，并在实践探索其创新型发展。

生态文明建设必须要用完善的制度体系来予以保障。在当代中国的改革开放和现代化建设中，我们经历了保护生态环境的制度化建设到建立健全完善的生态文明制度体系的发展过程，这一不断探索、不断实践的制度化建设过程构成了中国生态保护制度建设的发展与创新。我国的生态文明制度创新的发展经历了几个历史阶段，并逐步摆脱传统的制度建设，转向创新型发展之路。

(一)毛泽东的生态文明制度探索阶段

毛泽东思想中蕴含的生态理念和环境保护思想是中国共产党人探索生态文明制度的逻辑起点。毛泽东对生态文明制度的思考体现在众多方面，早在 20 世纪 20 年代，毛泽东在社会调查中就指出，要有计划地砍树栽树，兴修水利、发展生产，为革命战争提供物质储备，他的资源节约、环境卫生、人口控制等生态文明制度思想也为后期我党各项生态文明制度实践提供了有效的探索与指导。

毛泽东认为人源于自然，主张发挥能动性去改造自然。他提出“团结全国各族人民进行一场新的战争——向自然界开战。”这一口号的提出在当时也极大地调动了人们保护生态环境的积极性。在兴修水利、治理水患方面，毛泽东在全国上下大搞水利建设，根治淮河、黄河，修建了官厅水库、荆江分洪工程、葛洲坝水利枢纽工程等等。在他的领导下，党中央通过推进淮河、黄河、海河、长江领域等一系列治理工程，逐步告别了中国几千年来洪涝灾害频发的历史，为我国推进工业化发展进程打下良好的生态基础。毛泽东还先后提出要“绿化祖国”“实现大地园林化”“美化全中国”等口号，动员全体人民植树造林，美化自然环境。中华人民共和国成立后不久，在中央政府统一部署下开始了“三北防护林带”的建设工程，卓有成效。在毛泽东生态文明制度的指导下，党和政府还制定了严格的保护森林的政策，严禁乱砍盗伐森林。

毛泽东还强调领导干部要多学习自然辩证法，尊重和利用自然规律，正确处理好兴修水利与水土保持、植树造林的关系，在环境保护中实现综合治理和综合利用中的统筹兼顾。他提倡的“厉行节约、反对浪费”的消费观演进成建设资源节约型和环境友好型社会的基本国策。同时，毛泽东在建立自然保护区、开展调查环境的具体行动、制定环保方针、建立环境管理机构等方面都为构建生态文明制度做了有益的探索。毛泽东认识到自然资源的不可再生性，强调要“采取办法坚决地反对任何人对于生产和生活资料的破坏和浪费”，“在保证质量的条件下，大力节约原料、材料、燃料和动力”，采取科学有效的办法解决资源问题。毛泽东还发动了一场以“除四害”为中心的爱国卫生运动。

正是由于看到了人对自然的改造作用，毛泽东认为“人多力量大、人多好办事”。但这些观点并不意味着人越多越好，人要与自然斗争到底。毛泽东辩证地看待中国人口多问题，既看到了人的能动性，也看到了人口过快增长对资源环境造成的巨大压迫。他认为人口可以多，但不能超出自然环境可承载的度，这也是毛泽东生态文明思想中最有特点的一项。因此，毛泽东提出了计划生育的十年规划，并在 1971 年制定了第一份《关于做好计划生育工作的报告》。毛泽东的保护自然环境以及计划生育人口的观点相互交融，体现了人口与自然协调的整体生态思想，为现在的人与自然和谐相处提供了极其宝贵的经验，他在生态文明制度方面的有益尝试与探索，也为我党后期生态文明制度创新奠定了良好的基础，指明了基本方向。

（二）邓小平的生态文明制度起步阶段

在党的十一届三中全会上，以邓小平为代表的第二代中央领导人，拨乱反正，把党和国家领导人的工作重点转移到经济建设上。当时我国经济社会与生态环境的矛盾已经开始显现，生态环境日趋恶化的趋势直接影响人们的正常生产生活。面对我国当时出现的生态环境问题，邓小平充分认识到生态环境保护的重要性，提出了一系列环境保护的方针政策。

他主张坚持“防害于先，综合治理”的方针，提出“节约型经济”思想，既保护环境又发展经济。当然，生态文明建设不能单纯依靠人们的自觉性、道德教育和社会舆论，更要有健全的法律制度为生态文明建设提供制度支撑。1978 年的中央工作会议上，邓小平明确指出：“应该集中力量制定刑法、民法、诉讼法和其他各种必要的法律，例如，工厂法、人民公社法、森林法、草原法、环境保护法、劳动法、外国人投资法等，经过一定的民主程序讨论通过，并且加强检察机关和司法机关，做到有法可依，有法必依，执法必严，违法必究。”这标志着生态文明建设制度体系开始萌芽。1978 年《宪法》第 11 条规定“国家保护环境和自然资源，防治环境污染和其他公害”，这是国家的根本大法首次列入环境保护，至此生态环境有了法律的保护。紧接着《中华人民共和国环境保护法（试行）》（1979 年）等法律相继通过并实施，这是我国第一部关于生态环境保护方面的法律，预示着我国走上了生态文明法制建设道路。

同时，我国政府积极组建有关环境保护的相关机构，比如林业部、国务院环境保护委员会、国家环保局等，通过成立专门机构解决环境的保护和环境污染的治理问题，严格控制企业造成的环境污染，对生态环境造成破坏的项目进行取缔，实施环境保护与治理的奖惩制度，这一有益尝试为我国的生态文明制度建设奠定了可靠的组织基础。

邓小平还十分注重用最先进的科技手段护生态环境。邓小平曾指出“科学技术是第一生产力”，并提出环境保护要使用科学技术，大力开发运用“三废”综合处理技术防治污染，加强国际间的交流与合作。

邓小平承袭了毛泽东的人口与自然协调思想，在党的十二大上确立了计划生育的基本国策，意在有效促进人口、资源、环境的协调发展。基于当时经济发展相对落后的情况，邓小平做出了大胆的决策，提出以经济建设为中心。但他明确指出以经济建设为中心不等于不要生态环境，经济发展不仅不能破坏生态环境，而且要促进生态保护，生态保护好了也会为经济发展服务，这是经济发展与时俱进的新要求。邓小平认为在发展经济的同时要重视生态保护，不能以牺牲环境为代价无节制地发展生产，他曾批评过大面积的开荒，批评过漓江的环境污染，认为为了发展经济把环境破坏了是功不抵过、得不偿失的，也是很危险的。生态、经济、社会是一个不可分割的整体，破坏了整体平衡，发展将难以为继。邓小平环境保护这一基本国策的提出，开启了经济增长与环境保护并举的新时代。邓小平认为保护好环境，特别是发展林业可以产生经济效益，他鼓励民众植树造林、绿化环境，他还强调保护好风景区发展旅游业，产生了事半功倍的效果。为了贯彻落实保护环境这一基本国策，邓小平通过科技创新促环保，通过法律法规控污染。他的一系列规划初步体现了生态可持续发展的生态价值理念，也正是在邓小平时期，我国的生态文明制度建设进入了萌芽期，酝酿着进一步的发展与创新。

（三）江泽民生态文明制度发展阶段

新的历史发展阶段，在毛泽东、邓小平生态思想的基础之上，面对生态环境问题日趋严峻，面对世界范围内可持续发展观念深入人心，立足于我国的国情，江泽民与时俱进地指出必须把实施可持续发展作为一个重大战略，正式提出了以可持续发展为核心的生态文明思想。1994 年，《中国 21 世纪议程——中国 21 世纪人口、环境与发展白皮书》确定可持续发展为发展的指导思想，标志着中国真正走上了可持续发展的道路。在党的十五大报告中，江泽民更是将可持续发展作为社会主义建设的指导思想加以提出。同邓小平一样，江泽民的可持续发展离不开人口、资源、环境的统筹协调。2002 年 11 月，党的十六大报告中提出："可持续发展能力不断增强，生态环境得到改善，资源利用效率显著提高，促进人与自然的和谐，推动整个社会走上生产发展、生活富裕、生态良好的文明发展道路。"江泽民认为环境保护是经济社会可持续发展的基础性工作，保护环境从本质上来说就是对生产力的一种保护，所以他明确提到"破坏环境就是破坏生产力，保护资源环境就是保护生产力，改善资源环境就是发展生产力"。江泽民指出的这一论断从生产力发展的角度阐释了生态环境与经济发展之间的联系，突出了保护生态环境在经济发展中的地位以及重要性。

江泽民依然重视毛泽东和邓小平生态文明思想中的人口问题，认为这也是影响环境问题和可持续发展的重要因素。人口众多造成的资源过度消耗会带来严重的生态问题，严重制约社会可持续发展。因此，必须坚定不移地贯彻落实计划生育、环境保护的基本国策，避免走发达国家走过的严重浪费资源、先污染后治理的老路，这样的发展不仅不能持久，而且最终会带来很多难以解决的难题。不能为了满足当代人的需求而让后代背负发展的难题。只有通过统筹经济发展和人口、资源、环境的关系，确保经济社会的可持续发展，确保人民生活水平的提高，才能推动整个社会走上生产发展、生活富裕、生态良好的"三生"共赢道路。

江泽民同志强调用法律保护生态环境，多次强调要加快立法、重视普法、严格执法，加大步伐向法制化迈进。他曾指出："我们要不断完善社会主义市场经济体制下的环境保护法律体系，为加强环保工作提供强有力的法律武器，并依法坚决打击破坏环境的犯罪行为。”经过党中央的长期重视与努力，我国在生态保护方面的法律法规不断完善，逐渐走上了法制化道路。在制定《全国生态环境建设规划》的同时，先后出台了许多关于生态环境保护的法律法规，如《大气污染防治法》《煤炭法》《海洋使用管理法》《环境影响评价法》等，修改了《水污染防治法》《森林法》《土地管理法》等，强调加强生态环境的法制化建设的重要性。1997年，全国人大在现有刑法的基础之上进行了条文的追加，明确对生态环境污染和破坏的惩罚，对造成相当严重后果的要依法追究其刑事责任。

在组织制度建设方面，江泽民强调要把环境保护作为各级常委和政府的重要议事日程。“这要成为一项制度。”并主张环保工作由党政一把手总负责，作为干部考核的重要依据，建立环保问责制。1998 年我国政府进行机构改革中，国家环保局升为正部级的国家环保总局，并鼓励组建生态环境保护的横向组织机构，使得我国的生态文明建设机构向立体化发展，生态文明制度体系的组成架构基本形成，也为我国生态文明制度创新建立了良好的组织基础。

（四）胡锦涛生态文明制度进步阶段

经过党和政府对生态文明制度方面的探索与创新，我国的生态文明建设取得了一定的成绩，局部环境问题得到改善，但是整体的生态环境问题依然严重。面对严峻的生态形势，胡锦涛深化了对生态文明的认识，将生态文明建设作为党和国家的重要方略。2003 年党的十六届三中全会上，胡锦涛同志在提出“坚持以人为本，树立全面、协调、可持续的发展观，促进经济社会和人的全面发展”的“科学发展观”。胡锦涛人与自然和谐相处的理念不仅仅来源于马克思主义人与自然辩证统一思想，更是继承了毛泽东、邓小平关于人口、资源、环境关系的生态文明制度建设思想，并且在实践中逐步发展。在人与自然的关系上，胡锦涛认为“自然界是人类生存发展的基本条件”。这些观点体现了自然界对人类的重要性，既要利用自然造福人类，也要保护自然实现永续发展，人与自然必须和谐共处。在科学发展观的论断中有对“统筹人与自然和谐发展”的阐释。发展不仅仅是人口增长与资源消耗的增长，更是一种质量与效益的提升，人与自然要科学发展、和谐共进，实现双赢。在党的十六届四中全会提出的构建社会主义和谐社会的内容中，人与自然和谐相处的终极目标充分体现了人们对良好生态环境的需求，这也是我们小康社会追求的目标。

党的十七大以来，胡锦涛在积极推进落实科学发展观和构建社会主义和谐社会过程中极其注重人与自然关系的调和与融洽，对人与自然关系的认识上升到了一个新高度。党的十七大报告明确将生态与政治、经济、文化、社会视为同等重要的内容，构建“五位一体”国家总体战略布局，正式提出了生态文明建设，并把它作为全面建设小康社会的奋斗目标，之后又提出建立“资源节约型和环境友好型”的“两型社会”，是人与自然和谐共处在社会构建领域的具体化、实际化。党的十七大将科学发展观正式写入党章，成为党的重要指导思想之一，提出生态文明建设战略任务，使生态文明建设在我国发展过程中上升到党和国家的政治意志。从文明形态的高度提出生态文明理念，彰显了中国共产党解决环境问题的决心，更是人类文明理论的巨大飞跃。

胡锦涛十分重视环保工作，他指出环保工作的重点是“完善促进生态建设的法律和政策体系，制定全国生态保护规划，在全社会大力进行生态文明教育”，这一思想兼顾了生态文明制度建设的正式制度与非正式制度两方面，并强调了教育和民众参与的重要意义，是生态文明制度建设过程中的一次成功实践。

2012 年，党的十八大报告正式提出美丽中国战略构想，指出建设美丽中国是实现中国梦的主要组成部分。党的十八大报告还指出，中国特色社会主义的总布局是五位一体，要将生态文明纳入“五位一体”的总体战略布局，融入中国特色社会主义事业的各个方面和全过程。这就意味着建设生态文明不只是要解决生态危机，更是要从总体上促进中国特色社会主义各项事业的全面协调发展。在党的十八报告中，第一次明确提出生态文明制度建设：“建立体现生态文明要求的目标体系、考核办法、奖惩机制；建立国土空间开发保护制度；完善最严格的耕地保护制度、水资源管理制度、环境保护制度；建立反映市场供求和资源稀缺程度、体现生态价值和代际补偿的资源有偿使用制度和生态补偿制度；健全生态环境保护责任追究制度和环境损害赔偿制度等”。党的十八大报告中关于生态文明制度建设的思想标志着生态文明制度建设思想走向成熟，并开始进入创新式发展。党的十八大报告中提出：“建设生态文明，是关系人民福祉、关乎民族未来的长远大计。”要把生态文明建设摆在突出地位，融入经济建设、政治建设、文化建设、社会建设各方面和全过程，努力实现美丽中国，实现中华民族永续发展。在党的十八大报告中，胡锦涛指出保护生态环境必须依靠制度，他首次明确提出“加强生态文明制度建设”，提出“建立国土空间开发保护制度，完善最严格的耕地保护制度、水资源管理制度、环境保护制度”，建立“资源有偿使用制度和生态补偿制度”等，对生态文明制度建设的理论化、科学化、体系化、常态化进程提供了重要的方向指引、理论保障和实践基础。胡锦涛的生态文明建设思想，并表明了中国共产党人对生态文明制度创新认知的快速发展与日趋成熟。

(五)习近平生态文明制度创新阶段

习近平指出：“只有实行最严格的制度、最严密的法治，才能为生态文明建设提供可靠保障。”习近平总书记顺应历史发展和社会进步，在一系列重要会议和谈话中，阐明了生态文明制度建设的重要性和紧迫性，他认为生态文明制度创新的有力武器就是严格的制度。2013 年 5 月在十八届中央政治局第六次集体集体政治学习时的讲话中，习近平指出，“推进生态文明建设，要着力树立生态观念、完善生态制度，建立责任追究制度”，“只有实行最严格的制度、最严密的法治，才能为生态文明建设提供可靠保障”。将生态文明制度化、法制化是我党在推进生态文明建设中依法执政的重要体现，而习近平的这次讲话强调了生态文明制度建设对生态文明整体推进的重要支持和保障作用。习近平意识到，面对目前复杂艰巨的生态环境问题，生态文明制度建设不能再仅仅是理念的提出和倡导，必须落实到实践行动之中去，确保制度内容的全面性和针对性，保持制度的权威性、有效性和严肃性，用制度建设成果为生态文明建设提供持久的推动力。为此，习近平总书记在中央政治局第六次集体学习时的讲话中指出："要完善经济社会发展考核评价体系，建立责任追究制度"，"要建立健全资源生态环境管理制度，加快建立国土空间开发保护制度，强化水、大气、土壤等污染防治制度，建立反映市场供求和资源稀缺程度、体现生态价值、代际补偿的资源有偿使用制度和生态补偿制度，健全生态环境保护责任追究制度和环境损害赔偿制度。"在 2013 年 8 月中央政治局第八次集体政治学习时的讲话中，他进一步提出："加快建立海洋生态补偿和生态损害赔偿制度，开展海洋修复工程，推进海洋自然保护区建设。"习近平总书记这一决策表明了其对生态文明制度建设的全面构想和实现决心，有力推进了生态文明制度建设的系统化、完整化发展。

习近平总书记在强调用制度为生态文明建设提供可靠保障的同时，更加致力于建立系统完整的生态文明制度体系。用制度保护生态环境，既是生态文明建设的指导思想，也是国家治理体系和治理能力现代化的有机组成部分。习近平认为，环境治理是一个系统工程，要按照系统工程的思路，把生态环境建设好，为人民群众创造良好生产生活环境。于 2013 年 11 月召开的十八届三中全会把制度建设提到了一个全新的高度，提出"建设生态文明，必须建立系统的生态文明制度体系"，会议通过了《中共中央关于全面深入改革若干重大问题的决定》(本段以下《决定》)，进一步将生态文明制度细化并力求建立一个系统完备的生态文明制度体系，对生态文明制度体系作了详细的规定，首次提出划定生态保护红线；建立生态环境损害责任终身追究制以及将林业纳入生态文明体制改革的范围等。在《决定》中的第 14 部分，详细阐述了加快生态文明制度建设的具体内容和要求，主要包括 16 项生态文明制度、5 项生态文明体制和 5 项生态文明机制。其中，有些制度是首次写入党的政治文件，十八届三中全会的这项《决定》在战略上明确了我国生态文明制度建设的目标与宗旨，强调了用制度引领我国各领域建设，坚持用制度管权、管人、管事，全面深化各领域改革，体现了生态文明制度中严密的法治思想和运行模式。《决定》基于习近平生态文明思想及其关于生态文明制度建设的系列论述，具体到生态文明制度体系，突出了领导人对制度建设的坚定意志和决心，也体现我国生态文明制度建设的创新性发展。

十八届四中全会通过的《中共中央关于全面推进依法治国重大问题的决定》，将生态文明制度建设推进到依法治国的高度，从依法治国的角度对生态文明制度建设作了全新的阐述。《决定》明确提出"用严格的法律制度保护生态环境，加快建立有效约束开发行为和促进绿色发展、循环发展、低碳发展的生态文明法律制度，强化生产者环境保护的法律责任，大幅度提高违法成本。"标志着我国生态文明制度执行过程中必须严格高效的要求。

2015 年 5 月，中共中央、国务院印发《关于加快推进生态文明建设的意见》，这是党中央对生态文明建设进行全面部署的首个文件，将生态文明建设独立立项侦查、纵深推进。2015 年 9 月，中共中央、国务院印发《生态文明体制改革总体方案》，提出了生态文明体制改革目标：到 2020 年构建起由自然资源资产产权制度、资源总量管理和全面节约制度、生态文明绩效评价考核和责任追究制度等八项制度在内的产权清晰、多元参与、激励约束并重、系统完整的生态文明制度体系。该方案从生态文明体制改革的总体要求、自然资源资产产权制度、国土空间开发保护制度、空间规划体系、资源总量管理和全面节约制度等 10 个部分，分 56 条提出了生态文明体制改革的具体内容，以“1+6”方式来推进生态文明体制改革工作，为加快建立系统完整的生态文明制度体系提供了方向和指引。在习近平总书记的主导下，中国共产党人致力于建立系统完整的生态文明制度体系，展现出生态文明制度创新思想发展的新高度，体现出建设生态文明是一场改变生产方式、生活方式、思维方式和价值观念的革命性变革，体现出生态文明制度建设创新的勃勃生机。2015 年 10 月，十八届五中全会提出以创协、协调、绿色、开放、共享作为“十三五”规划五大理念，首次加入了“绿色”理念，体现了对于生态文明的高度重视，开启了我国生态文明建设新局面。

党的十八大以来，习近平深刻认识到环境问题关乎广大人民群众的生活，将生态文明建设纳入到“五位一体”中，进行综合性治理，并在生态文明制度运行过程中以“四个全面”战略布局统领生态文明行动，推进“绿色发展”，努力实现美丽中国的美好目标。为此，他提出“既要绿水青山，又要金山银山；宁要绿水青山，不要金山银山；绿水青山就是金山银山 ”。“两山”理论是习近平总书记生态文明制度创新中的一大亮点，其实早在 2005 年，总书记在浙江担任省委书记，在安吉县考察工作时，首次提出“两山”理论，当时强调“我们过去讲，既要绿水青山，又要金山银山。其实，绿水青山就是金山银山。”2006 年，总书记以笔名“哲欣”在《浙江日报》上发表文章，生动地阐述了“两座山”之间辩证统一的关系。“第一个阶段是用绿水青山去换金山银山，不考虑或者很少考虑环境的承载能力，一味索取资源。第二个阶段是既要金山银山，但是也要保住绿水青山，这时候经济发展和资源匮乏、环境恶化之间的矛盾开始凸显出来，人们意识到环境是我们生存发展的根本，要留得青山在，才能有柴烧。第三个阶段是认识到绿水青山可以源源不断地带来金山银山，绿水青山本身就是金山银山，我们种的常青树就是摇钱树，生态优势变成经济优势，形成了一种浑然一体、和谐统一的关系，这一阶段是一种更高的境界，体现了科学发展观的要求，体现了发展循环经济、建设资源节约型和环境友好型社会的理念。以上这三个阶段，是经济增长方式转变的过程，是发展观念不断进步的过程，也是人和自然关系不断调整、趋向和谐的过程。”实践已经证明，绿色发展的生态保护思想正在崛起，生态文明制度建设成果不断涌现，理论与实践的良好互动促进了我国生态文明建设进程。

2016 年 10 月 11 日，习近平主持召开中央全面深化改革领导小组第二十八次会议并发表重要讲话。会议审议通过了《关于全面推行河长制的意见》(以下简称《意见》)，强调保护江河湖泊，事关人民群众福祉，事关中华民族长远发展。12 月 13 日，水利部、环保部联合发布了全面推行河长制的具体实施方案。实施方案提出落实《意见》的总体要求，即确保到 2018 年年底前，全面建立省、市、县、乡四级河长体系，为维护河湖健康生命、实现河湖功能永续利用提供制度保障。实施方案中提出的具体要求，如确定河湖分级名录，建立信息报送制度，严格考核监督等措施，是建立健全河长制工作机制、完善水治理体系、保障国家水安全制度创新的重要体现。全面推行河长制，目的是贯彻新发展理念，以保护水资源、防治水污染、改善水环境、修复水生态为主要任务，构建责任明确、协调有序、监管严格、保护有力的河湖管理保护机制，为维护河湖健康生命、实现河湖功能永续利用提供制度保障。要加强对河长的绩效考核和责任追究，对造成生态环境损害的，严格按照有关规定追究责任。《关于全面推行河长制的意见》体现了我国生态文明制度创新，是生态文明制度与实践在现实维度的一次有机结合。

党的十九大报告充分认可了我国生态文明建设方面的成绩，指出随着“大力度推进生态文明建设，全党全国贯彻绿色发展理念的自觉性和主动性显著增强，忽视生态环境保护的状况明显改变。生态文明制度体系加快形成，主体功能区制度逐步健全，国家公园体制试点积极推进。全面节约资源有效推进，能源资源消耗强度大幅下降。重大生态保护和修复工程进展顺利，森林覆盖率持续提高。生态环境治理明显加强，环境状况得到改善。”随着我国国际话语权的不断提高，党的十九大报告也总结了我国引导应对气候变化国际合作，成为全球生态文明建设的重要参与者、贡献者、引领者的贡献与成就。“建设生态文明是中华民族永续发展的千年大计。必须树立和践行绿水青山就是金山银山的理念，坚持节约资源和保护环境的基本国策，像对待生命一样对待生态环境，统筹山水林田湖草系统治理”，报告提出要“实行最严格的生态环境保护制度，形成绿色发展方式和生活方式，坚定走生产发展、生活富裕、生态良好的文明发展道路，建设美丽中国，为人民创造良好生产生活环境，为全球生态安全作出贡献。”在党的十九大报告的第九部分十分详细而系统地提出在建设美丽中国的目标下，加快生态文明体制改革，强化生态文明制度创新性发展，标志着我国生态文明制度创新已经进入了高速发展的黄金时期。习近平总书记吸收和借鉴了毛泽东、邓小平、江泽民、胡锦涛的生态文明思想，并结合时代需要，响应了民众呼声，逐渐形成了中国特色生态文明制度创新体系，是生态文明制度创新的最新成果和成就，他的生态文明思想始终以人民为中心。习近平总书记曾提出，我们要建设的现代化是人与自然和谐共生的现代化，既要创造更多物质财富和精神财富以满足人民日益增长的美好生活需要，也要提供更多优质生态产品以满足人民日益增长的优美生态环境需要。必须坚持节约优先、保护优先、自然恢复为主的方针，还自然以宁静、和谐、美丽。加快生态文明体制改革，建设美丽中国，开启生态文明建设新时代。推进生态文明建设和绿色发展，必须要加大环境治理力度，加快构建环境管控的长效机制，全面深化绿色发展的制度创新该制度体系不仅包含生态方面，还涉及政治、经济、社会、文化、法治等方面，将中国范式的生态文明制度体系推向纵深发展。

习近平生态文明制度创新有如下特点：

1. 系统性

习近平总书记强调生态文明建设需要建立一个系统完整的生态文明制度体系，他在多次讲话中提到要加强生态文明制度建设，要着力树立生态观念、完善生态制度，要完善经济社会发展考核评价体系，责任追究制度，要加强生态文明宣传教育。生态文明作为先进的思想理念，应该贯穿于国家治理结构的全过程，应该制定科学、整体、系统的制度体系。

首先，生态文明制度创新需要制定系统化的制度体系。生态环境问题背后成因多样，机制复杂，随着生态环境保护与建设工作的不断开展并走向深入，当前政府越来越清醒地认识到“山水林田湖是一个生命共同体”的真实内涵，也认识到生态文明建设不是一个点的工作，也不是一个线上的工作，亦不是一个面上的工作，而是一个立体型、综合性、系统性任务。因此各种生态文明制度创新的第一项重要任务就是确定系统化的重要原则。各类决策应将生态环境、经济、社会、政治、文化等各方面的共同发展相协调一致，而不至于顾此失彼。

其次，生态文明制度创新需要参与主体的全面参与。习近平总书记曾说：“生态环境治理是一个系统工程，必须作为重大民生实事紧紧抓在手上。要坚持标本兼治和专项治理并重、常态治理和应急减排协调、本地治污和区域协调相互促进，多策并举，多地联动，全社会共同行动。”建立生态文明制度创新机制必然需要统筹兼顾，协调多方力量，建立有机的系统机制，协同作战。

最后，整体看待各方利益，系统协调和平衡各方诉求。在制定发展战略和生态环境保护政策中，以生态理念为优先，对发展所涉及的各项利益都应当均衡地加以考虑，以平衡与人类发展相关的经济、社会和环境这三大利益的关系。习近平生态文明思想中的生态环境协同发展原则也是法政策学上利益平衡原则的体现，即各类决策应当考量所涉及的各种利益及其所处的状态，处理好生态环境与经济社会发展的相互关系。生态文明建设的制度和政策欲达到和谐状态，一个重要的前提是生态环境利益应成为新型利益，然后将此利益与其他利益进行平衡，将生态文明理念纳入经济社会发展全过程，建立资源节约型和环境友好型社会。

2. 民生性

面对严峻的生态环境形势，在完善实施责任追究制度的同时，也要对受害群体予以补偿，健全环境损害赔偿制度。习近平总书记指出：“以对人民群众、对子孙后代高度负责的态度和责任，为人民创造良好生产生活环境。”“民心是最大的政治”，对人民负责，自下而上来看，就是顺应人民期待，制定更加反映人民心声的生态文明制度，实施更加符合民生需要的管理方式推进生态文明建设。习近平总书记强调，“良好的生态环境是最公平的公共产品，是最惠普的民生福祉”。环境损害赔偿制度是维护社会公平正义、公众环境权益和保障民生的重要举措。“十三五”规划指出，要加大环境治理力度，以提高环境质量为核心，实行最严格的环境保护制度，形成政府、企业、公众共治的环境治理体系。要积极鼓励社会举报和民众监督，重视公众的环境诉求，明确界定环境损害赔偿责任人和权利人，明确环境损害赔偿的原则及范围，赔偿数额的评估、赔偿程序等。注重利用制度来强化单位或个人的社会责任，运用一定的经济惩罚来促使单位或个人外部环境成本的内部化。可见在习近平生态文明制度创新中，以民生视角构建制度、运行制度、评估制度是其重要的特点之一。

3. 思想性

习近平生态文明制度创新过程中蕴含了丰富的思想价值。这其中包含了三个维度：一是以马克思、恩格斯的生态文明思想为重要的理论内核和思想渊源。二是以毛泽东、邓小平、江泽民、胡锦涛的生态文明制度实践为依据，继承和发展了其优秀的思想。三是包含了我国传统生态文化的美好意蕴，将传统生态价值观引入现阶段的生态文明制度建设。总的来看，习近平的生态文明制度创新不是简单的制度层面的变革，而是在意识形态领域，对于宏观发展构思、政府治理理念、公民价值观念的全方位升华，是在价值维度发生的最深刻的变革与发展。同时，生态文明制度也丰富和发展了中国特色社会主义理论，成为了习近平新时代思想中不可缺少的重要组成部分。

4. 公平性

习近平的生态文明制度创新思想中体现了更宏观、更长远的谋划。党的十九大报告中习近平总书记强调"我们追求的现代化是人与自然和谐共生的现代化"，这表明生态文明一直以来都是与经济社会发展联系在一起的，并且随着时间推移其关系将更加密切，在越来越高度发达的经济社会发展水平中，也越来越能够体现出"良好的生态环境是最公平的公共产品，是最普惠的民生福祉"，这个理念也是我国生态文明制度制定的出发点和落脚点，因此生态文明制度建设在未来将更好地体现出公平性。权利和义务是对等的，每一个人都具有平等的生态环境权益，促使每一个公民的生态环境权利责任平等，而这种公平在运行维度包括代内公平、代际公平、区际公平和种际公平，在习近平生态文明制度创新中既是研究范围和实施区间的扩大，也是研究层次和实施维度的丰富和发展。

三、走出生态文明制度创新的困境

我们在前面学习了我国生态文明制度的理论积淀与发展过程，也系统了解了我国在党的十八大之后迎来的生态文明制度创新高速发展的春天。在我国，生态文明制度的建立和发展经历受到人口状况、资源储备、内外环境、经济发展、政治制度、社会文化等多方因素的综合影响。与此同时，生态文明制度是一个系统化的概念，其中包含了理论思想层面的价值内核，政府执行层面的制度制定与运行规则，民众参与过程中体现出的社会整体生态文明价值观念等，是一系列内外因素共同组成和影响的复杂机制。也正是由于生态文明制度自身的多样性与外在因素的复杂性，我国在生态文明制度创新的道路上难免会遇到瓶颈期，所面临的困境对政府在生态文明制度建设方面提出了更多挑战。

(一)我国生态文明制度创新中的困境

我国的生态文明制度发展经历了一个丰富的理论发展和实践创新的过程，在制度创新之路上，取得过值得肯定的成就，也存在很多不足，面临一定的困境。例如，生态文明制度创新会受到已有制度的制约，生态文明制度在执行过程中出现制定目标与结果不吻合的情况，生态文明制度执行不力，效果欠佳，理论与实践相脱节等。总的来看，我国生态文明制度创新面临的困境集中表现在以下几个方面：

1. 生态文明制度创新受到旧制度约束

每一时期的生态文明制度变革与发展都是在之前理论与政策基础上演化而来的。在现代国家治理维度中，为了国家治理的稳定与协调，国家出台的正式制度在运行中需要具有一定的稳定性，这对于国家出台新的管理制度和政策就像一只无形的管控之手。在这个维度中，旧的制度存在着鲜明的两面性。其一，旧制度在过去运行的过程中可能产生过良好的社会效益，是可以借鉴的科学、高效、有利于生态环境改善的制度，其中包含的合理理论与制度结构是应该进行保留的部分；其二，在现实层面，旧的制度中必然包括了执行效率低下，缺乏有效反馈，运行不够顺畅的部分。制度创新不是凭空就能够产生的，生态文明制度的革新与优化必定建构在固有制度的基础上。

旧制度自身的两面性决定了其对制度创新存在着一定的约束。首先，在积极方面，旧制度中的理论能够为生态文明制度创新指明方向，其合理内核能够确保生态文明制度的革新不偏离正确的、科学的轨道。与此同时，生态文明制度作为上层建筑，是对社会生产生活的反映，是在特定的社会历史时期产生的，旧有生态文明制度具有其时代烙印，并不能完全适应现在的社会实际，往往对新的生态理论缺乏认识，对新的问题缺乏解决方式，会在操作过程中存在一定的滞后性，无形中制约了生态文明制度创新前进的步伐。

2. 生态文明制度创新受到执行力影响

长期以来，“立法强、执法弱”一直是困扰生态文明法律制度建设，影响其先进政策理论在实践维度自我检测，有效修正的重要干扰因素之一。生态文明制度内容多样，分为正式制度和非正式制度，强制性制度、选择性制度和引导性制度，基本制度、管理制度和文化制度，根本制度、基本制度和具体制度等。现阶段，我国生态文明制度的构建与运行仍然是以国家倡导、主导、指导为主，在之其中，随着我国《宪法》《环境保护法》《大气污染防治法》等环保相关法律的修缮，我国生态文明制度中的法律体系得以初步建立。此时，我国环保立法进入了快速、高产的发展阶段，立法成果颇丰，在环保主要领域基本做到有法可依。然而，在生态文明相关环保法律的执行中，局限于我国社会发展整体水平、执法人员缺失、执法授权不明、公众对环境执法有误解等外部因素，存在立法强而执法弱的问题。

科学正确、强而有力的法律体系是生态文明制度有效推行的有力武器和制度保障，其存在是国家治理能力提高的重要标志之一。在强立法背后，是党和政府对生态文明制度创新和对生态环境改善的深切期待，融合了在生态文明理论、思维、观念等多方面的创新。法律作为意识形态中的制度内容，是对社会生产生活的一种调整与反映，是对社会运行的一种强制性规定，具有最高的外在约束力，是一种硬性的制度。与生态高度相关的环保法律法规的完善是生态文明制度创新的重要保证，严格的立法是生态文明制度顺畅运行的先行。现阶段，反映生态文明制度发展的环保立法内容翔实，强硬有力，但是在正式制度具体执行的过程中，因为缺少了非正式制度的同步性支持，在缺少民众充分理解，整体的高度认同度欠佳的现状下，难以达到预期效果。此外，作为政策执行者，很多执法人员对于生态文明与环保法律的学习和认知也有待提高。在立法强而执行弱的情况下，生态文明制度的运行效果很难得到保障，其理论与实践的创新遇到一定困难。

3. 生态文明制度创新受到传统决策方式干扰

现阶段，作为由政府主导的生态文明制度建设蓬勃发展，也取得了一定的成绩，党的十九大报告指出：在过去五年中，我国生态文明制度建设成果显著，具有历史性变革意义，“生态文明建设成效显著。大力度推进生态文明建设，全党全国贯彻绿色发展理念的自觉性和主动性显著增强，忽视生态环境保护的状况明显改变。生态文明制度体系加快形成，主体功能区制度逐步健全，国家公园体制试点积极推进。全面节约资源有效推进，能源资源消耗强度大幅下降。重大生态保护和修复工程进展顺利，森林覆盖率持续提高。生态环境治理明显加强，环境状况得到改善。引导应对气候变化国际合作，成为全球生态文明建设的重要参与者、贡献者、引领者。”可见，在生态文明制度创新方面，党和政府的决策科学、效果明显。

但是从更宏观的维度来看，现有的决策方式也受到传统模式的制约，干扰了生态文明制度创新的发展。首先，由于计划经济余韵的历史影响，在生态文明制度创新过程中，因为市场经济体制不够完善，环保制度的推行仍依托于行政指令，在政策制定的过程当中，仍然以上级部门接受中央政策精神，根据本地区实践出台具体实施方案的传统流程，政府还未能完全实现向公共服务型政府的整体转变，这种模式没有充分发挥出民主决策的作用，政策制度的制定仍然显示出“集中强、民主弱”的特点。许多重大决策仍存在先由中央定调、后进行小范围民主讨论，这一流程无形中影响了科学民主决策的充分实现，导致民众对环境政策出台与施行的参与感、认同感较弱，出现了正式制度与非正式制度之间的不兼容。同时，我国幅员辽阔，人口众多，不同地区间的自然环境、人口构成、原有基础等因素差异性较大。面对极为复杂多变的微观制度执行环境，中央决策无法巨细顾全，使得环境制度建设偏于设立原则，少于细化措施，经由各地区各部门重新阐释和制定的具体制度很可能与中央的制度存在一定偏差甚至是背离，从而也增加了环境制度在地方推行的难度。不能顺畅进行的正式制度与非正式制度之间的差异和冲突加剧了生态文明制度执行的困难，进而干扰了生态文明制度创新的推进。

4. 生态文明制度创新受到制度冲突阻碍

我们在前面学习过生态文明制度的分类，知道了生态文明制度可以分为政府主导和出台的生态文明正式制度和广泛存在于社会意识形态领域，反应在价值取向之中的非正式制度。从我国生态文明制度建设的理论和实践来看，国家大力推进的生态文明制度主要由法律规范和官方机构制定的软法规范组成的正式制度。正式制度内部有可以细分为立法制定的生态环境法律规范，不以法律法规形式出现的由官方机构制定的生态环境行动计划、政策、宣言、协议等规范性文件，由环保组织和其他社会组织制定的自治规范和自律规范，也就是分为法律规范和软法规范等。

首先，因为组成内容多样，生态文明正式制度内部存在着冲突。正式制度内部的冲突主要表现为法律规范之间的冲突、软法规范之间的冲突以及法律规范与软法规范之间的冲突。生态文明建设中的软法规范可以分为两大类，一种是环保NGO等社会组织制定的自治规范和自律规范，另一种是相关国家机关和执政党等官方制定的生态环境政策文件以及签署的生态环境行政协议等不属于法律规范的规范性文件和行政协议。由于制定主体、制定时间、调整对象的不同以及其他各种原因，法律规范、软法规范内部及相互之间不可避免存在一定冲突和矛盾。一般说来，法律规范之间的冲突可以根据法律冲突理论和《立法法》的相关规定，明确法律规范的效力位阶和正确适用的方法，并在相关法律法规修改之时清理修订冲突的法律规范。例如，首轮中央环保督察已实现对31省(自治区、直辖市)的全覆盖，督察组并没有专门对各地的地方法规规章和规范文件审查，但从反馈意见的公布稿来看，仍然指出了不少地方的法律规范、软法规范与中央的法律规范和软法规范相抵触。如宁夏回族自治区发展改革委批复的《灵武再生资源循环经济示范区总体规划》侵占白芨滩国家级自然保护区实验区1293亩；甘肃省环保厅2015年公布清理废除阻碍环境监管执法“土政策”的公告中称未发现存在阻碍环境监管执法的“土政策”，中央环保督察组的反馈意见中却指出2013年修订的《甘肃省矿产资源勘查开采审批管理办法》，允许在自然保护区实验区内开采矿产，违背《矿产资源法》《自然保护区条例》上位法的规定，导致部分自然保护区内违法采矿问题突出；西藏自治区旅游发展委2017年1月编制的《西藏自治区“十三五”旅游发展规划》违法国家自然保护区规划，违规将部分重点项目规划在自然保护区缓冲区内；陕西省渭南市也违规出台阻碍环境执法的“土政策”。虽然环保督察组仅指出了个别省区与中央的法律规范、软法规范之间存在冲突，但在浩瀚的中央和地方法律规范和软法规范中，这种冲突的数量非常巨大，难以统计。如根据国务院办公厅《关于加强环境监管执法的通知》，江西省于2015年2~5月底就排查阻碍环境监管执法“土政策”95件。在生态环境部等七部门联合开展的“绿盾 2017”国家级自然保护区监督检查专项行动中，废止相关地方性法律法规 12 部，修订 51 部。而软法规范数量庞杂，规范化和系统化的程度不高，特别是官方制定的环境保护政策、行政指导规范和行政协议等软法规范中存在的政令不清、政出多门、政出多层以及地方“土政策”与中央政策双轨甚至多轨运行等问题，集中体现了软法规范的内部冲突及与法律规范之间的冲突。基于各自宗旨和追求利益的不同，环保组织制定的自治规范和自律规范必然存在冲突，但这种冲突属于合理可控范围，对于我国在推进生态文明制度建设进程中重点加强建设的官方软法规范和法律规范影响不大，因而官方制定的软法规范内部及其与法律规范之间的冲突更具有代表性。2018 年全国人大通过的国务院机构改革方案，涉及生态文明管理机构的内容主要体现在整合了环境保护部和国土资源部等多个部门的职能，组建了生态环境部和自然资源部。方案虽由全国人大通过，但由于未以法律的形式出现，因而还属于软法规范的范畴。经简要梳理，就可以发现方案中关涉生态文明管理机构的软法规范与相关国家立法甚至最新立法都存在较多冲突，迫切需要对相关法律规范作出修改，这就是生态文明制度建设在正式制度内部面临的瓶颈，阻碍着生态文明制度创新。

其次，生态文明制度中的正式制度和非正式制度之间也存在矛盾与冲突。有关生态文明的风俗习惯可以称之为习俗规范，是一定区域内的社会成员在长期历史实践中基于一定文化孕育与价值认同并经内在博弈均衡而自生自发的群体性行为标准、准则和规则；有关生态文明的价值理念可以称之为文化规范，是在调整人与生态环境之间以及以生态环境为中介的人与人之间关系过程中，人们基于内在博弈均衡而自生自发形成的一系列理念标准和价值准则。习俗规范和文化规范虽然都不是由国家制定并以国家强制力保障实施的，在一定区域范围内由于得到广大社会成员的普遍认可，具有规范和制约人们的价值观念、思维方式以及社会行为和社会发展的较强规范力量，对国家制定特别是对国家实施有关生态文明的法律规范和软法规范会产生较大的促进或阻碍作用。当习俗规范和文化规范与法律规范和软法规范的内容一致时，就有利于促进生态文明制度的制定和实施，反之则起到阻碍作用。在当前的生态文明制度建设过程中，正式制度一般由中央政府部门制定，由各级人民政府进行执行，民众参与过程中出了尊重法律法规、政策文件的内容之外，容易出现正式制度内容抽象，不易执行；各级领导部门层层传达，出现偏差，而政策内容与民众旧有的思想观念、价值取向存在偏差或背离等情况。制度不是空中楼阁，如果不能切实落地，必然影响成效，干扰生态文明制度创新。这也需要我们在生态文明制度建设之中予以高度重视不少有关生态文明的风俗习惯和价值理念在影响国家制定特别是影响国家执行有关生态文明的法律法规和相关规范性文件。

5. 生态文明制度创新被操作过程减弱

“形式强、实效弱”一直是困扰我国生态文明制度效果的负面因素之一。在 21 世纪初市场经济的改革浪潮中，因为急于积累政绩，有些政府部门和单位中出现了一些错误的工作作风，比如片面注重形式，不重视实际效果，对政策结果缺少相应的反馈，得过且过，工作散漫等工作作风。这些工位作风使得很多政策在出台之后，成为了单纯的理论构想和数据化的政治业绩，这使得前一时期的很多生态文明制度中的理论具有浮躁、夸大、片面等问题。很多部门在构建生态文明制度的时候，过分强调制度的学理性和学术性，在政治、法律、社会等学科的理论上架构起来的很多理论会成为空中楼阁，不够接地气。这样的政策在理论上存在一定的创新性，但是忽略了政策如何落地，导致生态文明制度中的正式制度部分难以实现从理论到实践的转变。在相关法律法规的决策上，生态环境保护领域的主要方针政策是由主要领导班子决定的，而"民主集中""专家建议"均为陪衬；在政策法规的施行上，对下监督易、对上监督难；环保工作做到位的不多，会议总结头头是道；从政绩出发，片面追求轰动效果，不考虑实际情况，劳民且浪费。以政绩为目标的生态文明制度必然存在短期性、功利性的缺陷，不能真正符合生态文明制度建设的系统化、长期化需要，也进一步影响到生态文明制度的创新。

生态文明制度创新需要的系统化、科学化、长期化的制度处于相对缺乏的状态，这使得真正意义上的创新很难实现。制度创新可以分为思想创新、内容创新、方式创新等方面，片面的创新难以具有真正的实践效果。形式上的制度创新往往过于理想化，忽略了实践的需要，在内容上往往注重基本原理、政策总结、因果分析，而缺少对现实真正的关切，这样制定的制度在执行的过程中也面临很多问题，最容易出现理论与现实的脱节，难以完成生态文明制度创新的现实需要。过于表面化、形式化的口号甚至会影响民众的参与热情，对非正式制度产生更加严重的负面作用。

(二)我国生态文明制度创新困境的成因

生态文明制度创新是丰富和发展习近平新时代中国特色社会主义理论的需要，是国家治理现代化的重要体现，是实现美丽中国，提升百姓幸福感的重要保障。前面我们认识了现阶段生态文明制度建设所遭遇的瓶颈与困境，这些问题背后的成因复杂，主要可以归结为以下几类：

1. 生产力发展水平的根本性制约

党的十九大报告指出：在过去的五年中，我国经济建设取得重大成就。坚定不移贯彻新发展理念，坚决端正发展观念、转变发展方式，发展质量和效益不断提升。经济保持中高速增长，在世界主要国家中名列前茅，国内生产总值从 54 万亿元增长到 80 万亿元，稳居世界第二，对世界经济增长贡献率超过 30%。供给侧结构性改革深入推进，经济结构不断优化，数字经济等新兴产业蓬勃发展，高铁、公路、桥梁、港口、机场等基础设施建设快速推进。农业现代化稳步推进，粮食生产能力达到 12 000 亿斤。城镇化率年均提高 1.2 个百分点，8000 多万农业转移人口成为城镇居民。区域发展协调性增强，"一带一路"建设、京津冀协同发展、长江经济带发展成效显著。创新驱动发展战略大力实施，创新型国家建设成果丰硕，天宫、蛟龙、天眼、悟空、墨子、大飞机等重大科技成果相继问世。南海岛礁建设积极推进。开放型经济新体制逐步健全，对外贸易、对外投资、外汇储备稳居世界前列。我国经济建设取得了举世瞩目的成就，但仍是最大的发展中国家，处于社会主义初级阶段，经济建设仍是发展主线。在之前很长一段时期，过度依赖粗放型经济发展模式经过长期高速发展，由贫穷落后到独立富强的发展过程中，无形中会形成一种先强大起来，再解决遗留问题和新问题的心理趋向，也就是曾经走上的先污染后治理的发展路子。我国生产力水平与发达国家相比还有很大差距，虽然经济总量排名世界第二，但是人均 GDP 还比较低，贫富差距问题也比较严重。一些人还认为贫穷才是最大的"污染"，因此，当脱贫致富与环境保护出现矛盾时，往往陷入越穷越破坏，越破坏越穷的恶性循环，这种情况在经济落后地区尤其明显，依赖粗放的发展模式，以资源的无节制开采，环境的破坏性使用作为摆脱贫困的重要手段。

生态文明制度创新需建立在充分了解和认知实际国情的基础上。毛泽东曾指出："一张白纸，没有负担，好写最新最美的文字，好画最新最美的画图。"但是如果对基本国情了解不深不透，就会不自觉地，甚至是盲目地破坏这张白纸，或者涂改了这张白纸，并且付出惨痛代价。经济发展方式实质上就是指依赖什么要素，借助什么手段，通过什么途径，发展什么类型的实现经济。依靠生产要素数量投入的粗放型经济发展模式主要关注的是眼前利益，不计发展后果，不利于经济社会的可持续发展。如今粗放型经济发展模式已经不适应社会和时代的发展要求，我国也在"五位一体"思想指导下加快了生态文明进程，大力度推进生态文明建设，全党全国贯彻绿色发展理念的自觉性和主动性显著增强，忽视生态环境保护的状况明显改变。全面节约资源有效推进，能源资源消耗强度大幅下降。重大生态保护和修复工程进展顺利，森林覆盖率持续提高。生态环境治理明显加强，环境状况得到改善。生态文明逐步抛弃了粗放型经济发展模式。但是，集约型的经济发展模式对经济发展水平和生态科技水平要求高，因为科学技术能提高资源利用率和产品质量，为实现集约发展提供强大的技术支撑。近年来，随着天宫、蛟龙、天眼、悟空、墨子、大飞机等重大科技成果相继问世，我国科技实力明显增强，科技专利总数畏惧世界前列。但是，因为起步较晚，科学技术水平有待进一步提高，关键技术和核心技术自给率有限，自主创新能力不强，在一定程度上还无法满足集约型经济充分发展的需要，制约了生产力水平的提高，而生产力又对社会整体意识形态起着基本作用。生产力水平有待提高的现实国情进一步干扰了生态文明发展的进程，使得生态文明制度创新阻力重重。

2. 社会主义制度优越性未能充分发挥

物质资料的生产方式是维系人类生存和发展最基本的实践方式。无论是原始社会的生产、奴隶社会的生产、封建社会的生产、资本主义社会的生产还是社会主义社会的生产，同样无论是农业社会的生产、工业社会的生产还是后工业社会的生产，最终都离不开人类对自然界的开发和探索，也就是说人与自然的关系是一切社会关系的基础。物质资料的生产方式规定着社会发展的状态和进一步发展的方向。关于人与自然矛盾造成的生态问题，如果说前三种社会形态由于生产力水平低下而没有出现严重生态危机的话，资本主义的资本本性造成的生态问题就是不可避免的必然结果。生态危机是人类面临的共同问题，但资本主义私有制条件下产生的生态危机和社会主义公有制条件下出现的生态问题有着本质区别。不消灭资本主义私有制这个前提，资本主义生态危机就不会得到根除。而社会主义的生态恶化则需要建立科学的生产方式和生态绿色的制度体制才有可能得到较好的解决。

社会主义制度与生态文明具有天然的兼容性，能够相互促进，和谐共荣。在中国共产党的领导下，中国在社会主义生产发展，社会建设等方面取得巨大成就，经济实力不断提升，综合国力显著增强，经济结构明显改善，人民生活走向小康，国际影响力大幅度提升。这些都离不开社会主义制度优越性的发挥。社会主义制度的优越性涉及在政治、经济、文化上等多个方面。综合来看，社会主义制度的优越性就是能够通过强有力的国家权力进行政府作为，集中力量办大事。在于天然地包含着动员和依靠所有社会成员的力量共同建设自己国家的理念；在于能够运用国家的宏观调控，有步骤地实施发展规划；在于能够做资本主义制度做不了的，不愿做的事情。邓小平曾经说过："社会主义国家有个最大的优越性，就是干一件事情，一下决心，一做出决议，就立即执行，不受牵连……就这个范围来说，我们的效率是高的，我们要保持这个优势，保证社会主义的优越性。"中国特色社会主义生态文明制度建设离不开社会主义制度的优越性，在以往的环保事故中，政府应急保障的及时性、动员的有力性和救灾的有效性，保障了人民群众的生命财产安全。而在党的代表大会上将生态文明建设提高到"五位一体"的重要程度，并进一步提出生态文明制度体系建设，引领全社会走上生态文明建设和环境保护的道路，这些都是社会主义制度优越性的体现。但是，在中国特色社会主义生态文明制度创新方面，社会主义制度的优越性还没有充分发挥出来。生态文明制度建设过程中存在形象工程，存在忽视地域和行业差别的制度安排，存在地方政府不作为的问题等，这些都不利于增强我国在中国特色社会主义生态文明制度自信与创新。

3. 民众生态文明意识有待提升

我国生态文明理念与制度教育尚处于初期阶段，参与主体普遍对生态问题高度关切，但是相关知识匮乏，生态文明观念陈旧。人类对自然的作用总是带有经过事先考虑的、有计划的、向着一定的和事先知道的目标前进的行为的特征。因此，能够引导生态文明行为的生态文明理念十分重要。但是，长期以来对生态环境的忽视，使得公民缺乏生态责任意识，环境权利意识和法律意识淡薄，片面认为环境保护只是政府的责任和事务。而公众受突发事件的刺激，对生态环境保护修复又会产生强烈的愿望，但公众的环境义务不明确，环保意识淡薄。很多人只注重对切身利益相关的生态问题，很少有人考虑其使用的产品，在生产过程中对环境的影响。现实生活中，一部分人认为个体对生态的破坏微不足道，在使用白色污染物上依然我行我素。一部分人会抱怨空气不好或水质不好，并不认为自己应负有一部分责任。事实上，诸如实行垃圾分类处理，维护社会环境卫生和保护绿化等生活环境保护，如果没有群众的广泛参与是不可能实现的。即使靠其他力量实现了，也会因成本的高昂而难以为继。制度、政策、法律和行为都是思想观念的外化和体现，生态文明价值观的严重缺乏，导致自觉的生态文明制度实践寸步难行，或者建立起来以后，执行也非常困难。

(三)走出生态文明制度创新困境的途径

十九大提出了生态文明制度建设的具体要求，更提出了实践没有止境，理论创新也没有止境。世界每时每刻都在发生变化，中国也每时每刻都在发生变化，我们必须在理论上跟上时代，不断认识规律，不断推进理论创新、实践创新、制度创新、文化创新以及其他各方面创新。可见，生态文明制度创新即是党和国家的重要决策，也是时代的呼声。当前，我国的生态文明建设已经取得了初步的成效，在此大背景下，我们应该抓住时代的机遇，积极主动地对环境管理制度进行创新，不断探索研究出更加高效可行的环境管理办法，以问题为导向，积极进取，走出生态文明制度创新的困境。

1. 理论创新科学化

科学的理论是创新的智慧之源，创新的制度是科学理论的实践舞台，生态文明制度创新的顺利进行需要科学化的理论引航。科学是运用范畴、定理、定律等思维形式反映现实世界各种现象的本质和规律的知识体系，是对一定条件下物质本质变化规律的研究和总结。科学的本质是做到主观认知与客观现实的具体的、历史的统一，是人们进行社会实践过程中不可缺少的符合客观规律的指导，是人们认识世界和改造世界的有效手段之一。马克思认为："社会主义自从成为科学以来，就要求人们把它当作科学看待。"生态文明思想是几代中国共产党人在马克思主义生态文明思想基础上发展而来的，是科学对待人类社会与自然界客观规律所得出的伟大理论成果。随着中国特色社会主义进入新时代，在经济制度多样化发展的社会经济背景与一主多元文化背景下，生态文明制度的制定与运行需要在遵循科学理论指导的过程中，不断以科学的态度、方法来处理理论向实践领域过渡中出现的一系列问题，是将生态文明制度建设的全部过程和所有方面纳入科学的发展轨道，对其活动进行整体而全面的要素分析和流程管控，实现生态文明制度的不断变革与自我完善。

首先，我国生态文明制度创新的核心是坚持理论的科学创新。习近平生态文明思想正是理论创新的时代表现，是我国生态文明制度创新的一次飞跃。改革开放以来，我国环保制度的建设始终伴随着经济的发展，从起步期质朴的环保措施，到之后环保政策、环保法律、环保机构的逐个展开，为推进我国环保事业乃至整个社会主义现代化建设奠定了基础。2012 年 11 月党的十八大顺利召开，开启了我国生态文明建设的新纪元，报告中首次明确提出“建设生态文明制度”这一崭新命题，进而在党的十八届三中全会中上升为“生态文明制度体系”重要理论构想。生态文明制度体系是对以往单一、零碎的环保制度进行的变革与超越，是规范化、系统化、综合化的生态文明制度的集合体，是我国建设生态文明的必要保障，也是继续推进我国社会主义现代化建设的必经之路。党的十九大更是对生态文明制度建设提出了更新更具体的要求，为生态文明制度理论创新指明了方向。理论创新要注意以下几点：第一，保持先前理论的合理内核。理论创新不等于忘记过去，习近平的生态制度体系的形成不是一蹴而就，更不是凭空产生的，它是在社会主义实践过程中，继承和发展前人优秀的生态文明思想并不断演进而成。生态文明制度体系在我国经济社会发展的不同时期经历了萌芽、成熟和发展等不同阶段，带着深刻的时代烙印。第二，坚持理论原则。生态文明制度创新不是天马行空的空想，而是在科学、理性、系统、全面的轨道上，对已有制度中的陈旧、坠余、无效、错误内容剔除，结合时代需要，融入有建设性和变革意义的思想内容。第三，积极进行实践。生态问题起源于社会生产实践，其解决过程要依靠实践，成果也是由生态环境和生态文明程度等现实内容来进行检验。因此，真正的创新离不开实践的检验，没有实践的理论创新是空中楼阁，难以真正实现生态文明制度创新。

其次，我国生态文明制度创新要重视文化氛围营造。文化是一切有人类行为影响的物质与非物质的集合体，生态文明制度作为文化的一部分，主要以非物质的形式影响着我党制定的国家政策到人民群众思想观念的生态文化。文化是理论生成的沃土，是生态文明制度建设的理论创新得以实现的重要来源之一。我国生态文明制度建设中的规范类型繁杂多样，内部不可避免存在一定冲突。例如，生态文明制度中的正式制度与非正式制度同时作用，使得正式制度与政策条文的可实施性和有效性受到多方面挑战，也与当前日益紧迫和不断凸显警示意义的生态环境灾害造成的危机边界不相吻合。生态文明的正式制度内部及与非正式制度之间都存在一定冲突，影响了我国当前重点加强建设的生态文明法律规范和官方制定的软法规范的权威和认同，给生态文明法治化带来了一定危害，因而有必要对各类规范进行整合，而文化因素是最有效的冲突调节剂。因此，生态文明制度创新应该着眼于对民众进行生态文明教育，形成整个社会高度认同的生态价值观点、理论、体系等文化。通过生态文化的创新性发展和推广，能够有效将生态文明制度中的文化因素和价值内核传导给每一个参与者，在制度的制定者、执行者和民众之间达成一种思想层面的共识，形成一种良性互动。第一，应该加大环保宣传教育，提高全民生态意识。受制度本身柔性影响，生态文明制度建设需要政府、企事业单位、市场、公众的共同参与，抓住生态思想源头，将破坏生态环境的观念扼杀在萌芽。将生态文明教育贯穿教育全过程，通过社会舆论宣传和普及生态知识，不断提高公众的环保意识，树立社会主义生态文明观和“保护生态，人人有责”的责任观，积极投身到环保行动中，依法有序行使监督环境权。同时，将生态文明建设作为干部培训的重要内容之一，开展绿色机关、绿色企业、绿色社区、绿色家庭等活动，建设环保志愿者队伍，形成生态文明社会新风尚。同时，应该积极调动民众积极性，鼓励其参与政策制定，通过民意调查与情景规划，了解公众的环境诉求与生态需求，并将其体现在相关环境政策的制定与实施过程中，可以促使公众认可并接受环境政策并形成一种社会共识。其次，创新生态文化品牌，培育生态文化特色。组织各地市争创国家森林城市、培育特色生态名城；以生态农村建设为平台，培育农村特色生态文化；充分利用生态文化村的优势，科学规划布局，开展科普教育，实施生态文化精品战略，提升生态文化整体水平。加强建设和管理森林公园、湿地公园、海洋公园、自然保护区、风景名胜区等生态文化产物，争创一流生态文化产品。再次，发展生态文化产业，打造生态文化产业群。推动绿色科技，在生态文明的建设过程中，优化生态管理体制、组织工作，提高生态运行机制，都需要通过绿色科技支撑，以确保相关政策制度切实落地。在国际局势方面，当前许多国家不断就我国的环境问题发表抨击，制约我国出口贸易以及在国际上的地位。创建资源型、品牌型、休闲娱乐型生态文化产业群，努力提高绿色产业品牌的规模化、市场化水平。努力地将传统文化融入生态建设、绿色经济发展设计中，推进生态市、生态县区、生态乡镇、生态社区建设，把生态文化建设内容和要求纳入精神文明创建考核指标体系，打造独特的生态文化发展产业。

2. 制度构建系统化

从系统论的理论逻辑来看，整个人类社会可以称为一个巨系统，在这个巨系统内部，生态文明制度作为这个巨大系统的组成部分是与政治、经济、文化、社会等系统相互关联、相互制约、相辅相成的。生态文明制度建设的社会活动本身，就是中国特色社会主义建设活动系统中的重要一环，其内容本身就具有理论与现实双重意义上的系统性。生态文明制度创新思想不但在理论层面展现着中国特色社会主义理论在生态文明建设层面的理论创新与思想内容，而且在现实层面与社会主义初级阶段的社会大环境相互作用，并集中体现于和物质文明系统、政治系统、文化系统、社会系统之间的相互作用上。要充分发挥其作为生态文明系统中的核心环节对人类长期发展的重要影响作用，以及其活动背后对整个社会产生的系统化连锁反应，这样才能推动生态文明视野的长效发展。

生态文明制度是其活动本身在制度、内容与方式方法层面的显现形式，在本质内涵和实质内容上都充分显示出系统性的特点。生态文明制度创新需要构建要素齐全、分工明确、系统成型的制度体系。具体来看，可以分为四大主制度，四者相互联系、相互促进、密不可分，且每一主制度都由若干子制度组成；子制度内部的元素间既存在同一层面的交互关系，也存在跨层次的活动形式，这种交互作用不断推动生态文明建设活动与社会整体环境协调发展，巩固和推进生态文明制度内部要素之间和谐运行，使整个制度保持系统化的良性运转和发展态势，使生态文明制度有效有序的进行。

第一，制度创新要理论联系实际。生态文明制度创新是形成于“五位一体”战略布局和“美丽中国”建设目标下的生态文明理论创新，是在“新时代”形成的特定制度集合，必须高度适应于我国国情，能够真实反映客观的生态环境问题，反映经济发展与资源消耗的情况，反映制度约束与实际执行之间的关系。生态文明制度本身作为一个开放的、系统的制度体系，其制度创新应该立足我国现实情况，其本身具有实践上的科学性和理论上的价值。生态文明制度创新是一个理论投射进实践，实践及时反馈，促进理论不断自我完善的系统过程，是整个制度系统正确运行、有效运转的起点和基础，是生态文明制度创新的核心和灵魂。生态文明制度创新需要理论联系实际，需要为了丰富、发展和完善生态文明制度的内容，要架起理论与实际之间的桥梁，将生态文明理论的建设立足于现实，确保理论内容与社会现实价值需求的充分适配。理论联系实际是确保生态文明制度自身权威性、主导性、有效性的重要保障，是其制度创新活动正常开展的重要基础，也是后续与时俱进提升、立足实践发展和吸收营养自我完善的基础和前提。

第二，制度创新必须与时俱进。与时俱进的思想是一个以时代特征为基础的动态概念，要求我们在中国特色社会主义事业建设的过程中把握时代变化，紧跟时代步伐，始终站在时代前列。与时俱进强化了解放思想、实事求是的创新内涵，反映了时代的发展变化对党的全部理论和工作要富于创造性的新要求。生态文明理论进步与内容完善充分体现着我们党与时俱进的思想路线，是生态文明相关政策理论不断进步的前提，也是其制度不断完善，创新不断加强的根本保障。与时俱进提升是一种时代性、创新性、先进性的要求，是对生态文明制度自身不断发展与完善的目标设定，也是理论追求。生态文明制度创新必须与时俱进，这是针对生态文明制度理论自身的完善提出的，是指用以创新的精神和科学的态度去认识、把握和遵循生态文明制度建设理论的发展，积极适应时代的发展、变化，不断自我完善与更新，确保生态文明制度创新的活力。

第三，生态文明制度创新必须立足整体实践。长期以来，我国生态文明制度建设存在着生态制度理念的缺失、制度的操作性和执行度不高以及制度体系不完善等诸多问题，逐一解决的关键是立足于我国实际。在我国转型发展的关键时期，党中央对生态文明制度建设开始大力倡导和逐步开展，但由于仍处于探索阶段，制度建设的全面性和操作性不足，且地方政府的绩效评比机制仍由 GDP 来决定，造成制度的执行和监督力度偏低，这不利于环保工作的开展和生态文明制度发展与创新。基于此，习近平总书记指出：“建设美丽中国，要加强生态环境保护，推进制度创新，努力从根本上扭转环境质量恶化趋势。”他还提出：“我国生态环境保护中存在的一些突出问题，一定程度上与体制不完善、机制不健全、法制不完备有关。”生态文明制度创新应该对原有制度进行规范整合，坚持“一元多样”的建设原则，从文化规范、习俗规范、软法规范和法律规范等维度着手。文化规范要在生态文明建设中融合与创新，习俗规范要进行现代价值的梳理与选择，软法规范要规范化和系统化，法律规范要通过“自上而下”和“自下而上”的双向互动与其他规范整合。生态问题的多样性、系统性、整体性，要求我们治标治本措施双管齐下，健全生态制度，实现生态环境的善治和长效。在推行现行生态制度的基础上，不断加强生态文明政策，重视生态的系统性、整体性，完善生态管理制度。通过完善生态文明制度体系，释放制度红利。只有生态文明建设的制度障碍消除了，才能建立起完备的生态文明制度创新体系，保障生态文明发展道路的畅通无阻。以生态问题的整体性为基础，统筹把握生态管理制度的系统性，从整体着眼，建立完整系统的生态管理制度。加强生态顶层设计，完善生态环境预警监管制度。要进一步整合职能部门，设置直接负责生态文明的机构，构建“政府统一领导、环保部门统筹负责、多部门协调分工”的工作机制。针对出现的问题，开展深入调研，着眼于生态环境承受能力，将经济社会发展与生态环境的承载能力结合起来，健全环境预警监测机制，划定生态红线，严格监管所有污染物排放，加强统一监管，提高政府绿色决策的科学性和执行力，宏观上加强政治领导。从源头上约束决策高层的政治决定和具体执行者的行为，使政府的决策更加符合生态文明建设的要求。健全自然资源产权制度，严格执行生态补偿机制。政府通过法律明确自然资源的权责归属关系，坚持谁使用谁买单、谁污染谁治理的原则，统一行使所有者职责和生态保护修复职责，统筹规划，落实用途管制。将自然资源形成生态产品，政府代表较大范围的生态产品受益人通过均衡性财政转移支付方式购买生态产品，综合运用各种补偿手段，完善重点生态功能区生态补偿机制；逐渐推进市场化、多元化补偿机制，让市场介入，由第三方来治理环境污染。

3. 运行过程协调化

从生态问题的差异性来考虑，应该保持生态管理制度的协调性。

首先，在空间维度上应针对生态问题的差异性，因地制宜，设置相应的制度。在生态监管上，建立“统一监管、分工负责”和“党委监察、政府监管、单位负责”的生态监管体系，设立国有自然资源资产管理和自然资源生态监管机构，整合监管力量，明确监管法律授权，从而建立既独立又统一的生态监管体制。无论是总体战略部署还是任务总要求的贯彻落实，我们都需要做到一种各级人民政府层面上更为明确的职权配置与政策举措跟进。举例来说，党的十八大报告把“优化国土空间开发格局”作为“四大”任务总要求的第一个，这是非常正确和必要的。但是，与实现这一任务，要求直接关联的不仅是由哪些国家机关来主要负责组织实施的问题，还包括这样一种总体布局性调整几乎必然引发的全国性生态补偿制度与机制建设问题。在过程管控制度建设上，除去制度建设本身内容多、种类繁、情况杂的一般性问题，环境问题还存在流动性问题。例如，污染物的扩散通常是随机无规律的，常常会出现污染与治理区域不统一的尴尬局面，又由于相关制度规定中污染治理的区域分割较生硬，从而导致权责不清、监管不力、治理效果差强人意的局面。因此，在日后的生态管控制度建设中，无论是资源的有偿开发权利，还是运用经济手段进行生态补偿的环保手段，重点是将开发权与环保责做对应要求，使权责间达到真正的平衡。就此而言，贯彻落实党的十八大关于大力推进生态文明建设的政治决策的关键性举措理应是尽快实现生态文明建设的制度化，尤其是在国家和中央政府层面上。生态文明制度创新应该是对以往单一、零碎生态文明制度的变革和飞越，在其过程中必然包含了提升、整合与重建三个过程，既要统筹全局，又有兼顾个别。

其次，在时间维度上生态文明制度创新应该对过去的问题进行充分认识，并从他国的历史经验教训中自我规划，自我发展。我们应从根源上防患生态损坏行为的产生，树立前瞻思维，不走西方"先污染后治理"的老路，以创新的手法转化绿色科技为绿色产业，真正实现生产方式到消费方式的全面生态文明。界定好自然资源和自然资产的归属权，采用高标准、严要求的生态准入原则，在制定空间规划上充分考虑各项动态影响因素，在各项源头制度实施之初多采用试点方式，增强其实战水平，使源头制度在设计上少缺漏、在应用中少不适、在设计与应用的衔接上少摩擦，从而提高生态文明制度建设在源头治理上的严防能力。

最后，在进行生态文明制度运行中，创新思维要求我们重视各部门的联动，重点推动实施参与主体最大化。传统的正式制度制定是以政府主导，以政府工作为运行中心的，而生态文明是一个全民化的过程，其中的制度创新必然包含了越来越广泛的参与人群，从而实现正式制度与非正式制度之间的良性互动。在推进环境信息规范化、公开化的同时，大力鼓励社区公民共同讨论与决策生态环境问题。让大家意识到人们既是消费者也是生态公民，通过社会创新来大力发展共享经济与协同消费应该通过正式制度约束和非正式制度营造，使人们更加关注非物质消费对提高人们生活质量的作用，改变以物质消费为主的消费方式，通过共享经济等新的业态将可持续生产与可持续消费结合起来，而这一过程需要大部分参与主体的绝对认可。在操作维度，应该引入全过程参与法，由政府主导提出宏观政策导向与实施原则，调动社区、公民社会、中小型企业共同推进生态文明建设，建立公民生态文明建设参与制度以加强社会规范在环境治理过程中的影响、鼓励民众选派代表参与环境问题的讨论与决策以及确保观点多元化等。

4. 评价反馈及时化

一个完整制度运行过程必然包括效果评估与反馈环节，这是进行下一轮制度修正与创新的重要基础，是及时调整方式方法、修正内容形式、完善手段、渠道的必然要求。制度创新离不开准备、保障、运行、评价、激励、反馈等核心环节，其中客观评价与及时反馈是生态文明制度不断完善的基本要求，是提升整个制度运行效果的活力所在，也是创新发展的必然要求。生态文明制度创新需要对制度建设的指导思想、法律政策、运行过程、实际效果等多方面因素进行系统反馈，为了保证评价的客观科学和反馈的真实有效，必须加强科学性、时效性、系统性。

生态文明制度在运行中存在着明显的时滞，这导致了评价结果与反馈的针对性滞后。所以，在对生态文明制度进行评价时一定要坚持以下几点：第一，评价对象全面化。生态文明制度建设不是国家单方面的制定正式制度，它还包括了民众直接参与政策讨论，大众意识形态中非正式制度的影响，国内固有制度干扰等复杂因素。过去，很多地区在执行生态文明具体制度的过程中存在着片面评价，缺少全面视角的问题。为了迎合现行政策中的环保指标，很多地区和部门单纯追求地区短期目标的实现，很多企业也为了经济利益在政策中找漏洞，导致生态文明制度效果评价失准。生态文明效果评价制度是生态文明制度建设的末端环节，是监督、检验生态文明建设的制度红线，其建设重点应在于生态文明绩效考评与责任追究。最新修订出台的新《环保法》被称为“史上最严”环境立法，它对环保部门、企业乃至个人都提出较为严格的要求。我国下一阶段的生态文明制度建设，应继续坚持新《环保法》的严厉作风，坚决杜绝罔顾法纪、破坏生态的政绩工程与不法企业的短期逐利行为。第二，信息反馈系统化。生态文明制度执行效果的评价结果不是一张简单的“成绩单”，而是从上至下每个级别政府管理部门矫正生态文明执行方向，修正生态文明制度内容，改进生态文明制度执行方式方法的“说明书”，应该以创新思维处理生态文明制度执行成果。过去的制度执行情况只在小规模内进行通报，这种做法忽略了生态文明制度的系统化，应该改变“头痛医头脚痛医脚”的片面性反馈惯例，将结果及时反馈给考评对象、考评对象上下级部门、考评对象平级相关部门，进行及时而系统的效果反馈，形成多部门、多层级协同完善生态制度的创新性发展模式。

5. 结语

人与自然是生命共同体，人类必须尊重自然、顺应自然、保护自然。人类只有遵循自然规律才能有效防止在开发利用自然上走弯路，人类对大自然的伤害最终会伤及人类自身，这是无法抗拒的规律。

我们要建设的现代化是人与自然和谐共生的现代化，既要创造更多物质财富和精神财富以满足人民日益增长的美好生活需要，也要提供更多优质生态产品以满足人民日益增长的优美生态环境需要。必须坚持节约优先、保护优先、自然恢复为主的方针，形成节约资源和保护环境的空间格局、产业结构、生产方式、生活方式，还自然以宁静、和谐、美丽。

四、实践过程

（一）观：视频《生态文明体制改革总体方案》

2015 年 9 月 11 日，中共中央政治局召开会议，为加快建立系统完整的生态文明制度体系，加快推进生态文明建设，增强生态文明体制改革的系统性、整体性、协同性，会议审议通过了《生态文明体制改革总体方案》。会后，中共中央、国务院印发了《生态文明体制改革总体方案》，并发出通知，要求各地区各部门结合实际认真贯彻执行。

《生态文明体制改革总体方案》是生态文明领域改革的顶层设计。推进生态文明体制改革首先要树立和落实正确的理念，统一思想，引领行动。要树立尊重自然、顺应自然、保护自然的理念，发展和保护相统一的理念，绿水青山就是金山银山的理念，自然价值和自然资本的理念，空间均衡的理念，山水林田湖是一个生命共同体的理念。推进生态文明体制改革要坚持正确方向，坚持自然资源资产的公有性质，坚持城乡环境治理体系统一，坚持激励和约束并举，坚持主动作为和国际合作相结合，坚持鼓励试点先行和整体协调推进相结合。

《生态文明体制改革总体方案》具有推进生态文明体制改革要搭好基础性框架，构建产权清晰、多元参与、激励约束并重、系统完整的生态文明制度体系的重要作用。指出要建立归属清晰、权责明确、监管有效的自然资源资产产权制度；以空间规划为基础、以用途管制为主要手段的国土空间开发保护制度；以空间治理和空间结构优化为主要内容，全国统一、相互衔接、分级管理的空间规划体系；覆盖全面、科学规范、管理严格的资源总量管理和全面节约制度；反映市场供求和资源稀缺程度，体现自然价值和代际补偿的资源有偿使用和生态补偿制度；以改善环境质量为导向，监管统一、执法严明、多方参与的环境治理体系；更多运用经济杠杆进行环境治理和生态保护的市场体系；充分反映资源消耗、环境损害、生态效益的生态文明绩效评价考核和责任追究制度。

请结合《生态文明体制改革总体方案》纸质文件，观看视频资料，通过国新办新闻发布会中的解读，更加深入学习文件精神。

https：//v. qq. com/x/page/z0018sk7h1v. html？ fromvsogou＝1

（二）听：讲座《生物多样性科普讲座》

20 世纪以来，随着世界人口的持续增长和人类活动范围与强度的不断增加，人类社会遭遇到一系列前所未有的环境问题，面临着人口、资源、环境、粮食和能源 5 大危机。这些问题的解决都与生态环境的保护以及自然资源的合理利用密切相关。第二次世界大战以后，国际社会在发展经济的同时更加关注生物资源的保护问题，并且在拯救珍稀濒危物种、防止自然资源的过度利用等方面开展了很多工作。1948 年，由联合国和法国政府创建了世界自然保护联盟（IUCN）。1961 年世界野生生物基金会建立。1971 年，由联合国教科文组织提出了著名的“人与生物圈计划”。1980 年由 IUCN 等国际自然保护组织编制完成的《世界自然保护大纲》正式颁布，该大纲提出了要把自然资源的有效保护与资源的合理利用有机地结合起来的观点，对促进世界各国加强生物资源的保护工作起到了极大的推动作用。20 世纪 80 年代以后，人们在开展自然保护的实践中逐渐认识到，自然界中各个物种之间、生物与周围环境之间都存在着十分密切的联系，因此，自然保护仅仅着眼于对物种本身进行保护是远远不够的，往往也是难于取得理想效果的。要拯救珍稀濒危物种，不仅要对所涉及的物种的野生种群进行重点保护，而且还要保护好它们的栖息地。或者说，需要对物种所在的整个生态系统进行有效的保护。在这样的背景下，生物多样性的概念便应运而生了。生物多样性（英文为 biodiversity 或 biological diversity）是一个描述自然界多样性程度的一个内容广泛的概念，通常包括遗传多样性、物种多样性和生态系统多样性三个组成部分。对于生物多样性，不同的学者所下的定义是不同的。例如诺斯等人（1986 年）认为，生物多样性体现在多个层次上。而 Wilson 等人认为，生物多样性就是生命形式的多样性（"The diversity of life"）（Wilson & Peter，1988；Wilson，1992）。孙儒泳（2001 年）认为，生物多样性一般是指"地球上生命的所有变异"。在《保护生物学》一书中，蒋志刚等（1997 年）给生物多样性所下的定义为："生物多样性是生物及其环境形成的生态复合体以及与此相关的各种生态过程的综合，包括动物、植物、微生物和它们所拥有的基因以及它们与其生存环境形成的复杂的生态系统"。生物资源也就是生物多样性，有的生物已被人们作为资源所利用，另有更多生物，人们尚未知其利用价值是一种潜在的生物资源。生物多样性的价值往往不被人们所重视，一般人们利用生物资源时，没有经过市场流通而直接被消费，只是取而用之而已。生物多样性具有很高的开发利用价值，在世界各国的经济活动中，生物多样性的开发与利用均占有十分重要的地位。

中国是地球上生物多样性最丰富的国家之一。在全世界占有十分独特的地位。1990 年生物多样性专家把中国生物多样性排在 12 个全球最丰富国家的第 8 位。在北半球国家中，中国是生物多样性最为丰富的国家。请结合实际情况学习《生物多样性科普讲座》，更好理解生物多样性对人类生存发展的重要意义。

http：//www. iqiyi. com/w_ 19ruio8g11. html？fromvsogou＝1

（三）读：《贯彻落实党的十九大精神加快黑龙江国有林区改革发展》

习总书记在党的十九大报告中指出："建设生态文明是中华民族永续发展的千年大计"，"我们要建设的现代化是人与自然和谐共生的现代化，既要创造更多物质财富和精神财富以满足人民日益增长的美好生活需要，也要提供更多优质生态产品以满足人民日益增长的优美生态环境需要。"林业建设是中国特色社会主义现代化建设的基础保障，森林是构建生态文明的重要自然生态基础，如果没有良好的自然生态，中华民族伟大复兴的中国梦是难以实现的。党的十九大报告提出要加快生态文明体制改革，建设美丽中国。黑龙江国有林区是我国最大的国有林区，是国家最重要的生态安全屏障和森林资源基地，是东北亚陆地自然生态系统的主体之一，是东北大粮仓的天然生态屏障，在我国乃至于东北亚生态安全全局中具有不可替代的地位和作用。黑龙江国有林区的改革发展关乎美丽中国、美丽龙江建设的成败。但是当前黑龙江国有林区的建设发展还面临很多困难，当务之急是要加快国有林区转型发展步伐，做到"生态为民、生态惠民、生态利民"，努力开创黑龙江国有林区改革发展的新局面。

1. 全面贯彻落实党的十九大精神，把保护生态环境、建设美丽龙江作为黑龙江国有林区改革的首要任务

在党的十九大报告中，社会主义现代化奋斗目标有了更为丰富的表述，“美丽”一词首次出现在奋斗目标当中，与“富强、民主、文明、和谐”相并列，进一步拓展为“富强民主文明和谐美丽”，美丽中国建设被提上了新高度，经济、政治、文化、社会、生态文明建设“五位一体”总体布局与现代化建设目标有了更好的对接。

黑龙江省森工集团是黑龙江国有林区的主要代表，是全国重点国有林区和森林工业基地。林区总经营面积10万平方千米，约占黑龙江省国土面积的1/4，占全国国有林区的27.7%。其中，有林地面积863.5万公顷，活立木总蓄积6.3亿立方米，有林地面积占全国国有林区的29.3%，森林覆盖率83%。森工国有林区既是国家木材资源战略储备地，又是区内“五大水系”的发源地和涵养地，也是东北平原农业和呼伦贝尔大草原牧业基地的天然生态屏障。我省的森工林区在维护国家生态安全、应对气候变化、保障国家长远木材供给和农牧业稳产高产，以及改善人民生存环境等方面，具有不可替代的作用。

习总书记在党的十九大报告中明确指出：“坚定走生产发展、生活富裕、生态良好的文明发展道路，建设美丽中国，为人民创造良好生产生活环境，为全球生态安全作出贡献。”按照这一要求，在黑龙江国有林区的改革与发展中，必须以十九大精神为指导，进一步提升生态国情意识、生态安全意识和生态红线意识，把握大局，找准方向，选对路径，把保护生态环境、建设美丽龙江作为黑龙江国有林区改革发展的首要任务，努力开创林区建设发展的新局面。

2. 必须明确黑龙江国有林区功能定位，坚持保护、发展、利用一体的生态优先发展战略

在当前黑龙江国有林区改革发展的过程中，究竟应该优先发展经济还是优先发展生态，在有些同志头脑中还经常摇摆。学习党的十九大精神后，思路已经更加明确：必须坚持保护、发展、利用一体的生态优先发展战略不动摇。习总书记在党的十九大报告中强调：“必须坚持节约优先、保护优先、自然恢复为主的方针，形成节约资源和保护环境的空间格局、产业结构、生产方式、生活方式，还自然以宁静、和谐、美丽。”国有林区改革是保障生态文明建设和经济社会发展需求的一项重大战略措施，必须坚持生态优先，生态效益、经济效益和社会效益相统一的原则，坚持保护、发展、利用一体的生态优先发展战略。国务院印发的《国有林场改革方案》中也明确了将国有林场的主要功能定位于保护培育森林资源、维护国家生态安全。黑龙江国有林区具有特色鲜明的资源基础功能、生态修复功能以及可持续经营功能。

黑龙江国有林区要稳步实施重要生态系统保护和修复工程，优化生态安全屏障体系，逐步构建黑龙江的生态廊道和生物多样性保护网络，提升黑龙江国有林

区生态系统的质量和稳定性。黑龙江国有林区传统经济发展方式就是以砍伐树木，破坏森林生态系统为代价的粗放式经济生产。这种生产方式使得东北国有林区生态系统越加脆弱，生态系统内形成恶性循环。进行经济转型就是要摆脱木材资源的依赖性，通过新的经济增长方式，使森林资源得到有效的恢复，生态环境良性发展。加快转变国有林区经济发展方式，改变原有的依靠禀赋的森林资源、廉价的林区劳动力和因人口众多带来的庞大消费市场的经济增长方式，在保护中发展，以保护求发展，以保护促发展，提高林区经济发展的全面性、协调性和可持续性是当前国有林区改革发展的主要目标。

3. 严守生态底线，规划好生态优先的国有林区改革发展方略

建设生态文明，实质上就是要建设以资源环境承载力为基础、以自然规律为准则、以可持续发展为目标的资源节约型、环境友好型社会，实现人与自然和谐相处、协调发展。习总书记在十九大报告中指出："生态文明建设功在当代、利在千秋。我们要牢固树立社会主义生态文明观，推动形成人与自然和谐发展现代化建设新格局，为保护生态环境作出我们这代人的努力！"

如何全面推进当前黑龙江国有林区改革发展必须以十九大精神和新时代中国特色社会主义思想为指导，规划好生态优先的国有林区改革发展方略。习总书记在黑龙江考察调研时提出："绿水青山就是金山银山，冰天雪地也是金山银山。"国有林区改革发展的前提是保护，林业建设发展的关键是实现可持续发展。森林是可再生的自然资源，功能效益多样，是林业生态建设的物质基础。黑龙江国有林区的改革发展，要从提高林地利用率和林业生产力出发，实行集约经营，培育发展优质、高效、多功能和可持续经营、循环利用的森林资源，建设良好的森林生态系统，维护修复生物多样性，维护国家生态安全，构筑生态安全屏障，创建黑龙江国有林区大森林、大环境、大生态的格局，推动国有林区在全面建成小康社会、实现中华民族伟大复兴的中国梦的过程中做出更大的生态贡献。

国有林区改革发展的核心是绿色发展。生态环境问题归根到底是发展问题，是由发展道路和发展方式导致的，必须走绿色、低碳、循环的发展道路。十九大报告提出推进绿色发展，着力解决突出环境问题，加大生态系统保护力度，改革生态环境监管体制四大任务。黑龙江国有林区应主动适应新常态，更好发挥林业在生态文明建设中的重要作用。坚持改革创新，绿色发展，强化资源节约集约高效利用，加快推进产业生态化和生态产业化，把绿色发展作为重要途径，强化资源节约集约高效利用，加快推进产业生态化和生态产业化，全面提升林业的多种效益。

国有林区改革发展的动力是改革创新。把改革创新作为基本动力，完善体制机制，强化创新驱动，进一步调动全社会发展林业的积极性。必须增加林业发展的科技含量，必须实现传统林业的创新转型，以增强生态功能、扩大生态效益为基本目标，统筹林区生态保护与经济转型，打造特色经济，发展以生态为主导的新型林业和林区经济；着力推动体制改革、机制创新，提高对外开放水平，增强林区发展的内在动力和活力；进一步优化林区生产生活布局，加大基础设施投

入，发展社会事业，提高公共服务水平。

黑龙江国有林区改革发展的关键是产业优化和升级。当前和今后一个时期，国有林业改革任务仍然十分艰巨。要推动黑龙江国有林区由原来单一的木材经济向复合型的多元经济转变，通过替代产业的发展和产业优化升级带动林业产业集群的建设，形成新的主导产业，取代木材经济的主导地位，提升林区的经济结构层次。加快推进国有林区森林经营，强化森林抚育、退化林修复等措施，精准提升森林质量，培育健康稳定优质高效的林区生态系统，进而推动健康产业、低碳产业、绿色产业发展。

国有林区改革发展的保障是恢复林区生态环境。习近平总书记强调，我国总体上仍然是一个缺林少绿、生态脆弱的国家，植树造林，改善生态，任重而道远。黑龙江国有林区经济 60 多年的开采，森林资源受到了严重的破坏。作为我国重要的生态屏障，通过经济转型恢复其生态环境，既是东北国有林区经济可持续发展的需要，也是经济转型的主要目标。通过经济转型，要使黑龙江国有林区储量呈上升趋势，黑龙江国有林区的可伐资源数量上升，林区实现休养生息，最终这些成为黑龙江国有林区发展的内生动力和不竭资源，反过来从长远意义上促进黑龙江国有林区经济社会更好更快发展，真正实现了习总书记“绿水青山就是金山银山”的论断。

黑龙江国有林区改革要充分发挥国有林场的生态功能，增强林场活力，确保实现资源增长、生态良好、林业增效、职工增收、社会和谐稳定。依托“一圈三区五带”发展格局，在实施国家林业重点工程基础上，按照主导功能，部署一批区域重点生态保护修复项目，将生态建设任务落实到重点区域。抓住十九大提出的：“构建国土空间开发保护制度，完善主体功能区配套政策，建立以国家公园为主体的自然保护地体系”的有利契机，发挥黑龙江国有林区的优势，突出全面保护、系统修复、科学经营、强化服务，利用好国家政策，提前规划，争取更多中央财政资金支持，充分调动地方积极性，形成建设合力，在新时代中国特色社会主义建设中做出更大的贡献。

(四)游：来一次说走就走的旅行，游览祖国大好河山

1. 名称

中文名称：珠海；英文名称：Zhuhai City；别名：白鸟之市、浪漫之城。

2. 历史沿革

珠海市大部分地区自南宋起至民国时期属中山县(原名香山县)辖地。考古发现的磨光石和彩陶说明，早在新石器时代距今四五千年前便有原始部落人群在这里生活。在凤凰山脉周围和珠江口一些海岛的沙丘、山岗、台地上，都留下了先民们的遗迹。

战国时期，为百越之地。秦始皇统一中国后，于三十三年(公元前 214 年)在

岭南设南海郡，属南海郡辖地。

汉初为南越国辖地。汉元鼎六年(公元前111年)，属番禺县辖地，直至东汉。

三国时期，属吴国辖地。东晋咸和六年(331年)，分南海郡之东为东官郡，属东官郡辖地。直至南北朝，于刘宋元熙二年(420年)又改东官郡为东莞郡，属东莞郡辖地。

隋开皇十年(590年)，属宝安县辖地。

唐至德二年(757年)，宝安县更名东莞县，属东莞县辖地，并开始设置香山镇(今珠海市山场)。香山镇的名称，是由于境内诸山之祖五桂山奇花异草繁茂，神仙茶丛生，色香俱绝而得名。

唐代之后，经五代和宋代，香山镇仍属东莞县。

北宋元丰五年(1082年)，设立香山寨，仍属东莞县。至南宋绍兴二十二年(1152年)，将原属东莞县的香山寨划出，并把南海、新会、番禺、东莞4县的部分海滨之地，置香山县，隶属广州府。

元至正十九年(1282年)，香山县隶属广州路。

明洪武元年(1368年)，香山县隶属广州府。

清顺治二年(1645年)，香山县仍隶属广州府。

民国元年(1912年)，香山县直属省辖。

中华人民共和国成立后，中山县隶属珠江专区，1952年隶属粤中行政区。1952年12月31日，建立渔民县，宝安、东莞、中山3县所属海岛为渔民县的行政区域，由粤中行政区领导。

1953年4月7日渔民县正式定名为珠海县，将中山县属的中山港乡、东莞县属的万顷沙及珠江口外附近的三灶、大横琴、小横琴、南水、北水、高栏、荷包、淇澳、龙穴、内伶仃、外伶仃、三门列岛、万山群岛、担杆列岛、佳蓬列岛等全部100多个海岛划归珠海县，县政府设于唐家，隶属粤中行政区管辖。

1953年5月1日，珠海县正式成立。是年5月25日，经省人民政府批准，确定珠海县的区、乡名称，数量及范围，共有4个区、44个乡。一区即唐家区，下辖唐家、鸡山、淇澳、桂山、内外伶仃、万山、东澳、担杆、庙湾；二区即前山区，下辖前山、山场、小将军、香洲、白石、兰埔、北岭、吉大、南屏、北山、湾仔、横琴、洪湾、广昌；三区即三灶区，下辖鱼月、中心、海澄、鱼林、大林、小林、南水、北水、高栏等，四区即万顷沙区。珠海县所辖范围，大致与今天珠海市(不含斗门区)相似，但多一个万顷沙区(今属广州市番禺区)。

1959年3月22日，珠海县撤并入中山县。

1961年4月17日，恢复珠海县建制，县政府驻香洲。

1979年3月5日，珠海县改为珠海市。同年11月定为省辖市。

1980年8月5日，中华人民共和国第五届全国人民代表大会常务委员会第15次会议批准在珠海设置经济特区，面积为6.81平方千米。

1983年5月，斗门县划归珠海市管辖。6月29日，国务院批准调整珠海经济特区范围面积为 15.16 平方千米。

1984 年 8 月，珠海市设立市辖区——香洲区。

1988 年 4 月 5 日，珠海经济特区面积调整为 121 平方千米。

2009 年，横琴纳入 珠海经济特区范围，珠海经济特区总面积扩大为 227.46 平方千米。

3. 行政区划

2014 年，珠海市 1711.24 平方千米，设有香洲区、金湾区、斗门区 3 个行政区，下辖 15 个镇、9 个街道，并设立珠海市横琴新区、珠海高新技术产业开发区、珠海保税区、珠海高栏港经济区、珠海万山海洋开发试验区 5 个经济功能区。

香洲区辖狮山、湾仔、拱北、吉大、香湾、梅华、前山、翠香 8 个街道和南屏镇，共 126 个社区。

斗门区辖井岸、白蕉、斗门、乾务、莲洲 5 个镇和白藤街道，有 100 个行政村、23 个社区。

金湾区实际管辖陆地面积 268.9 平方千米。直接管辖珠海航空产业园和三灶、红旗 2 个镇。

4. 地理环境

(1)地理位置

珠海市位于北纬 21°48′~22°27′、东经 113°03′~114°19′。

地处广东省南部，珠江出海口西岸，“五门”(金星门、磨刀门、鸡啼门、虎跳门、崖门)之水汇流入海处，珠海市区东与深圳、中国香港隔海相望，距中国香港 36 海里，南与中国澳门陆地相连，西邻江门新会区、台山市，北与中山市接壤，距广州市 140 千米。

(2)地形地貌

地貌形态明显受北东、北西向构造线控制，珠海地区被北东、北西向断裂切割成断块式隆升与沉降的地貌单元，形成了断块隆升山地与沉降平原。各断块山体、断块山体内的低平地和凹陷平原的展布方向呈北东向，珠江口外岛屿也受北东向构造线的控制，三列岛屿呈北东向排列。珠江口外沉积盆地展布也是北东向。而珠江的人海水道，则受北西向构造控制，如磨刀门水道、泥湾门水道均呈北西走向。岛屿众多，海域广阔珠海市共有大小岛屿 146 个，它们星罗棋布地分布于珠江口外。以青洲—三角山岛—小蒲台岛为界分成两部分。

珠海市露出地层较简单，除广泛发育第四系外，在东北部和中西部零星出露有古生代的寒武系、泥盆系和中生代的侏罗系，面积共 759.09 平方千米，占全市陆地面积的 57.95%。

(3)气候

珠海市地处珠江口西岸，濒临广阔的南海，属典型的南亚热带季风海洋性气候。终年气温较高，1979~2000 年年平均气温 22.5℃；气候湿润，年平均相对湿度

80%；雨量充沛，年平均降水量达到2061.9毫米。珠海常受南亚热带季候风侵袭，多雷雨。4月至9月盛行东南季风，为雨季，降水量占全年的85%；10月至次年3月盛行东北季风，为旱季。珠海大气的年平均相对湿度是79%。每年初春时节，细雨连绵，空气相对湿度较大，有时可达到100%。珠海的灾害性天气主要是台风和暴雨，个别年份冬季受寒潮低温影响。台风出现的时间多在6月至10月，年平均4次左右。严重影响珠海市的台风平均每年1次，暴雨有5次左右。

5. 自然资源

(1)土壤

根据第二次土地调查成果，珠海市土地总面积为1711平方千米，其中农用地972平方千米(含现状耕地保有量338平方千米)，建设用地433平方千米，未利用地306平方千米。珠海市滩涂面积203.08平方千米，其中超高滩3.51平方千米，高滩3.36平方千米，中滩16.07平方千米，低滩12.6平方千米，浅滩167.53平方千米。按滩涂底质分为泥滩(占88.15%)和沙石滩(11.85%)。在197.01平方千米泥滩中，生有咸水草的草滩2.05平方千米，有红树林的林滩3.79平方千米，曾养牡蛎的老牡蛎滩7.28平方千米，没有草木生长的光滩165.89平方千米。

(2)水文

珠海市河流主要为西江的出海水道：磨刀门水道、鸡啼门水道、虎跳门水道和前山水道。在丘陵山地和岛屿上，尚有一些山溪河流：斗门河溪、大赤坎河、飞沙河、南溪河、鸡山河及神前河。全市年平均径流总量为15.0654亿立方米，平均每人拥有水量3660立方米，每亩耕地平均水量2662立方米，高于全国平均水平。西江流径磨刀门、鸡啼门、虎跳门三大口门经珠海市出海，年总径流量达1018.3亿立方米，径流量稳定。地下水类型为松散岩类孔隙水和基岩裂隙水。全市松散岩类孔隙水淡水分布区的渗入量为54 596吨/日，总渗入量1992.8万吨/年。全市基岩裂隙水天然资源年总量为15 077万吨，年平均资源为413 068.5吨/日，枯季资源为258 597.9吨/日。

(3)海域

珠海市海区面积为6135千米，分布有群岛2个、列岛8个，大小岛屿共146个，岛屿岸线总长543.01千米，面积为236.93平方千米。海岛数量居全省各县、市第一位。东起担杆岛，西至杧仔岛，南起平洲岛，北至淇澳岛。有127个小岛的面积小于2平方千米，2~10平方千米的岛屿有11个(直湾、北尖、外伶仃、内伶仃、横沥、小万、大万、白沥、二洲、东澳、横山)，大于10平方千米的岛屿有8个(担杆、淇澳、横琴、三灶、桂山、南水、高栏、荷包)。据1985年统计，有人常住的海岛12个，各海岛居民的祖先多数是在清乾隆年间放宽海防政策后从各县迁来的。按照岛屿的成因，珠海海岛属大陆岛和冲积岛，其中属大陆岛类型的占绝大多数，占海岛总数的90%以上。珠海海岛热量充沛，光照充足，年平均气温介于22~23℃。海岛上有被称为“海上森林”的红树林，岛上有杜鹃、棕竹、龙船花、猕猴桃等50多种野生观赏植物。各岛鸟类102种，为华南地区511种的五分之一。其中外伶仃岛、二洲岛、大杧岛和担杆岛为广东省临濒动物保护区。

(4)矿产

珠海市矿产资源主要有三类，金属矿产均为小型规模或为矿点、矿化点，优势矿产为滨海石英砂矿、建筑用花岗岩和地下热水、矿泉水。已发现矿种25种，矿产地150处。其中金属矿产15种，矿产地34处；非金属矿产7种，矿产地77处；能源矿产1种，矿产地5处；地下水(常温饮用地下水和矿泉水)2种，矿产地34处。主要金属矿种有铁、钨、铋、钼，少量铜、铅、锌和金、银矿。非金属矿产主要有钾长石、石英砂矿、建筑用花岗岩、砖瓦用黏土和泥炭土等。能源矿产有地下热水1种。

(5)动植物

珠海全市主要野生经济动物有169种，分隶于4纲28目61科。在低山丘陵区有猕猴、野猪、赤麂、南狐、大灵猫、小灵猫、豹猫、水獭、鼬獾、红颊獴、穿山甲、赤腹松鼠、豪猪及各种鼠类。其中猕猴近20群(约2000多只)生活在担杆岛、大杧岛、二洲岛和外伶仃上。在三灶生活着几十头野猪、小灵猫、豹猫、水獭等。鸟类有八声杜鹃、鹎类、暗灰鹃鵙、喜鹊、黑卷尾、白腹姬鹟、画眉、黑脸噪眉、柳莺、褐翅鸦鹃，以及斑鸠、鹧鸪、八哥和一些猛禽类。蛇类和龟鳖类也较丰富。在万山岛上发现红领绿鹦鹉珍稀动物。在平原耕作区有各种鼠类、蛇类、两栖类，鸟类有珠颈斑鸠、八哥、麻雀、棕背伯劳、雨燕、翠鸟、鹎属鸟类、火尾缝叶莺、大山雀等。繁殖最多的候鸟是黄胸鹀(禾花雀)。在海滩、沼泽区有白胸苦恶鸟、绿鹭、苍鹭、池鹭、白鹭等在夏季常见，冬天常见成千上万的鹜、鸻类。滩地外缘水面上有斑咀鹈鹕、野鸭及白骨顶等水鸟。

珠海市植被主要组成种类有556种，分别隶属于145科385属。其中以热带性属种较多，常见的大戟科、桑科、棕榈科、桃金娘科、茜草科、梧桐科、豆科、五加科、杜英科、野牡丹科、茶科、芸香科、五桠果科等。

6. 面积、人口、方言

截止2014年，珠海市1711.24平方千米。2017年，全市常住人口176.54万人，比上年末增加9.01万人，增长5.4%，出生率12.25‰，死亡率2.81‰，自然增长率9.44‰。人口城镇比89.37%。截至2013年，珠海市有50个少数民族，少数民族人口71 575人(其中户籍人口19 267人，暂住人口52 808人)，占全市总人口的4.5%。人口较多的有壮族(27 137人)、土家族(10 713人)、瑶族(7018人)、苗族(6023人)、满族(4144人)。主要日常用语为汉语和粤语。

7. 经济

2017年，全市实现地区生产总值2564.73亿元，同比增长9.2%。其中，第一产业增加值45.53亿元，增长4.1%，对GDP增长的贡献率为0.8%；第二产业增加值 1288.75 亿元，增长 11.6%，对 GDP 增长的贡献率为 63.2%；第三产业增加值 1230.45 亿元，增长 6.9%，对 GDP 增长的贡献率为 36.0%。三次产业的比例为 1.8∶50.2∶48.0。在服务业中，现代服务业增加值 741.74 亿元，增长 6.2%，占 GDP 的 28.9%。在第三产业中，批发和零售业增长 6.4%，住宿和餐饮业增长 4.1%，金融业增长 11.9%，房地产业下降 15.0%。民营经济增加值 886.92 亿元，增长 9.1%，占 GDP 的 34.6%。2017 年，珠海市人均 GDP 达 14.91 万元，按平均汇率折算为 2.21 万美元。2017 年，分区域看，香洲、金湾和斗门三个行政区分别实现地区生产总值 1678.92 亿元、544.12 亿元和 341.68 亿元，分别增长 8.5%、10.4%和 10.3%。2017 年，居民消费价格总水平上涨 0.8%。其中，食品烟酒、衣着、居住、生活用品及服务、交通和通信、教育文化和娱乐、医疗保健、其他用品和服务八类价格分别上涨 0.3%、2.5%、0.5%、0.5%、0.6%、2.3%、2.5%和 0.1%。工业生产者出厂价格上涨 3.2%。其中，轻工业上涨 2.8%，重工业上涨 3.4%；电气机械和器材制造业上涨 3.0%，计算机、通信和其他电子设备制造业下降 2.0%，化学原料和化学制品制造业上涨 8.6%，通用设备制造业上涨 0.6%，黑色金属冶炼和压延加工业上涨 32.7%，电力、热力生产和供应业下降 1.1%，专用设备制造业上涨 1.5%，橡胶和塑料制品业上涨 1.7%，有色金属冶炼和压延加工业上涨 15.7%，医药制造业上涨 1.4%。2018 年上半年，珠海完成 GDP 总量 1299.41 亿元，在全省地级城市中排第 10 名；比 2017 年同期增速 8.7%。

8. 社会

(1)教育事业

2017 年，全市共有各级各类普通学校(包括幼儿园)538 所。小学、初中、普通高中的专任教师学历达标率分别为 99.99%、99.96%、99.44%。各级财政安排 12 年免费义务教育补贴资金 3.21 亿元，惠及全市 176 间学校的 21.29 万名学生。2017 年，全市普通高等学校全日制在校生 13.68 万人，毕业生 3.08 万人。各类中等职业学校在校生 2.01 万人，减少 6.94%，毕业生 0.69 万人。普通中学(含初中和高中)在校生 9.02 万人，毕业生 2.94 万人。小学在校生 16.22 万人毕业生 2.26 万人。特殊教育学校在校生 472 人。学前教育在园幼儿 7.79 万人。全市学龄儿童净入学率 99.63%、小学毕业生升学率 97.18%，初中毕业生升学率 93.57%。全市普通高考考生 9125 人，总上线人数 8736 人，被高校录取的人数 8633 人，高考上线率和录取率分别达 95.73%和 94.60%。

(2)科学技术

2017 年，科技成果 62 项，其中，基础理论成果 2 项，应用技术成果 60 项。全年有 14 个项目获广东省科学技术奖。全年申请专利 20 737 件，增长 17.5%。其中，发明专利 7769 件，增长 2.3%。专利授权量 12 544 件，增长 35.1%，其中发明专利授权量 2479 件，增长 38.0%。全年共有 1721 家企业申请专利 19 422 件，其中，833 家企业有发明专利申请 7430 件。全年共有 1435 家企业获得专利授权 11 797 件。其中，394 家企业有发明专利授权 2400 件。年末有效发明专利拥有量 8401 件，增长 53. 6%，每万人口发明专利拥有量 50. 15 件。《专利合作条约》(PCT)国际专利申请量 435 件，增长 165. 4%。全年经各级科技行政部门登记技术合同 352 项；技术合同成交额 8. 17 亿元。

2017 年，全市有 835 家企业通过高企认定，总数达到 1478 家。全市共有省级新型研发机构 14 家，省级以上孵化器 13 家。拥有国家级工程研究中心 4 家，省级 190 家，市级 94 家；已建立国家级企业技术研究中心 3 个、省级 77 个、市级重点企业技术中心 298 个。拥有广东省战略新兴产业基地 5 家。2017 年，全市拥有省级以上"名牌名标"178 个。其中，名牌产品 74 个，包括中国世界名牌产品 1 个，广东省名牌产品 73 个；拥有中国驰名商标 11 件，广东省著名商标 89 件。

(3)医疗卫生

2017 年，全市共有医疗卫生机构 742 家，其中医院 43 家、妇幼保健机构 2 家、专科疾病防治机构 1 家、疾病预防控制中心 1 个、卫生监督所 3 所、社区卫生服务中心(站)118 个、卫生院 12 家、村卫生室 140 个，医疗卫生机构总数比上年增加 21 家。全市实有床位 9394 张，增长 6. 7%。其中医院 8335 张，妇幼保健院 586 张、卫生院 353 张。全市卫生机构拥有在岗职工 20 128 人，增长 7. 8%。其中执业(助理)医师共 6427 人，注册护士 7479 人；疾病预防控制中心卫生技术人员 139 人；卫生监督员 55 名；卫生院卫生技术人员 839 人。法定报告全市甲乙类传染病报告 7684 例，报告死亡 18 人；发病率 458. 66/10 万，死亡率 1. 07/10 万。农村自来水普及率 100%。

(4)文体事业

2017 年，全市共有各类专业艺术表演团 6 个，文化馆 4 个，县级及以上公共图书馆 3 个，博物馆 6 个(其中国有 2 个，非国有 4 个)，美术馆 1 个，电影城 25 家，文化站 24 个，村居文化中心 318 个。电视台 2 座，电台 2 座，广播综合人口覆盖率和电视综合人口覆盖率均达 100%。有线广播电视用户 61. 15 万户，比上年末减少 3. 9%，有线电视用户 61. 15 万户，比上年末减少 3. 9%，其中有线数字电视用户 61. 15 万户，比上年末减少 3. 9%。公共图书馆藏书量 315. 1 万册(含电子和纸质图书)。文艺作品创作获省级奖项 23 个。建成"农家(社区)书屋"316 个，每万人公共文化设施面积 1604 平方米。全年出版报纸 2779 万份，各类期刊 6. 4 万册。

2017 年，成功举办 2017 珠海 WTA 超级精英赛、2017 年全国帆船锦标赛和 2017 环中国国际公路自行车赛(珠海站)，珠海横琴赛段被评为"全国最美赛段奖"。全市体育健儿参加世界比赛获金牌 4 枚，银牌 3 枚；亚洲比赛获金牌 2 枚，银牌 1 枚，铜牌 1 枚；全国比赛获金牌 9 枚，银牌 12 枚，铜牌 11 枚；省比赛获金牌 11 枚，银牌 26 枚，铜牌 43 枚。

(5)生活水平

2017 年，全体居民人均可支配收入 44 043. 1 元，比上年增长 9. 7%，扣除价格因素实际增长 8. 8%。按常住地分，城镇常住居民人均可支配收入 46 826. 4 元，比上年增长 10. 1%，扣除价格因素实际增长 9. 2%；农村常住居民人均可支配收入 23 496. 4 元，比上年增长 2. 7%，扣除价格因素实际增长 1. 9%。全年全体居民人均消费支出 32 981. 4 元，比上年增长 8. 2%，扣除价格因素实际增长 7. 3%。按常住地分，城镇常住居民人均消费支出 34 734. 7 元，比上年增长 8. 0%，扣除价格因素实际增长 7. 1%；农村常住居民人均消费支出 20 038. 1 元，比上年增长 9. 1%，扣除价格因素实际增长 8. 2%。全体居民恩格尔系数为 31. 6%，比上年下降 0. 7 个百分点，其中城镇为 31. 3%，农村为 35. 9%。全体居民人均住房建筑面积 32. 8 平方米，其中城镇为 31. 0 平方米，农村为 44. 9 平方米。2018 年 6 月，第一财经新一线城市研究所发布城市夜生活指数排名，珠海位居第 16 位。

9. 交通

2017 年，交通运输、仓储和邮政业实现增加值 49. 50 亿元，比上年增长 7. 1%。货物运输总量 12 109. 66 万吨，增长 6. 3%。货物运输周转量 167. 48 亿吨公里，增长 5. 2%。2017 年，公路通车里程 1455. 41 千米，减少 0. 4%；其中高速公路通车里程 136. 29 千米，与上年持平。2017 年，全市民用机动车保有量达 62. 46 万辆，增长 14. 0%。其中，私人汽车 48. 40 万辆，增长 17. 1%。民用轿车保有量 34. 33 万辆，增长 14. 7%。其中，私人轿车 31. 96 万辆，增长 15. 3%。

2017 年，规模以上港口完成货物吞吐量 13 585. 66 万吨，增长 15. 3%，其中外贸货物吞吐量 2980. 76 万吨，增长 18. 1%；内贸货物吞吐量 10 604. 90 万吨，增长 14. 6%。港口集装箱吞吐量 227. 04 万标准箱，增长 37. 3%。截至 2017 年年底，全市共有生产性泊位 156 个，非生产性泊位 6 个，万吨级以上生产性泊位 28 个，设计年通过能力 1. 6 亿吨，集装箱吞吐能力 198 万标准箱；干散货泊位 24 个，年吞吐能力 8107 万吨；油、气、化工品液体散货泊位 44 个，年吞吐能力 4901 万吨；多用途泊位 26 个，年货物吞吐能力 917 万吨，集装箱 112 万标准箱；集装箱专用泊位 4 个，年吞吐能力 86 万标准箱；件杂货泊位 19 个，年吞吐能力 455 万吨；客运及陆岛交通泊位 39 个，年周转(吞吐)能力旅客 946 万人，货物 2 万吨。

10. 旅游

珠海是珠三角地区海洋面积和海岛面积最大、岛屿最多、海岸线最长的城市。海域面积 6019 平方千米，海岸线长 691 千米，岛屿 146 个(总面积 236. 9 平方千米)，被誉为“百岛之市”。陆地峰峦重叠，河网纵横，山川形胜，石奇洞秀，发展海滩旅游、海岛旅游和山岩旅游具有得天独厚的资源优势。

(1)风景名胜

①海滩旅游　银坑海滩浴场：位于香洲以北约 7 千米的大浪湾。海湾长约 900 米，沙滩宽 30 多米，地势平缓、沙粒较细，向浅海滩延伸 50 米左右。金海滩：金海滩始名长沙湾，位于珠江入海口西侧，三灶岛的南端，东

南两面环海，北倚炮台山。海滩长2300米，纵深500余米，面积1.3平方千米，滩势平坦，入水平缓，沙质匀细。是天然的海滨游泳与度假休闲的场地。南沙湾海滩：位于东澳岛。内滩长410米，水深13~17米。宜泳、宜钓、宜泊、宜海上娱乐。

②*山岩旅游* 凤凰山：位于香洲北面。主峰海拔437米，面积约20平方千米。周围筑有杨寮水库、大镜山水库、正坑水库、青年水库。森林植被覆盖率达90%。植被类型为南亚热带常绿阔叶林群落。山区林地被划为国家级生态公益林。有尖峰岩、石牛岩、羚羊岩、花雨岩、浮屠石、飞鼠岩、凤凰髻石、百峒溪、凤凰池、龙潭等自然景观，及凤凰石亭、凤凰洞、银门洞、观音洞、郑仙洞、庵寺、烽堠等古迹。白莲洞：又名鲤鱼嘴，位于香洲西南部5千米，九洲大道官村西侧两山之间。因“古有僧人隐迹于此，遍洞种白莲”而得名。山上怪石有心石、莲台石、木鱼石、鲤鱼石、观音岩洞、寒碧潭、九龙湖等自然景观。及建有翫月桥、观音庙、华佗庙、六角亭、石牌坊、九龙湖、九龙堤等。1979年始，市政府拨款重修、扩建。赤花山：因过去长满赤花(又称“龙船花”)而名。位于金鼎镇官塘村南2千米。山中有八景：六祖神明、赤花石炮，石鸡晨鸣，石壁反照，石船撒网，横岗木笛，赤企浓荫，石桥晚钓。山上有六祖庙、贞女祠古迹和凉亭。

③*海岛旅游* 九洲岛：位于香洲东南面，距市区九洲港2千米。它是由大九洲、九洲头洲、鸡笼洲、横山洲、横挡洲、海獭洲、茶壶盖洲、大西排洲、龙眼洲9个岛屿组成，总面积5平方千米。以面积1.5平方千米的大九洲岛居首。海湾形胜，林木葱郁，植被覆盖率达90%以上。有通天洞、银潭洞、将军洞、观音洞等。1984年始辟为旅游景点。东澳岛：位于万山群岛中部，距香洲30多千米，面积约5.7平方千米。东澳岛完整地保留着原始自然的生态环境，植被覆盖率达82%。岛上有石室、求子泉等。有新石器时期、夏商时期的古沙丘遗址；清代的铳城、烽火台和“万海平波”“武当胜景”摩崖石刻及清政府在东澳湾附近筹建的税厂(海关分卡)等古迹。南端有南沙湾。

④*珠海十景* 圆明新园、东澳岛(丽岛银滩)、唐家共乐园(鹅岭共乐)、珠海渔女(渔女香湾)、梅溪牌坊(梅溪寻芳)、农科中心(农科观奇)、飞沙滩(飞沙叠浪)、珠海烈士陵园(狮山浩气)、黄杨山景区(黄杨金台)、淇澳岛(淇澳访古)10个景点为“珠海十景”。

(2)风味特产

①*蚝与叠石蚝油* 由于珠江口西岸处于咸淡水交界地带，故珠海鲜蚝个大内肥，含有丰富蛋白质和矿物质，特别是叠石蚝油，畅销港澳，东南亚及檀香山等地。

②*珠海膏蟹* 珠海螃蟹的特点是肉肥膏厚，味腻香而无腥臭。尤其是南水、淇澳螃蟹闻名遐迩。

③*南屏脆肉鲩* 这是用特殊方法配养出来鲩鱼，肉质脆而爽口，因产于南屏而出名。

④湾仔鲜花　湾仔镇有100多年的种花历史。现拥有花种280多个，其中有一批国内外名贵花种，大都出口澳门。由于控制了鲜花的生长期，一年四季均有鲜花源源上市。

⑤白藤粉藕　以肥硕、多粉、松化无渣驰名。

⑥横山粉葛　上横粉葛特别多，以上横新埠一处所产最佳。松化、无渣，有清香味，其汤如奶水，闻名遐迩。

⑦白藤草织品　白藤水草有三角草、圆草两种。白藤水草织制的花席、地席、草盒、草帽，坚韧耐用、富有光泽，精致美观，除运销国内华东、西南诸省外，还远销国外。

⑧白藤水鸭　产于水鸭食料丰美的白藤湖。滋味清鲜，补而不燥，是一种很受顾客欢迎的野禽。

⑨乾务软骨鲮　产于乾务水库的蒲竹坑一带，形似普通鲮鱼，但鱼身光滑，胸部一凹痕，煮熟后其骨透明，乳白色，食之如粉丝，鱼肉鲜嫩美味。

⑩白蕉禾虫　白蕉的六围、七围、八围，及鹤叶新围垦区的滩涂，潮田最多。每年有两个收获季节，在清明后的旧历初一、十五潮期收获，称“荔枝虫”，在旧历八月十五前后收获称“秋虫”。禾虫炒、炸、熏、蒸、生晒、腌制、煲汤均可，味道鲜美，富含蛋白质，是一种风味独特的食品。

⑪黄杨荔枝　产于黄杨山西侧的果木林场及莲溪东湾乡。果体特大，肉厚，呈翠玉色，透明，脆嫩爽口，清甜如蜜。

⑫小托山桔　盛产于黄杨山东侧之小托山。该村大家惯以茶加少许山桔款待客人。因小托山桔具有化痰止咳，利水通尿，开胃祛疳的功效，颇受欢迎。

⑬黄金风善　斗门县沿海江河皆有出产，尤以黄金附近河段产风善历史最长，数量最多，体肥肉嫩，畅销港澳、日本。炒食清脆香爽，焖食胶滑甘甜。

⑭对虾　又称“大明虾”，为海产八珍之一，是我国沿海重要的水产货源。珠海市万山岛渔场养殖对虾已有较长的时间。对虾的烹饪，大致有蒸煮、油炸，既可制作各式品种精美点心，也可以炮制各种名菜鲜肴。

(3)美食小吃

珠海的小吃品种很多，其中广受欢迎的有：番薯糖水、双皮奶、西米露、绿豆沙、芝麻糊等甜品；花旗参炖竹丝鸡、猪脚姜、鱼蛋、牛仔、肠粉、糯米鸡、煲仔饭等粤式菜肴；各种凉茶。

(五)做：假如你是一名人大代表，请提出一个生态文明建设的提案

通过前面的学习，同学们一定已经对生态文明制度建设有了深入的认识和理解，请以一名人大代表的身份提交一份提案。除了文字之外，请你发挥想象力，加入社会调研、科学实验、视频拍摄、网络问卷等形式。

参考文献

1. 本书编写组. 毛泽东著作选读：下册[M]. 北京：人民出版社，1986.

2. 中央文献研究室. 毛泽东著作专题摘编：上[M]. 北京：中央文献出版社，2003.

3. 冷溶，汪作玲. 邓小平年谱：下册[M]. 北京：中央文献出版社，2004.

4. 江泽民. 江泽民文选：第1卷[M]. 北京：人民出版社，2006.

5. 中共中央文献编辑委员会. 胡锦涛文选：第1卷[M]. 北京：人民出版社，2016.

6. 中共中央宣传部. 习近平总书记系列重要讲话读本[M]. 北京：人民出版社，2016.

7. 人民日报评论部. 习近平用典[M]. 北京：人民日报出版社，2015.

8. 杨志，王岩，刘铮，等. 中国特色社会主义生态文明制度研究[M]. 北京：经济科学出版社，2014.

9. 蔡守秋. 基于生态文明的法理学[M]. 北京：中国法制出版社，2014.

10. 余谋昌. 环境哲学：生态文明的理论基础[M]. 北京：中国环境科学出版社，2010.

11. 肖翔. 中国的走向：生态文明体制改革[M]. 北京：时代华文书局，2014.

12. 洪大用，马国栋. 生态现代化与文明转型[M]. 北京：中国人民大学出版社，2014.

13. 周生贤. 生态文明建设与可持续发展[M]. 北京：人民出版社，2011.

14. 成金华，张欢. 中国资源环境问题的区域差异和生态文明指标体系研究[M]. 北京：科学出版社，2018.

15. [英]亚当·斯密. 国富论[M]. 郭大力，王亚南，译. 南京：译林出版社，2011.

16. 郇庆治. 论我国生态文明建设中的制度创新[J]. 学习论坛，2013(08)：48-50.

17. 钟健生，徐忠麟. 生态文明制度的冲突与整合[J]. 政法论丛，2018(06)：39-43.

18. 黄蓉生. 我国生态文明制度体系论析[J]. 改革，2015(01)：41-44.

19. 杨勇，阮晓莺. 论习近平生态文明制度体系的逻辑演绎和实践向度[J]. 思想理论教育导刊，2018(02)：22-25.

20. 刘熛吴. 习近平治国理政思想的特征、内容与方法[J]. 实事求是，2016(03)：4-7.

21. 王娅. 论新时代生态文明建设中的绿色科技要素[J]. 科学管理研究，2018(06)：16-19.

22. 刘海霞，王宗礼. 习近平生态思想探析[J]. 贵州社会科学，2015(03)：

29-31.

23. 孙凌宇．习近平生态文明制度思想的包容性探析[J]．青海社会科学，2018(03)：29-32.

24. 刘毅，孙秀艳．绿色发展走向生态文明新时代——党的十八大以来加强生态文明建设述评[J]．甘肃林业，2016(02)：4-7.

25. 潘莉，黄志斌．党的十八大以来生态文明思想及其实践的重要发展[J]．当代界与社会主义，2015(02)：4-8.

26. 盛科荣，樊杰．主体功能区作为国土开发的基础制度作用[J]．中国科学院院刊，2016(01)：44-49.

27. 刘於清．党的十八大以来习近平同志生态文明思想研究综述[J]．毛泽东思想研究，2016(03)：74-77.

28. 华幸琳．论习近平中生态环境生产力——当代中国马克思主义生产力观[J]．学术论坛，2015(09)：1-4.

29. 习近平．决胜全面建成小康社会夺取新时代中国特色社会主义伟大胜利[M]．北京：人民出版社，2017.

后　记

大学生是祖国的未来和民族的希望，作为生态文明建设重要的实践者和建设成果的受益者，其生态文明素养决定着生态文明建设的成败。本书旨在向大学生群体普及生态文明建设知识，提高青年学生的生态文明素养。本书作为国内第一部生态文明教育的实践教程，通过理论学习和观、听、读、游、做 5 个实践环节的设计，使大学生在学习和实践的过程中更加深刻地领会祖国生态文明建设的重要意义和自身使命的光荣，从而增强生态文明学习的主动性、自觉性，并通过实践过程，不断把生态文明知识转化为自身的生态文明素养。

编　者

2018 年 12 月